图 1.4

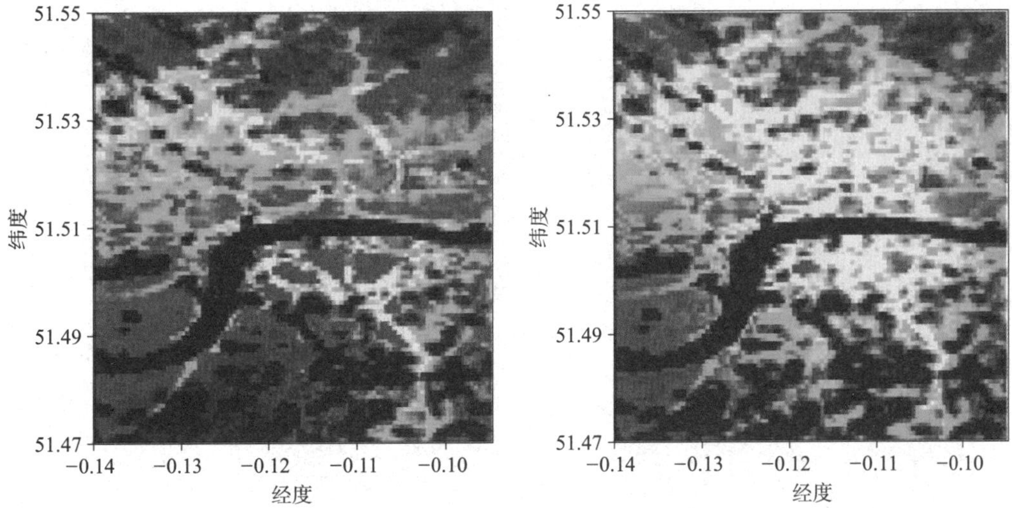

51.55
51.53
51.51
51.49
51.47
纬度
−0.14
−0.13
−0.12
−0.11
−0.10
经度
51.55
51.53
51.51
51.49
51.47
纬度
−0.14
−0.13
−0.12
−0.11
−0.10
经度

a)　　b)

图 1.5

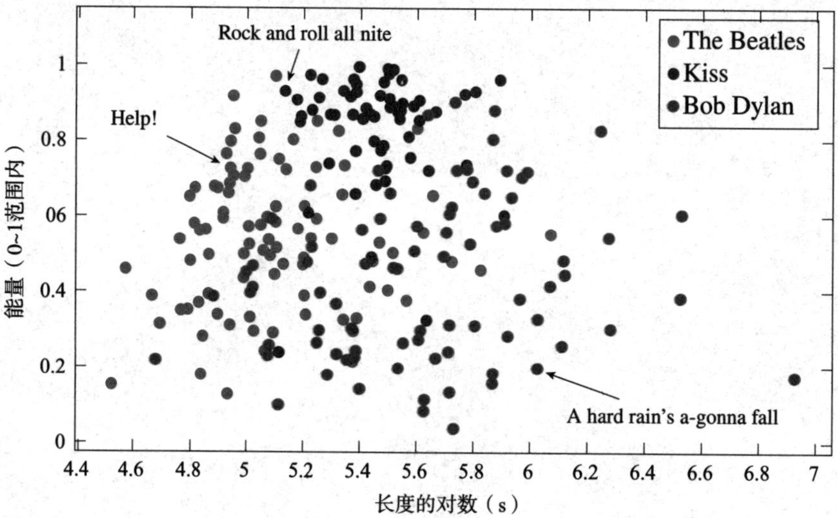

图 2.1

i	$\|\boldsymbol{x}_i-\boldsymbol{x}_\star\|_2$	y_i
6	$\sqrt{1}$	Red
2	$\sqrt{2}$	Blue
4	$\sqrt{4}$	Blue
1	$\sqrt{5}$	Red
5	$\sqrt{8}$	Blue
3	$\sqrt{9}$	Red

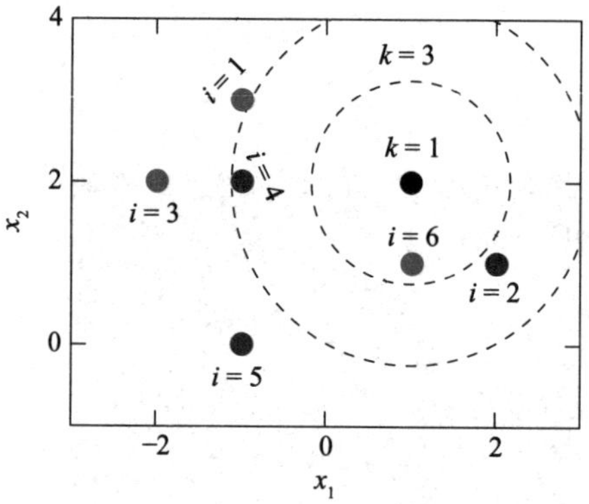

图 2.3

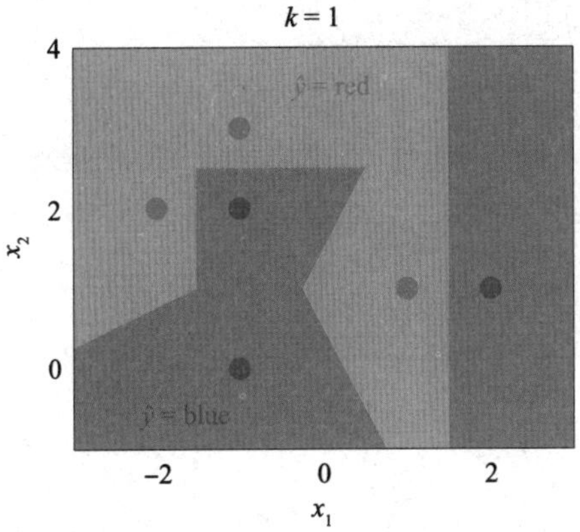

k = 1
k = 3
ŷ = red
ŷ = blue
x1
x2

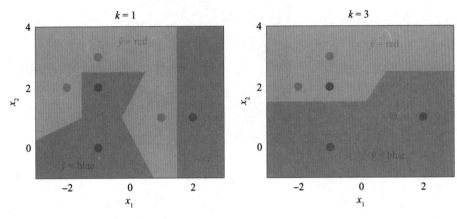

图 2.4

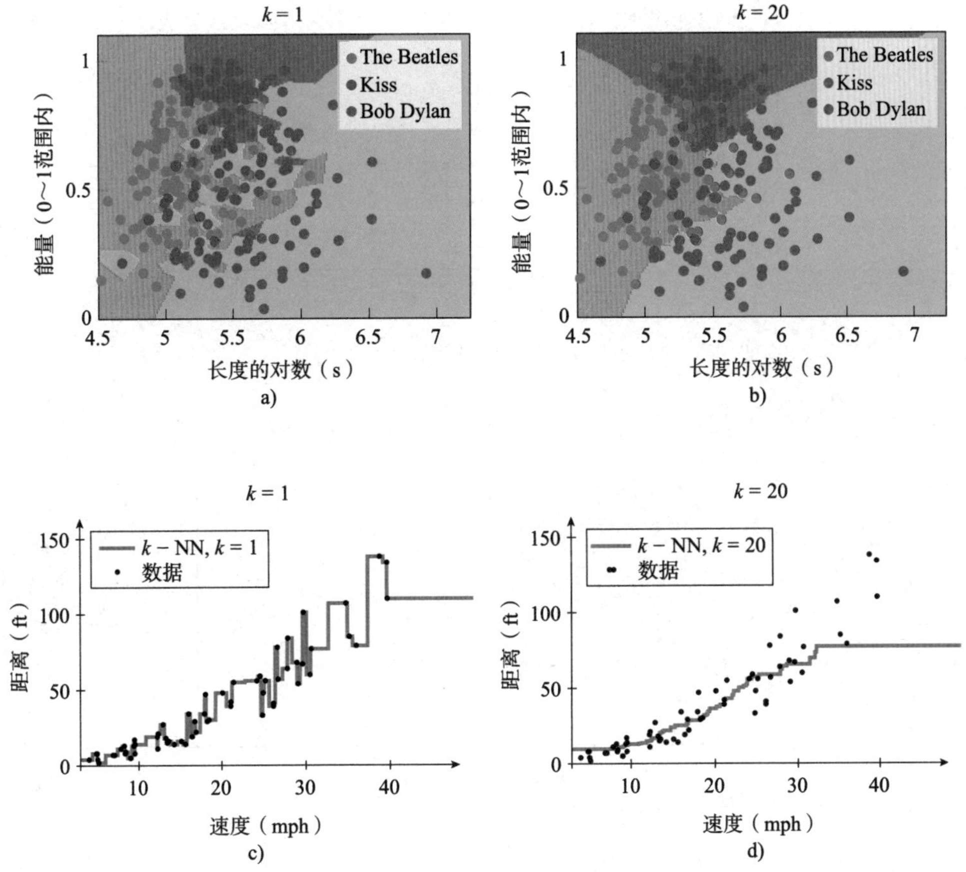

k = 1
k = 20
The Beatles
Kiss
Bob Dylan
能量（0～1范围内）
长度的对数（s）
a)
b)
k − NN, k = 1
k − NN, k = 20
数据
距离（ft）
速度（mph）
c)
d)

图 2.5

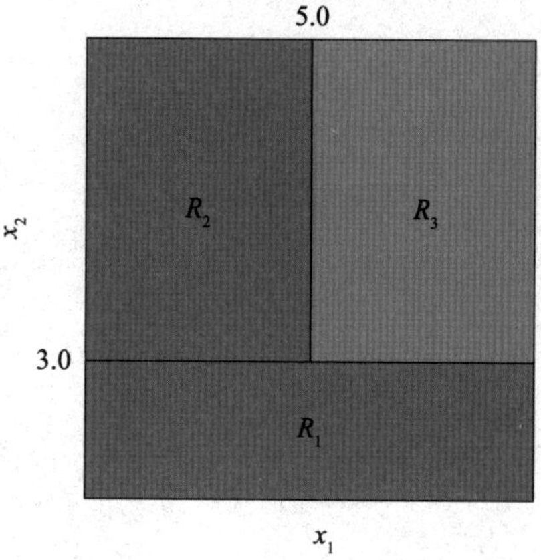

图 2.7

x_1	x_2	y
9.0	2.0	Blue
1.0	4.0	Blue
4.0	6.0	Blue
4.0	1.0	Blue
1.0	2.0	Blue
1.0	8.0	Red
6.0	4.0	Red
7.0	9.0	Red
9.0	8.0	Red
9.0	6.0	Red

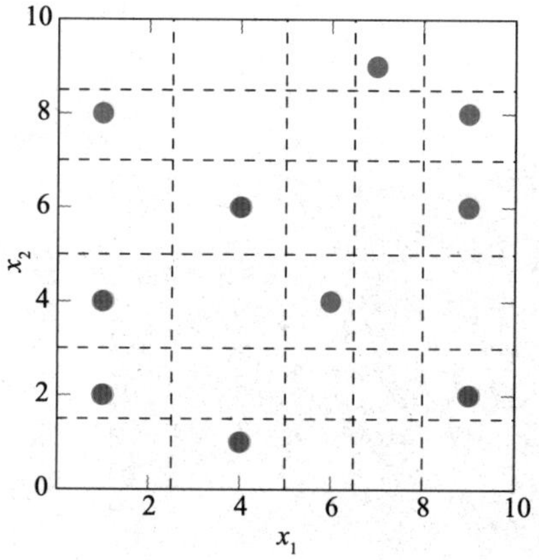

图 2.8

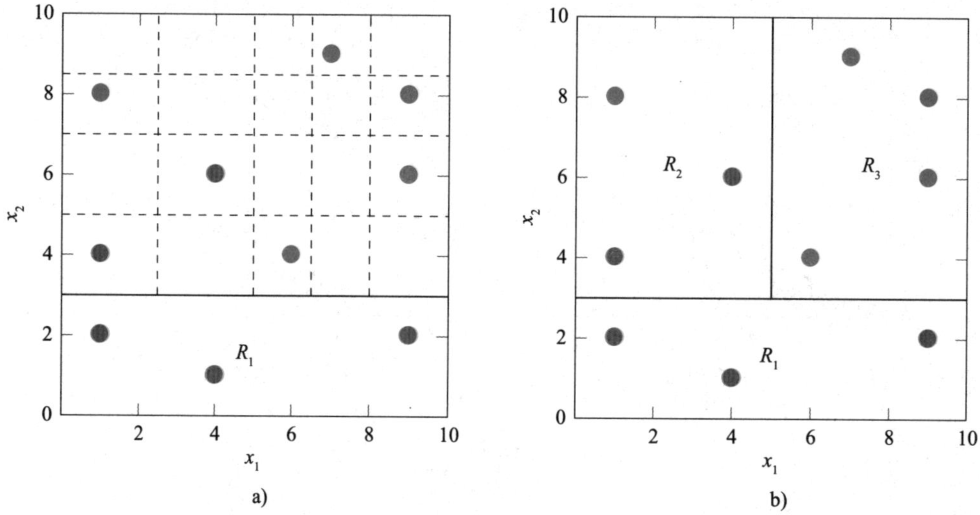

图 2.9

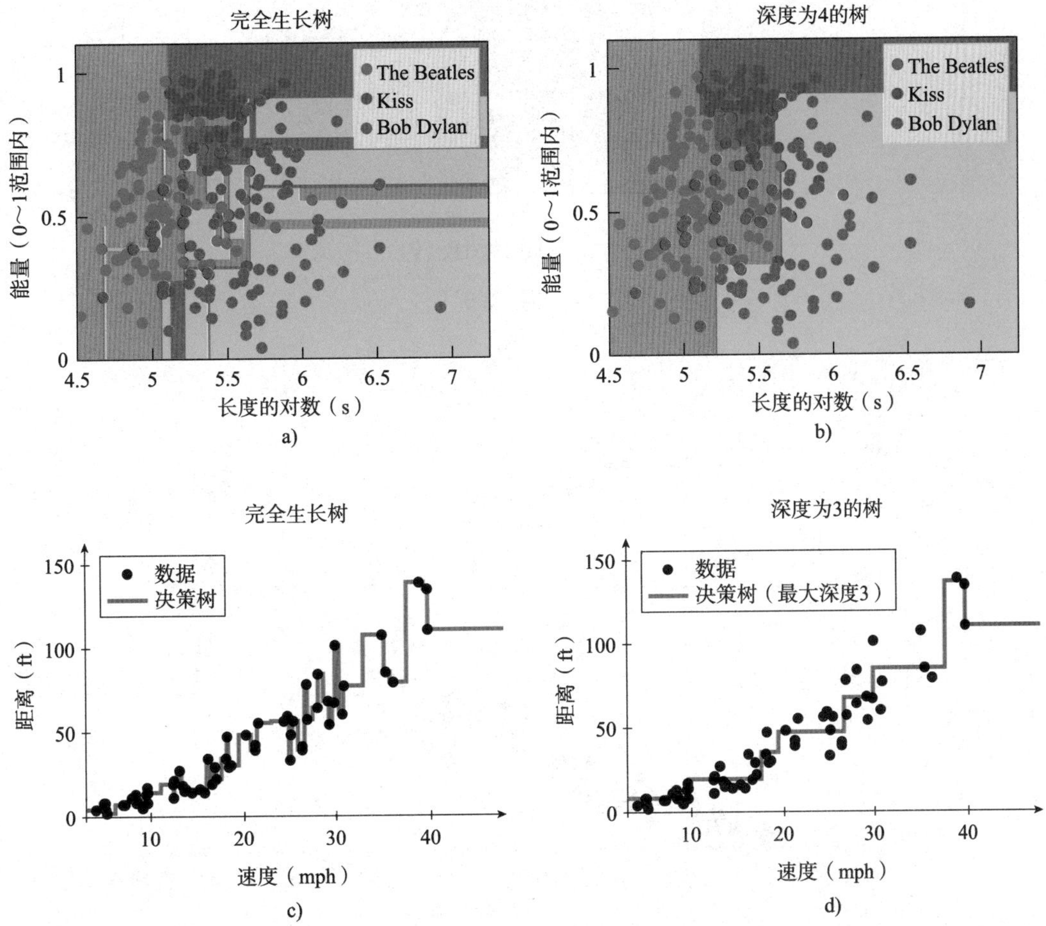

完全生长树
The Beatles
Kiss
Bob Dylan
能量（0～1范围内）
长度的对数（s）
a)
深度为4的树
The Beatles
Kiss
Bob Dylan
能量（0～1范围内）
长度的对数（s）
b)
完全生长树
数据
决策树
距离（ft）
速度（mph）
c)
深度为3的树
数据
决策树（最大深度3）
距离（ft）
速度（mph）
d)

图 2.11

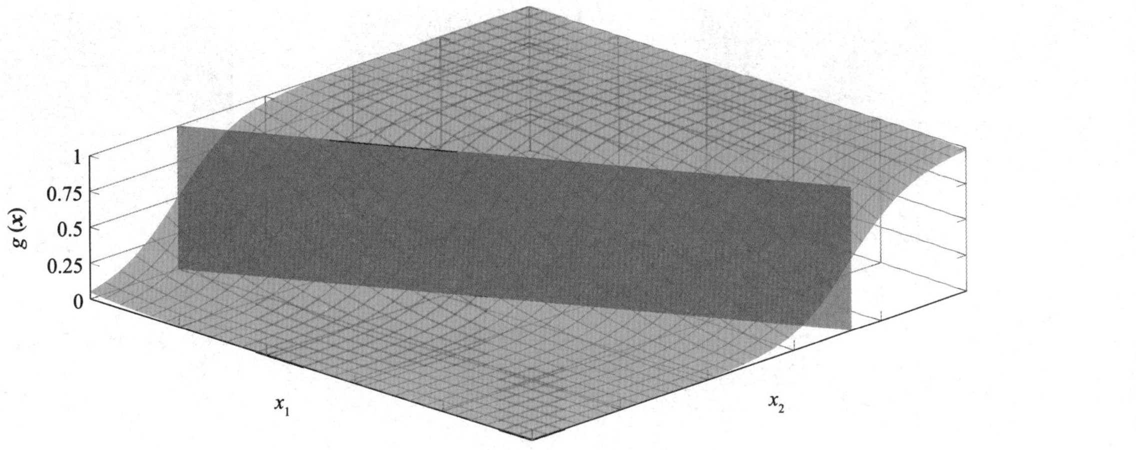

g(x)
x1
x2

图 3.5

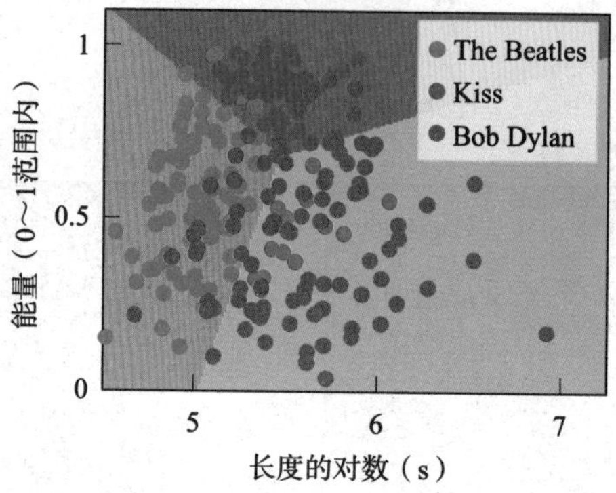
The Beatles
Kiss
Bob Dylan
能量（0～1范围内）
长度的对数（s）
1
0.5
0
5
6
7

图 3.6

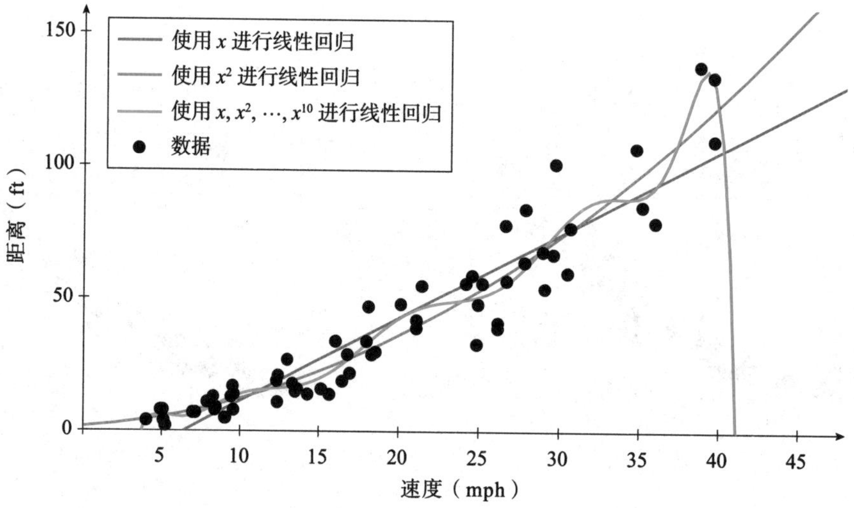
使用 x 进行线性回归
使用 x² 进行线性回归
使用 x, x², …, x¹⁰ 进行线性回归
数据
距离（ft）
速度（mph）
150
100
50
0
5
10
15
20
25
30
35
40
45

图 3.7

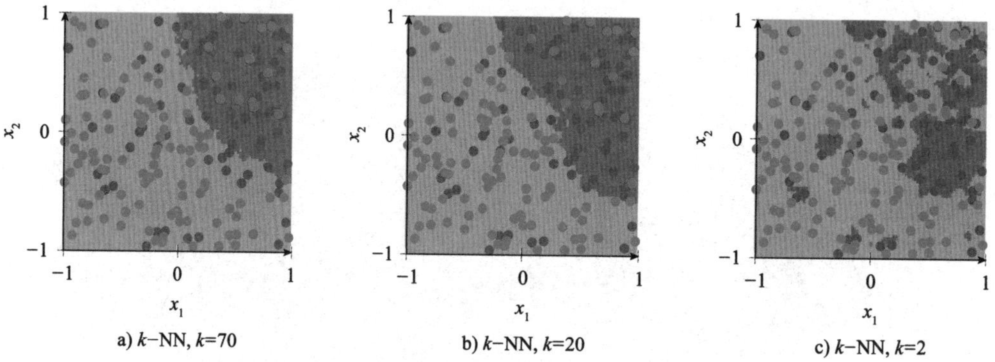
a) k−NN, k=70
b) k−NN, k=20
c) k−NN, k=2
x1
x2
1
0
−1

图 4.5

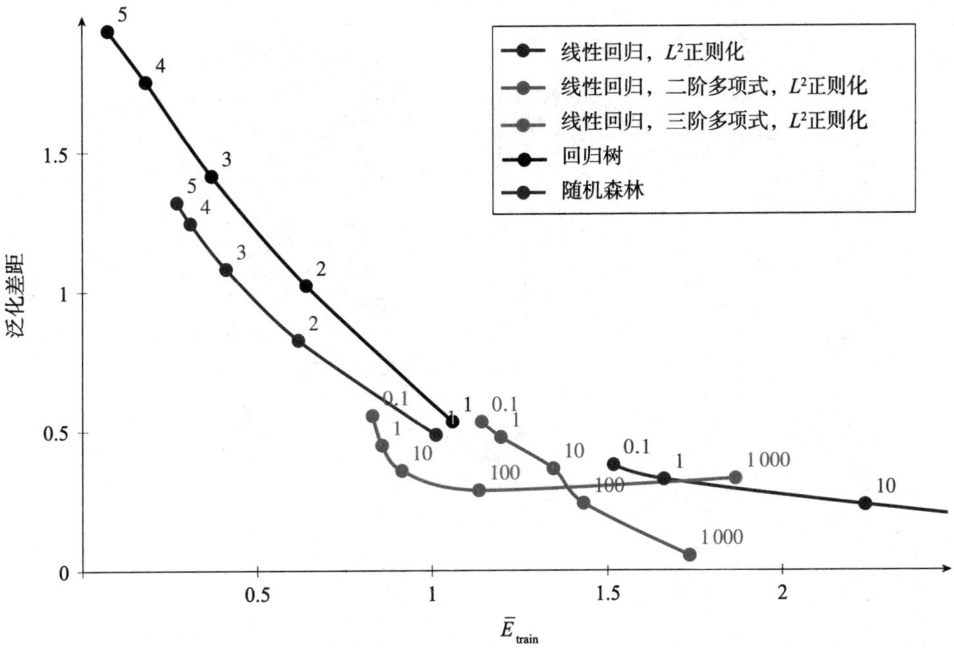
线性回归，L^2正则化
线性回归，二阶多项式，L^2正则化
线性回归，三阶多项式，L^2正则化
回归树
随机森林
泛化差距
$\bar{E}_{\text{train}}$

图 4.7

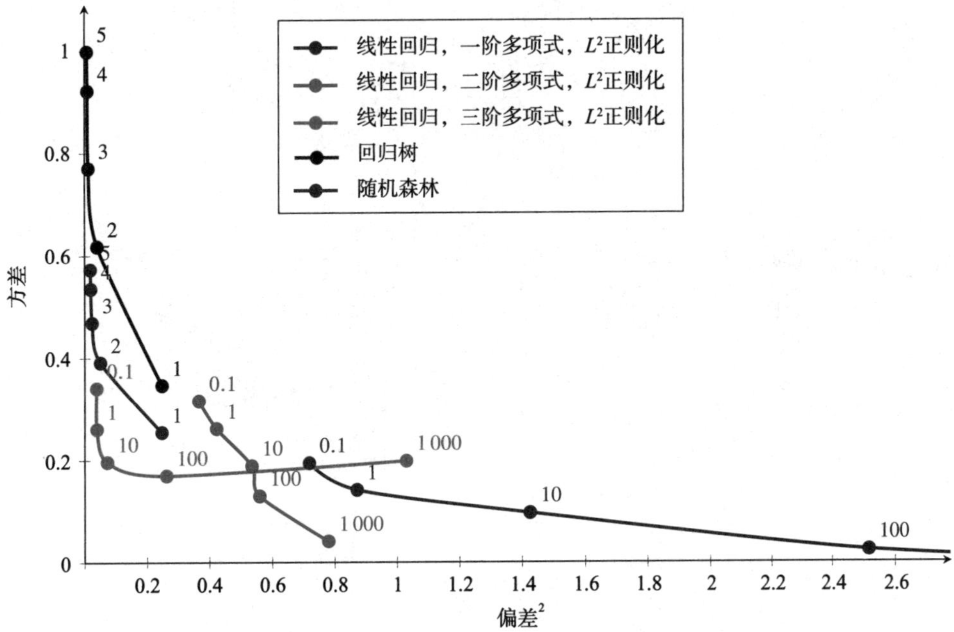
线性回归，一阶多项式，L^2正则化
线性回归，二阶多项式，L^2正则化
线性回归，三阶多项式，L^2正则化
回归树
随机森林
方差
偏差^2

图 4.11

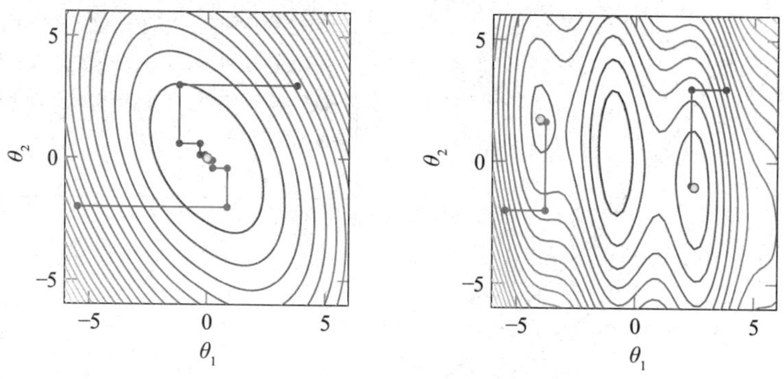

a) b)

图 5.6

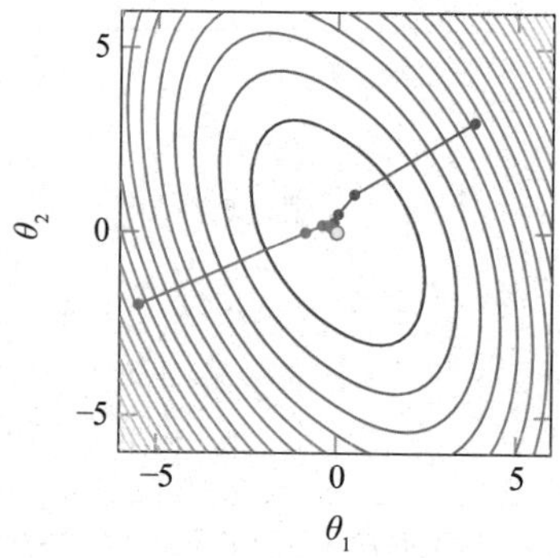

图 5.8

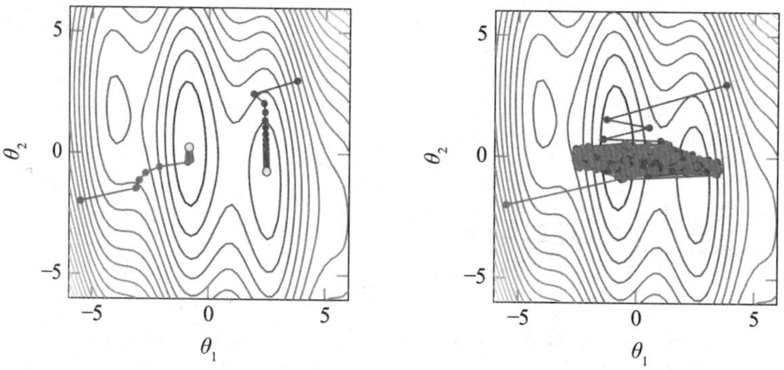

a) b)

图 5.9

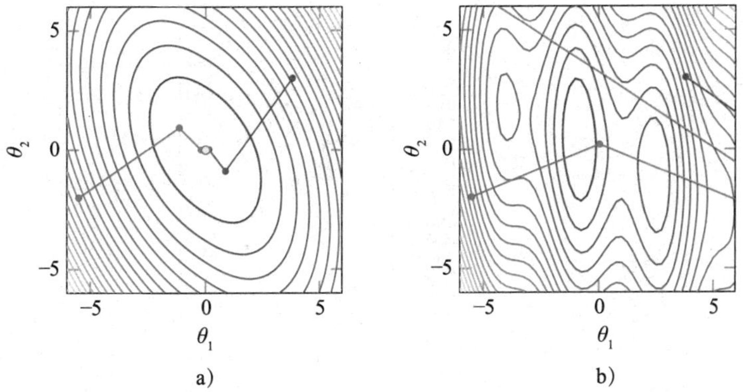

图　5.10

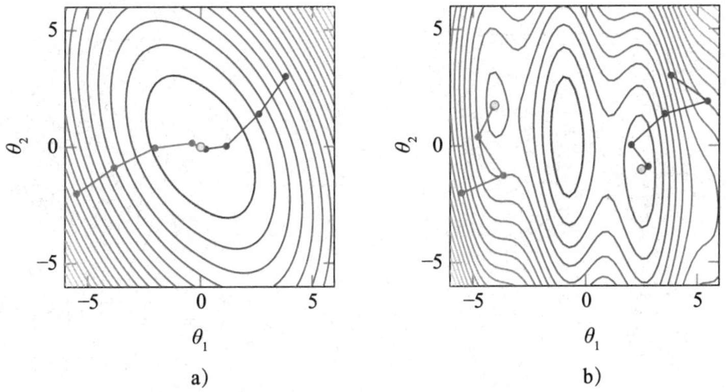

图　5.11

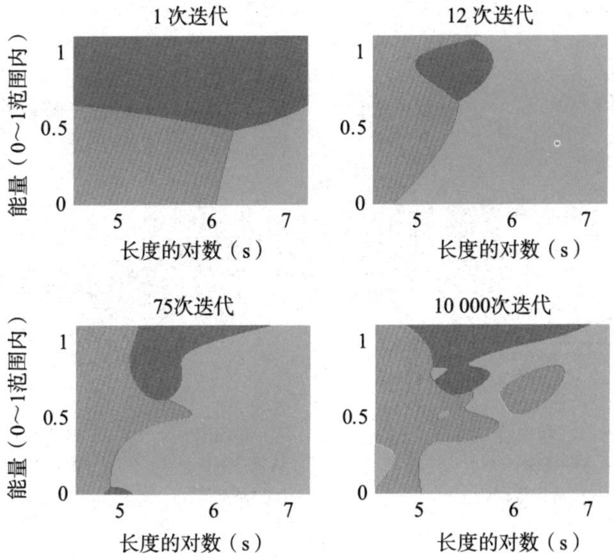

图　5.13

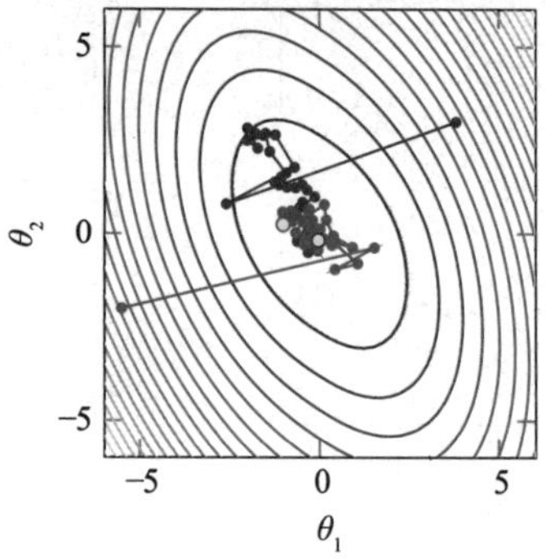

图 5.14

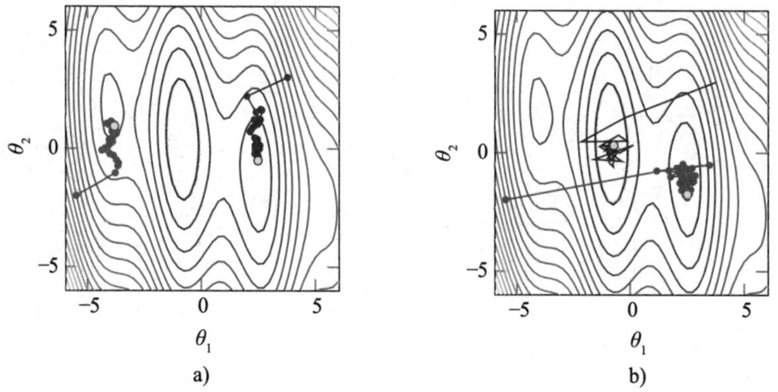

图 5.15

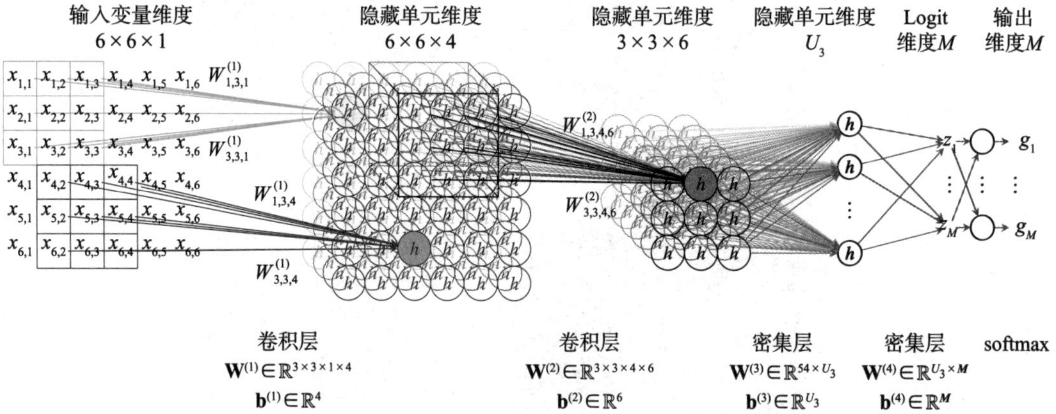

图 6.14

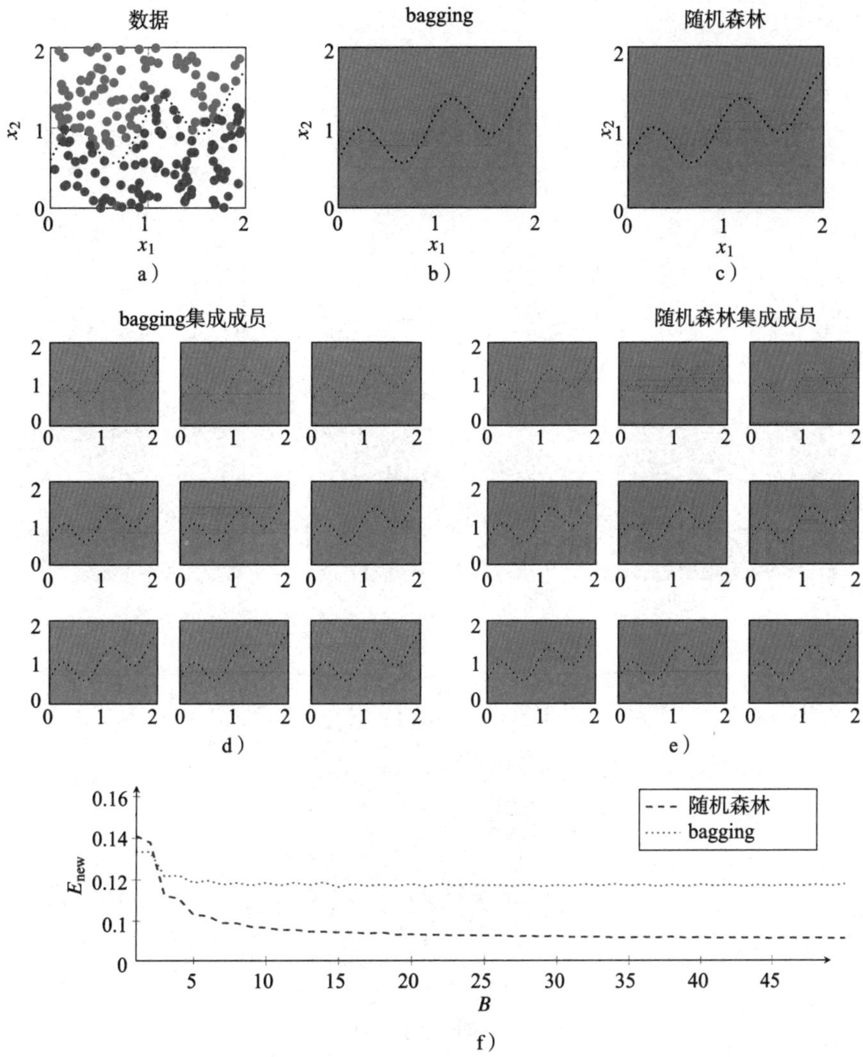
数据
bagging
随机森林
x_1
x_2
a）
b）
c）
bagging集成成员
随机森林集成成员
d）
e）
随机森林
bagging
E_{new}
B
f）

图 7.5

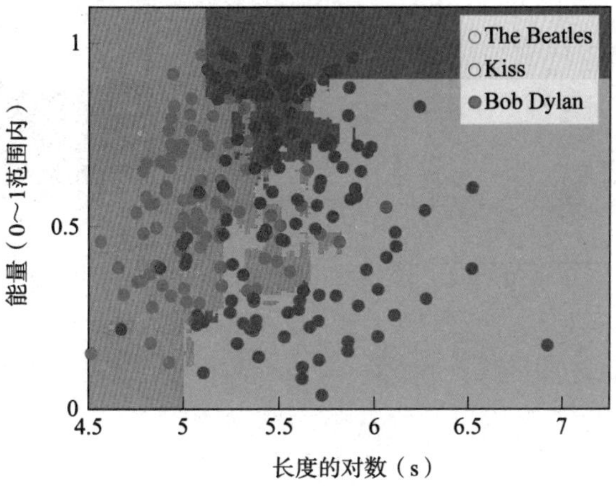
The Beatles
Kiss
Bob Dylan
能量（0～1范围内）
长度的对数（s）

图 7.6

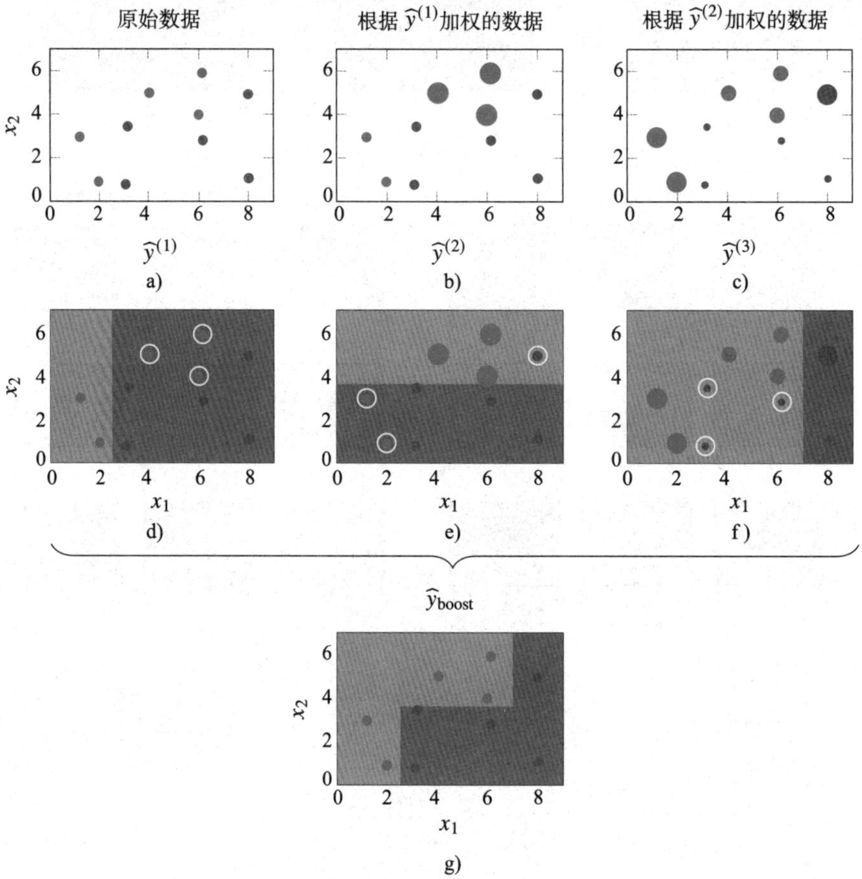

原始数据
根据 $\hat{y}^{(1)}$ 加权的数据
根据 $\hat{y}^{(2)}$ 加权的数据
x_2
x_1
$\hat{y}^{(1)}$
$\hat{y}^{(2)}$
$\hat{y}^{(3)}$
$\hat{y}_{\text{boost}}$
a)
b)
c)
d)
e)
f)
g)

图 7.7

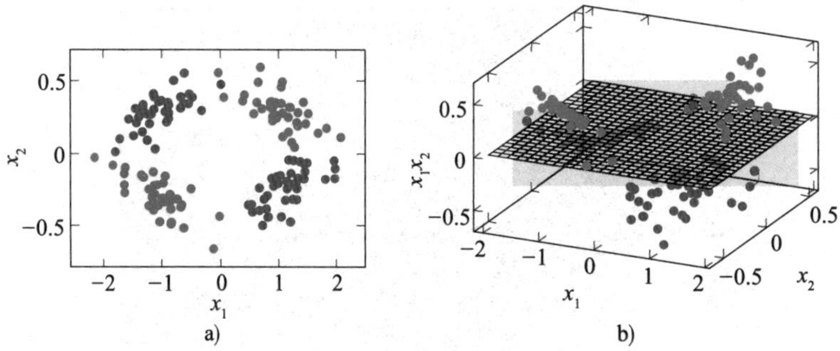

x_1
x_2
x_1x_2
a)
b)

图 8.2

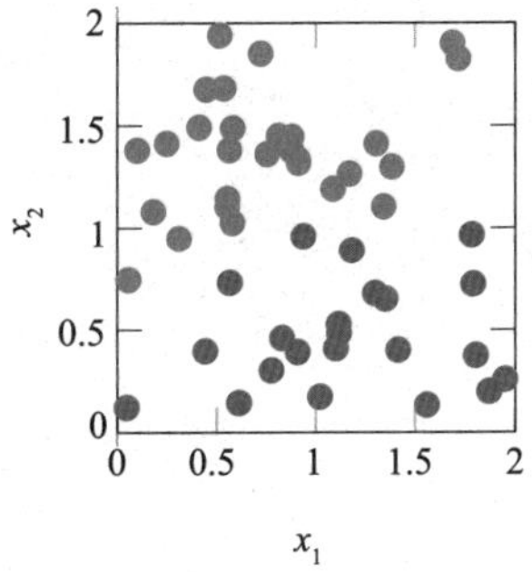
x_2
x_1

图 8.5

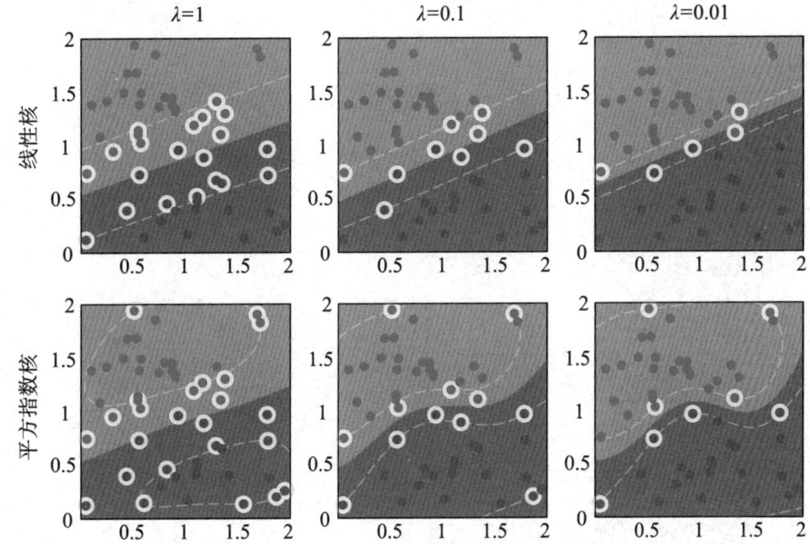
λ=1
λ=0.1
λ=0.01
线性核
平方指数核

图 8.6

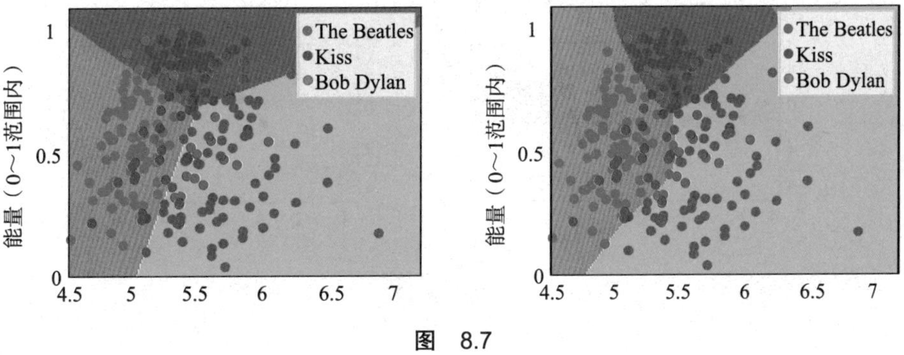
The Beatles
Kiss
Bob Dylan
能量（0～1范围内）

图 8.7

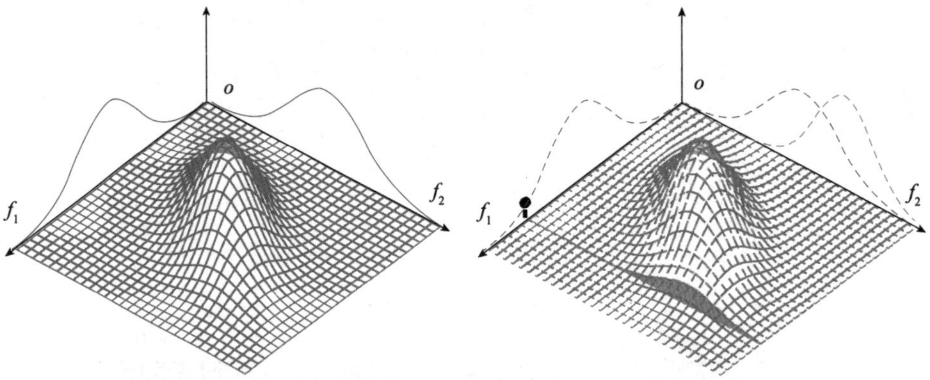

o
f1
f2
o
f1
f2

图 9.3

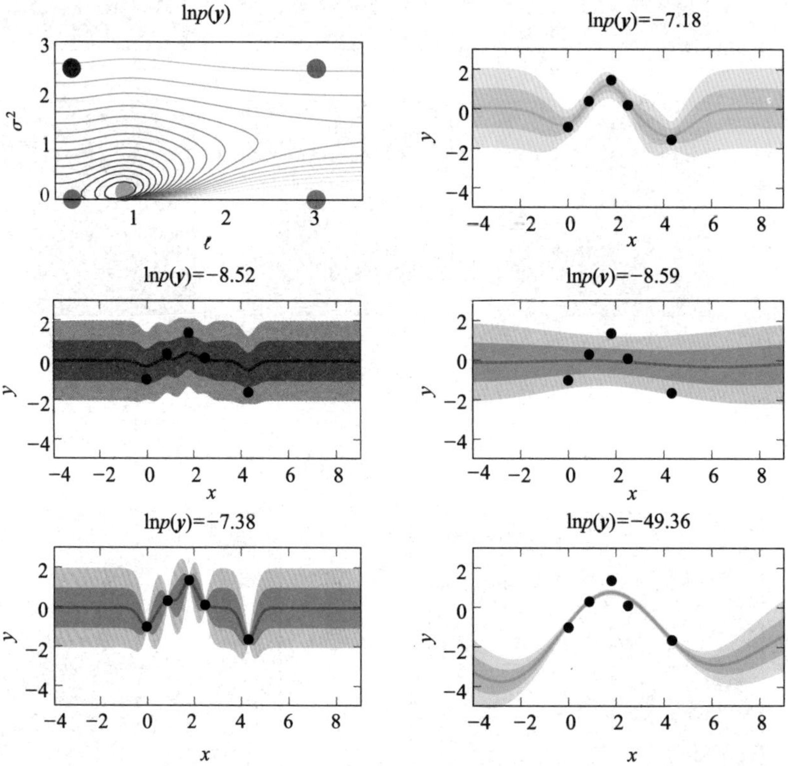

lnp(y)
σ²
ℓ
lnp(y)=−7.18
lnp(y)=−8.52
lnp(y)=−8.59
lnp(y)=−7.38
lnp(y)=−49.36
x
y

图 9.12

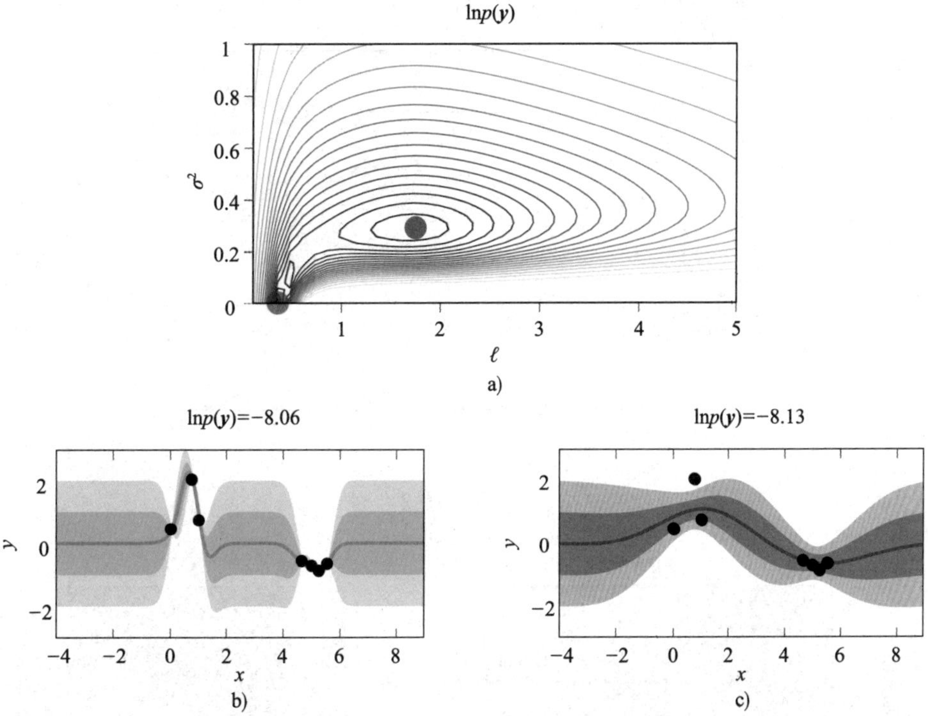

图 9.13

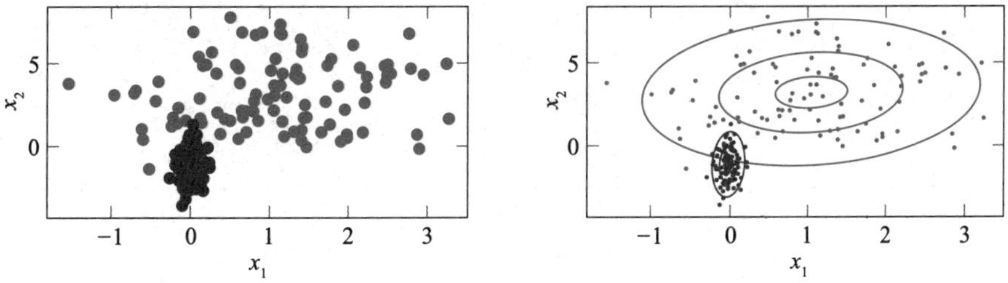

图 10.1

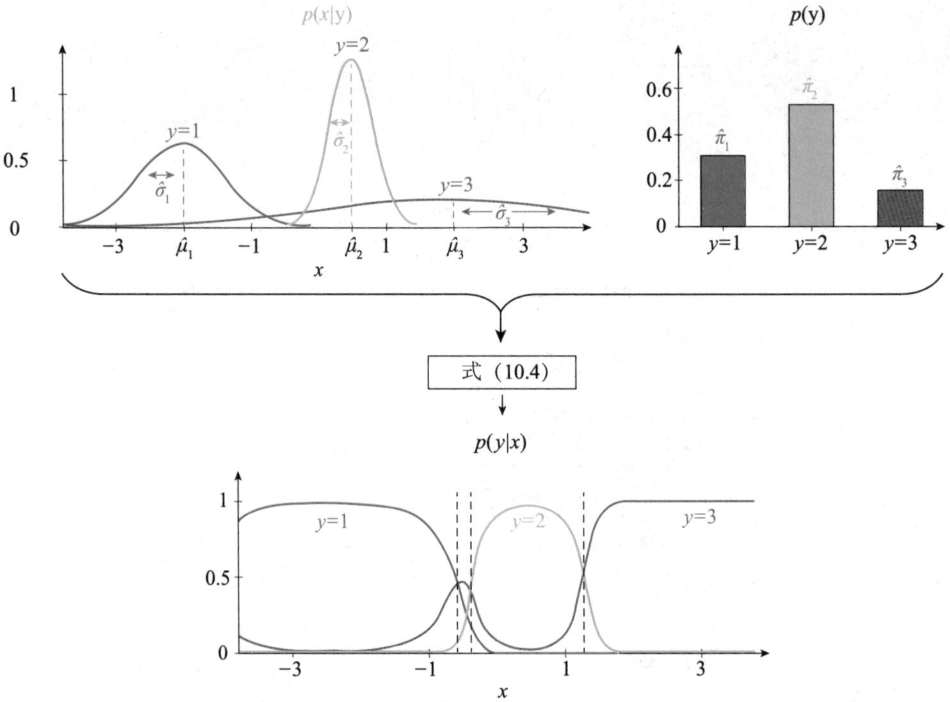

图 10.3

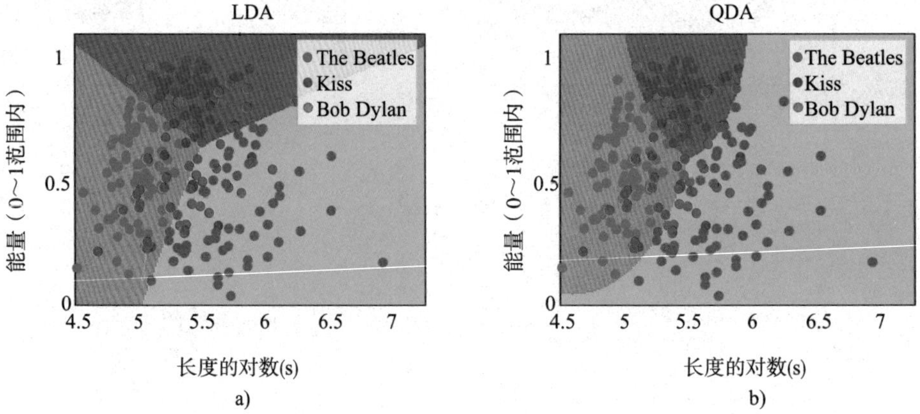

图 10.4

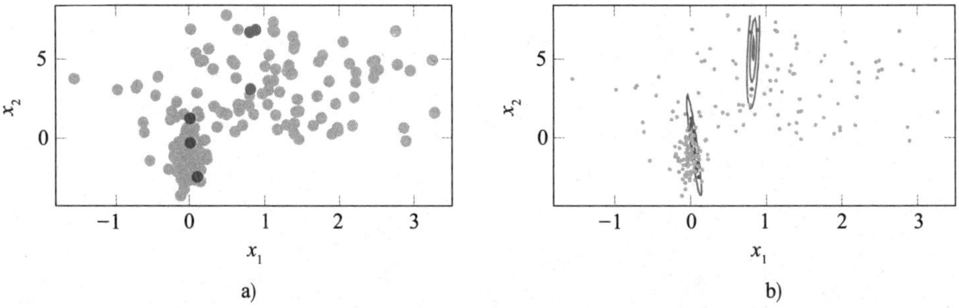

图 10.5

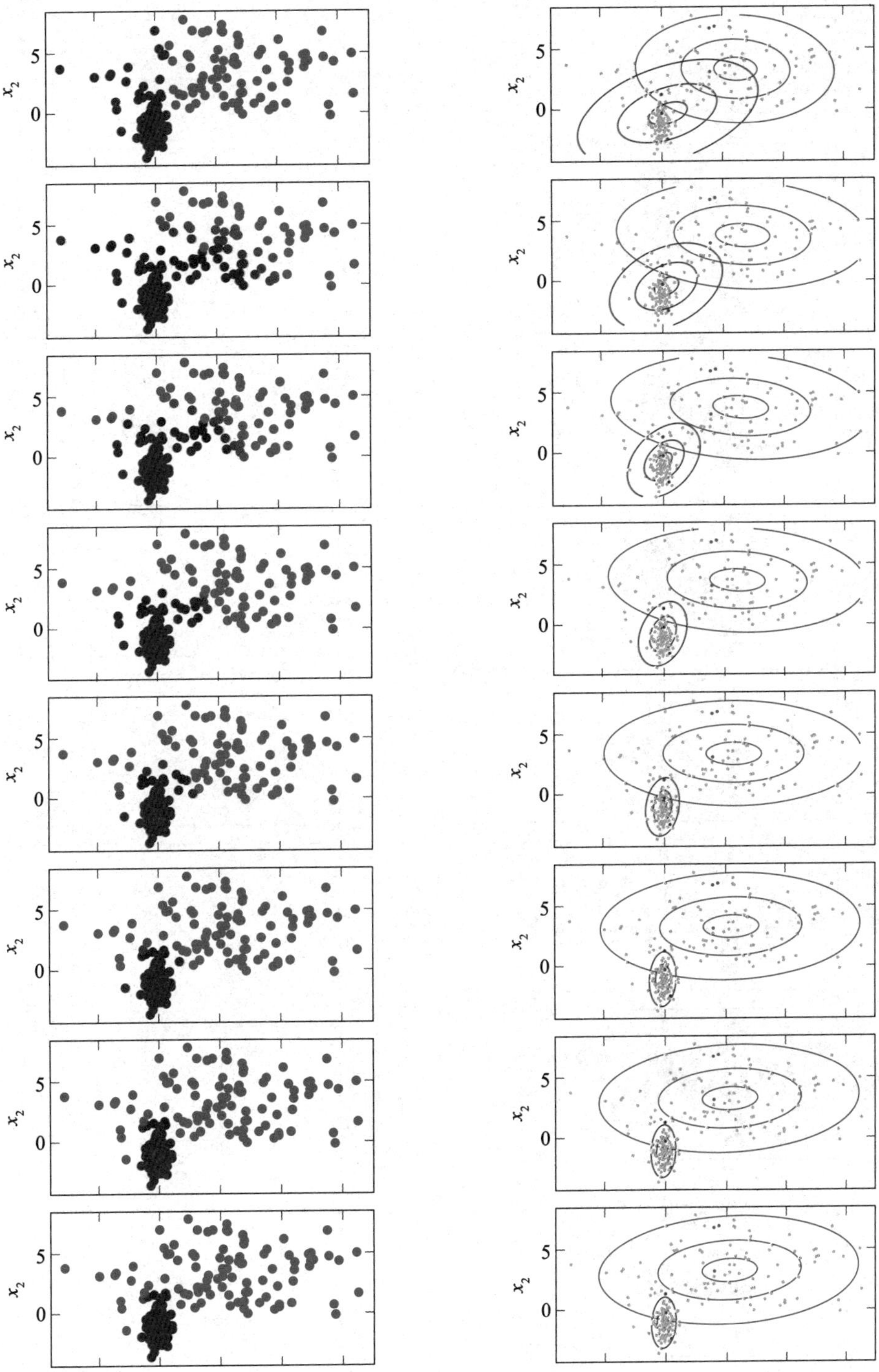

图 10.6

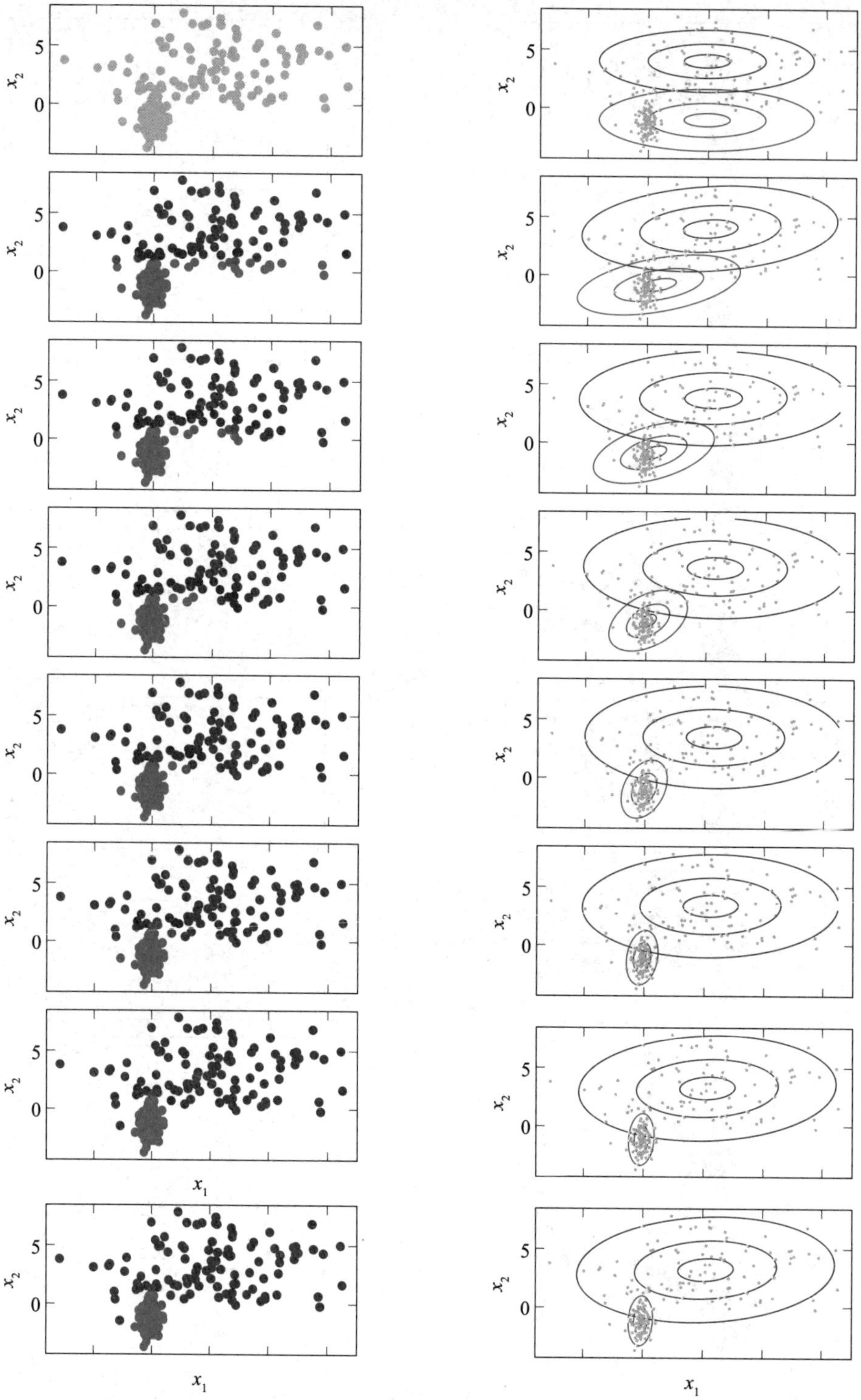

图 10.7

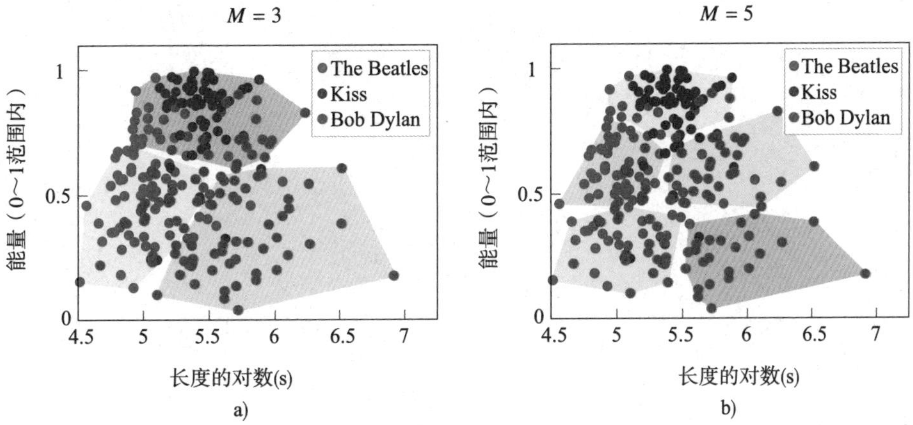

M = 3
M = 5
The Beatles
Kiss
Bob Dylan
能量（0～1范围内）
长度的对数(s)
a)
b)

图 10.8

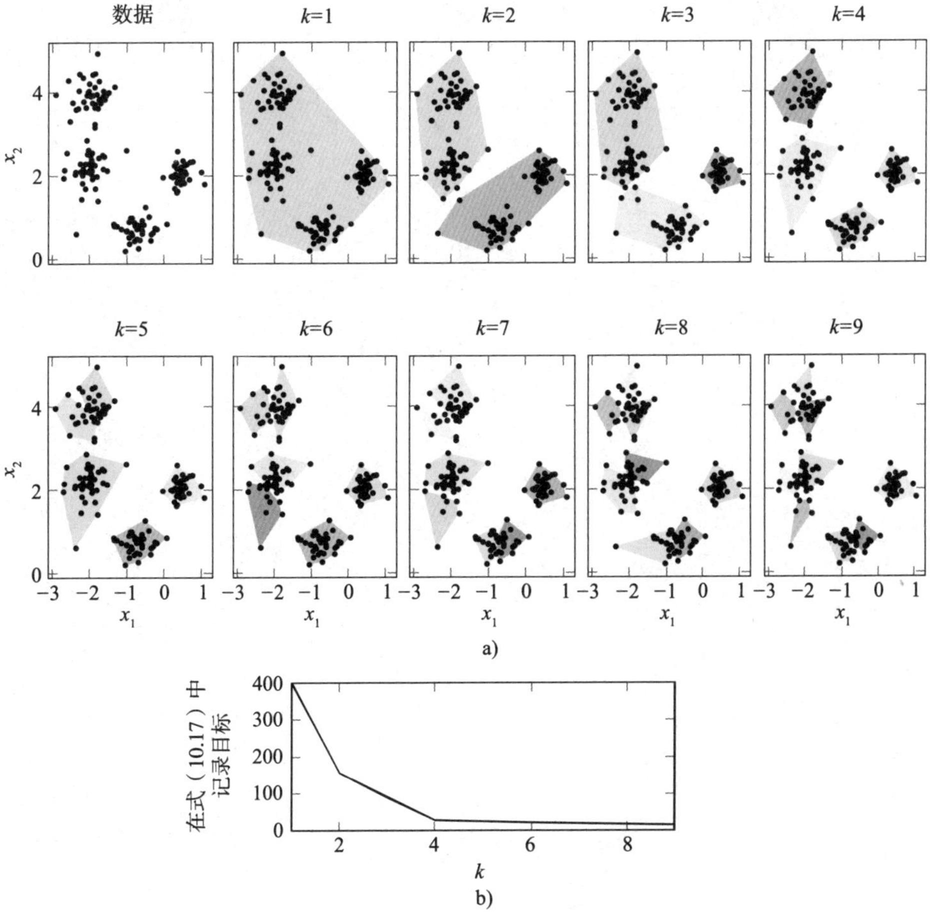

数据
k=1
k=2
k=3
k=4
k=5
k=6
k=7
k=8
k=9
x_2
x_1
a)
在式（10.17）中记录目标
k
b)

图 10.9

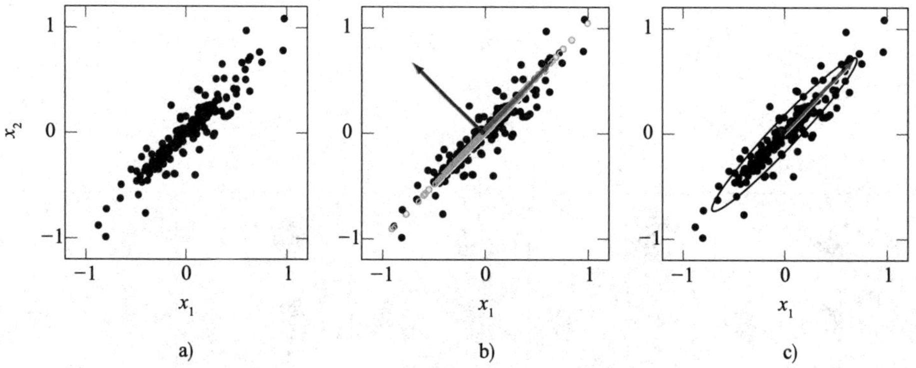

图 10.11

· 智能科学与技术丛书 ·

机器学习

工程师和科学家的第一本书

[瑞典] 安德里亚斯·林霍尔姆 (Andreas Lindholm)
尼克拉斯·瓦尔斯特伦 (Niklas Wahlström)
弗雷德里克·林斯滕 (Fredrik Lindsten)
托马斯·B. 舍恩 (Thomas B. Schön) 著

汤善江 于策 孙超 等译

Machine Learning

A First Course for Engineers and Scientists

机械工业出版社
CHINA MACHINE PRESS

图书在版编目（CIP）数据

机器学习：工程师和科学家的第一本书 /（瑞典）安德里亚斯·林霍尔姆等著；汤善江等译 . —北京：机械工业出版社，2024.4

（智能科学与技术丛书）

书名原文：Machine Learning: A First Course for Engineers and Scientists

ISBN 978-7-111-75369-8

Ⅰ. ①机… Ⅱ. ①安… ②汤… Ⅲ. ①机器学习 Ⅳ. ① TP181

中国国家版本馆 CIP 数据核字（2024）第 056691 号

机械工业出版社（北京市百万庄大街 22 号　邮政编码 100037）

策划编辑：曲　熠　　　责任编辑：曲　熠

责任校对：张勤思　陈　越　　　责任印制：常天培

北京机工印刷厂有限公司印刷

2024 年 6 月第 1 版第 1 次印刷

185mm×260mm · 17.25 印张 · 10 插页 · 438 千字

标准书号：ISBN 978-7-111-75369-8

定价：109.00 元

电话服务	网络服务
客服电话：010-88361066	机　工　官　网：www.cmpbook.com
010-88379833	机　工　官　博：weibo.com/cmp1952
010-68326294	金　　书　　网：www.golden-book.com
封底无防伪标均为盗版	机工教育服务网：www.cmpedu.com

译者序

机器学习是人工智能的一个重要分支，作为一个多领域交叉学科，涉及概率论、统计学、逼近论、凸分析、算法复杂度理论等多门学科，广泛应用于金融、电商、医疗、制造和娱乐等行业。掌握机器学习相关知识与技能对于工程师和科学家而言至关重要，这已经成为他们的必备技能。本书属于入门机器学习的基础参考书籍，可作为工程师和科学家学习和了解机器学习的初级课程用书。

全书内容丰富，涉及机器学习的基本概念、算法、模型和方法，适合技术开发人员和学术研究人员学习与参考。全书共由 12 章组成。第 1 章主要介绍机器学习的基本概念；第 2 章介绍有监督学习，包括有监督机器学习、*k*-NN 和决策树；第 3 章介绍基本参数模型和统计视角上的学习，包括线性回归、分类和逻辑回归、多项式回归和正则化、线性模型等；第 4 章介绍机器学习算法的理解、评估和提高性能的方法；第 5 章介绍参数模型的概念，以及损失函数和基于似然的模型、正则化和参数优化等；第 6 章介绍神经网络和深度学习；第 7 章介绍集成方法，包括 bagging 方法、随机森林、AdaBoost 和提升方法等；第 8 章介绍非线性输入变换和核，包括核岭回归、支持向量回归等；第 9 章介绍贝叶斯方法和高斯过程；第 10 章介绍生成模型和无标记学习，包括高斯混合模型和判别分析、聚类分析、深层生成模型、表示学习和降维；第 11 章和第 12 章分别介绍机器学习的用户视角和机器学习中的伦理学。

本书的翻译由天津大学多位科研人员通力合作完成，其中汤善江组织了全书的统稿与审校工作，于策、孙超、肖健、毕重科、王梓懿、李政达、程乐祥、李凯华参与了部分章节的翻译与审校。受语言背景以及技术水平所限，书中难免出现翻译错误，希望广大读者批评指正。

译　者
2023 年 10 月于天津大学

致　谢

在本书的写作过程中，有许多人为我们提供了帮助。首先，我们要感谢 David Sumpter，他除了提供关于教学的反馈外，还贡献了第 12 章关于机器学习中的伦理学方面的内容。我们还收到了许多学生和其他教师同事的宝贵反馈。

当然，我们非常感谢收到的每一条评论。特别地，我们要感谢 David Widmann、Adrian Wills、Johannes Hendricks、Mattias Villani、Dmitrijs Kass 和 Joel Oskarsson。我们还收到了关于本书技术内容的有用反馈，包括第 11 章中的实用见解，这些反馈来自 Agrin Hilmkil（Peltarion）、Salla Franzén 和 Alla Tarighati（SEB）、Lawrence Murray（Uber）、James Hensman 和 Alexis Boukouvalas（Secondmind）、Joel Kronander 和 Nand Dalal（Nines），以及 Peter Lindskog 和 Jacob Roll（Arriver）。我们还收到了 Arno Solin 对第 8 章和第 9 章的宝贵意见，以及 Joakim Lindblad 对第 6 章的宝贵意见。很多人帮助我们绘制了第 1 章中示例的图表，他们是 Antônio Ribeiro（图 1.1）、Fredrik K. Gustafsson（图 1.4）和 Theodoros Damoulas（图 1.5）。感谢大家的帮助！

在本书的写作过程中，我们得到了瑞典人工智能能力组织、瑞典研究委员会（项目：2016-04278、2016-06079、2017-03807、2020-04122）、瑞典战略研究基金会（项目：ICA16-0015、RIT12-0012），以及（由 Knut 和 Alice Wallenberg 基金会、ELLIIT 和 Kjell och Märta Beijer 基金会资助的）Wallenberg 人工智能、自主系统和软件计划（WASP）的资金支持。

最后，我们要感谢剑桥大学出版社的 Lauren Cowles 在整个出版过程中提供的有益建议和指导，还要感谢 Chris Cartwright 细心和有益的编辑。

符 号 表

通用数学

b	标量
$\boldsymbol{b}$	向量
$\boldsymbol{B}$	矩阵
^{T}	转置
$\mathrm{sign}(x)$	符号运算符，$x>0$ 时为 $+1$，$x<0$ 时为 -1
$\boldsymbol{\nabla}$	梯度运算符，$\boldsymbol{\nabla}f$是 f 的梯度
$\lVert\boldsymbol{b}\rVert_2$	$\boldsymbol{b}$ 的欧几里得范数
$\lVert\boldsymbol{b}\rVert_1$	$\boldsymbol{b}$ 的 L^1 范数
$p(z)$	概率密度（如果 z 是连续随机变量）或概率质量（如果 z 是离散随机变量）
$p(z\|x)$	以 x 为条件的 z 的概率密度（或质量）
$\mathcal{N}(z; m, \sigma^2)$	均值为 m 且方差为 σ^2 的随机变量 z 的正态概率分布

有监督学习问题

$\boldsymbol{x}$	输入
y	输出
$\boldsymbol{x}_\star$	测试输入
$y_\star$	测试输出
$\hat{y}(\boldsymbol{x}_\star)$	$y_\star$的一个预测值
ε	噪声
n	训练数据中的数据点数
$\mathcal{T}$	训练数据$\{\boldsymbol{x}_i, y_i\}_{i=1}^n$
L	损失函数
J	代价函数

有监督方法

$\boldsymbol{\theta}$	从训练数据中学习的参数
$g(\boldsymbol{x})$	$p(y \mid \boldsymbol{x})$ 的模型（大多数分类方法）
λ	正则化参数
ϕ	链接函数（广义线性模型）

h	激活函数（神经网络）
$\boldsymbol{W}$	权重矩阵（神经网络）
$\boldsymbol{b}$	偏移向量（神经网络）
γ	学习率
B	集成方法中的成员数
κ	核
$\boldsymbol{\phi}$	非线性特征变换（核方法）
d	$\boldsymbol{\phi}$ 的维度，特征数量（核方法）

对有监督方法的评估

E	误差函数
E_{new}	新数据错误
E_{train}	训练数据错误
$E_{k\text{-fold}}$	从 k-fold 交叉验证估计的E_{new}
$E_{\text{hold-out}}$	从保留验证数据估计的E_{new}

目 录

Machine Learning: A First Course for Engineers and Scientists

引　言

机器学习是基于数据进行学习、推理与行动的。这些是通过构建计算机程序来完成的，程序处理数据、提取有用信息、对未知属性进行预测，并给出建议采取的行动或决策。将数据分析转变为机器学习的原因在于该过程是自动化的，并且计算机程序是从数据中学习的。这意味着使用通用计算机程序，根据观察到的所谓*训练数据*，自动调整程序的设置来适应特定应用的环境。因此可以说，机器学习是一种*通过实例编程*的方式。机器学习的美妙之处在于数据代表什么可以是相当随意的，我们可以设计出对不同领域的各类实际应用有用的通用方法。我们通过下面的一系列示例来说明这一点。

上面提到的“通用计算机程序”对应数据的*数学模型*。也就是说，当我们开发和描述不同的机器学习方法时，我们使用数学语言来做到这一点。数学模型描述了所涉及的量或变量之间的关系，这些变量对应于观察到的数据和感兴趣的属性（例如预测、动作等）。因此，该模型是数据的紧凑表示，以精确的数学形式捕捉我们正在研究的现象的关键特性。使用哪种模型通常取决于机器学习工程师在查看可用数据时产生的见解和从业者对问题的一般理解。在实践中实施该方法时，这些数学模型被翻译成可以在计算机上执行的代码。但是，要了解计算机程序的实际作用，了解基础的数学知识是很重要的。

如上所述，模型（或计算机程序）是基于可用的训练数据来学习的。这是通过学习算法实现的，该算法能够自动调整模型的设置或参数，使其与数据一致。总结来说，机器学习的三个基石是：

1. 数据　　2. 数学模型　　3. 学习算法

在本章中，我们将通过几个示例来说明这些基础知识，初步认识机器学习问题。这些示例来自不同的应用领域并具有不同的属性，但是，它们都可以使用来自机器学习的类似技术解决。我们还就如何继续阅读本书的其余部分提供了一些建议，并在最后为想要进一步深入研究这一主题的读者提供了有关机器学习的好书参考。

1.1　机器学习的示例

机器学习是一门涵盖多方面的学科。我们在前面对它所包含的内容进行了简要和高层次的描述，但随着本书不断深入介绍解决各种机器学习问题的具体方法和技术，前文的描述将变得更加具体。然而，在深入研究细节之前，我们将尝试通过讨论几个可以（并且已经）使用机器学习的应用示例，对“*什么是机器学习*”这个问题给出一个直观的答案。

我们从一个与医学有关的示例开始（更确切地说是心脏病学）。

示例 1.1　自动诊断心脏异常

影响心脏和血管的疾病是造成全球人口死亡的主要原因之一，统称为心血管疾病。心脏问题通常会影响心脏的电活动，这可以使用连接到身体上的电极来测量。电信号记录在心电图（ECG）上。在图 1.1 中，我们展示了来自三个不同心脏的（部分）测量信号的示例。测量结果来自健康的心脏（图 1.1a）、患有心房颤动的心脏（图 1.1b）和患有右束支传导阻滞的心脏（图 1.1c）。心房颤动使心脏无节律地跳动，导致心脏难以正常泵血。右束支传导阻滞对应心脏电通路的延迟或阻塞。

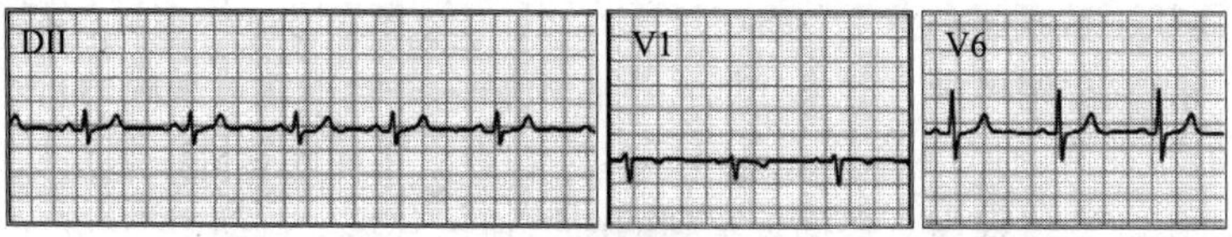

a）无异常

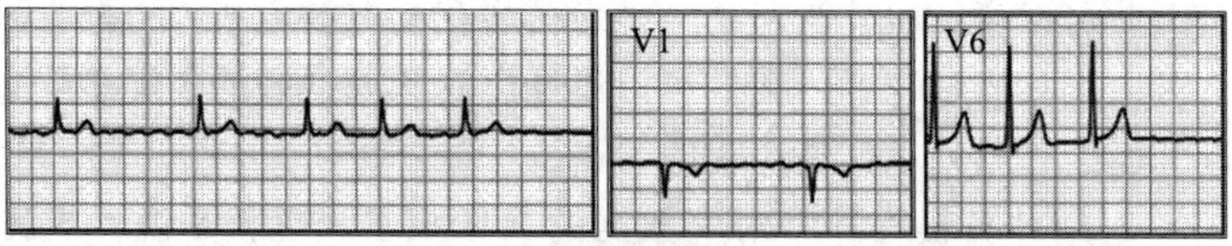

b）心房颤动

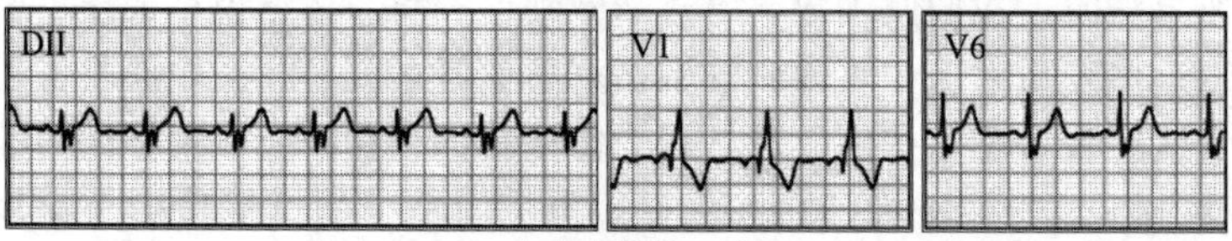

c）右束支传导阻滞

图　1.1

通过分析 ECG 信号，心脏病专家可以获得有关心脏状况的宝贵信息，这些信息可用于诊断患者和制定治疗计划。

为了提高诊断准确性并为心脏病专家节省时间，我们可以问问自己，这个过程是否可以在某种程度上实现自动化。也就是说，我们能否构建一个计算机程序来读取心电图信号、分析数据并返回关于心脏正常或异常的**预测**？这种能够通过自动化方式准确解释心电图检查的模型将在全球范围内得到应用，但在低收入和中等收入国家的需求最为迫切。造成这种情况的一个重要原因是，这些国家的人们通常无法轻松直接地找到能够准确进行心电图诊断的优秀心脏病专家。此外，这些国家中超过 75% 的死亡案例与心血管疾病有关。

构建这样一个计算机程序的关键挑战在于，确定需要哪些计算才能将原始 ECG 信号转化为有关心脏状况的预测——这一点绝非显而易见的。即使经验丰富的心脏病专家可以向软件开发人员解释要在数据中寻找哪些模式，将心脏病专家的经验转化为可靠的计算机程序也是极具挑战性的。

为了解决这个难题，机器学习方法通过示例来教授计算机程序。具体来说，我们不是要求心脏病专家指定一组规则来将心电图信号分类为正常还是异常，而是要求心脏病专家（或一群心脏病专家）用对应的**标签**标记大量心电图信号的潜在心脏状况。对于心脏病专家来说，这是一种更容易（尽管可能很乏味）交流他们的经验并以计算机可解释的方式对其进行编码的方式。

然后，学习算法的任务是自动调整计算机程序，使它的预测与心脏病专家标记在训练数据上的标签一致。我们希望，如果它在（我们已经知道答案的）训练数据上成功，那么应该可以使用由程序对以前从未见过的（我们不知道答案的）数据做出的预测。

这就是 Ribeiro 等人（2020）采用的方法，他们开发了一种用于心电图预测的机器学习模型。在他们的研究中，训练数据包含来自巴西米纳斯吉拉斯州近 1 700 000 名不同患者的超过 2 300 000 条心电图记录。更具体地说，每个 ECG 对应 12 个时间序列（来自用于进行检查的 12 个电极），每个序列持续时间在 7 ～ 10s 之间，在 300 ～ 600Hz 的频率范围内采样。这些心电图可用于提供对心脏电活动的全面评估，并且确实是评估心脏最常用的测试。重要的是，数据集中的每个心电图还带有一个标签，根据心脏的状态将其分类为不同的类别——无异常、心房颤动、右束支传导阻滞等。基于这些数据，训练机器学习模型可以自动对新的心电图记录进行分类，而不需要人类医生参与。使用的模型是深度神经网络，更具体地说，是所谓的残差网络，通常用于图像。研究人员对此进行了调整，以处理与本研究相关的心电图信号。在第 6 章中，我们介绍了深度学习模型及其训练算法。

评估这样的模型在实践中的表现并不简单。这项研究采用的方法是请三位具有心电图经验的不同心脏病专家对来自不同患者的 827 份心电图记录进行检查和分类。该数据集随后由算法、两名从业四年的心脏病学住院医师、两名从业三年的急诊住院医师和两名五年级医学生进行评估。然后比较平均性能。结果是，与人类在六种异常分类方面的表现相比，该算法取得了更好或相同的结果。

在继续之前，让我们停下来思考一下上面的例子。事实上，在这个例子中可以了解许多机器学习的核心概念。

正如我们前面提到的，机器学习的第一个基石是数据。仔细看看数据实际上是什么，我们注意到它有不同的形式。首先，我们有用于训练模型的*训练数据*。每个训练数据点都包含 ECG 信号（称为输入）和对应于该信号中所见心脏病类型的标签（称为*输出*）。为了训练模型，我们需要访问输入和输出，后者必须由领域专家手动分配（或者可能是一些辅助检查）。因此，从标记的数据点训练模型被称为*有监督学习*。我们认为学习是由领域专家监督的，学习目标是获得一个可以模仿专家所做的标记的计算机程序。其次，我们有（未标记的）ECG 信号，“在生产中”使用时，它们将被送到程序中。重要的是要记住，模型的最终目标是在第二阶段获得准确的预测。我们说，模型做出的预测必须*泛化*到*训练数据之外*。如何训练能够泛化的模型，以及如何评估它们的泛化程度，是贯穿本书研究的核心理论问题（具体参见第 4 章）。

我们在图 1.2 中说明了 ECG 预测模型的训练。然而，对于所有有监督机器学习问题，训练过程的一般结构是相同的（或至少非常相似）。

我们在 ECG 示例中遇到的另一个关键概念是分类问题。分类是一种有监督机器学习任务，相当于为每个数据点预测某个类别或标签。具体来说，对于分类问题，只有有限数量的可能输出值。在 ECG 示例中，类别对应心脏病的类型。例如，类别可能是“正常”或“异常”，在这种情况下，我们将其称为二元分类问题（只有两个可能的类别）。更一般地，我们可以设计一个模型来将每个信号分类为“正常”，或者将其分配给一组预定的异常。然后，我们将面临更复杂的多类分类问题。

然而，分类并不是我们将遇到的有监督机器学习的唯一应用。具体来说，我们还将研究另一种类型的问题，称为*回归问题*。回归与分类的不同之处在于输出（即我们希望模型预测的数量）是一个数值。我们用一个材料科学的例子来说明。

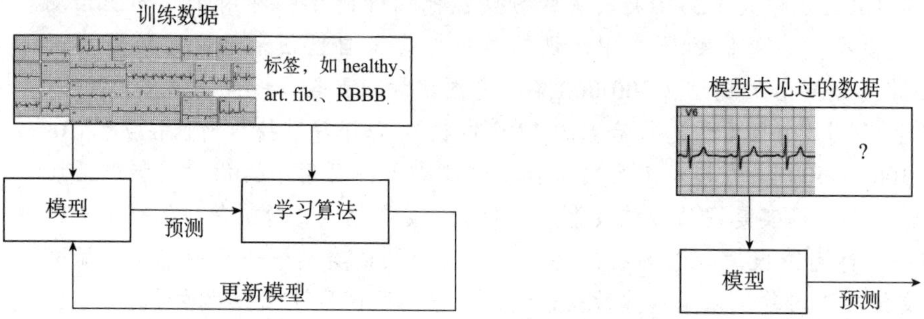

a) 模型未知参数的值由学习算法设置，以便模型用最佳方式描述可用的训练数据

b) 学习模型用于新的、以前未见过的数据，我们希望在这些数据中获得正确的分类。因此，模型必须能够泛化到训练数据中不存在的新数据

图 1.2　用图 a 的训练来说明有监督机器学习过程，然后在图 b 中使用经过训练的模型

示例 1.2　晶体的形成能

大部分技术发展都是由发现具有独特特性的新材料推动的。事实上，由于材料科学的进步，出现了电动汽车的触摸屏和电池等技术。传统上，材料的发现主要是通过实验来完成的，但这既费时又费钱，限制了可以发现的新材料的数量。因此，在过去的几十年中，计算方法发挥了越来越重要的作用。计算材料科学背后的基本思想是筛选大量假设材料，通过计算方法预测各种感兴趣的性质，然后尝试通过实验合成最有希望的候选材料。

结晶固体（或简称为晶体）是无机材料的主要类型。在晶体中，原子排列成高度有序的微观结构。因此，要了解这种材料的性质，仅仅知道材料中每种元素的比例是不够的，还需要知道这些元素（或原子）是如何排列成晶体的。因此，在考虑假设材料时，感兴趣的基本属性是晶体的**形成能**。形成能可以被看作自然界从各个元素形成晶体所需的能量。大自然力求找到一个最小的能量配置。因此，如果预测某种晶体结构的形成能明显大于由相同元素组成的替代晶体，那么它在实践中不太可能以稳定的方式合成。

可用于计算形成能的经典方法（可追溯到 20 世纪 60 年代）是所谓的密度泛函理论（DFT）。基于量子力学建模的 DFT 方法为计算材料科学的首次突破铺平了道路，使材料发现的高通量筛选成为可能。话虽如此，DFT 方法的计算成本非常高，即使使用现代超级计算机，也只有一小部分可能感兴趣的材料得到了分析。

为了突破这一限制，最近人们对使用机器学习进行材料发现产生了浓厚的兴趣，并有可能引发第二次计算革命。例如，通过训练机器学习模型来预测形成能——但只需要 DFT 所需计算时间的一小部分——可以研究更大范围的候选材料。

作为一个具体的例子，Faber 等人（2016）使用称为核岭回归（见第 8 章）的机器学习方法来预测大约 2 000 000 个所谓的钙钛矿晶体的形成能。机器学习模型是一个计算机程序，它以候选晶体作为输入（本质上是对晶体中原子位置和元素类型的描述)，并被要求返回对形成能的预测。为了训练模型，随机选择了10 000个晶体，并使用DFT计算它们的形成能。然后对该模型进行训练来预测形成能，以尽可能与训练集上的DFT输出一致。训练完成后，该模型用于预测剩余99.5%潜在的钙钛矿晶体能量。其中，128个新的晶体结构被发现具有良好的能量，因此在自然界中具有潜在的稳定性。

比较上面讨论的两个示例，我们可以发现一些有趣的结论。正如已经指出的，一个区别是ECG模型被要求预测某个类别（例如，正常或异常），而材料发现模型被要求预测一个数值（晶体的形成能）。这是我们将在本书中研究的两种主要类型的预测问题，分别称为分类和回归。虽然在概念上相似，但我们经常根据问题类型对基础数学模型进行细微调整。因此，将它们分开处理是有益的。

不过，这两种类型都是有监督学习问题。也就是说，我们训练一个预测模型来模仿“主管”所做的预测。然而，有趣的是，监督不一定由人类领域专家完成。实际上，对于形成能模型，训练数据是通过运行自动化（但成本高）的密度泛函理论计算获得的。在其他情况下，我们可能会在收集训练数据时自然地获得输出值。例如，假设你要构建一个模型，用于根据两支球队球员的数据来预测足球比赛的结果。这是一个分类问题（输出是“赢”“输”或“平”），但训练数据不必手动标记，因为我们直接从历史匹配中获取标签。类似地，如果你想建立一个回归模型来根据公寓的大小、位置、状况等因素预测公寓的价格，那么输出（即价格）是直接从历史销售中获得的。

最后，值得注意的是，尽管上面讨论的示例对应着非常不同的应用领域，但从机器学习的角度来看，这些问题非常相似。实际上，图1.2中概述的一般程序也适用于材料发现问题，只需稍做修改。机器学习方法的这种通用性和多功能性是其主要优势和优点之一。

在本书中，我们将利用统计和概率论来描述用于进行预测的模型。使用概率模型使我们能够系统地表示和应对预测中的不确定性。在上面的示例中，为什么需要这样做可能并不明显。也许可以争辩说，在心电图问题和形成能问题中都有一个“正确答案”。因此，我们可能期望机器学习模型能够在其预测中提供明确的答案。然而，即使在有正确答案的情况下，机器学习模型也依赖于各种假设，并且它们是使用计算学习算法从数据中训练出来的。有了概率模型，我们就能够表示模型预测中的不确定性，无论它来自数据、建模假设还是计算。此外，在机器学习的许多应用中，输出本身是不确定的，没有明确的答案。为了强调概率预测的必要性，让我们考虑一个体育数据分析的例子。

示例1.3 足球进球概率

足球运动包含大量关于球员在比赛中的表现、球队如何协作、球员在一段时间内的表现等方面的数据。这些数据都用于更好地了解比赛并帮助球员充分发挥他们的潜力。

考虑预测射门是否会进球的问题。为此，我们将使用一个相当简单的模型，其中预测仅基于球员射门时在场上的位置。具体来说，输入为球员与球门的距离以及从球员位置到球门柱的两条线之间的角度，见图1.3a。输出对应于射门是否命中目标，这意味着这是一个二元分类问题。

显然，知道球员的位置并不足以肯定地说明射门是否成功。尽管如此，假设它提供了一些关于进球机会的信息是合理的。事实上，在靠近球门线位置的大角度射门直觉上比从靠近边线的位置射门更有可能进球。为了在构建机器学习模型时包含这一事实，我们不会要求模型预测射门的结果，而是预测**进球的概率**。这是通过使用概率模型来实现的，该模型是通过最大化观察到的训练数据相对于概率预测的总概率来训练的。例如，使用所谓的**逻辑回归模型**（参见第3章），我们获得了从任何位置进球的预测概率，如图1.3b中的热力图所示。

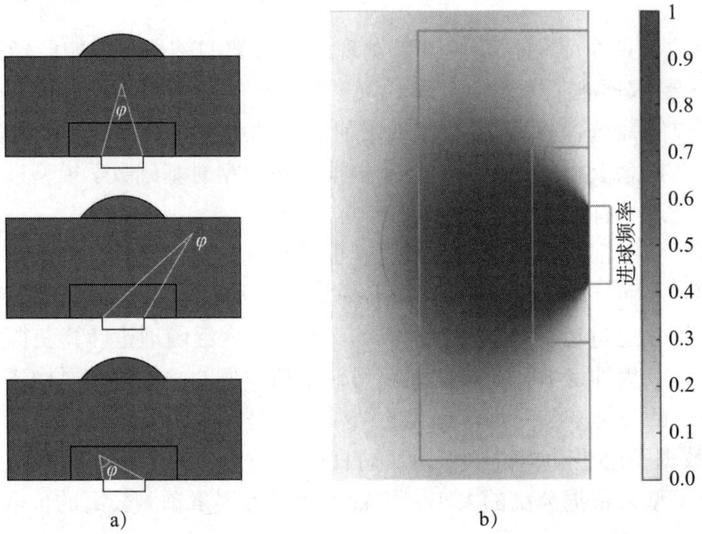

图 1.3

上面提到的有监督学习问题根据输出的类型分为分类问题或回归问题。这些问题类型是有监督机器学习最常见和最典型的例子，它们将构成本书中讨论的大多数方法的基础。然而，机器学习实际上更为通用，可用于构建复杂的预测模型，这些模型既不适合分类问题也不适合回归问题。为了激发对机器学习领域进一步探索的兴趣，我们在下面提供了两个这样的示例。这些示例超出了我们在本书中明确研究的特定问题的表述，但它们仍然建立在相同的核心方法论之上。

在第一个示例中，我们说明了计算机视觉能力，即如何将图像的每个单独像素分类到描述像素所属对象的类中。这在自动驾驶和医学成像等领域具有重要应用。与前面的示例相比，这引入了额外的复杂性，因为模型需要能够在其分类中处理跨图像的空间依赖性。

示例 1.4 逐像素类预测

在机器视觉方面，一个重要的能力是能够将图像中的每个像素与相应的类别相关联。图1.4是自动驾驶应用中的示意图。这被称为**语义分割**。在自动驾驶中，它用于分类汽车、道路、行人等。然后将输出用作其他算法的输入，例如避免碰撞。在医学成像方面，使用语义分割来区分不同的器官和肿瘤。

为了训练语义分割模型，训练数据由大量图像（输入）组成。对于每个这样的图像，都有一个相同大小的对应的输出图像，其中每个像素都被手工标记为属于某个类别。有监督机器学习问题相当于使用这些数据来找到一个映射，该映射能够获取一个新的看不见的图像，并以每个像素的预测类别的形式产生相应的输出。本质上，这是一种分类问题，但所有像素都需要同时分类，同时尊重图像的空间依赖性，以产生连贯的分割。

图 1.4 的底部显示了这种算法生成的预测，其目的是将每个像素分类为汽车（蓝色）、交通标志（黄色）、人行道（紫色）或树木（绿色）。这项任务的最佳性能解决方案依赖于巧妙设计的深度神经网络（见第 6 章）。

图 1.4

在最后一个示例中，我们将标准提得更高，因为这里的模型需要能够解释所谓的时空问题中的空间依赖性和时间依赖性。随着我们能够访问越来越多的数据，这些问题也出现在越来越多的应用中。更准确地说，我们研究的问题是如何建立概率模型，以便更好地估计和预测城市（在本例中为伦敦）跨时间和空间的空气污染。

示例 1.5 估计伦敦各地的空气污染水平

世界上大约 91% 的人口生活在空气质量水平低于世界卫生组织建议水平的地方。最近的估计表明，每年约有 420 万人死于由环境空气污染引起的中风、心脏病、肺癌和慢性呼吸道疾病。

处理这个问题的第一步自然是通过技术手段来测量和汇总有关跨时间和空间的空气污染水平的信息。这些信息使机器学习模型能够更好地估计和准确预测空气污染，从而进行适当干预。我们在这里介绍的工作旨在针对伦敦市做这件事，那里每年有超过 9000 人因空气污染而过早死亡。

与不久之前的情况相反，现在空气质量传感器的成本相对较低。再加上对这个问题的认识不断提高，感兴趣的公司、个人、非营利组织和社区团体通过设置传感器和提供数据来做出贡献。更具体地说，本例中的数据来自地面传感器网络，以 7km×7km 的空间分辨率提供每小时 NO_2 读数和每小时卫星数据。由此产生的有监督机器学习问题是建立一个模型，可以跨时间和空间提供空气污染水平的预测。由于输出（污染水平）是一个连续变量，因此这是一种回归问题。这里特别具有挑战性的方面是，测量结果是在不同的空间分辨率和不同的时间尺度上报告的。

这个问题的技术挑战在于合并来自许多不同类型传感器的信息，这些传感器报告它们在不同空间尺度上的测量结果，有时称为多传感器多分辨率问题。除了这里考虑的问题外，这类问题还有许多不同的应用。提供图 1.5 所示估计值的解决方案的基础是高斯过程（见第 9 章）。

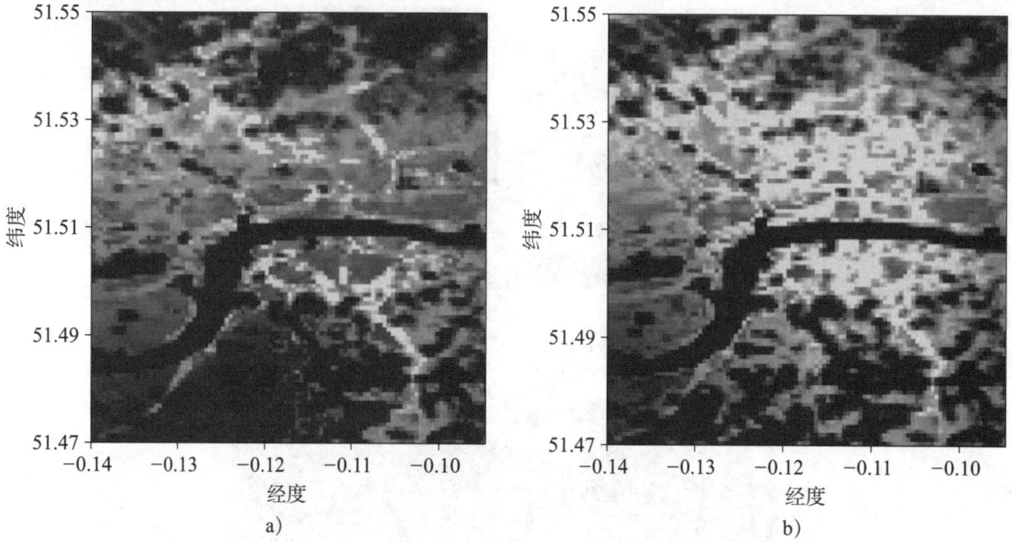

图 1.5

图 1.5 说明了高斯过程模型在伦敦 NO_2 水平时空估计和预测方面的输出。图 1.5a 是 2019 年 2 月 19 日 11:00 的情况，使用来自提供每小时 NO_2 读数的两个地面传感器和卫星数据的观测结果。在图 1.5b 中，我们仅使用卫星数据获得 2019 年 2 月 19 日 17:00 的情况。

高斯过程是非线性函数的非参数和概率模型。非参数意味着它的假设不依赖任何特定的参数函数形式。概率模型这一事实意味着它能够以系统的方式表示和操纵不确定性。

1.2 关于本书

本书的目的是介绍有监督机器学习的原理，不要求读者具备该领域的经验。我们专注于基础数学以及实践方面。这本书是教科书，而不是参考书籍或编程手册。因此，它仅包含对有监督机器学习方法的仔细（但全面）选择，而没有编程代码。到目前为止，有许多编写良好且文档齐全的代码包可供使用。我们坚信，有了对数学和方法的内部工作原理的良好理解，读者将能够在本书和他们最喜爱的编程语言之间建立联系。

我们在本书中采用了统计视角，这意味着我们将根据统计特性来讨论相关方法。因此，阅读本书需要一些统计学、概率论、微积分和线性代数方面的知识。我们希望从头到尾阅读本书能为读者成为机器学习工程师和 / 或在该领域继续深造提供一个良好的起点。

本书以适合连续阅读的结构编写。然而，根据读者的兴趣，还可以选择多种不同的阅读路径。图 1.6 说明了各章之间的主要依赖关系。最基本的主题将在第 2 ～ 4 章中讨论，我们建议读者在阅读技术上更高级的章节（第 5 ～ 9 章）之前阅读这些章节。

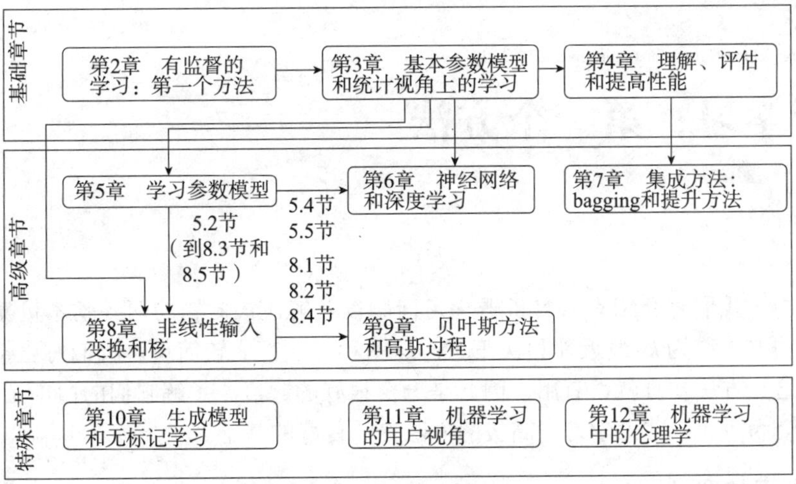

图 1.6 本书的结构，用方框（章节）和箭头（推荐的章节阅读顺序）说明。我们建议先阅读（或至少略读）第 2 ～ 4 章中的基本内容。根据读者的兴趣，可以选择第 5 ～ 9 章的阅读路径，这部分内容属于更高级的技术。对于第 10 ～ 12 章，我们建议先阅读基础章节

第 10 章讨论机器学习的高级监督设置，第 11 章侧重于设计成功的机器学习解决方案的一些更实际的方面，与前几章相比技术性不强。最后，第 12 章（由 David Sumpter 撰写）讨论了现代机器学习中的某些伦理问题。

1.3 拓展阅读

到目前为止，有很多关于机器学习主题的教科书，与我们在本书中的介绍方式相比，这些教科书以不同的方式介绍了该领域。我们这里只提几个。Hastie 等人（2009）以数学上扎实且易于理解的方式介绍了统计机器学习领域。几年后，James 等人（2013）出版了他们的书的不同版本，在数学上明显更简洁，以更易于理解的方式传达主要思想。这些书没有深入涉足贝叶斯方法和神经网络领域。但是，有几本补充书籍可以做到这一点，如 Bishop（2006）和 Murphy（2021）。MacKay（2003）提供了一个相当早的描述，将有趣和有用的联系与信息论结合起来，这本书仍然非常值得研究。Shalev-Shwartz 和 Ben-David（2014）明确关注基础理论结构，将非常深刻的问题（例如“什么是学习”和“机器如何学习”）与数学联系起来。对于希望加深对该领域理论背景的理解的读者来说，这是一本完美的书。我们还提到了 Efron 和 Hastie（2016）的工作，作者对该领域的发展采取建设性的历史方法，涵盖了随计算机而兴起的数据分析革命。Strang（2019）和 Deisenroth 等人（2019）提供了对机器学习数学的当代介绍。

有关心脏异常自动诊断工作的完整说明，请参见 Ribeiro 等人（2020）。对于机器学习（尤其是深度学习）在医学中的使用的一般性介绍，我们推荐 Topol（2019）。我们从 Faber 等人（2016）的研究中借用了核岭回归在钙钛石晶体中的应用。Schütt 等人（2020）的合集中回顾了机器学习在材料科学中的其他应用。伦敦空气污染研究由 Hamelijnck 等人（2019）发表。作者介绍了我们在第 9 章中解释的高斯过程模型的有趣和有用的发展。在语义分割方面，Long 等人（2015）的开创性工作引起了广泛的兴趣。目前语义分割发展的两个主要基础由 Zhao 等人（2017）和 L.-C.Chen 等人（2017）建立。David Sumpter（2016）中提供了对足球数学的全面介绍，Decroos 等人（2019）给出了关于如何评估球员行为的最新想法。

有监督学习：第一个方法

在本章中，我们将介绍有监督机器学习问题以及解决该问题的两种基本机器学习方法。我们将介绍的方法称为 k- 最近邻和决策树。这两种方法都比较简单，我们可直接推导出来。尽管如此，这些方法本身就很有用，因此是一个很好的起点。了解它们的内部工作原理、优点和缺点也会为后面章节中学习更高级的方法奠定良好的基础。

2.1 有监督机器学习

在有监督机器学习中，我们有一些*训练数据*，其中包含一些输入[⊖]变量 $\mathbf{x}$ 与输出[⊜]变量 y 之间关系的示例。通过使用我们适应训练数据的一些数学模型或方法，我们的目标是预测一组新的、以前看不见的*测试数据*的输出 y，其中只有 $\mathbf{x}$ 是已知的。我们通常说我们从训练数据中学习（或训练）一个模型，并且该过程涉及在计算机上实现的一些计算。

2.1.1 从有标记的数据中学习

在大多数有趣的有监督机器学习应用中，输入 $\mathbf{x}$ 和输出 y 之间的关系很难明确描述。完全从应用领域知识中获取这种关系可能太麻烦或太复杂，甚至有可能是未知的。因此，这个问题通常不能通过编写一个传统的计算机程序来解决，该程序将 $\mathbf{x}$ 作为输入并从一组规则中返回 y 作为输出。相反，有监督机器学习方法是从数据中学习 $\mathbf{x}$ 和 y 之间的关系，其中包含观察到的输入和输出值对的示例。换句话说，有监督机器学习相当于从示例中学习。

用于学习的数据称为*训练数据*，它必须由几个输入－输出数据点（样本）$(\mathbf{x}_i, y_i)$组成，总共 n 个。我们将训练数据紧凑地写为$\mathcal{T}=\{\mathbf{x}_i, y_i\}_{i=1}^n$。训练数据中的每个数据点都提供了 y 如何依赖于 $\mathbf{x}$ 的快照，有监督机器学习的目标是从$\mathcal{T}$中挤出尽可能多的信息。在本书中，我们将只考虑假设单个数据点（概率）*独立*的问题。例如，这不包括时间序列分析中的应用，其中对 $\mathbf{x}_i$ 和 $\mathbf{x}_{i+1}$ 之间的相关性进行建模是有意义的。

- 训练数据不仅包含输入值 $\mathbf{x}_i$ 还包含输出值 y_i 的事实是术语“有监督”机器学习的原因。我们可以说每个输入 $\mathbf{x}_i$，都伴随着一个标签 y_i，或者简单地说我们已经*标记了数据*。对于某些应用，只需联合记录 $\mathbf{x}$ 和 y。在其他应用中，输出 y 必须由领域专家通过对训练数据输入 $\mathbf{x}$ 进行标记来创建。例如，要为第 1 章介绍的心血管疾病应用构建训练数据集，心脏病专家需要查看所有训练数据输入（ECG 信号）$\mathbf{x}_i$，并通过分配给变量 y_i 来标记它们，以对应在信号中看到的心脏状况。因此，整个学习过程由领域专家“监督”。

⊖ 输入通常也称为特征、属性、预测因子、回归因子、协变量、解释变量、控制变量或自变量。

⊜ 输出通常也称为响应、回归、标签、解释变量、预测变量或因变量。

我们使用黑斜体符号向量 $\boldsymbol{x}$ 来表示输入，因为我们假设它是一个 p 维向量，$\boldsymbol{x}=[x_1\ x_2 \cdots\ x_p]^{\mathrm{T}}$，其中T表示转置。输入向量 $\boldsymbol{x}$ 的每个元素代表一些被认为与当前应用相关的信息，例如室外温度或失业率。在许多应用中，输入 p 的数量很大，或者换句话说，输入 $\boldsymbol{x}$ 是一个高维向量。例如，在输入为灰度图像的计算机视觉应用中，$\boldsymbol{x}$ 可以是图像中的所有像素值，因此 $p=h\times w$，其中 h 和 w 表示输入图像的高度和宽度[⊖]。另一方面，输出 y 通常是低维的，在本书的大部分内容中，我们将假设它是一个标量值。输出值的类型（数值型或分类型）很重要，用于区分有监督机器学习问题的两个子类型：*回归*和*分类*。我们接下来再讨论这个问题。

2.1.2 数值型和分类型变量

我们的数据中包含的变量（输入和输出）可以是两种不同的类型：数值型或分类型。数值型变量具有自然顺序。我们可以说数值型变量的一个实例大于或小于同一变量的另一个实例。例如，数值型变量可以用连续实数表示，但也可以是离散的，例如整数。另一方面，分类型变量总是离散的，重要的是，它们缺乏自然排序。在本书中，我们假设任何分类型变量只能取有限数量的不同值。下面的表 2.1 给出了几个例子。

表 2.1 数值型和分类型变量的示例

变量类型	例子	处理为
数（连续）	32.23km/h，12.50km/h，42.85km/h	数值型
自然数（离散）	0 个孩子，1 个孩子，2 个孩子	数值型
次序		
非自然数（离散）	1= 瑞典，2= 丹麦	分类型
次序	3= 挪威	
文本字符串	你好，再见，欢迎	分类型

数值型和分类型之间的区别有时会有些武断。例如，我们可以争辩说没有孩子与有孩子在性质上是不同的，并使用分类型变量“孩子：是 / 否”而不是数字“0、1 或 2 个孩子”。因此，需要由机器学习工程师决定将某个变量视为数值型变量还是分类型变量。

分类型与数值型的概念适用于输出变量 y 和输入向量 $\boldsymbol{x}=[x_1\ x_2 \cdots x_p]^{\mathrm{T}}$ 的 p 个元素 x_j。所有 p 个输入变量不必是同一类型。混合使用分类型和数值型输入是非常好的（并且在实践中很常见）。

2.1.3 分类和回归

我们通过输出 y 的类型来区分不同的有监督机器学习问题。

*回归*意味着输出是数值型的，*分类*意味着输出是分类型的。

造成这种区别的原因是回归和分类问题具有一些不同的性质，并且使用不同的方法来解决它们。

请注意，对于回归和分类问题，p 个输入变量 $\boldsymbol{x}=[x_1\ x_2 \cdots x_p]^{\mathrm{T}}$ 可以是数值型的或分类型的。

⊖ 对于基于图像的问题，将输入表示为大小为 $h\times w$ 的矩阵通常比表示为长度为 $p=hw$ 的向量更方便，但维度仍然相同。我们将在第 6 章讨论卷积神经网络时回到这一点，这是一种为图像类型输入量身定制的模型结构。

只有输出的类型可以决定问题是回归问题还是分类问题。解决分类问题的方法称为分类器。

对于分类来说，输出是分类型的，因此只能取有限集中的值。我们使用 M 来表示一组可能的输出值中元素的数量。例如，它可以是 `{false, true}`（M=2）或 `{Sweden, Norway, Finland, Denmark}`（M=4）。我们将这些元素称为类或标签。在分类问题中假设类别数 M 是已知的。为了准备简洁的数学符号，我们使用整数 1, 2, …, M 表示如果 M>2 的输出类。整数的顺序是任意的且并不意味着类的任何顺序。当只有 M=2 个类时，我们就有了**二元分类**这一重要特例。在二元分类中，我们使用标签 −1 和 1（而不是 1 和 2）。偶尔我们也会使用等价的术语**负类**和**正类**。对二元分类使用不同约定的唯一原因是它为某些方法提供了更紧凑的数学符号，并且没有更深层次的含义。现在让我们看一下分类和回归问题的示例，这两个问题都将在本书中使用。

示例 2.1　对歌曲进行分类

假设我们要构建一个“歌曲分类器”应用程序，用户在其中录制一首歌曲，应用程序通过报告这首歌是否具有 The Beatles、Kiss 或 Bob Dylan 的艺术风格来回答。在这个虚构应用程序的核心中必须有一种机制，将录音作为输入并返回艺术家的名字。

如果我们首先收集来自三个组 / 艺术家的歌曲录音（我们可以从标记数据集知道每首歌曲背后的艺术家），我们可以使用有监督机器学习来学习他们不同风格的特征，并据此预测用户提供的新歌曲。在有监督机器学习术语中，艺术家姓名（The Beatles、Kiss 或 Bob Dylan）是输出 y。在这个问题中，y 是分类型的，因此我们面临分类问题。

机器学习工程师的重要设计选择之一是详细说明输入 $\boldsymbol{x}$ 的实际含义。原则上可以考虑将原始音频信息作为输入，但这会给出一个非常高维的 $\boldsymbol{x}$（除非使用特定于音频的机器学习方法），这很可能需要大量不切实际的训练数据才能成功（我们将在第 4 章详细讨论这方面）。因此，更好的选择可能是定义一些音频记录的汇总统计数据，并使用那些所谓的**特征**作为输入 $\boldsymbol{x}$。例如，作为输入特征，我们可以使用录音的长度和歌曲的“感知能量”。录音的长度很容易测量。由于不同歌曲之间的差异很大，我们采用实际长度（以 s 为单位）的对数来获得所有歌曲相同范围内的值。这种特征变换在实践中通常用于使输入数据更加均匀。

一首歌[⊖]的能量有点棘手，确切的定义甚至可能是模棱两可的。但是，我们将其留给音频专家，并重新使用他们为此目的[⊖]编写的软件，而不会过多地担心其内部工作原理。只要这个软件为输入的任何录音返回一个数值，并且总是为相同的录音返回相同的数值，我们就可以将它用作机器学习方法的输入。

在图 2.1 中，我们绘制了一个包含三位艺术家的 230 首歌曲的数据集。每首歌曲由一个点表示，其中水平轴是其长度的对数（以 s 为单位），垂直轴是能量（在 0 ～ 1 范围内）。当我们稍后回到这个示例并对其应用不同的有监督机器学习方法时，这些数据将是训练数据。

⊖ 我们用这个术语指的是感知到的音乐能量，而不是严格意义上的信号能量。

⊖ 具体来说，我们在这里使用 http://api.spotify.com/。

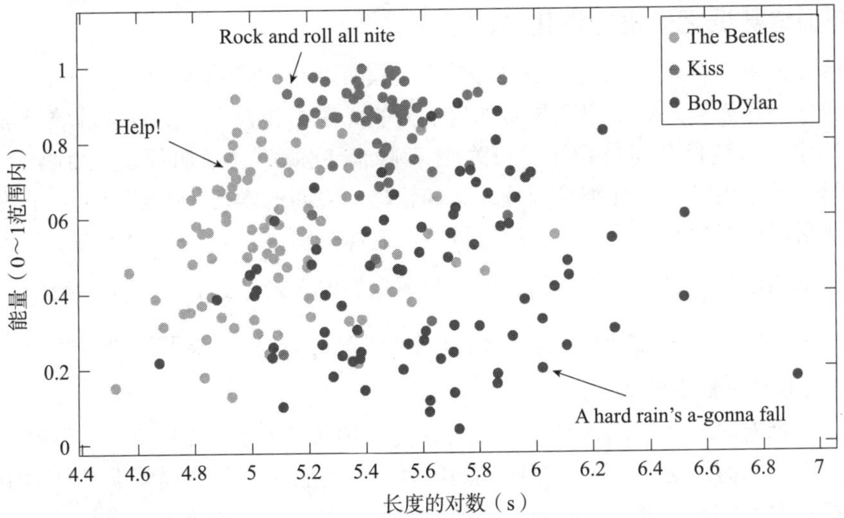

图　2.1

示例 2.2　汽车停车距离

Ezekiel 和 Fox（1959）提供了一个数据集，其中包含 62 个不同初始速度下不同车辆制动至完全停止所需距离的观测值[㊀]。该数据集包含以下两个变量：

- 速度（Speed）。给出制动信号时车辆的速度。
- 距离（Distance）。发出信号到汽车完全停止为止的行驶距离。

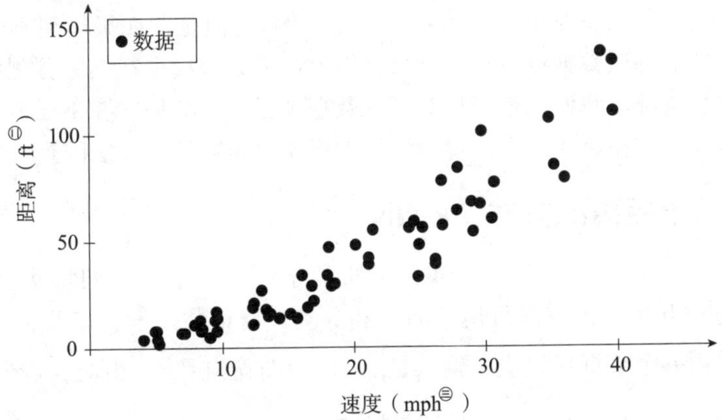

图　2.2

为了解决这个问题，我们将 Speed 解释为输入变量 x，将 Distance 解释为输出变量 y，如图 2.2 所示。请注意，我们在此处使用非黑斜体符号作为输入，因为在此示例中它是标量值而不是输入向量。由于 y 是数值，因此这是一个回归问题。然后我们问自己，如果初始速度分别为 33mph 或 45mph（没有记录数据的两种速度），停车距离会是多少。提出这个问题的另一种方法是询问 $\hat{y}(x_\star)$ 对 $x_\star=33$ 和 $x_\star=45$ 的预测。

㊀ 数据有些过时，因此结论可能不适用于现代汽车。

㊁ 1ft=30.48cm。——编辑注

㊂ 1mph=1.6093km/h。——编辑注

2.1.4 在训练数据之外进行泛化

对训练数据中的输入 - 输出关系进行数学建模有两个主要原因。

（1）推理和探索输入和输出变量是如何连接的。医学和社会学等科学领域经常遇到的一项任务是确定一对变量之间是否存在相关性（例如，吃海鲜会增加预期寿命吗）。此类问题可以通过学习数学模型，并仔细推理输入 $\boldsymbol{x}$ 和输出 y 之间的学习关系是否仅由于数据中的随机效应，或所提出的关系似乎存在某种实质的可能性来解决。

（2）预测输出值 $y_\star$ 对于一些新的、以前看不见的输入 $\boldsymbol{x}_\star$。通过使用某种数学方法来概括训练数据中看到的输入 - 输出示例，我们可以通过 $\hat{y}(\boldsymbol{x}_\star)$ 对先前未见过的测试输入 $\boldsymbol{x}_\star$ 进行预测。^ 表示预测是对输出的估计。

这两个目标有时用于粗略区分经典统计，更多地关注目标（1）和机器学习，其中目标（2）更为核心。然而，这并不是一个明确的区别，因为预测建模也是经典统计学中的一个主题，并且机器学习中也研究了可解释的模型。然而，本书的主要重点是进行预测，即上述目标（2），这是有监督机器学习的基础。我们的总体目标是通过 $\hat{y}(\boldsymbol{x}_\star)$ 获得尽可能准确的预测（以某种适当的方式测量），以获得广泛的可能测试输入 $\boldsymbol{x}_\star$。我们说我们对泛化远远超出训练数据的方法感兴趣。

一种可以很好地概括上述音乐示例的方法将能够正确地告诉艺术家一首不在训练数据中的新歌（当然，假设新歌的艺术家是训练数据中存在的三位之一）。泛化到新数据的能力是机器学习的一个关键概念。如果仅在训练数据上进行评估，构建给出非常准确预测结果的模型或方法并不难（我们将在下一节中看到一个示例）。但是，如果模型不能泛化，这意味着当模型应用于新的测试数据点时预测结果会很差，那么该模型在实际预测中几乎没有什么用处。如果是这种情况，我们说该模型对训练数据过拟合。我们将在下一节说明特定机器学习模型的过拟合问题，在第 4 章中，我们将使用更通用和数学的方法回到这个概念。

2.2 一个基于距离的方法：*k*-NN

现在是时候遇到我们的第一个实际的机器学习方法了。我们将从相对简单的 *k*- 最近邻（*k*-NN）方法开始，该方法可用于回归和分类。请记住，设置是我们可以访问训练数据 $\{\boldsymbol{x}_i, y_i\}_{i=1}^n$，它由 n 个数据点组成，输入是 $\boldsymbol{x}_i$，对应的输出是 y_i。由此我们想通过 $\hat{y}(\boldsymbol{x}_\star)$ 来预测新的 $\boldsymbol{x}_\star$ 的输出 $y_\star$，这将是我们以前没有见过的。

2.2.1 *k*-NN算法

大多数有监督机器学习的方法都建立在这样的直觉之上：如果测试数据点 $\boldsymbol{x}_\star$ 接近训练数据点 $\boldsymbol{x}_i$，则 $\hat{y}(\boldsymbol{x}_\star)$ 的预测应该接近 y_i。这是一个普遍的想法，但在实践中实现它的一种简单方法如下：首先，计算测试输入和所有训练输入之间的欧几里得距离[⊖] $\|\boldsymbol{x}_i-\boldsymbol{x}_\star\|_2$，$i=1,\cdots, n$；

⊖ 测试点 $\boldsymbol{x}_\star$ 与训练数据点 $\boldsymbol{x}_i$ 之间的欧几里得距离为 $\|\boldsymbol{x}_i-\boldsymbol{x}_\star\|_2=\sqrt{(x_{i1}-x_{\star 1})^2+(x_{i2}-x_{\star 2})^2}$。也可以使用其他距离函数，这将在第 8 章中讨论。我们将在第 3 章中讨论处理分类型输入变量。

其次，找到与$\boldsymbol{x}_\star$距离最近的数据点$\boldsymbol{x}_j$，并使用其输出作为预测，$\hat{y}(\boldsymbol{x}_\star)=y_j$。

这种简单的预测方法称为1-最近邻方法。它不是很复杂，但对于大多数感兴趣的机器学习应用来说，它过于简单了。在实践中，我们很少能*确定*输出值y是多少。在数学上，我们通过将y描述为随机变量来处理这个问题。也就是说，我们将数据视为*噪声*数据，这意味着它会受到称为噪声的随机误差的影响。从这个角度来看，1-最近邻方法的缺点是预测仅依赖于训练数据中的一个数据点，这使得它非常“不稳定”，并且对有噪声的训练数据敏感。

为了改进1-最近邻法，我们可以将其扩展为使用k个最近邻。形式上，我们定义集合$\mathcal{N}_\star=\{i: \boldsymbol{x}_i$是最接近$\boldsymbol{x}_\star$的$k$个训练数据点之一$\}$，并聚合来自$k$个输出$y_j(j\in\mathcal{N}_\star)$的信息做出预测。对于回归问题，我们对$j\in\mathcal{N}_\star$取所有$y_j$的平均值，对于分类问题，我们使用多数投票[⊖]。我们通过示例2.3说明k-最近邻（k-NN）方法，并在方法2.1中对其进行总结。

在进行预测时明确使用训练数据的方法称为*非参数方法*，k-NN方法就是其中一个例子。这与*参数方法*形成对比，在参数方法中，预测是由固定数量的参数控制的某个函数（模型）给出的。对于参数方法，训练数据用于在初始训练阶段学习参数，一旦学习了模型，就可以丢弃训练数据，因为在进行预测时不会明确使用它。我们将在第3章介绍参数化建模。

方法2.1　k-最近邻方法（k-NN）

数据：训练数据$\{\boldsymbol{x}_i, y_i\}_{i=1}^n$和测试输入$\boldsymbol{x}_\star$。

结果：对测试输入的预测结果$\hat{y}(\boldsymbol{x}_\star)$。

1. 对所有训练数据点$i=1,\cdots,n$，计算距离$\|\boldsymbol{x}_i-\boldsymbol{x}_\star\|_2$。
2. 设$\mathcal{N}_\star=\{i:\boldsymbol{x}_i$是最接近$\boldsymbol{x}_\star$的$k$个训练数据点之一$\}$。
3. 计算预测结果$\hat{y}(\boldsymbol{x}_\star)$，按照：

$$\hat{y}(\boldsymbol{x}_\star)=\begin{cases}\text{平均}\{y_j: j\in\mathcal{N}_\star\} & \text{(回归问题)}\\ \text{多数投票}\{y_j: j\in\mathcal{N}_\star\} & \text{(分类问题)}\end{cases}$$

示例2.3　用k-NN预测颜色

我们考虑一个综合二分类问题（$M=2$）。我们得到了一个训练数据集，其中有$n=6$个观察值，$p=2$个输入变量x_1、x_2和一个分类输出y，颜色为红色（Red）或蓝色（Blue），

i	x_1	x_2	y
1	−1	3	Red
2	2	1	Blue
3	−2	2	Red
4	−1	2	Blue
5	−1	0	Blue
6	1	1	Red

⊖ 平局可以用不同的方式处理，例如抛硬币，或向最终用户报告实际投票数，由他们决定如何处理。

我们有兴趣预测输出$\boldsymbol{x}_\star=[1\ 2]^{\mathrm{T}}$。为此，我们将探索两种不同的$k$-NN分类器，一种使用$k=1$，一种使用$k=3$。

首先，我们计算每个训练数据点$\boldsymbol{x}_i$（红点和蓝点）和测试数据点$\boldsymbol{x}_\star$（黑点）之间的欧几里得距离$\|\boldsymbol{x}_i-\boldsymbol{x}_\star\|_2$，然后按升序对它们进行排序。

由于最近的训练数据指向$\boldsymbol{x}_\star$是数据点$i=6$（Red），这意味着对于$k=1$的k-NN，我们通过$\hat{y}(\boldsymbol{x}_\star)$=Red得到预测。对于$k=3$，三个最近邻是$i=6$（Red）、$i=2$（Blue）和$i=4$（Blue）。在这三个训练数据点中获得多数票，Blue以2票对1票获胜，因此我们的预测变为$\hat{y}(\boldsymbol{x}_\star)$=Blue。在图2.3中，$k$=1由内圈表示，$k$=3由外圈表示。

i	$\|\boldsymbol{x}_i-\boldsymbol{x}_\star\|_2$	y_i
6	$\sqrt{1}$	Red
2	$\sqrt{2}$	Blue
4	$\sqrt{4}$	Blue
1	$\sqrt{5}$	Red
5	$\sqrt{8}$	Blue
3	$\sqrt{9}$	Red

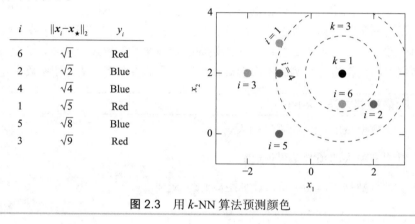

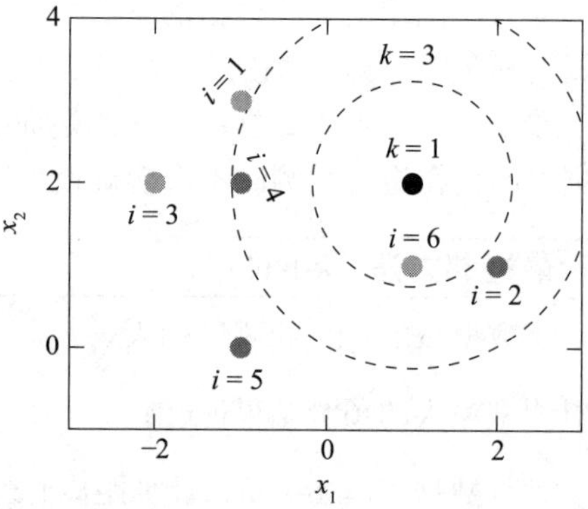

图2.3　用k-NN算法预测颜色

2.2.2　分类器的决策边界

在示例2.3中，我们只计算了一个测试数据点$\boldsymbol{x}_\star$的预测。该预测可能确实是应用程序的最终目标，但为了可视化和更好地理解分类器，我们还可以研究其决策边界，它说明了对所有可能测试输入的预测。我们使用示例2.4介绍决策边界。它是分类器的通用概念，不仅是k-NN，而且只有当$\boldsymbol{x}$的维度为$p=2$时才可能容易地可视化。

示例2.4　预测颜色示例的决策边界

在示例2.3中，我们计算了$\boldsymbol{x}_\star=[1\ 2]^{\mathrm{T}}$。如果我们要在$\boldsymbol{x}_\star^{\mathrm{alt}}$处将测试点向左移动一个单位$\boldsymbol{x}_\star^{\mathrm{alt}}=[0\ 2]^{\mathrm{T}}$，三个最接近的训练数据点仍然包括$i=6$和$i=4$，但现在$i$=2被替换为$i$=1。对于$k$=3，这将给Red两票和Blue一票，因此我们会预测$\hat{y}$=Red。在这两个测试数据点$\boldsymbol{x}_\star$和$\boldsymbol{x}_\star^{\mathrm{alt}}$，在$[0.5\ 2]^{\mathrm{T}}$处，$i=1$与$i=2$的距离相同，并且尚未确定3-NN分类器应该预测Red还是Blue（在实践中，这通常不是问题，因为测试数据点很少会恰好在决策边界结束。如果确实如此，这可以通过抛硬币来处理）。对于所有分类器，我们总能在输入空间中找到这样的点，在这些点上，预测突然从一个类改变到另一个类。这些点被称为在分类器的**决策边界**上。

以类似的方式继续，改变整个输入空间中测试输入的位置并记录类别预测，我们可以计算示例 2.3 的完整决策边界。我们在图 2.4 中绘制了 $k = 1$ 和 $k = 3$ 的决策边界。

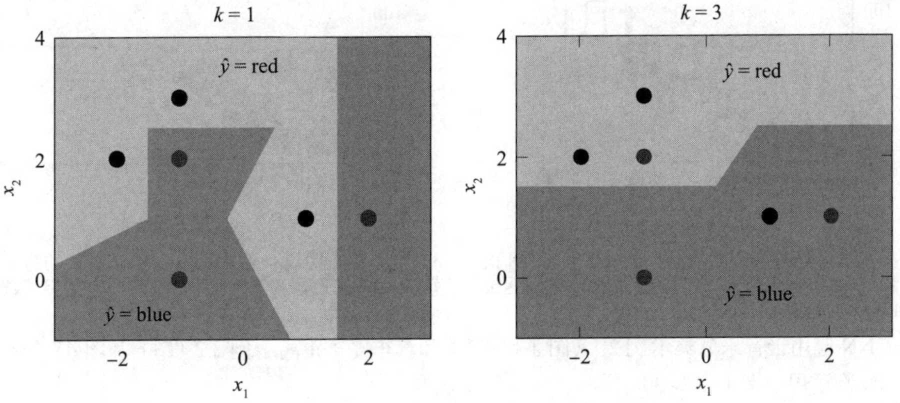

图 2.4

在图 2.4 中，决策边界是输入空间中类别预测发生变化的点，即红色和蓝色之间的边界。这种类型的图给出了分类器的简明摘要。然而，只有在问题具有二维输入 $\boldsymbol{x}$ 的简单情况下才能绘制这样的图。正如我们所见，k-NN 的决策边界不是线性的。在我们稍后将介绍的术语中，k-NN 是一种非线性分类器。

2.2.3 *K* 的选择

使用 k-NN 进行预测时考虑的邻居数量 k 是用户必须做出的重要选择。由于 k 不是由 k-NN 本身学习的，而是留给用户的设计选择，我们将其称为*超参数*。在本书中，我们将使用术语“超参数”来表示其他方法的类似参数调整。

超参数 k 的选择对 k-NN 的预测有很大影响。为了理解 k 的影响，我们研究了图 2.5 中决策边界如何随着 k 的变化而变化，其中 k-NN 应用于音乐分类示例 2.1 和汽车停车距离示例 2.2，均有 k= 1 和 k = 20。

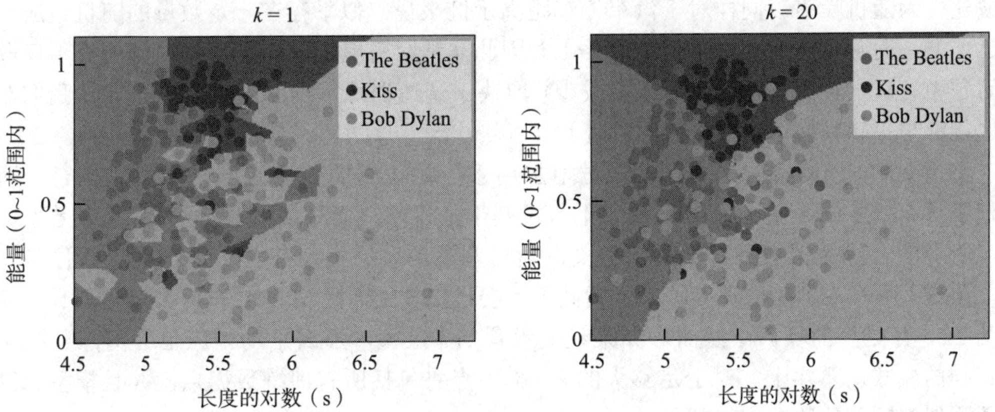

a）使用 k=1 的音乐分类问题的决策边界。这是过拟合的典型示例，这意味着模型对训练数据的适应性太强，以至于它不能很好地泛化到以前未见过的新数据

b）还是音乐分类问题，现在使用 k=20。k 值越高，行为越平滑，有望更准确地预测新歌曲出自哪个艺术家

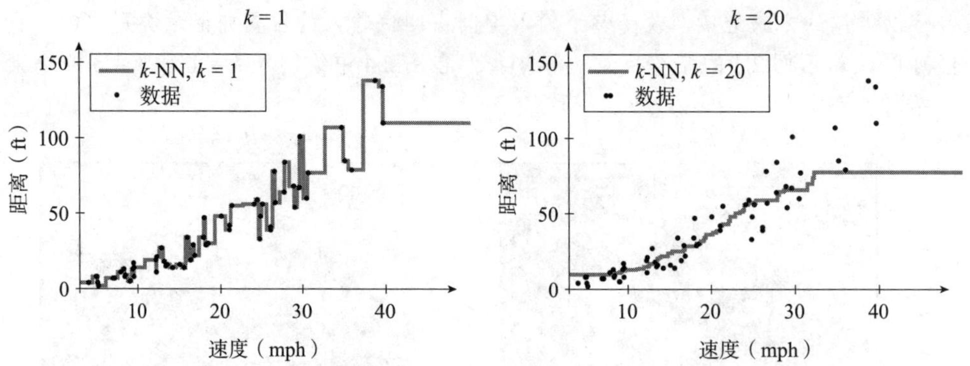

c）黑点是汽车停车距离数据，蓝线显示 k-NN 的预测，对于任何x，k=1。对上面的分类问题，k=1 的 k-NN 对训练数据过拟合

d）汽车停车距离，这次k=20。除了右边的边界效应，这似乎是一个更有用的模型，它捕捉了数据的有趣效果并忽略了噪声

图 2.5 k-NN 应用于音乐分类示例 2.1（图 a 和图 b）和汽车停车距离示例 2.2（图 c 和图 d）。对于这两个问题，k-NN 都适用于 k=1 和 k=20

当 k=1 时，所有训练数据点都将通过构造得到正确预测，并且模型会适应训练数据的确切 $\boldsymbol{x}$ 和 y 值。例如，在分类问题中，红色（The Beatles）区域中的小绿色（Bob Dylan）区域在准确预测新歌的艺术家时很可能会产生误导。为了做出好的预测，最好在整个中左区域为一首新歌预测为红色（The Beatles），因为该区域的绝大多数训练数据点都是红色的。对于回归问题，k=1 给出了相当不稳定的行为，而且对于这个问题，直观上可以很清楚这并没有描述实际效果，而是预测正在适应数据中的噪声。

使用 k=1 的缺点并不特定于这两个示例。在大多数现实世界的问题中，数据中存在一定程度的随机性，或者至少是存在信息不足，这也可以被认为是随机效应。在音乐分类示例中，从这些艺术家录制的所有歌曲中选择了 n=230 首歌曲，由于我们不知道这种选择是如何做出的，我们可以认为它是随机的。此外，更重要的是，如果我们希望我们的分类器泛化到全新的数据，比如我们示例中艺术家的新作品（暂时忽略明显的复杂性），那么假设一个作品的长度和能量是不合理的歌曲的艺术风格将给人以完整的印象。因此，即使使用最好的模型，如果我们只看这两个输入变量，对于哪位艺术家录制了一首歌也存在一些歧义。这种歧义被建模为随机噪声。同样对于汽车停车距离示例来说，似乎存在一定数量的随机效应，不仅在 $\boldsymbol{x}$ 上，而且也在 y 上。通过使用 k=1 并因此非常紧密地适应训练数据，预测将不仅取决于问题中有趣的模式，而且还（或多或少）取决于塑造训练数据的随机效应。通常我们对捕获这些影响不感兴趣，我们将其称为过拟合。

使用 k-NN 分类器，我们可以通过增加用于计算预测的邻近区域来减轻过拟合，即增加超参数 k。例如，当 k=20 时，预测不再仅基于最近邻，而是 20 个最近邻中的多数票。因此，所有的训练数据点不再被完美分类，但一些歌曲最终出现在图 2.5b 中的错误区域。然而，预测不太适应训练数据的特性，因此不太会过拟合，而且图 2.5b 和图 2.5d 确实比图 2.5a 和图 2.5c 有更少的噪声。然而，如果我们设置的 k 过大，那么平均效应也会清除数据中所有有趣的模式。事实上，对于足够大的 k，临近点将包括所有训练数据点，并且模型将简化为预测任何输入的数据均值。

因此，选择 k 是灵活性和刚性之间的权衡。由于选择太大或太小的 k 都会导致无意义的分类器，因此必须存在一些适中的 k 的最佳点（可能是 20，但它可能更少或更多），使分类器的泛化效果最好。不幸的是，对于产生这种情况的 k 并没有通用的答案，并且对于不同的问题答案也是不同的。在音乐分类问题中，k=20 比 k=1 更好地预测新的测试数据点，这似乎是合理的，但很可能有更好的选择。对于停车问题，k=20 的预测效果也比 k=1 更合理，除了很大的 x 产生的边界效应，其中 k-NN 无法捕获数据中 x 增加时的趋势（仅仅是因为 20 个最近邻对于所有测试点$x_\star$在 35 左右和以上都是相同的）。为 k 选择一个好的值的系统方法是使用交叉验证，我们将在第 4 章中讨论。

思考时间 2.1 使用 k-NN 方法得到的预测$\hat{y}(\boldsymbol{x}_\star)$是输入$\boldsymbol{x}_\star$的分段常数函数。对于分类问题，这是很自然的，因为输出是分类型输出（例如，参见图 2.5，其中彩色区域对应输入空间的区域，根据该区域的颜色预测是恒定的）。然而，k-NN 也会对回归问题进行分段常数预测。为什么？

2.2.4 输入标准化

使用 k-NN 时，最后一个重要的实际方面是输入数据标准化的重要性。设想一个具有 $p=2$ 输入变量$\boldsymbol{x}=[x_1\ x_2]^{\mathrm{T}}$的训练数据集，其中$x_1$的所有值都在 [100, 1100] 范围内，而$x_2$的值在更小的范围 [0, 1] 内。例如，$x_1$和$x_2$可能以不同的单位进行测量。测试点$\boldsymbol{x}_\star$与训练数据点$\boldsymbol{x}_i$之间的欧几里得距离为$\|\boldsymbol{x}_i-\boldsymbol{x}_\star\|_2=\sqrt{(x_{i1}-x_{\star1})^2+(x_{i2}-x_{\star2})^2}$。该表达式通常由第一项$(x_{i1}-x_{\star1})^2$支配，而第二项$(x_{i2}-x_{\star2})^2$的影响往往要小得多，这仅仅是因为$x_1$和$x_2$的大小不同。也就是说，不同的范围将导致 k-NN 认为x_1比x_2重要得多。

为了避免这种不良影响，我们可以重新缩放输入变量。在上述示例中，一种选择可能是从x_1中减去 100，然后将其除以 1000，并创建$x_{i1}^{\text{new}}=\dfrac{x_{i1}-100}{1000}$，这样$x_{i1}^{\text{new}}$和$x_2$都在 [0, 1] 范围内。更一般地，输入数据的标准化过程可以写为：

$$x_{i1}^{\text{new}}=\frac{x_{ij}-\min_\ell(x_{\ell j})}{\max_\ell(x_{\ell j})-\min_\ell(x_{\ell j})},\text{对于所有}j=1,\cdots,p,i=1,\cdots,n \tag{2.1}$$

另一种常见的标准化方法（有时称为规范化）是使用训练数据中的平均值和标准差：

$$x_{i1}^{\text{new}}=\frac{x_{ij}-\bar{x}_j}{\sigma_j},\forall\ j=1,\cdots,p,i=1,\cdots,n \tag{2.2}$$

其中$\bar{x}_j$和σ_j分别是每个输入变量的均值和标准差。

对于 k-NN 来说，应用某种类型的输入标准化至关重要（如图 2.5 所示），但是在使用其他方法时也应用这一点是一个很好的做法，如果没有其他的话，可以用于数值稳定性。然而，重要的是，仅使用训练数据来计算比例因子（$\min_\ell(x_{\ell j})$，$\bar{x}_j$等），并将该比例应用于未来的测试数据点。如果不这样做，例如在将测试数据放在一边之前执行标准化（我们将在第 4 章中详细讨论），可能会得出错误的结论，即该方法在预测未来（尚未看到的）数据点方面的表现如何。

2.3 一种基于规则的方法：决策树

k-NN 方法通过$\hat{y}(\boldsymbol{x}_\star)$进行预测，它是输入$\boldsymbol{x}_\star$的分段常数函数。也就是说，该方法将输入空间划分为不相交的区域，每个区域都与某个（常数）预测相关联。对于 k-NN，这些区域由每个可能的测试输入的 k- 邻域隐式给出。我们将在本节中研究的另一种方法是提出一组明确定义区域的规则。例如，考虑示例 2.1 中的音乐数据，构建分类器的一组简单的高级规则是：图 2.1 中右侧的输入被分类为绿色（Bob Dylan），左侧的输入被分类为红色（The Beatles），并在上部显示为蓝色（Kiss）。我们现在将看到如何从训练数据中系统地学习这些规则。

我们在此看到的基于规则的模型称为*决策树*。原因是用于定义模型的规则可以组织在称为二叉树的图形结构中。决策树有效地将输入空间划分为多个不相交的区域，在每个区域中，使用一个常量值进行预测$\hat{y}(\boldsymbol{x}_\star)$。我们用一个示例来说明这一点。

示例 2.5　用决策树预测颜色

我们考虑一个分类问题，其中包含两个数值输入变量$\boldsymbol{x}=[x_1\ x_2]^{\mathrm{T}}$和一个分类输出 y，颜色为红色（Red）或蓝色（Blue）。目前，我们不考虑任何训练数据或如何实际地让树进行学习，而只考虑如何使用已经存在的决策树来预测$\hat{y}(\boldsymbol{x}_\star)$。

定义模型的规则组织在图 2.6 中的图中，称为二叉树。要使用这棵树来预测测试输入 x 的标签$\boldsymbol{x}_\star=[x_{\star1}\ \ x_{\star2}]^{\mathrm{T}}$，我们从顶部开始，称为树的**根节点**（打个比方，树是倒着生长的，根在上面，叶子在下面）。如果在根处陈述的条件为真，即如果 $x_{\star2}<3.0$，则我们沿着左分支前进，否则沿着右分支前进。如果我们到达树的一个新的内部节点，就检查与该节点关联的规则并相应地选择左或右分支。我们继续向下工作，直到到达分支的末端，称为叶节点。每个这样的最终节点对应于一个常量预测$\hat{y}_m$，在本例中是红色（Red）或蓝色（Blue）两个类别之一。

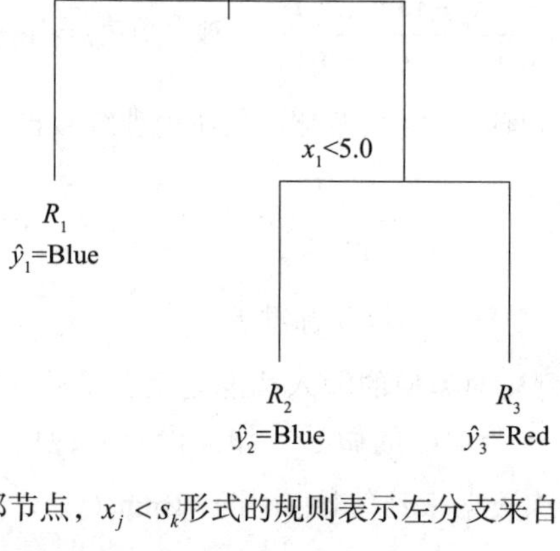

图 2.6　分类树。在每个内部节点，$x_j<s_k$形式的规则表示左分支来自该划分，因此右分支对应于$x_j\geqslant s_k$。这棵树有两个内部节点（包括根节点）和三个叶节点

决策树将输入空间划分为轴对齐的“框”，如图 2.7 所示。通过增加树的深度（从根到叶的步数），划分可以越来越细，从而描述输入变量的更复杂的函数。

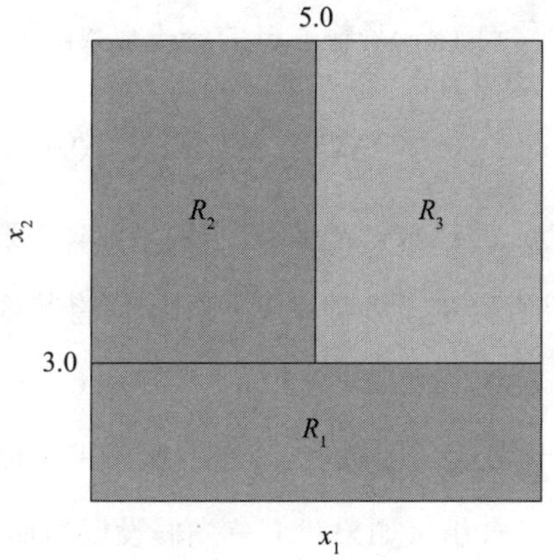

图 2.7 区域分区，其中每个区域对应于树中的一个叶节点。区域之间的每个边界对应于树中的一个划分。每个区域都用对应于该区域的预测着色，因此红色和蓝色之间的边界是决策边界

使用图 2.6 中的树预测测试输入的伪代码如下所示：

```
if x_2 < 3.0 then
    return Blue
else
    if x_1 < 5.0 then
        return Blue
    else
        return Red
    end
end
```

例如，如果我们有$\boldsymbol{x}_\star = [2.5\ 3.5]^\mathrm{T}$，在第一次划分中，我们将采用右分支，因为$x_{\star 2} = 3.5 \geqslant 3.0$，在第二次划分中，我们将采用左分支，因为$x_{\star 1} = 2.5 < 5.0$。此测试点的预测为 $\hat{y}(\boldsymbol{x}_\star)$ =Blue。

为了设置术语，示例 2.5 中每个分支R_1、R_2和R_3的端点称为**叶节点**，内部划分 $x_2 < 3.0$ 和 $x_1 < 5.0$ 称为**内部节点**。连接节点的线称为**分支**。这棵树被称为**二叉树**，因为每个内部节点恰好划分出两个分支。

对于两个以上的输入变量，很难将输入空间划分为多个区域（图 2.7），但仍然可以以完全相同的方式使用树表示。每个内部节点对应一个规则，其中 p 个输入变量之一x_j , $j = 1, \cdots, p$, 与阈值 s 进行比较。如果$x_j < s$，我们沿着左分支继续，如果$x_j \geqslant s$，我们沿着右分支继续。

我们与叶节点相关联的常量预测可以是分类型的（如上面的示例 2.5 中所示）或数值型的。因此，决策树可用于解决分类和回归问题。

示例 2.5 说明了如何使用决策树进行预测。我们现在将转向如何从训练数据中学习树的问题。

2.3.1 学习回归树

我们将从讨论如何学习（或训练）回归问题的决策树开始。分类问题在概念上是相似的，稍后会解释。

如前文所述，回归树的预测$\hat{y}(\boldsymbol{x}_\star)$是输入$\boldsymbol{x}_\star$的分段常数函数。我们可以在数学上将其写为：

$$\hat{y}(\boldsymbol{x}_\star)=\sum_{\ell=1}^{L}\hat{y}_\ell\ \mathbb{I}\{\boldsymbol{x}_\star\in R_\ell\} \tag{2.3}$$

其中 L 是树中区域（叶节点）的总数，R_ℓ是第ℓ个区域，$\hat{y}_\ell$是第ℓ个区域的常量预测。请注意，在回归设置中，$\hat{y}_\ell$是一个数值变量，为简单起见，我们将其视为实数。在上面的等式中，我们使用了指示函数，如果$\boldsymbol{x}\in R_\ell$，则$\mathbb{I}\{\boldsymbol{x}\in R_\ell\}=1$，否则$\mathbb{I}\{\boldsymbol{x}\in R_\ell\}=0$。

从数据中学习树对应于为定义函数（2.3）的参数找到合适的值，即区域R_ℓ和常量预测$\hat{y}_\ell, \ell=1,\cdots,L$, 以及树 L 的总大小。如果我们首先假设树的形状，划分$(L,\{R_\ell\}_{\ell=1}^{L})$是已知的，那么我们可以很自然地计算常量$\{\hat{y}_\ell\}_{\ell=1}^{L}$，简单地说就是训练数据点落在每个区域的平均值：

$$\hat{y}_\ell=\text{Average}\{y_i:\boldsymbol{x}_i\in R_\ell\}$$

仍然需要找到树的形状，区域R_ℓ需要更多的工作。当然，基本思想是选择区域，使树适合训练数据。这意味着树的输出预测应该与训练数据中的输出值相匹配。不幸的是，即使我们将自己限制在看似简单的区域（例如从决策树中获得的“框”），想要找到能够最佳划分输入空间以尽可能适合训练数据的树（一组划分规则），结果证明在计算上是不可行的。问题在于我们可以划分输入空间的方式数量呈组合爆炸式增长。在实践中搜索所有可能的二叉树是不可能的，除非树的大小太小以至于没有实际用途。

为了处理这种情况，我们使用一种称为*递归二元划分*的启发式算法来学习树。递归这个词意味着我们将一个接一个地确定划分规则，从根部的第一次划分开始，然后从上到下构建树。该算法是贪婪的，因为树是一次划分构建的，没有“考虑”完整的树。也就是说，在确定根节点的划分规则时，目标是在一次划分后获得一个尽可能解释训练数据的模型，而不考虑在到达最终模型之前可能会添加额外的划分。当我们决定了输入空间的第一个划分（对应于树的根节点）时，这个划分保持固定，并且我们以类似的方式继续处理两个生成的半空间（对应于树的两个分支树），以此类推。

要详细了解此算法的一个步骤是如何工作的，需要考虑我们即将在树的根部进行第一次划分时的情况。因此，我们要选择 p 个输入变量$x_1,\cdots,x_p$之一与相应的切割点 s 将输入空间划分成的两个半空间：

$$R_1(j,s)=\{\boldsymbol{x}\mid x_j<s\}\text{和}R_2(j,s)=\{\boldsymbol{x}\mid x_j\geqslant s\} \tag{2.4}$$

请注意，区域取决于划分变量的索引 j 以及切割点 s 的值，这就是我们将它们写为 j 和 s 的函数的原因。因为这些表达式中的平均值在不同数据点上的范围取决于区域，与这两个区域相关的预测也是如此：

$$\hat{y}_1(j,s)=\text{Average}\{y_i:\boldsymbol{x}_i\in R_1(j,s)\}\text{和}\hat{y}_2(j,s)=\text{Average}\{y_i:\boldsymbol{x}_i\in R_2(j,s)\}\}$$

对于每个训练数据点$(\boldsymbol{x}_i,y_i)$，我们可以通过首先确定数据点落在哪个区域然后计算y_i和与该区域相关的常量预测之间的差异来计算预测误差。对所有训练数据点执行此操作，误差平方和可写为：

$$\sum_{i:\boldsymbol{x}_i\in R_{1(j,s)}}(y_i-\hat{y}_1(j,s))^2+\sum_{i:\boldsymbol{x}_i\in R_{2(j,s)}}(y_i-\hat{y}_2(j,s))^2 \tag{2.5}$$

添加平方是为了确保上面的表达式是非负的，并且正负错误都被平等地计算在内。平方误差是一种常见的损失函数，用于衡量预测与训练数据的接近程度，但也可以使用其他损失函数。我们将在后面的章节中更详细地讨论损失函数的选择。

为了找到最佳划分，我们选择最小化平方误差式（2.5）的 j 和 s 值。通过遍历 $j = 1,\cdots, p$ 的所有可能值，可以轻松解决此最小化问题。对于每个 j，我们可以扫描有限数量的可能划分，并选择最小化上述表达式的（j, s）对。正如上面所指出的，当我们在根节点找到最优划分时，这个划分规则就是固定的。然后我们继续以相同的方式独立地处理左右分支。通过最小化该分支后所有训练数据点的平方预测误差，每个分支（对应于半空间）再次划分。

原则上，我们可以一直这种方式，直到每个区域中只有一个训练数据点为止——即直到 $L=n$。这样一棵完全生长的树将导致与训练数据点完全匹配的预测，并且生成的模型与 k=1 的 k-NN 非常相似。如上所述，这通常会导致过拟合的模型在（可能有噪声的）训练数据上过于不稳定。为了缓解这个问题，通常使用一些停止标准在较早阶段停止树的生长，例如通过预先确定 L、限制最大深度（任何分支中的划分数）或添加与每个叶节点关联的训练数据点的最小数量的约束。强制模型在每个叶子中有更多的训练数据点将产生平均效果，类似于增加 k-NN 方法中的 k 值。使用这样的停止标准意味着 L 的值不是手动设置的，而是根据学习过程的结果自适应确定的。

方法 2.2 中给出了上述方法的高级摘要。请注意，方法 2.2 中的学习包括递归调用，在每次递归中，我们将树的一个分支进一步增长。

方法 2.2　决策树

使用递归二进制划分学习决策树

数据： 训练数据 $\mathcal{T} = \{\boldsymbol{x}_i, y_i\}_{i=1}^n$。

结果： 具有区域 $R_1, \cdots, R_L$ 的决策树和相应的预测 $\hat{y}_1,\cdots,\hat{y}_L$。

1. 令 R 表示整个输入空间。
2. 计算区域 $(R_1,\cdots,R_L) =$ `Split` $(R, \mathcal{T})$。
3. 对 $\ell = 1,\cdots,L$，计算预测值 $\hat{y}_\ell$，按照：

$$\hat{y}_\ell = \begin{cases} \text{Average}\{y_i : \boldsymbol{x}_i \in R_\ell\} & \text{(回归问题)} \\ \text{MajorityVote}\{y_i : \boldsymbol{x}_i \in R_\ell\} & \text{(分类问题)} \end{cases}$$

Fuction `Split` $(R, \mathcal{T})$:
- **if** 满足停止标准 **then**
  - **return** R
- **else**
  - 对于所有输入变量 j=1,⋯,p，遍历所有可能的划分 $x_j<s$。
  - 为回归 / 分类问题选择最小化式 (2.5) / 式 (2.6) 的 (j, s) 对。
  - 根据式 (2.4) 将区域 R 分成 R_1 和 R_2。
  - 将数据 $\mathcal{T}$ 相应地划分为 $\mathcal{T}_1$ 和 $\mathcal{T}_2$。
  - **return** `Split` (R_1, $\mathcal{T}_1$), `Split` (R_2, $\mathcal{T}_2$)
- **end**

end

从决策树进行**预测**

数据： 具有区域$R_1,\cdots,R_L$的决策树和相应的预测$\hat{y}_1,\cdots,\hat{y}_L$，训练数据$\mathcal{T}=\{\boldsymbol{x}_i,y_i\}_{i=1}^n$，测试数据点$\boldsymbol{x}_\star$。

结果： 预测测试输出$\hat{y}(\boldsymbol{x}_\star)$。

1．找到$\boldsymbol{x}_\star$所属的区域R_ℓ。

2．返回预测值$\hat{y}(\boldsymbol{x}_\star)=\hat{y}_\ell$。

2.3.2　分类树

树也可以用于分类。我们使用相同的递归二进制划分过程，但有两个主要区别。首先，我们使用多数投票而不是平均值来计算与每个区域相关的预测：

$$\hat{y}_\ell(j,s)=\text{MajorityVote}\{y_i:\boldsymbol{x}_i\in R_\ell\}$$

其次，在学习树时，我们需要一个不同于平方预测误差的划分标准，以考虑输出是分类型的这一事实。要定义这些标准，首先请注意，任何内部节点的划分都是通过解决以下形式的优化问题来计算的：

$$\min_{j,s} n_1Q_1+n_2Q_2 \tag{2.6}$$

其中n_1和n_2分别表示当前划分的左右节点中训练数据点的数量，Q_1和Q_2是与这两个节点相关的成本（从预测误差中导出）。变量j和s表示分裂变量的索引和之前的切割点。所有项n_1、n_2、Q_1和Q_2都依赖于这些变量，但为简洁起见，我们从符号中删除了显式依赖。比较式（2.6）和式（2.5），我们看到，如果Q_ℓ对应节点ℓ中的均方误差，我们就恢复了回归情况。

为了将其推广到分类情况，我们仍然解决优化问题式（2.6）以计算划分，但以不同的方式选择Q_ℓ，这尊重分类问题的分类性质。为此，我们首先介绍

$$\hat{\pi}_{\ell m}=\frac{1}{n_\ell}\sum_{i:\boldsymbol{x}_\ell\in R_\ell}\mathbb{I}\{y_i=m\}$$

这是第ℓ个区域中属于第m类的训练观察的比例。然后，我们可以根据这些类别比例定义划分标准Q_ℓ。一种简单的替代方法是误分类率：

$$Q_\ell=1-\max_m n_1Q_1+\hat{\pi}_{\ell m} \tag{2.7a}$$

这只是区域R_ℓ中不属于最常见类别的数据点的比例。其他常见的划分标准是基尼指数：

$$Q_\ell=\sum_{m=1}^{M}\hat{\pi}_{\ell m}(1-\hat{\pi}_{\ell m}) \tag{2.7b}$$

以及熵准则：

$$Q_\ell=-\sum_{m=1}^{M}\hat{\pi}_{\ell m}\ln\hat{\pi}_{\ell m} \tag{2.7c}$$

在示例 2.6 中，我们说明了如何使用递归二元拆分并以熵作为划分标准来构造分类树。

示例 2.6　学习分类树（示例 2.5 的延续）

我们考虑与示例 2.5 中相同的设置，但现在使用以下数据集：我们希望通过使用式（2.7c）中的熵准则来学习分类树，并使树生长，直到没有剩余超过五个数据点的区域。

第一次划分：我们可以进行无限多种可能的划分，但是所有给出相同数据点分区的划分都是等价的。因此，实际上我们在这个数据集中只有九个不同的划分要考虑。数据（点）和这些可能的划分（虚线）在图 2.8 中可见。

x_1	x_2	y
9.0	2.0	Blue
1.0	4.0	Blue
4.0	6.0	Blue
4.0	1.0	Blue
1.0	2.0	Blue
1.0	8.0	Red
6.0	4.0	Red
7.0	9.0	Red
9.0	8.0	Red
9.0	6.0	Red

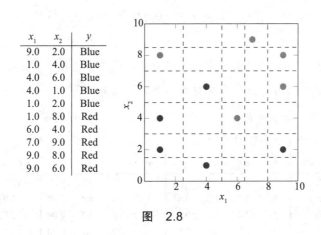

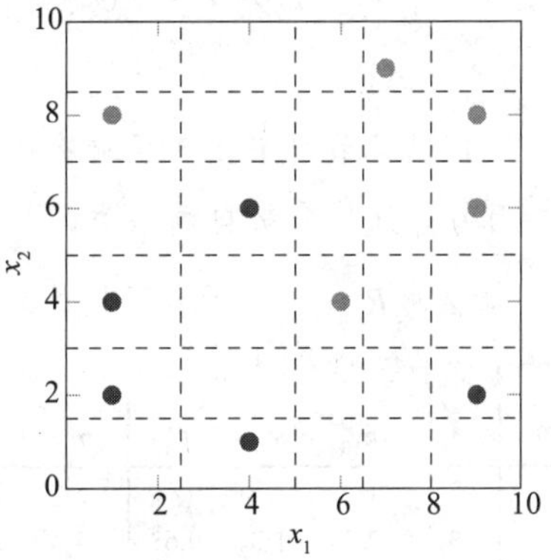

图　2.8

我们依次考虑所有九个划分。我们从$x_1 = 2.5$处的分割开始，它将输入空间划分成两个区域，$R_1 = x_1 < 2.5$和$R_2 = x_1 \geqslant 2.5$。在区域R_1中，我们有两个蓝色数据点和一个红色数据点，总共$n_1 = 3$个数据点。因此，区域R_1中两个类别的比例将为$\hat{\pi}_{1B} = 2/3$和$\hat{\pi}_{1R} = 1/3$。熵计算如下：

$$Q_1 = \hat{\pi}_{1B} \ln \hat{\pi}_{1B} - \hat{\pi}_{1R} \ln \hat{\pi}_{1R} = -\frac{2}{3}\ln\left(\frac{2}{3}\right) - \frac{1}{3}\ln\left(\frac{1}{3}\right) = 0.64$$

在区域R_2中，我们有$n_2 = 7$个数据点，比例为$\hat{\pi}_{2B} = 3/7$和$\hat{\pi}_{2R} = 4/7$。该区域的熵将为：

$$Q_2 = -\hat{\pi}_{2B} \ln \hat{\pi}_{2B} - \hat{\pi}_{2R} \ln \hat{\pi}_{2R} = -\frac{3}{7}\ln\left(\frac{3}{7}\right) - \frac{4}{7}\ln\left(\frac{4}{7}\right) = 0.68$$

然后插入式（2.6）中，该划分的总加权熵变为：

$$n_1 Q_1 + n_2 Q_2 = 3 \times 0.64 + 7 \times 0.68 = 6.69$$

我们以相同的方式计算所有其他划分的成本，并将其汇总在下表中。

划分(R_1)	n_1	$\hat{\pi}_{1B}$	$\hat{\pi}_{1R}$	Q_1	n_2	$\hat{\pi}_{2B}$	$\hat{\pi}_{2R}$	Q_2	$n_1Q_1+n_2Q_2$
x_1<2.5	3	2/3	1/3	0.64	7	3/7	4/7	0.68	6.69
x_1<5.0	5	4/5	1/5	0. 50	5	1/5	4/5	0.50	5.00
x_1<6.5	6	4/6	2/6	0.64	4	1/4	3/4	0.56	6.07
x_1<8.0	7	4/7	3/7	0.68	3	1/3	2/3	0.64	6.69
x_1<2.5	1	1/1	0/1	0.00	9	4/9	5/9	0.69	6.18
x_1<3.0	3	3/3	0/3	0.00	7	2/7	5/7	0.60	**4.18**
x_1<5.0	5	4/5	1/5	0.50	5	1/5	4/5	0.06	5.00
x_2<7.0	7	5/7	2/7	0.60	3	0/3	3/3	0.00	**4.18**
x_2<8.5	9	5/9	4/9	0.69	1	0/1	1/1	0.00	6.18

从表中我们可以看出，在$x_2<3.0$和$x_2<7.0$时的两个划分同样好。我们选择继续使用$x_2<3.0$。

第二次划分：我们注意到只有上部区域有超过五个数据点。此外，没有进一步的点分裂区域R_1，因为它只包含来自同一类的数据点。因此，在下一步中，我们将上部区域分成两个新区域R_2和R_3。所有可能的划分都显示在图 2.9a（虚线）中，我们用与之前相同的方式计算它们的成本。

划分(R_1)	n_2	$\hat{\pi}_{2B}$	$\hat{\pi}_{2R}$	Q_2	n_3	$\hat{\pi}_{3B}$	$\hat{\pi}_{3R}$	Q_3	$n_2Q_2+n_3Q_3$
x_1<2.5	2	1/2	1/2	0.69	5	1/5	4/5	0.50	3.89
x_1<5.0	3	2/3	1/3	0.63	4	0/4	4/4	0.00	**1.91**
x_1<6.5	4	2/4	2/4	0.69	3	0/3	3/3	0.00	2.77
x_1<8.0	5	2/5	3/5	0.67	2	0/2	2/2	0.00	3.37
x_2<5.0	2	1/2	1/2	0.69	5	1/5	4/5	0.50	3.88
x_2<7.0	4	2/4	2/4	0.69	3	0/3	3/3	0.00	2.77
x_2<8.5	6	2/6	4/6	0.64	1	0/1	1/1	0.00	3.82

最佳划分是$x_1<5.0$时的划分，如图 2.9b 所示。这三个区域都没有超过五个数据点。因此，我们终止训练。示例 2.5 显示了最终的树及其分区。如果我们想用树来进行预测，如果$\boldsymbol{x}_\star \in R_1$或$\boldsymbol{x}_\star \in R_2$，我们预测为蓝色，因为蓝色训练数据点在这两个区域中都占多数。同样，如果$\boldsymbol{x}_\star \in R_3$，我们预测为红色。

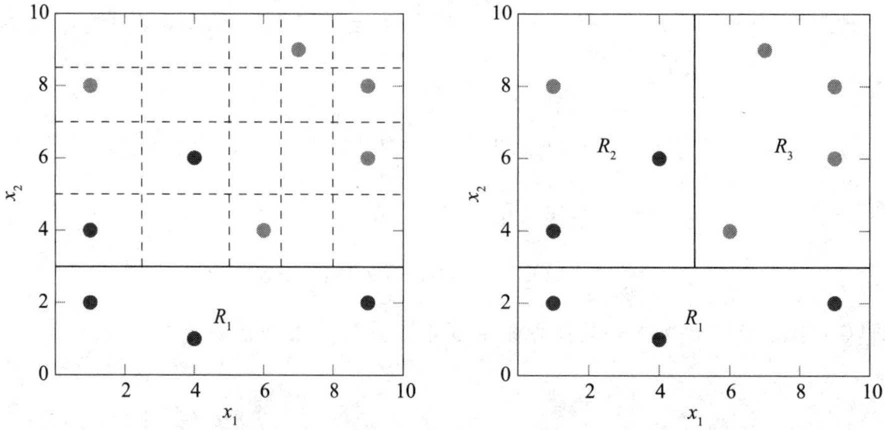

a）第一次划分后　　b）第二次划分后

图 2.9

在上述不同的拆分标准之间进行选择时，错误分类率听起来是一个合理的选择，因为这通常是我们希望最终模型表现良好的标准[⊖]。然而，一个缺点是它不利于纯节点。纯节点是指大多数数据点属于某个类的节点。在我们用来生长树的贪婪过程中，有利于纯节点通常是一个优势，因为这可以导致产生更少的划分。熵准则和基尼指数都比错误分类率更有利于节点纯度。

这个优势也可以在示例 2.6 中说明。考虑此示例中的第一个划分。如果我们使用错误分类率作为划分标准，划分$x_2 < 5.0$和划分$x_2 < 3.0$将提供 0.2 的总错误分类率。然而，熵标准支持的$x_2 < 3.0$处的划分提供了纯节点R_1。如果我们现在使用划分$x_2 < 5.0$，则第二次划分后的错误分类仍然是 0.2。如果我们继续增长树直到没有数据点被错误分类，如果我们使用熵标准，我们将需要三个划分，而如果我们使用错误分类标准并从$x_2 < 5.0$开始分裂，我们将需要五个划分。

为了概括这个讨论，考虑一个有两个类别的问题，我们将第一个类别的比例表示为$\pi_{\ell 1} = r$，因此第二个类别的比例表示为$\pi_{\ell 2} = 1 - r$。三个标准式（2.7a）～式（2.7c）可以用 r 表示为：

$$
\begin{aligned}
\text{错误分类率：} Q_\ell &= 1 - \max(r, 1-r) \\
\text{基尼系数：} Q_\ell &= 2r(1-r) \\
\text{熵：} Q_\ell &= -r\ln r - (1-r)\ln(1-r)
\end{aligned} \tag{2.8}
$$

这些函数如图 2.10 所示。三个标准在某种意义上是相似的，如果所有数据点都属于两个类中的任何一个，它们提供零损失，如果数据点在两个类之间平均分配，则它们提供最大损失。然而，基尼指数和熵对于其他比例都有更高的损失。换句话说，具有纯节点（r 接近 0 或 1）的增益对于基尼指数和熵来说比错误分类率更高。 因此，基尼指数和熵都倾向于使两个节点之一更纯（或接近更纯），因为这提供了较小的总损失，这可以很好地结合递归二元划分的贪婪性质。

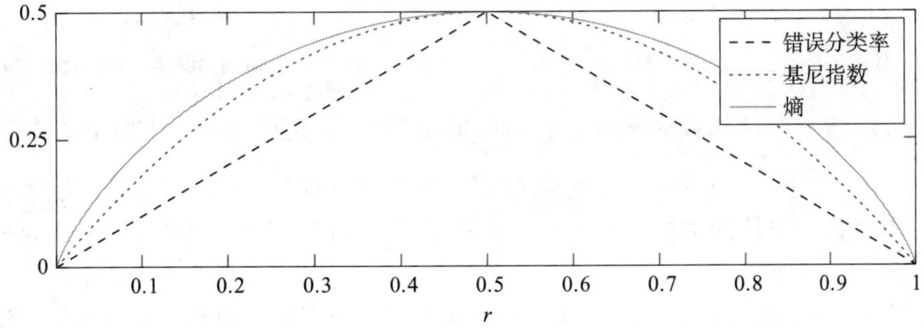

图 2.10 式（2.8）中给出的分类树的三个划分标准，作为第一类 $r = \pi_{\ell 1}$，在特定区域R_ℓ中的比例的函数。熵已按 (0.5, 0.5) 的比例缩放

2.3.3 决策树应该多深？

决策树的深度（根节点与任何叶节点之间的最大距离）对最终预测有很大影响。树深度

⊖ 这并不总是正确的，例如在出现不平衡和不对称的分类问题时，见 4.5 节。

以某种类似于 *k*-NN 中超参数 *k* 的方式影响预测。我们再次使用示例 2.1 和示例 2.2 中的音乐分类问题和停车距离问题来研究决策边界是如何根据树的深度而变化的。在图 2.11 中，说明了两种不同树的决策边界。

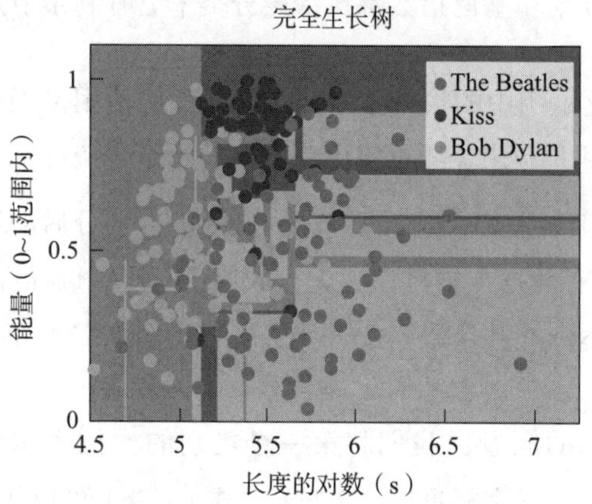

a）具有基尼指数的完全成长的分类树的音乐分类问题的决策边界。该模型过拟合数据

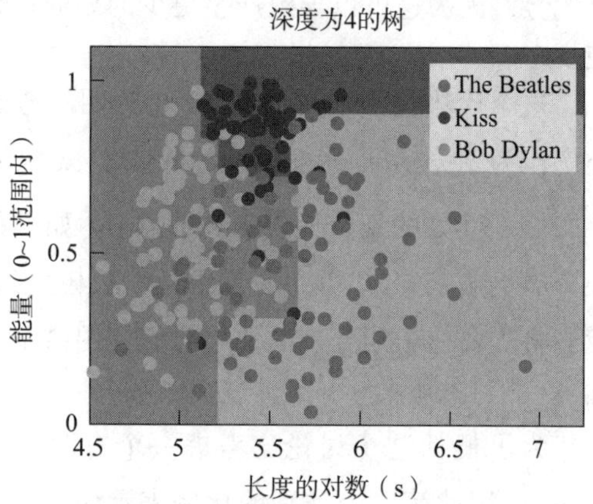

b）与图 2.11a 中相同的问题和数据，已经学习了深度为 4 的树，再次使用基尼系数。该模型有望对新数据做出更好的预测

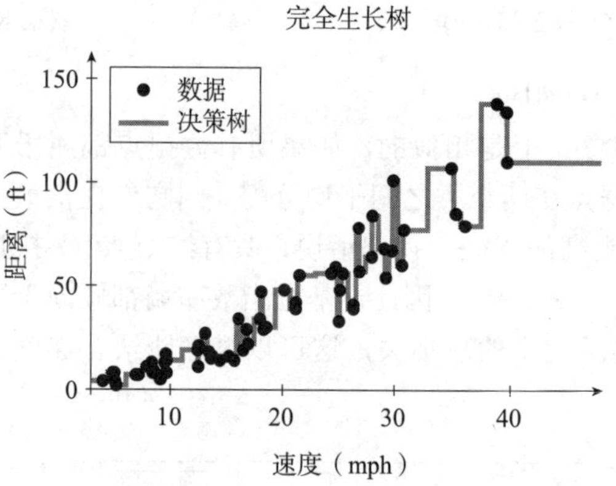

c）对完全生长的回归树的预测。对于上面的分类问题，这个模型对训练数据过拟合了

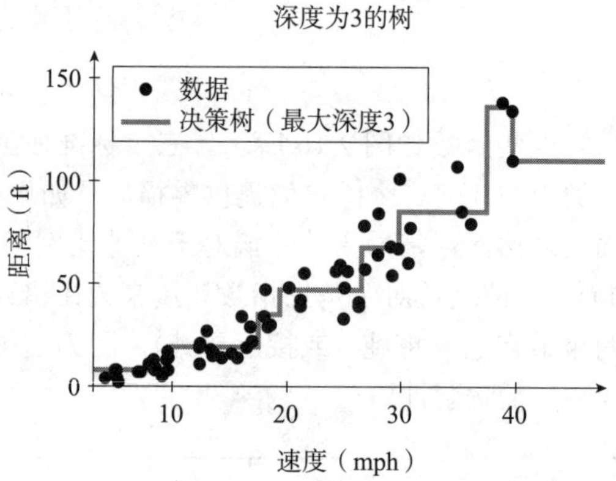

d）与图 2.11c 中相同的问题和数据，其中学习了深度为 3 的树

图 2.11 应用于音乐分类示例 2.1（图 a 和图 b）和停车距离示例 2.2（图 c 和图 d）的决策树

在图 2.11a 和图 2.11c 中，我们没有限制树的深度，而是让树一直生长，直到每个区域只包含具有相同输出值的数据点——即所谓的完全生长树。在图 2.11b 和图 2.11d 中，最大深度分别限制为 4 和 3。

与在 *k*-NN 中选择 *k*=1 类似，对于完全生长的树，所有训练数据点都将通过构建得到正确预测，因为每个区域仅包含具有相同输出的数据点。结果是，对于音乐分类问题，我们得到了适合单个训练数据点的薄而小的区域，对于停车距离问题，我们得到了一条非常不规则的线，正好穿过观测值。尽管这些树在训练数据上表现出色，但它们不太可能成为新的、尚未见过的数据的最佳模型。正如我们之前在 *k*-NN 上下文中讨论的那样，我们将此称为过拟合。

在决策树中，我们可以通过使用较浅的树来减轻过拟合。因此，我们得到的区域越来越少，平均效应增加，导致决策边界不太适应训练数据中的噪声。这在图 2.11b 和图 2.11d 中针对两个示例问题进行了说明。对于 *k*-NN 中的 *k*，树的最佳大小取决于问题的许多属性，是灵活性和刚性之间的权衡。本书中介绍的几乎所有方法都必须做出类似的权衡，并将在第 4 章中系统地讨论它们。

用户如何控制树的生长？这里我们给出了不同的策略。最直接的策略是调整停止标准，即在某个节点不继续划分应该满足的条件。如前所述，这个标准可能是如果相应区域中的训练数据点少于一定数量，我们就不会尝试进一步分裂，或者如图 2.11 所示，当我们达到一定深度时，我们可以停止划分。另一种控制深度的策略是使用剪枝。在剪枝中，我们从一棵完全长成的树开始，然后在第二个后处理步骤中，将其修剪回较小的树。然而，我们不会在这里进一步讨论剪枝。

2.4 拓展阅读

我们以 *k*-NN 作为这本书的开始，原因是它可能是解决分类问题最直观、最直接的方法。这个想法至少有 1000 年的历史，Hassan Ibn al-Haytham（拉丁化为 Alhazen）在公元 1030 年左右就在 *Kitāb al-Manāẓir*（光学之书）中描述过（Pelillo，2014），作为对人脑如何感知物体的解释。与许多好的想法一样，最近邻的想法已经被重新发明了很多次，并且可以在 Cover 和 Hart（1967）中找到对 *k*-NN 的更现代的描述。

此外，决策树的基本思想相对简单，但有许多可能的方法来改进和扩展它们，以及描述如何在细节上实现它们的不同选项。在 Hastie 等人（2009）中可以找到对决策树的更长的介绍。历史导向的概述可以在 Loh（2014）中找到。特别重要的可能是 CART（分类和回归树（Breiman 等人，1984）），以及 ID3 和 C4.5（Quinlan，1986），见 Quinlan（1993）。

基本参数模型和统计视角上的学习

在第 2 章中，我们介绍了有监督机器学习问题，以及解决它的两种方法。在本章中，我们将考虑一种称为参数化建模的通用学习方法。特别是，我们将介绍线性回归和逻辑回归这两种参数模型。参数模型的关键在于它包含一些参数$\boldsymbol{\theta}$，这些参数是从训练数据中学习到的。然而，一旦学习了参数，训练数据可能会被丢弃，因为预测仅取决于$\boldsymbol{\theta}$。

3.1 线性回归

回归是有监督学习的两个基本任务之一（另一个基本任务是分类）。我们现在将介绍线性回归模型，它可能（至少在历史上）是解决回归问题最流行的方法。尽管相对简单，但它非常有用，并且是高级方法（例如深度学习）的重要基石（参见第 6 章）。

正如第 2 章所讨论的，回归相当于学习一些输入变量$\boldsymbol{x}=[x_1\ x_2\ \cdots x_p]^{\mathrm{T}}$之间的关系并输出一个数值变量 y。输入可以是分类输入或数值输入，但我们首先假设所有 p 个输入也是数值输入，稍后再讨论分类输入。在数学框架中，回归是关于学习模型 f 的，

$$y=f(\boldsymbol{x})+\varepsilon \tag{3.1}$$

它将输入映射到输出，其中 ε 是误差项，描述了模型无法捕获的关于输入 - 输出关系的所有内容。从统计的角度来看，我们将 ε 视为一个随机变量，称为噪声，它与 $\boldsymbol{x}$ 无关且均值为零。作为回归的例子，我们将第 2 章介绍的停车距离回归问题作为本章的示例 3.1。

3.1.1 线性回归模型

线性回归模型假设输出变量 y（标量）可以描述为 p 个输入变量$x_1,x_2,\cdots,x_p$的仿射[⊖]组合加上噪声项ε，

$$y=\theta_0+\theta_1x_1+\theta_2x_2+\cdots+\theta_px_p+\varepsilon \tag{3.2}$$

我们将系数$\theta_1,\theta_2,\cdots,\theta_p$作为模型的参数，有时将$\theta_0$特指为截距（或偏移）项。噪声项 ε 解释了模型未捕获的数据中的随机误差。假定噪声的均值为零并且与 $\boldsymbol{x}$ 无关。零均值假设是非限制性的，因为任何（常数）非零均值都可以包含在偏移项θ_0中。

为了获得更紧凑的符号，我们引入了参数向量$\boldsymbol{\theta}=[\theta_1\ \theta_2\ \cdots\theta_p]^{\mathrm{T}}$并在其第一个位置用常数 1 扩展向量 $\boldsymbol{x}$，这样我们就可以将线性回归模型（3.2）紧凑地写为：

⊖ 仿射函数是线性函数加上常数偏移。

$$y=\theta_1+\theta_1x_1+\theta_2x_2+\cdots+\theta_px_p+\varepsilon=[\theta_0\ \theta_1\cdots\theta_p]\begin{bmatrix}1\\x_1\\\vdots\\x_p\end{bmatrix}+\varepsilon=\boldsymbol{\theta}^{\mathrm{T}}\boldsymbol{x}+\varepsilon \tag{3.3}$$

该表示法意味着符号 $\boldsymbol{x}$ 用于输入向量的 $p+1$ 和 p 维版本，分别在前导位置有或没有常量 1。这只是处理截距项 θ_0 的标记问题。实际使用哪个定义需要结合上下文考虑，没有更深的含义。

线性回归模型是式（3.3）的参数函数。参数 $\boldsymbol{\theta}$ 可以取任意值，我们分配给它们的实际值将控制模型描述的输入 - 输出关系。因此，模型的学习相当于根据观察到的训练数据为 $\boldsymbol{\theta}$ 找到合适的值。然而，在讨论如何做到这一点之前，让我们先看看学习后如何使用模型进行预测。

有监督的机器学习的目标是对新的、以前未见过的测试输入 $\boldsymbol{x}_\star=[1\ x_{\star1}\ x_{\star2}\cdots x_{\star p}]^{\mathrm{T}}$ 输出预测 $\hat{y}(\boldsymbol{x}_\star)$。假设我们已经为线性回归模型学习了一些参数值 $\hat{\boldsymbol{\theta}}$（接下来将描述如何完成）。我们使用符号 $\hat{b}$ 表示 $\hat{\boldsymbol{\theta}}$ 包含未知参数向量 $\boldsymbol{\theta}$ 的学习值。由于我们假设噪声项 ε 是随机且均值为零的，且独立于所有观察到的变量，因此在预测中将 ε 替换为 0 是有意义的。也就是说，线性回归模型的预测采用以下形式：

$$\hat{y}(\boldsymbol{x}_\star)=\hat{\theta}_0+\hat{\theta}_1x_{\star1}+\hat{\theta}_1x_{\star2}+\cdots+\hat{\theta}_px_{\star p}=\hat{\boldsymbol{\theta}}^{\mathrm{T}}\boldsymbol{x}_\star \tag{3.4}$$

噪声项 ε 通常被称为预测中的不可约误差或任意 ⊖ 不确定性。我们在图 3.1 中说明了线性回归模型所做的预测。

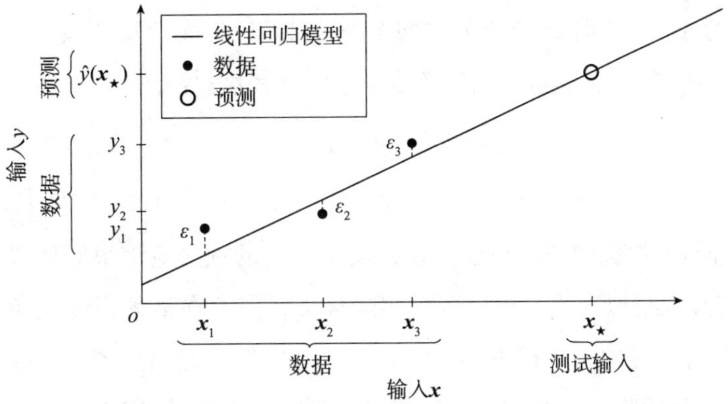

图 3.1 p=1 的线性回归。黑点表示从线性回归模型（黑线）中学习的 n=3 个数据点。模型不能很好地拟合数据，因此存在与噪声（虚线）相对应的误差。该模型可用于对测试输入 $\boldsymbol{x}_\star$ 预测输出 $\hat{y}(\boldsymbol{x}_\star)$

3.1.2 用训练数据训练线性回归模型

现在讨论如何训练线性回归模型，即从训练数据 $\mathcal{T}=\{\boldsymbol{x}_i,y_i\}_{i=1}^n$ 中学习 $\boldsymbol{\theta}$。我们在 $n\times(p+1)$ 矩阵 $\boldsymbol{X}$ 和 n 维向量 $\boldsymbol{y}$ 中收集训练数据，它由 n 个数据点组成，输入为 $\boldsymbol{x}_i$，输出为 y_i，

⊖ 来自拉丁语单词 aleator，意思是骰子玩家。

$$\boldsymbol{X}=\begin{bmatrix}\boldsymbol{x}_1^{\mathrm{T}}\\ \boldsymbol{x}_2^{\mathrm{T}}\\ \vdots \\ \boldsymbol{x}_n^{\mathrm{T}}\end{bmatrix},\ \boldsymbol{y}=\begin{bmatrix}y_1\\ y_2\\ \vdots \\ y_n\end{bmatrix},\text{其中每个}\boldsymbol{x}_i=\begin{bmatrix}1\\ x_{i1}\\ x_{i2}\\ \vdots \\ x_{ip}\end{bmatrix} \tag{3.5}$$

示例 3.1　汽车停车距离

我们继续讨论示例 2.2 并为汽车停车距离数据训练线性回归模型。我们从构造矩阵 $\boldsymbol{X}$ 和 $\boldsymbol{y}$ 开始。因为只有一个输入和一个输出，所以x_i和y_i都是标量。我们得到

$$\boldsymbol{X}=\begin{bmatrix}1 & 4.0\\ 1 & 4.9\\ 1 & 5.0\\ 1 & 5.1\\ 1 & 5.2\\ \vdots & \vdots\\ 1 & 39.6\\ 1 & 39.7\end{bmatrix},\ \boldsymbol{\theta}=\begin{bmatrix}\theta_0\\ \theta_1\end{bmatrix},\ \text{并且}\boldsymbol{y}=\begin{bmatrix}4.0\\ 8.0\\ 8.0\\ 4.0\\ 2.0\\ \vdots\\ 134.0\\ 110.0\end{bmatrix} \tag{3.6}$$

总之，我们可以使用这个向量和矩阵表示法在一个方程中描述所有训练数据点 $\boldsymbol{x}_i$，$i=1,\cdots,n$的线性回归模型，即矩阵乘法形式：

$$\boldsymbol{y}=\boldsymbol{X}\boldsymbol{\theta}+\boldsymbol{\epsilon} \tag{3.7}$$

其中 $\boldsymbol{\epsilon}$是错误/噪声项的向量。此外，我们还可以为训练数据定义一个预测输出向量 $\hat{\boldsymbol{y}}=[\hat{y}(\boldsymbol{x}_1)\ \hat{y}(\boldsymbol{x}_2)\ \cdots\ \hat{y}(\boldsymbol{x}_n)]^{\mathrm{T}}$，它也可以用紧凑的矩阵公式描述：

$$\hat{\boldsymbol{y}}=\boldsymbol{X}\boldsymbol{\theta} \tag{3.8}$$

注意到 $\boldsymbol{y}$ 是记录的训练数据值的向量，$\hat{\boldsymbol{y}}$也是一个向量，其分量是$\boldsymbol{\theta}$ 的函数。 学习未知参数 $\boldsymbol{\theta}$ 相当于找到使$\hat{\boldsymbol{y}}$与 $\boldsymbol{y}$ 相似的值。也就是说，模型给出的预测应该很好地拟合训练数据。有多种方法可以定义“相似”或“很好”的实际含义，但这在某种程度上相当于找到$\boldsymbol{\theta}$ 使得 $\hat{\boldsymbol{y}}-\boldsymbol{y}=\boldsymbol{\epsilon}$很小。我们将通过一个损失函数来解决这个问题，它给出了“很好地拟合数据”的数学含义。此后，我们将从统计的角度解释损失函数，将其理解为选择$\boldsymbol{\theta}$ 的值，这使得观察到的训练数据 $\boldsymbol{y}$ 与模型相关，即所谓的最大似然解。稍后，在第 9 章中，我们还将介绍一种概念上不同的学习$\boldsymbol{\theta}$ 的方法。

3.1.3　损失函数和代价函数

定义学习问题的一种原则性方法是引入损失函数$L(\hat{y}, y)$，它衡量模型的预测$\hat{y}$与观测数据 y 的接近程度。如果模型能很好地拟合数据，以至于$\hat{y}\approx y$，那么损失函数应该取一个小的值，反之亦然。基于选择的损失函数，我们还将代价函数定义为训练数据的平均损失。训练模型就相当于找到使成本最小化的参数值。

$$\hat{\boldsymbol{\theta}} = \arg\min_{\boldsymbol{\theta}} \underbrace{\frac{1}{n}\sum_{i=1}^{n}\overbrace{L(\hat{y}(\boldsymbol{x}_i;\boldsymbol{\theta}), y_i)}^{\text{损失函数}}}_{\text{代价函数 } J(\boldsymbol{\theta})} \tag{3.9}$$

请注意，对于索引为 i 的训练点和该点的真实输出值y_i，上面表达式中的每一项对应于预测$\hat{y}(\boldsymbol{x}_i;\boldsymbol{\theta})$的损失函数，由式（3.4）给出。为了强调预测取决于参数$\boldsymbol{\theta}$，同时为了清楚起见，我们将$\boldsymbol{\theta}$作为参数包含在内。运算符$\arg\min_{\boldsymbol{\theta}}$表示“代价函数达到最小值的$\boldsymbol{\theta}$值”。损失函数和代价函数之间的关系（式（3.9））对于本书中的所有代价函数都是通用的。

3.1.4 最小二乘法和正规方程

对于回归，常用的损失函数是*平方误差*损失：

$$L(\hat{y}(\boldsymbol{x};\boldsymbol{\theta}), y) = (\hat{y}(\boldsymbol{x};\boldsymbol{\theta}) - y)^2 \tag{3.10}$$

如果$\hat{y}(\boldsymbol{x};\boldsymbol{\theta}) = y$，则此损失函数为 0，并且随着 y 和$\hat{y}(\boldsymbol{x};\boldsymbol{\theta}) = \boldsymbol{\theta}^{\mathrm{T}}\boldsymbol{x}$的预测之间的差异增加而快速（二次）增长。线性回归模型（3.7）的相应代价函数可以用矩阵表示法写为：

$$J(\boldsymbol{\theta}) = \frac{1}{n}\sum_{i=1}^{n}(\hat{y}(\boldsymbol{x}_i;\boldsymbol{\theta}) - y_i)^2 = \frac{1}{n}\|\hat{\boldsymbol{y}} - \boldsymbol{y}\|_2^2 = \frac{1}{n}\|\boldsymbol{X}\boldsymbol{\theta} - \boldsymbol{y}\|_2^2 = \frac{1}{n}\|\boldsymbol{\epsilon}\|_2^2 \tag{3.11}$$

其中$\|\cdot\|_2$表示欧几里得向量范数，$\|\cdot\|_2^2$表示其平方。由于采取平方形式，这个特定的代价函数通常也被称为*最小二乘*代价。如图 3.2 所示。我们将在第 5 章讨论其他损失函数。

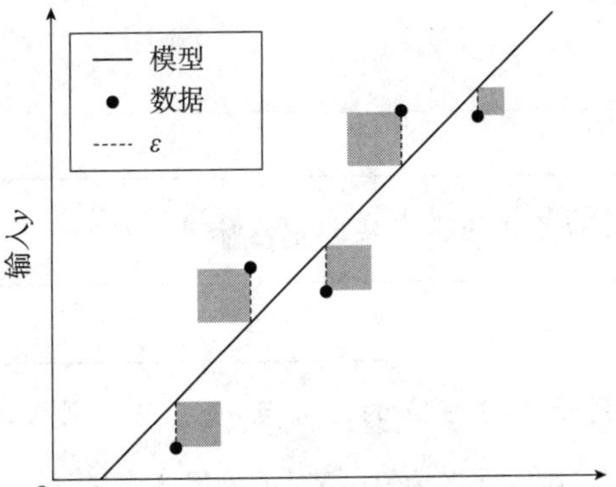

图 3.2 平方误差损失函数的图形解释。目标是选择模型（黑线），使每个误差 ε 的平方和（灰色方块）最小化。也就是说，要选择黑线以使灰色方块的面积最小化。这就是*最小二乘法*名字的由来。黑点为训练数据，是固定的

当使用平方误差损失从$\mathcal{T}$学习线性回归模型时，我们需要解决以下问题：

$$\hat{\boldsymbol{\theta}} = \arg\min_{\boldsymbol{\theta}} \frac{1}{n}\sum_{i=1}^{n}(\boldsymbol{\theta}^{\mathrm{T}}\boldsymbol{x}_i - y_i)^2 = \arg\min_{\boldsymbol{\theta}} \frac{1}{n}\|\boldsymbol{X}\boldsymbol{\theta} - \boldsymbol{y}\|_2^2 \tag{3.12}$$

从线性代数的角度来看，这可以看作在由 $\boldsymbol{X}$ 的列跨越的$\mathbb{R}^n$的子空间中找到最接近 $\boldsymbol{y}$ 的向量（在欧几里得意义上）的问题。这个问题的解是将 $\boldsymbol{y}$ 正交投影到这个子空间，相应的$\hat{\boldsymbol{\theta}}$可以被表示出来（见 3.A 节）以满足：

$$X^{\mathrm{T}}X\hat{\boldsymbol{\theta}}=X^{\mathrm{T}}\boldsymbol{y} \tag{3.13}$$

式（3.13）通常称为正规方程，它给出了最小二乘问题（3.12）的解。如果$X^{\mathrm{T}}X$是可逆的（通常是这种情况），则$\hat{\boldsymbol{\theta}}$具有封闭形式的表达式：

$$\hat{\boldsymbol{\theta}}=(X^{\mathrm{T}}X)^{-1}X^{\mathrm{T}}\boldsymbol{y} \tag{3.14}$$

存在这种封闭形式的解这一事实很重要，并且可能是具有平方误差损失的线性回归在实践中如此普遍的原因。其他损失函数通常导致缺乏封闭形式解的优化问题。

我们现在已经准备好使用线性回归方法，我们将其总结为方法 3.1 并通过示例 3.2 对其进行说明。

方法 3.1　线性回归

使用平方误差损失**学习**线性回归

数据：训练数据$\mathcal{T}\{\boldsymbol{x}_i, y_i\}_{i=1}^{n}$。

结果：学习到的参数向量$\hat{\boldsymbol{\theta}}$。

1．根据式（3.5）构造矩阵X和向量$\boldsymbol{y}$。

2．通过求解式（3.13）计算$\hat{\boldsymbol{\theta}}$。

使用线性回归**预测**

数据：学习到的参数向量$\hat{\boldsymbol{\theta}}$和测试数据$\boldsymbol{x}_\star$。

结果：预测结果$\hat{y}(\boldsymbol{x}_\star)$。

1．计算$\hat{y}(\boldsymbol{x}_\star)=\hat{\boldsymbol{\theta}}^{\mathrm{T}}\boldsymbol{x}_\star$。

思考时间 3.1　如果$X^{\mathrm{T}}X$是不可逆的，在实际中意味着什么？

思考时间 3.2　如果X的列是线性独立的，并且$p=n-1$，则X跨越整个$\mathbb{R}^n$。如果是这样，则X是可逆的，并且式（3.14）简化为$\boldsymbol{\theta}=X^{-1}\boldsymbol{y}$。因此，存在唯一的解，恰好使得$\boldsymbol{y}=X\boldsymbol{\theta}$，即模型完美地拟合训练数据。为什么这在实践中不是理想的情况？

示例 3.2　汽车停车距离

通过将示例 3.1 中的矩阵（3.6）代入正规方程（3.14），我们得到$\hat{\theta}_0=-20.1$和$\hat{\theta}_1=3.14$。绘制生成的模型见图 3.3。

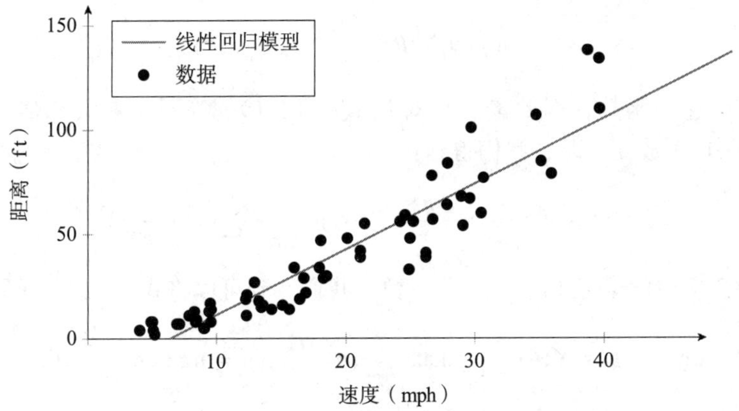

图 3.3

可以将这种方式与 k-NN 和决策树解决相同问题的方式进行比较（图 2.5 和图 2.11）。显然，线性回归模型的行为与这些模型不同。线性回归不具有 k-NN 和决策树的“局部”性质（只有靠近$\boldsymbol{x}_\star$的训练数据点受$\hat{y}(\boldsymbol{x}_\star)$的影响），这与线性回归是参数模型这一事实有关。

3.1.5 最大似然视角

为了从另一个角度看待平方误差损失，我们现在将上面的最小二乘法重新解释为最大似然解。“似然”一词指的是似然函数的统计概念，最大化似然函数相当于找到使观察$\boldsymbol{y}$的可能性尽可能大的$\boldsymbol{\theta}$值。也就是说，我们不是（有点武断地）选择损失函数，而是从下面的问题开始：

$$\hat{\boldsymbol{\theta}} = \arg\max_{\boldsymbol{\theta}} p(\boldsymbol{y}|\boldsymbol{X};\boldsymbol{\theta}) \tag{3.15}$$

这里$p(\boldsymbol{y}|\boldsymbol{X};\boldsymbol{\theta})$是给定所有输入$\boldsymbol{X}$和参数$\boldsymbol{\theta}$，训练数据中所有观察到的输出$\boldsymbol{y}$的概率密度。这从数学上确定了“可能”的含义，但我们需要更详细地说明它。我们通过将噪声项ε视为具有特定分布的随机变量来做到这一点。一个常见的假设是噪声项是独立的，每个项都服从均值为零且方差为σ_ε^2的高斯分布（也称为正态分布），即

$$\varepsilon \sim \mathcal{N}(0,\sigma_\varepsilon^2) \tag{3.16}$$

这意味着 n 个观察到的训练数据点是独立的，并且$p(\boldsymbol{y}|\boldsymbol{X};\boldsymbol{\theta})$因式分解为：

$$p(\boldsymbol{y}|\boldsymbol{X};\boldsymbol{\theta}) = \prod_{i=1}^{n} p(y_i|\boldsymbol{x}_i,\boldsymbol{\theta}) \tag{3.17}$$

考虑式（3.3）中的线性回归模型$y = \boldsymbol{\theta}^{\mathrm{T}}\boldsymbol{x} + \varepsilon$，以及高斯噪声假设（3.16），我们有：

$$p(y_i|\boldsymbol{x}_i,\boldsymbol{\theta}) = \mathcal{N}(y_i;\boldsymbol{\theta}^{\mathrm{T}}\boldsymbol{x}_i,\sigma_\varepsilon^2) = \frac{1}{\sqrt{2\pi\sigma_\varepsilon^2}}\exp\left(-\frac{1}{2\sigma_\varepsilon^2}(\boldsymbol{\theta}^{\mathrm{T}}\boldsymbol{x}_i - y_i)^2\right) \tag{3.18}$$

回想一下，我们想要最大化关于$\boldsymbol{\theta}$ 的可能性。由于数值原因，通常最好使用$p(\boldsymbol{y}|\boldsymbol{X};\boldsymbol{\theta})$的对数，

$$\ln p(\boldsymbol{y}|\boldsymbol{X};\boldsymbol{\theta}) = \sum_{i=1}^{n} \ln p(y_i|\boldsymbol{x}_i,\boldsymbol{\theta}) \tag{3.19}$$

由于对数是单调递增函数，因此最大化对数似然（3.19）等同于最大化似然本身。将式（3.18）和式（3.19）放在一起，我们得到：

$$\ln p(\boldsymbol{y}|\boldsymbol{X};\boldsymbol{\theta}) = -\frac{n}{2}\ln(2\pi\sigma_\varepsilon^2) - \frac{1}{2\sigma_\varepsilon^2}\sum_{i=1}^{n}(\boldsymbol{\theta}^{\mathrm{T}}\boldsymbol{x}_i - y_i)^2 \tag{3.20}$$

删除独立于$\boldsymbol{\theta}$的项和因子不会改变最大化参数，我们看到可以将式（3.15）重写为：

$$\hat{\boldsymbol{\theta}} = \arg\max_{\theta} p(\boldsymbol{y}|\boldsymbol{X};\boldsymbol{\theta}) = \arg\max_{\theta} -\sum_{i=1}^{n}(\boldsymbol{\theta}^{\mathrm{T}}\boldsymbol{x}_i - y_i)^2 = \arg\min_{\theta}\frac{1}{n}\sum_{i=1}^{n}(\boldsymbol{\theta}^{\mathrm{T}}\boldsymbol{x}_i - y_i)^2 \tag{3.21}$$

这确实是具有最小二乘成本（平方误差损失函数（3.10）隐含的代价函数）的线性回归。因此，使用平方误差损失等同于假设最大似然公式中的高斯噪声分布。关于ε的其他假设会导致其他损失函数，我们将在第5章中进一步讨论。

3.1.6 分类型输入变量

回归问题的特征在于数值型输出y和任意类型的输入$\boldsymbol{x}$。然而，到目前为止，我们只讨论了数值型输入的情况。要了解如何处理线性回归模型中的分类型输入，假设我们有一个仅采用两个不同值的输入变量，我们将这两个值称为A和B。创建一个*虚拟变量*x：

$$x\begin{cases}0 & 如果输入为A\\ 1 & 如果输入为B\end{cases} \tag{3.22}$$

并在任何有监督机器学习方法中使用此变量，就好像它是数值型的一样。对于线性回归，这有效地提供了一个模型：

$$y = \theta_0 + \theta_1 x + \varepsilon = \begin{cases}\theta_0 + \varepsilon & 如果输入为A\\ \theta_0 + \theta_1 + \varepsilon & 如果输入为B\end{cases} \tag{3.23}$$

因此，该模型能够根据输入是A还是B来学习和预测两个不同的值。

如果分类型变量取两个以上的值，比如A、B、C和D，我们可以通过构造一个四维向量来进行所谓的*独热编码*：

$$\boldsymbol{x} = [x_A \ x_B \ x_C \ x_D]^{\mathrm{T}} \tag{3.24}$$

其中，如果输入为A，则$x_A = 1$；如果输入为B，则$x_B = 1$，依此类推。也就是说，$\boldsymbol{x}$中只有一个元素为1，其余元素为0。同样，此构造可用于任何有监督机器学习方法，并不限于线性回归。

3.2 分类和逻辑回归

在介绍了解决回归问题的参数方法之后，我们现在将注意力转向分类。正如我们将看到的，通过修改线性回归模型，我们也可以将其应用于分类问题。然而，代价是无法使用方便的正规方程，而是必须求助于数值优化来学习模型的参数。

3.2.1 从统计角度看分类问题

有监督机器学习相当于根据输入预测输出。从统计学的角度来看，分类相当于预测条件

类概率

$$p(y=m|\boldsymbol{x}) \tag{3.25}$$

其中 y 是输出$1,2,\cdots,M$，$\boldsymbol{x}$ 是输入[⊖]。简而言之，$p(y=m|\boldsymbol{x})$描述了已知输入 $\boldsymbol{x}$ 的情况下类别 m 的概率。表达式$p(y|\boldsymbol{x})$意味着我们将类标签 y 视为随机变量。为什么呢？因为我们选择对数据来源的真实世界进行建模，它涉及一定的随机性（很像回归中的随机误差ε）。让我们用一个例子来说明这一点。

示例 3.3 使用概率描述投票行为

我们想要构建一个模型来预测不同人群（为 $\boldsymbol{x}$，输入）的投票偏好（为 y，输出）。然而，我们必须面对一个事实，即并非某个人口群体中的每个人都会投票给同一个政党。因此，我们可以将 y 视为服从特定概率分布的随机变量。如果我们知道在 45 岁女性组（为 $\boldsymbol{x}$）中，樱桃色党的得票率为 13%，绿松石党的得票率为 39%，紫色党的得票率为 48%（这里 $M=3$），那么可以将其描述为：

$$p(y=\text{樱桃色党}|\boldsymbol{x}=45\text{岁女性})=0.13$$

$$p(y=\text{绿松石党}|\boldsymbol{x}=45\text{岁女性})=0.39$$

$$p(y=\text{紫色党}|\boldsymbol{x}=45\text{岁女性})=0.48$$

这样，概率$p(y|\boldsymbol{x})$描述了一个重要的事实，即

- 所有 45 岁的女性都不会投票给同一个政党。
- 政党的选择似乎并不是完全随机的。在 45 岁的女性中，紫色党最受欢迎，樱桃色党得票最少。

因此，分类器可能很有用，它不仅可以预测类别$\hat{y}$（某政党），还可以预测类别$p(y|\boldsymbol{x})$的分布。

现在的目标是构建一个分类器，它不仅可以预测类别，还可以学习类别概率$p(y|\boldsymbol{x})$。更具体地说，对于二元分类问题（$M=2$，y 为 1 或 −1），我们训练了一个模型$g(\boldsymbol{x})$，其中

$$p(y=1|\boldsymbol{x})\text{由}g(\boldsymbol{x})\text{建模} \tag{3.26a}$$

根据概率定律，$p(y=1|\boldsymbol{x})+p(y=-1|\boldsymbol{x})=1$，这意味着

$$p(y=-1|\boldsymbol{x})\text{由}1-g(\boldsymbol{x})\text{建模} \tag{3.26b}$$

由于$g(\boldsymbol{x})$是概率模型，因此很自然地要求对于任何 $\boldsymbol{x}$，$0\leqslant g(\boldsymbol{x})\leqslant 1$。我们将在下面看到如何强制执行此约束。

对于多类问题，我们改为让分类器返回一个向量值函数$\boldsymbol{g}(\boldsymbol{x})$，其中

⊖ 我们使用符号$p(y|\boldsymbol{x})$来表示概率质量（y 离散时）和概率密度（y 连续时）。

$$\begin{bmatrix} p(y=1|\boldsymbol{x}) \\ p(y=2|\boldsymbol{x}) \\ \vdots \\ p(y=M|\boldsymbol{x}) \end{bmatrix} \text{由} \begin{bmatrix} g_1(\boldsymbol{x}) \\ g_2(\boldsymbol{x}) \\ \vdots \\ g_M(\boldsymbol{x}) \end{bmatrix} = \boldsymbol{g}(\boldsymbol{x}) \text{建模} \tag{3.27}$$

换句话说，$\boldsymbol{g}(\boldsymbol{x})$的每个元素$g_m(\boldsymbol{x})$对应于条件类概率$p(y=m|\boldsymbol{x})$。由于$\boldsymbol{g}(\boldsymbol{x})$对概率向量建模，我们要求每个元素$g_m(\boldsymbol{x})\geqslant 0$并且对于任何$\boldsymbol{x}$，$\|\boldsymbol{g}(\boldsymbol{x})\|_1 = \sum_{m=1}^{M}|g_m(\boldsymbol{x})| = 1$。

3.2.2　二元分类的逻辑回归模型

我们现在介绍逻辑回归模型，这是对条件类别概率建模的一种可能方法。逻辑回归可以看作对线性回归模型的修改，使其适合分类（而不是回归）问题。

让我们从二元分类开始。我们希望学习一个近似正类条件概率的函数$g(\boldsymbol{x})$，参见式（3.26）。为此，我们从线性回归模型开始，在没有噪声项的情况下，由下式给出：

$$z = \theta_0 + \theta_1 x_1 + \theta_2 x_2 + \cdots + \theta_p x_p = \boldsymbol{\theta}^{\mathrm{T}} \boldsymbol{x} \tag{3.28}$$

这是一个接受$\boldsymbol{x}$并返回z的映射，在此上下文中称为logit。请注意，z取整条实数轴上的值，而我们需要一个函数来返回区间[0, 1]中的值。逻辑回归的关键思想是使用*逻辑函数* $h(z)=\frac{\mathrm{e}^z}{1+\mathrm{e}^z}$，将$z$从式（3.28）“压缩”到区间[0,1]，见图3.4。这将产生：

$$g(\boldsymbol{x}) = \frac{\mathrm{e}^{\boldsymbol{\theta}^{\mathrm{T}}\boldsymbol{x}}}{1+\mathrm{e}^{\boldsymbol{\theta}^{\mathrm{T}}\boldsymbol{x}}} \tag{3.29a}$$

其值限于[0, 1]，因此可以解释为概率。式（3.29a）是$p(y=1|\boldsymbol{x})$的逻辑回归模型。请注意，这也隐式地给出了$p(y=-1|\boldsymbol{x})$的模型：

$$1-g(\boldsymbol{x}) = 1-\frac{\mathrm{e}^{\boldsymbol{\theta}^{\mathrm{T}}\boldsymbol{x}}}{1+\mathrm{e}^{\boldsymbol{\theta}^{\mathrm{T}}\boldsymbol{x}}} = \frac{1}{1+\mathrm{e}^{\boldsymbol{\theta}^{\mathrm{T}}\boldsymbol{x}}} = \frac{\mathrm{e}^{-\boldsymbol{\theta}^{\mathrm{T}}\boldsymbol{x}}}{1+\mathrm{e}^{-\boldsymbol{\theta}^{\mathrm{T}}\boldsymbol{x}}} \tag{3.29b}$$

简而言之，逻辑回归模型是线性回归附加逻辑函数。这就是其（有点令人困惑的）名称的由来。尽管有这个名称，逻辑回归仍是一种分类方法，而不是回归方法。与线性回归模型（3.3）一样，在式（3.28）中没有噪声项ε的原因是分类中的随机性是由类别概率构造$p(y=m|\boldsymbol{x})$而不是由加性噪声ε来统计建模的。

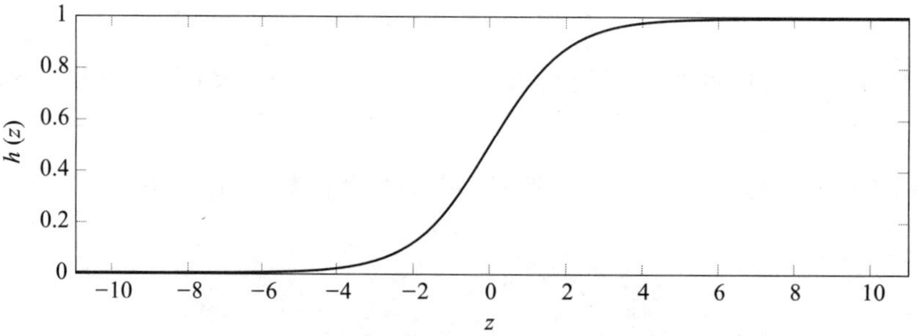

图3.4　逻辑回归函数$h(z)=\frac{\mathrm{e}^z}{1+\mathrm{e}^z}$

至于线性回归，我们有一个包含未知参数$\boldsymbol{\theta}$ 的模型（3.29）。因此逻辑回归也是一个参数模型，我们需要从训练数据中学习参数。如何做到这一点是下一节的主题。

3.2.3 通过最大似然法训练逻辑回归模型

通过使用逻辑函数，我们将线性回归（回归问题的模型）转化为逻辑回归（分类问题的模型）。付出的代价是，由于逻辑函数的非线性，我们将无法使用方便的正规方程来学习$\boldsymbol{\theta}$（如果使用平方误差损失，我们就可以使用线性回归）。

为了推导出从训练数据$\mathcal{T}=\{\boldsymbol{x}_i,y_i\}_{i=1}^n$中学习式（3.29）中的$\boldsymbol{\theta}$的原则方法，我们从最大似然法开始。从最大似然的角度来看，学习分类器相当于解决

$$\hat{\boldsymbol{\theta}}=\arg\max_{\boldsymbol{\theta}} p(\boldsymbol{y}|\boldsymbol{X};\boldsymbol{\theta})=\arg\max_{\boldsymbol{\theta}}\sum_{i=1}^{n}\ln p(y_i|\boldsymbol{x}_i;\boldsymbol{\theta}) \tag{3.30}$$

其中与线性回归（3.19）类似，我们假设训练数据点是独立的，并且出于数值原因考虑似然函数的对数。我们还在符号中明确添加了$\boldsymbol{\theta}$，以强调对模型参数的依赖性。请记住，$p(y_1=1|\boldsymbol{X};\boldsymbol{\theta})$的模型是$g(\boldsymbol{x};\boldsymbol{\theta})$，它给出

$$\ln p(y_i|\boldsymbol{x}_i;\boldsymbol{\theta})=\begin{cases}\ln g(\boldsymbol{x}_i;\boldsymbol{\theta}) & \text{如果} y_i=1\\ \ln(1-g(\boldsymbol{x}_i;\boldsymbol{\theta})) & \text{如果} y_i=-1\end{cases} \tag{3.31}$$

通过使用负对数似然作为代价函数$J(\boldsymbol{\theta})=\frac{1}{n}\sum\ln p(y_i|\boldsymbol{x}_i;\boldsymbol{\theta})$，通常将最大化问题（3.30）转化为等效的最小化问题，即

$$J(\boldsymbol{\theta})=\frac{1}{n}\sum_{i=1}^{n}\underbrace{\begin{cases}-\ln g(\boldsymbol{x}_i;\boldsymbol{\theta}) & \text{如果} y_i=1\\ -\ln(1-g(\boldsymbol{x}_i;\boldsymbol{\theta})) & \text{如果} y_i=-1\end{cases}}_{\text{二元交叉熵损失} L(g(\boldsymbol{x}_i;\boldsymbol{\theta}),y_i)} \tag{3.32}$$

上式中的损失函数称为*交叉熵损失*。它不特定于逻辑回归，但可用于预测类别概率$g(\boldsymbol{x};\boldsymbol{\theta})$的任何二元分类器。

现在专门考虑逻辑回归模型，可以更详细地写出代价函数（3.32）。此时，标记$\{-1,1\}$的特定选择结果被证明是方便的。对于$y_i=1$，可以写为：

$$g(\boldsymbol{x}_i;\boldsymbol{\theta})=\frac{\mathrm{e}^{\boldsymbol{\theta}^{\mathrm{T}}\boldsymbol{x}_i}}{1+\mathrm{e}^{\boldsymbol{\theta}^{\mathrm{T}}\boldsymbol{x}_i}}=\frac{\mathrm{e}^{y_i\boldsymbol{\theta}^{\mathrm{T}}\boldsymbol{x}_i}}{1+\mathrm{e}^{y_i\boldsymbol{\theta}^{\mathrm{T}}\boldsymbol{x}_i}} \tag{3.33a}$$

对于$y_i=-1$，

$$1-g(\boldsymbol{x}_i;\boldsymbol{\theta})=\frac{\mathrm{e}^{-\boldsymbol{\theta}^{\mathrm{T}}\boldsymbol{x}_i}}{1+\mathrm{e}^{-\boldsymbol{\theta}^{\mathrm{T}}\boldsymbol{x}_i}}=\frac{\mathrm{e}^{y_i\boldsymbol{\theta}^{\mathrm{T}}\boldsymbol{x}_i}}{1+\mathrm{e}^{y_i\boldsymbol{\theta}^{\mathrm{T}}\boldsymbol{x}_i}} \tag{3.33b}$$

因此，我们在两种情况下得到相同的表达式，并且可以将式（3.32）紧凑地写为：

$$\begin{aligned}J(\boldsymbol{\theta})&=\frac{1}{n}\sum_{i=1}^{n}-\ln\frac{\mathrm{e}^{y_i\boldsymbol{\theta}^{\mathrm{T}}\boldsymbol{x}_i}}{1+\mathrm{e}^{y_i\boldsymbol{\theta}^{\mathrm{T}}\boldsymbol{x}_i}}=\frac{1}{n}\sum_{i=1}^{n}-\ln\frac{1}{1+\mathrm{e}^{-y_i\boldsymbol{\theta}^{\mathrm{T}}\boldsymbol{x}_i}}\\&=\frac{1}{n}\sum_{i=1}^{n}\underbrace{\ln(1+\mathrm{e}^{-y_i\boldsymbol{\theta}^{\mathrm{T}}\boldsymbol{x}_i})}_{\text{逻辑损失} L(\boldsymbol{x}_i,y_i,\boldsymbol{\theta})}\end{aligned} \tag{3.34}$$

上面的损失函数$L(\boldsymbol{x}, y_i, \boldsymbol{\theta})$是交叉熵损失的一个特例，称为逻辑损失（有时也称为二项式偏差）。因此，学习逻辑回归模型相当于解决

$$\hat{\boldsymbol{\theta}} = \arg\min_{\boldsymbol{\theta}} \frac{1}{n}\sum_{i=1}^{n} \ln(1+\mathrm{e}^{-y_i\boldsymbol{\theta}^{\mathrm{T}}\boldsymbol{x}_i}) \tag{3.35}$$

与具有平方误差损失的线性回归相反，问题（3.35）没有封闭形式的解，因此我们必须改用数值优化。不仅仅是逻辑回归，以数值方式解决非线性优化问题是许多机器学习模型训练的核心，我们将在第5章中回到这个主题。然而现在，只要注意到存在解决问题的有效算法来数值求解式（3.35）以求出$\hat{\boldsymbol{\theta}}$就足够了。

3.2.4 预测和决策边界

到目前为止，我们已经讨论了逻辑回归作为预测测试输入$\boldsymbol{x}_\star$的类别概率的方法：首先从训练数据中学习$\boldsymbol{\theta}$，然后计算$g(\boldsymbol{x}_\star)$——我们的$p(y=1|\boldsymbol{x}_\star)$模型。然而，有时我们想对测试输入$\boldsymbol{x}_\star$进行“硬”预测，即在二进制分类中预测$\hat{y}(\boldsymbol{x}_\star)=-1$或$\hat{y}(\boldsymbol{x}_\star)=1$，就像$k$-NN或决策树。然后我们必须向逻辑回归模型中添加最后一步，其中预测概率被转换为类别预测。最常见的方法是让$\hat{y}(\boldsymbol{x}_\star)$成为最可能的类别。对于二进制分类，我们可以将其表示为[⊖]：

$$\hat{y}(\boldsymbol{x}_\star) = \begin{cases} 1 & \text{如果} g(\boldsymbol{x}) > r \\ -1 & \text{如果} g(\boldsymbol{x}) \leqslant r \end{cases} \tag{3.36}$$

决策阈值$r=0.5$，如图3.5所示。我们现在已经准备好在方法3.2中总结二元逻辑回归。

方法 3.2 逻辑回归

学习二元线性回归

数据：训练数据$\mathcal{T}=\{\boldsymbol{x}_i, y_i\}_{i=1}^{n}$（输出类别为$y=\{-1,1\}$）。

结果：学习到的参数向量$\hat{\boldsymbol{\theta}}$。

1．通过数值求解式（3.35），计算$\hat{\boldsymbol{\theta}}$。

用二元线性回归**预测**

数据：学习到的参数向量$\hat{\boldsymbol{\theta}}$和测试数据$\boldsymbol{x}_\star$。

结果：预测结果$\hat{y}(\boldsymbol{x}_\star)$。

1．计算$g(\boldsymbol{x}_\star)$，即式（3.29a）。

2．如果$g(\boldsymbol{x}_\star)>0.5$，则返回$\hat{y}(\boldsymbol{x}_\star)=1$，否则返回$\hat{y}(\boldsymbol{x}_\star)=-1$。

⊖ 如果$g(\boldsymbol{x})=0.5$，会发生什么是任意的。

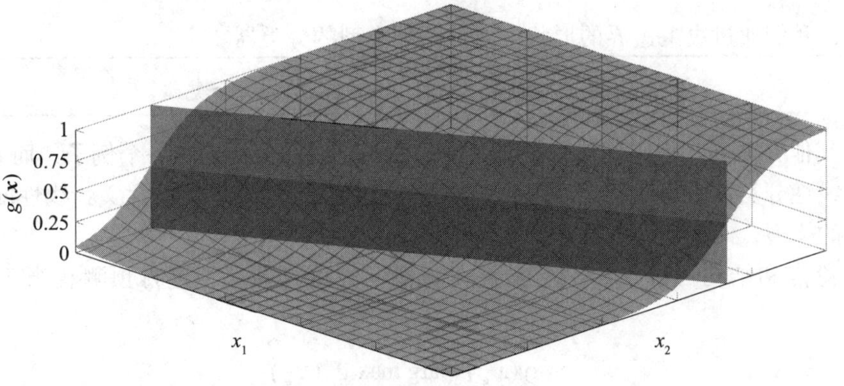

图 3.5 在二元分类（$y=-1$ 或 1）中，逻辑回归预测$g(\boldsymbol{x}_\star)$（这里$\boldsymbol{x}$是二维的）尝试确定$p(y=1|\boldsymbol{x}_\star)$。这也隐式地给出了$p(y=-1|\boldsymbol{x}_\star)$为$1-g(\boldsymbol{x}_\star)$的预测。为了将这些概率转化为实际的类别预测（$\hat{y}(\boldsymbol{x}_\star)$为 −1 或 1），可以将建模为具有最高概率的类别作为预测，如式（3.36）所示。预测从一个类别变为另一个类别的点是决策边界（灰色平面）

然而，在某些应用中，探索与 $r=0.5$ 不同的阈值可能是有益的。可以证明，如果$g(\boldsymbol{x})=p(y=1|\boldsymbol{x})$（即模型提供了对真实世界类概率的正确描述），那么选择 $r=0.5$ 将给出尽可能少的平均错误分类。换句话说，$r=0.5$ 最小化了所谓的错误分类率。然而，错误分类率并不总是分类器最重要的方面。许多分类问题是不对称的（正确预测某些类比其他类更重要）或不平衡的（类以非常不同的频率出现）。例如，在医学诊断应用程序中，不要错误地预测阴性类（错误地预测生病的患者是健康的）比错误地预测阳性类（错误地预测健康的患者生病）更为重要。对于这样的问题，最小化错误分类率可能不会产生预期的性能。此外，如果疾病非常罕见，则医学诊断问题可能是不平衡的，这意味着绝大多数数据点（患者）属于阴性类。通过仅考虑这种情况下的错误分类率，我们隐式地认为对负类的准确预测高于对阳性类的准确预测，这仅仅是因为阴性类在数据中更常见。我们将在 4.5 节中讨论如何更系统地评估此类情况。然而，最终的决策阈值 r 是用户必须做出的选择。

二元分类的决策边界可以通过求解方程来计算，

$$g(\boldsymbol{x})=1-g(\boldsymbol{x}) \tag{3.37}$$

该方程的解是输入空间中的点，预测两个类别的概率相同。因此，这些点位于决策边界上。对于二元逻辑回归，这意味着

$$\frac{\mathrm{e}^{\boldsymbol{\theta}^{\mathrm{T}}\boldsymbol{x}}}{1+\mathrm{e}^{\boldsymbol{\theta}^{\mathrm{T}}\boldsymbol{x}}}=\frac{1}{1+\mathrm{e}^{\boldsymbol{\theta}^{\mathrm{T}}\boldsymbol{x}}} \Leftrightarrow \mathrm{e}^{\boldsymbol{\theta}^{\mathrm{T}}\boldsymbol{x}}=1 \Leftrightarrow \boldsymbol{\theta}^{\mathrm{T}}\boldsymbol{x}=0 \tag{3.38}$$

方程$\boldsymbol{\theta}^{\mathrm{T}}\boldsymbol{x}=0$参数化了一个（线性）超平面。因此，逻辑回归中的决策边界总是具有（线性）超平面的形状。

从上面的推导可以看出，表达式$\boldsymbol{\theta}^{\mathrm{T}}\boldsymbol{x}$的符号决定了我们是在预测正类还是负类。因此，我们可以将式（3.36）的阈值 $r=0.5$ 紧凑地写为：

$$\hat{y}(\boldsymbol{x}_\star)=\mathrm{sign}(\boldsymbol{\theta}^{\mathrm{T}}(\boldsymbol{x}_\star)) \tag{3.39}$$

通常，我们通过决策边界的形状来区分不同类型的分类器。

决策边界是线性超平面的分类器是线性分类器。

所有其他分类器都是非线性分类器。逻辑回归是线性分类器的一个例子，而 k-NN 和决策树是非线性分类器。请注意，术语“线性”在线性回归中有不同的含义：线性回归是其参数呈线性的模型，而线性分类器是其决策边界呈线性的模型。

上述论点和结构可以推广到多类设置。根据最可能的类别进行预测相当于将预测计算为：

$$\hat{y}(\boldsymbol{x}_\star) = \arg\max_{m} g_m(\boldsymbol{x}_\star) \tag{3.40}$$

与二进制情况一样，在处理不对称或不平衡问题时可以修改它。多类逻辑回归模型的决策边界将由 $M-1$（线性）超平面的组合给出。

3.2.5　两类以上的逻辑回归

当有两个以上的类时，逻辑回归也可以用于多类问题，即 $M>2$。有几种方法可以将逻辑回归推广到这种情况。我们将遵循一种使用 softmax 函数的方法，这在后面第 6 章介绍深度学习模型时也很有用。

对于二元问题，我们使用逻辑函数来为$g(\boldsymbol{x})$设计模型，$g(\boldsymbol{x})$是表示$p(y=1|\boldsymbol{x})$的标量值函数。对于多类问题，我们必须设计一个向量值函数$\boldsymbol{g}(\boldsymbol{x})$，其元素应为非负且总和为 1。为此，我们首先使用式（3.28）的 M 个实例，每个实例表示为z_m，每个实例都有一组不同的参数$\boldsymbol{\theta}_m$，$z_m=\boldsymbol{\theta}_m^{\mathrm{T}}\boldsymbol{x}$。我们将所有$z_m$堆叠到$\operatorname{logit} \boldsymbol{z}=[z_1\ z_2 \cdots z_M]^{\mathrm{T}}$的向量中，并使用 softmax 函数作为逻辑函数的向量值泛化，

$$\operatorname{softmax}(\boldsymbol{z}) \triangleq \frac{1}{\sum_{m=1}^{M} \mathrm{e}^{z_m}} \begin{bmatrix} \mathrm{e}^{z_1} \\ \mathrm{e}^{z_2} \\ \vdots \\ \mathrm{e}^{z_M} \end{bmatrix} \tag{3.41}$$

请注意，softmax 函数的参数 $\boldsymbol{z}$ 是一个 M 维向量，它也返回一个相同维度的向量。通过构造，softmax 函数的输出向量总和为 1，并且每个元素始终大于等于 0。类似于结合线性回归和二元分类问题（3.29）的逻辑函数，我们现在结合线性回归和 softmax 函数来模拟类别概率：

$$\boldsymbol{g}(\boldsymbol{x}) = \operatorname{softmax}(\boldsymbol{z}),\ 其中\ \boldsymbol{z} = \begin{bmatrix} \boldsymbol{\theta}_1^{\mathrm{T}}\boldsymbol{x} \\ \boldsymbol{\theta}_2^{\mathrm{T}}\boldsymbol{x} \\ \vdots \\ \boldsymbol{\theta}_M^{\mathrm{T}}\boldsymbol{x} \end{bmatrix} \tag{3.42}$$

等价地，我们可以写出各个类的概率，即向量$\boldsymbol{g}(\boldsymbol{x})$的元素，如下：

$$g_m(\boldsymbol{x}) = \frac{\mathrm{e}^{\boldsymbol{\theta}_m^{\mathrm{T}}\boldsymbol{x}}}{\sum_{j=1}^{M} \mathrm{e}^{\boldsymbol{\theta}_j^{\mathrm{T}}\boldsymbol{x}}} \qquad m=1,\cdots,M \tag{3.43}$$

这是多类逻辑回归模型。请注意，此构造使用M个参数向量$\boldsymbol{\theta}_1,\cdots,\boldsymbol{\theta}_M$（每个类一个），这意味着要学习的参数数量随着$M$的增加而增长。对于二元逻辑回归，我们可以使用最大似然法来学习这些参数。我们使用$\boldsymbol{\theta}$来表示所有模型参数，$\boldsymbol{\theta}=\{\boldsymbol{\theta}_1,\cdots,\boldsymbol{\theta}_M\}$。由于$g_m(\boldsymbol{x}_i;\boldsymbol{\theta})$是我们的$p(y_i=m|\boldsymbol{x}_i)$模型，因此多类问题的交叉熵（相当于负对数似然）损失的代价函数为：

$$J(\boldsymbol{\theta})=\frac{1}{n}\sum_{i=1}^{n}\underbrace{-\ln g_{y_i}(\boldsymbol{x}_i;\boldsymbol{\theta})}_{\text{多类交叉熵损失}L(\boldsymbol{g}(\boldsymbol{x}_i;\boldsymbol{\theta}),y_i)} \tag{3.44}$$

请注意，我们使用训练数据标签y_i作为索引变量来为损失函数选择正确的条件概率。也就是说，和的第i项是向量$\boldsymbol{g}(\boldsymbol{x}_i;\boldsymbol{\theta})$的第$y_i$个元素的负对数。我们在示例3.4中说明了它的含义。

将模型（3.43）插入损失函数（3.44）中，得到学习多类逻辑回归时要优化的代价函数：

$$J(\boldsymbol{\theta})=\frac{1}{n}\sum_{i=1}^{n}\left(-\boldsymbol{\theta}_{y_i}^{\mathrm{T}}\boldsymbol{x}_i+\ln\sum_{j=1}^{M}\mathrm{e}^{\boldsymbol{\theta}_j^{\mathrm{T}}\boldsymbol{x}_i}\right) \tag{3.45}$$

我们将其应用于图3.6中的音乐分类问题。

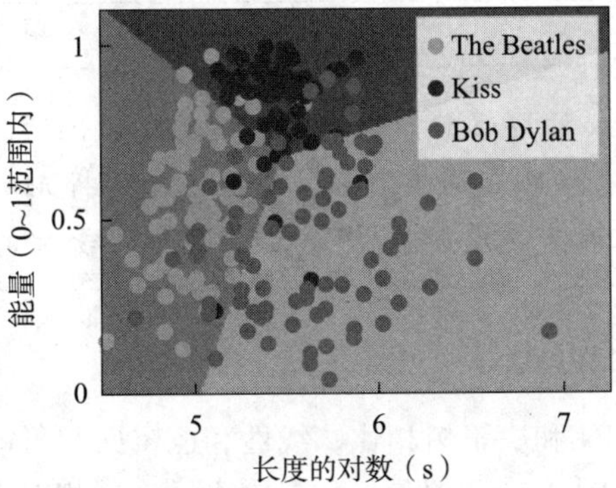

图3.6 逻辑回归应用于示例2.1中的音乐分类问题。决策边界是线性的，但与树（图2.11a）不同，它们不垂直于轴

示例3.4 多分类问题的交叉熵损失

考虑以下（非常小的）数据集，其中包含n=6个数据点、p=2个输入维度和M=3个类，我们想用它来训练多类分类器：

$$\boldsymbol{X}=\begin{bmatrix}0.20 & 0.86\\ 0.41 & 0.18\\ 0.96 & -1.84\\ -0.25 & 1.57\\ -0.82 & -1.53\\ -0.31 & 0.58\end{bmatrix},\quad \boldsymbol{y}=\begin{bmatrix}2\\3\\1\\2\\1\\3\end{bmatrix}$$

对于任何$\boldsymbol{x}$和$\boldsymbol{\theta}$，使用softmax的多类逻辑回归（或任何其他预测条件类概率向量的多类分类器）返回一个三维概率向量$\boldsymbol{g}(\boldsymbol{x};\boldsymbol{\theta})$。如果$i$=1,$\cdots$, 6，我们堆叠所有向量$\boldsymbol{g}(\boldsymbol{x}_i;\boldsymbol{\theta})$转置的对数，得到矩阵：

$$G = \begin{bmatrix} \ln g_1(\boldsymbol{x}_1;\boldsymbol{\theta}) & \ln g_2(\boldsymbol{x}_1;\boldsymbol{\theta}) & \ln g_3(\boldsymbol{x}_1;\boldsymbol{\theta}) \\ \ln g_1(\boldsymbol{x}_2;\boldsymbol{\theta}) & \ln g_2(\boldsymbol{x}_2;\boldsymbol{\theta}) & \ln g_3(\boldsymbol{x}_2;\boldsymbol{\theta}) \\ \ln g_1(\boldsymbol{x}_3;\boldsymbol{\theta}) & \ln g_2(\boldsymbol{x}_3;\boldsymbol{\theta}) & \ln g_3(\boldsymbol{x}_3;\boldsymbol{\theta}) \\ \ln g_1(\boldsymbol{x}_4;\boldsymbol{\theta}) & \ln g_2(\boldsymbol{x}_4;\boldsymbol{\theta}) & \ln g_3(\boldsymbol{x}_4;\boldsymbol{\theta}) \\ \ln g_1(\boldsymbol{x}_5;\boldsymbol{\theta}) & \ln g_2(\boldsymbol{x}_5;\boldsymbol{\theta}) & \ln g_3(\boldsymbol{x}_5;\boldsymbol{\theta}) \\ \ln g_1(\boldsymbol{x}_6;\boldsymbol{\theta}) & \ln g_2(\boldsymbol{x}_6;\boldsymbol{\theta}) & \ln g_3(\boldsymbol{x}_6;\boldsymbol{\theta}) \end{bmatrix}$$

计算多类交叉熵成本（3.44）时，只需取所有圆圈元素的平均值并将其乘以 −1。我们在第 i 行圈出的元素由训练标签y_i给出。训练模型相当于找到$\boldsymbol{\theta}$，使得这个取反的平均值最小化。

思考时间 3.3 你能推导出式（3.32）作为式（3.44）的特例吗？提示：将二元分类器视为多类分类器的特例，$\boldsymbol{g}(\boldsymbol{x}) = \begin{bmatrix} g(\boldsymbol{x}) \\ 1-g(\boldsymbol{x}) \end{bmatrix}$。

思考时间 3.4 基于 softmax 的逻辑回归实际上是过度参数化的，因为我们可以用更少的参数构建一个等效模型。这在实践中通常不成问题，但是请将 M=2 的多类模型（3.42）与二元逻辑回归（3.29）进行比较，看看你是否可以发现过度参数化的问题。

3.3 多项式回归和正则化

与第 2 章中研究的 k-NN 和决策树相比，线性和逻辑回归可能看起来是具有直线的刚性和非柔性模型（见图 3.1 和图 3.5）。但是，如果输入维度 p 相对于数据点数 n 较大，则这两种模型都能够很好地适应训练数据。

我们将在第 8 章中更深入地讨论线性和逻辑回归中增加输入维度的一种常见方法，即对输入进行非线性变换。一个简单的非线性变换是用一维输入 x 的不同的幂替换它，这使得线性回归模型成为多项式：

$$y = \theta_0 + \theta_1 x + \theta_2 x^2 + \theta_3 x^3 + \cdots + \varepsilon \tag{3.46}$$

这称为*多项式回归*。相同的多项式展开也可以应用于逻辑回归中 logit 的表达式。请注意，如果我们令$x_1 = x,\ x_2 = x^2,\ x_3 = x^3$，这仍然是输入$\boldsymbol{x} = [1\ \ x\ \ x^2\ \ x^3]$的线性模型（3.2），但我们已将输入从一维（$p$=1）“提升”到三维（$p$=3）。使用非线性输入转换在实践中可能非常有用，但会有效地增加 p，这很容易导致模型过拟合到训练数据的噪声中（而不是有趣的模式）如示例 3.5 所示。

示例 3.5 多项式回归的停车距离

我们回到示例 2.2，但这次我们还添加了平方速度作为输入，从而在线性回归中使用了二阶多项式。(与示例 3.1 相比）这给出了新矩阵：

$$
\boldsymbol{X}=\begin{bmatrix}1 & 4.0 & 16.0\\1 & 4.9 & 24.0\\1 & 5.0 & 25.0\\\vdots & \vdots & \vdots\\1 & 39.6 & 1568.2\\1 & 39.7 & 1576.1\end{bmatrix},\ \boldsymbol{\theta}=\begin{bmatrix}\theta_0\\\theta_1\\\theta_2\end{bmatrix},\ \boldsymbol{y}=\begin{bmatrix}4.0\\8.0\\8.0\\\vdots\\134.0\\110.0\end{bmatrix} \tag{3.47}
$$

当我们将这些代入正规方程（3.13）时，新参数估计为 $\hat{\theta}_0=1.58$、$\hat{\theta}_1=0.42$ 和 $\hat{\theta}_2=0.07$。(请注意，与示例 3.2 相比，$\hat{\theta}_0$和 $\hat{\theta}_1$也发生了变化。)

以完全类似的方式，我们还学习了一个十阶多项式，我们在图 3.7 中对它们进行了说明。

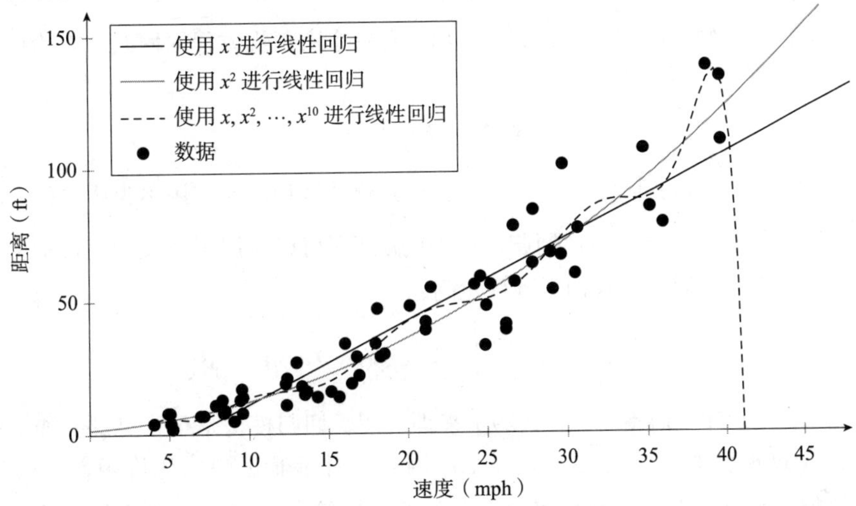

图 3.7

二阶多项式（红线）看起来很合理，与普通线性回归（蓝线，来自示例 3.2）相比，使用二阶多项式似乎有一些优势。然而，由于过拟合，使用十阶多项式（绿线）似乎使模型的用处甚至不如简单的线性回归。总之，多项式回归的想法有其优点，但必须谨慎应用。

在使用非线性变换增强输入时，避免过拟合问题的一种方法是仔细选择要包含的输入(变换)。有多种策略可以做到这一点，例如一次添加一个输入（前向选择）或从大量输入开始逐渐删除被认为多余的输入（后向消除）。正如我们在第 4 章中讨论的那样，可以使用交叉验证来评估和比较不同的候选模型。另请参见第 11 章，我们将进一步讨论输入选择。

可用于减轻过拟合的显式输入选择的另一种方法是正则化。正则化的想法可以描述为“保持参数$\hat{\boldsymbol{\theta}}$较小，除非数据真的让我们信服”，或者“如果具有较小参数值$\hat{\boldsymbol{\theta}}$的模型几乎与具有较大参数值的模型拟合数据，则参数值小的应该是首选”。有几种方法可以在数学上实现这种想法，从而产生不同的正则化方法。我们将在 5.3 节对此进行更完整的处理，现在只讨论所谓的 L^2 正则化。当与正则化结合使用时，使用非线性输入变换的想法会非常强大，并支持我们将在第 8 章中适当介绍和讨论的一整套有监督机器学习方法。

为了保持$\hat{\boldsymbol{\theta}}$较小，在使用$L^2$正则化时，将额外的惩罚项$\lambda\|\boldsymbol{\theta}\|_2^2$添加到代价函数中。这里，$\lambda \geqslant 0$称为正则化参数，是用户选择的控制正则化效果强度的超参数。惩罚项的目的是防止过拟合。鉴于原始代价函数仅奖励对训练数据的拟合（这会鼓励过拟合），而正则化项以略微较差的拟合为代价防止参数值过大。因此，明智地选择正则化参数λ以获得正确的正则化量非常重要。当$\lambda = 0$时，正则化没有效果，而$\lambda \to \infty$将强制所有参数$\hat{\boldsymbol{\theta}}$为 0。一种常见的方法是使用交叉验证（见第 4 章）来选择λ。

如果我们将L^2正则化添加到先前研究的具有平方误差损失的线性回归模型（3.12）中，则得到的优化问题将变为[⊖]：

$$\hat{\boldsymbol{\theta}} = \arg\min_{\boldsymbol{\theta}} \frac{1}{n}\|\boldsymbol{X\theta} - \boldsymbol{y}\|_2^2 + \lambda\|\boldsymbol{\theta}\|_2^2 \tag{3.48}$$

事实证明，就像非正则化问题一样，式（3.48）有一个由正规方程的修改版本给出的封闭形式的解，

$$(\boldsymbol{X}^{\mathrm{T}}\boldsymbol{X} + n\lambda\boldsymbol{I}_{p+1})\hat{\boldsymbol{\theta}} = \boldsymbol{X}^{\mathrm{T}}\boldsymbol{y} \tag{3.49}$$

其中$\boldsymbol{I}_{p+1}$是大小为$(p+1)\times(p+1)$的单位矩阵。L^2正则化的这种特殊应用称为*岭回归*。

然而，正则化并不局限于线性回归。相同的L^2惩罚可以应用于涉及优化代价函数的任何方法。例如，对于逻辑回归，我们得到优化问题：

$$\hat{\boldsymbol{\theta}} = \arg\min_{\boldsymbol{\theta}} \frac{1}{n}\sum_{i=1}^{n} \ln(1 + \exp(-y_i\boldsymbol{\theta}^{\mathrm{T}}\boldsymbol{x}_i)) + \lambda\|\boldsymbol{\theta}\|_2^2 \tag{3.50}$$

在实践中使用式（3.50）而不是式（3.29）来训练逻辑回归模型是很常见的。如上所述，原因之一是减少过拟合的可能问题。另一个原因是，对于非正则化代价函数（3.29）来说，如果训练数据是线性可分的（意味着存在一个线性决策边界可以完美地分离类），则最优$\hat{\boldsymbol{\theta}}$不是有限的。实际上，这意味着逻辑回归训练与某些数据集不同，除非使用式（3.50）（其中，$\lambda>0$）而不是式（3.29）。最后，正则化项意味着优化问题存在唯一解，尽管如上所述 softmax 模型被过度参数化。

3.4　广义线性模型

在本章中，我们分别介绍了回归和分类的两个基本参数模型：线性回归和逻辑回归。后一个模型作为一种使线性回归适应分类问题中遇到的输出 y 的分类性质的方法而提出。这是通过将线性回归传递给非线性（在本例中为逻辑）函数来完成的，这使我们能够将输出解释为类概率。

可以推广相同的原理以使线性回归模型也适用于输出的其他属性，从而产生所谓的*广义线性模型*。在上面的讨论中，我们关注对应于两种不同类型输出数据的两个具体问题：实值回归（$y \in \mathbb{R}$）和分类（$y \in \{1,\cdots, M\}$）。这些是有监督学习问题最常见实例，事实上，它们将成为本书中大部分讨论和方法的核心。

然而，在各种应用中，我们可能会遇到具有其他属性的数据，而这两个标准问题中的

⊖ 在实际情况中，从正则化中排除截距 θ_0 是明智的。

任何一个都没有很好地描述这些属性。例如，假设输出 y 对应于某个数量的计数，例如某个地区在固定时间间隔内发生地震的次数、某个地区被诊断出某种疾病的人数，或者授予科技公司的专利。在这种情况下，y 是取值 0, 1, 2, …之一的自然数（形式上，$y\in\mathbb{N}$）。这样的计数数据，尽管本质上是数字的，但不能用式（3.2）形式的线性回归模型很好地描述[⊖]。原因是线性回归模型不限于离散值或非负值，即使我们知道这是我们试图建模的实际输出 y 的情况。这种情况也不对应于分类设置，因为 y 是数字（即值可以排序），并且 y 的大小没有固定的上限。

为了解决这个问题，我们将扩展参数模型的概念，以涵盖可用于对条件输出分布 $p(y|\boldsymbol{x};\boldsymbol{\theta})$ 建模的各种概率分布。第一步是为条件分布 $p(y|\boldsymbol{x};\boldsymbol{\theta})$ 选择合适的形式。这是模型设计的一部分，以数据的属性为指导。具体来说，我们应该选择一个支持度与数据（例如自然数）对应的分布。当然，我们仍然希望分布依赖于输入变量 $\boldsymbol{x}$——毕竟，对输入和输出变量之间的关系建模是有监督学习的基本任务。然而，这可以通过首先计算线性回归项 $z=\boldsymbol{\theta}^{\mathrm{T}}\boldsymbol{x}$，然后让条件分布 $p(y|\boldsymbol{x};\boldsymbol{\theta})$ 以某种适当的方式依赖于 z 来实现。我们用一个例子来说明。

示例 3.6　泊松回归

计数数据的一个简单模型是使用泊松似然。泊松分布在自然数（包括 0）上得到支持，具有概率质量函数：

$$\mathrm{Pois}(y;\lambda)=\frac{\lambda^{y}\mathrm{e}^{-\lambda}}{y!},\ y=0,1,2,\cdots$$

所谓的速率参数 λ 控制着分布的形状，也对应它的平均值 $\mathbb{E}[y]=\lambda$。要在计数数据的回归模型中使用这种可能性，我们可以通过线性回归 $z=\boldsymbol{\theta}^{\mathrm{T}}\boldsymbol{x}$ 让 λ 取决于输入变量 $\boldsymbol{x}$ 和模型参数 $\boldsymbol{\theta}$。然而，速率参数 λ 被限制为正值。为了确保满足此约束条件，我们根据以下公式对 λ 建模：

$$\lambda=\exp(\boldsymbol{\theta}^{\mathrm{T}}\boldsymbol{x})$$

指数函数将线性回归组件的输出映射到正实数线，从而为任何 $\boldsymbol{x}$ 和 $\boldsymbol{\theta}$ 生成有效的速率参数。这样，我们得到模型

$$p(y|\boldsymbol{x};\boldsymbol{\theta})=\mathrm{Pois}(y;\exp(\boldsymbol{\theta}^{\mathrm{T}}\boldsymbol{x}))$$

称为泊松回归模型。

在泊松回归模型中，我们可以将输出的条件均值写为：

$$\mathbb{E}[y|\boldsymbol{x};\theta]=\phi^{-1}(z)$$

其中，$z=\boldsymbol{\theta}^{\mathrm{T}}\boldsymbol{x}$ 且 $\phi(\mu)\overset{\text{def}}{=}\log(\mu)$。以这种方式在线性回归项和输出的条件均值之间提供明确联系的想法是广义线性模型通用框架的基础。具体来说，广义线性模型包括：

⊖ 简单地假设加性噪声 ε 的分布是离散的是不够的，因为回归函数 $\boldsymbol{\theta}^{\mathrm{T}}\boldsymbol{x}$ 本身可以取任意实数值。

- 从指数族中选择输出分布$p(y|\boldsymbol{x};\boldsymbol{\theta})$ [㊀]。
- 线性回归项$z=\boldsymbol{\theta}^{\mathrm{T}}\boldsymbol{x}$。
- 严格递增的所谓*链接函数* ϕ，使得$\mathbb{E}[y|\boldsymbol{x};\theta]=\phi^{-1}(z)$。

按照惯例，我们通过链接函数的*反函数*映射线性回归输出以获得输出的均值。等价地，如果μ表示$p(y|\boldsymbol{x};\boldsymbol{\theta})$的平均值，我们可以将模型表示为$\phi(\mu)=\boldsymbol{\theta}^{\mathrm{T}}\boldsymbol{x}$。

条件分布和链接函数的不同选择会导致具有不同属性的不同模型。事实上，正如上面所暗示的，我们已经看到了广义线性模型的另一个例子，即逻辑回归模型。在二元逻辑回归中，输出分布$p(y|\boldsymbol{x};\boldsymbol{\theta})$是伯努利分布 [㊁]，logit 计算为$z=\boldsymbol{\theta}^{\mathrm{T}}\boldsymbol{x}$，链接函数$\phi$由逻辑函数的倒数$\phi(\mu)=\log(\mu/(1-\mu))$给出。其他示例包括负二项式回归（比泊松回归更灵活的计数数据模型）和指数回归（用于非负实数值输出）。因此，广义线性模型框架可用于对具有许多不同属性的输出变量y建模，它允许我们用通用语言描述这些模型。

由于广义线性模型是根据条件分布$p(y|\boldsymbol{x};\boldsymbol{\theta})$定义的（即似然），因此很自然地采用最大似然公式进行训练。也就是说，我们通过找到参数值来训练模型，使得训练数据的负对数似然最小化：

$$\hat{\boldsymbol{\theta}}=\arg\min_{\boldsymbol{\theta}}\left[-\frac{1}{n}\sum_{i=1}^{n}\ln p(y_i|\boldsymbol{x}_i;\boldsymbol{\theta})\right] \tag{3.51}$$

可以将正则化惩罚添加到代价函数中，类似于式（3.50）。正则化在 5.3 节中有更详细的讨论。

一般来说，就像逻辑回归一样，训练目标（3.51）是一个没有封闭形式解的非线性优化问题。然而，广义线性模型的一个重要方面是存在用于解决最大似然问题的有效数值优化算法。具体来说，在链接函数的某些假设下，问题变得凸出，牛顿法可以有效地计算$\hat{\boldsymbol{\theta}}$。当我们更详细地讨论数值优化时，我们将在 5.4 节中返回这些概念。

3.5 拓展阅读

与已有千年历史的k-NN 思想（第 2 章）相比，具有最小二乘成本的线性回归模型要年轻得多，而且“只能”追溯到 200 多年前。它由 Adrien-Marie Legendre 在其 1805 年的著作 *Nouvelles méthodes pour la détermination des orbites des cométes* 以及 Carl Friedrich Gauss 在其 1809 年的著作 *Theoria Motus Corporum Coelestium in Sectionibus Conicis Solem Ambientium*（他声称自 1795 年以来一直在使用它）。当假设噪声具有高斯分布时，高斯也将其解释为最大似然解（这就是高斯分布的由来），尽管 Ronald Fisher 的工作很晚才引入一般的最大似然法（Fisher，1922)。逻辑回归的历史几乎与线性回归一样古老，并由 Cramer

㊀ 指数族是一类可以写成特定指数形式的概率分布。它包括许多常用的概率分布，如高斯分布、伯努利分布、泊松分布、指数分布、伽马分布等。

㊁ 如果我们将类别编码为 0/1 而不是 −1/1，则逻辑回归的广义线性模型解释会更直接，在这种情况下，输出使用伯努利分布$\mathbb{E}[y|x;\boldsymbol{\theta}]=p(y=1|\boldsymbol{x};\boldsymbol{\theta})=g_{\boldsymbol{\theta}}(\boldsymbol{x})$的均值建模。

（2003）进一步描述。McCullagh 和 Nelder（2018）的经典教科书对广义线性模型进行了深入介绍。

3.A 正规方程的推导

正规方程（3.13）

$$\boldsymbol{X}^{\mathrm{T}}\boldsymbol{X}\hat{\boldsymbol{\theta}}=\boldsymbol{X}^{\mathrm{T}}\boldsymbol{y}$$

可以从式（3.12）以不同的方式导出（缩放$\frac{1}{n}$不影响最小化参数）：

$$\hat{\boldsymbol{\theta}}=\arg\min_{\theta}\|\boldsymbol{X\theta}-\boldsymbol{y}\|_2^2$$

我们将介绍一门基于（矩阵）微积分的课程，以及一门基于几何和线性代数的课程。

无论式（3.13）是如何导出的，如果$\boldsymbol{X}^{\mathrm{T}}\boldsymbol{X}$是可逆的，它（唯一地）给出：

$$\hat{\boldsymbol{\theta}}=(\boldsymbol{X}^{\mathrm{T}}\boldsymbol{X})^{-1}\boldsymbol{X}^{\mathrm{T}}\boldsymbol{y}$$

如果$\boldsymbol{X}^{\mathrm{T}}\boldsymbol{X}$不可逆，则式（3.13）有无穷多个$\hat{\boldsymbol{\theta}}$解，它们都是问题（3.12）的同样好的解。

3.A.1 微积分方法

令

$$V(\boldsymbol{\theta})=\|\boldsymbol{X\theta}-\boldsymbol{y}\|_2^2=(\boldsymbol{X\theta}-\boldsymbol{y})^{\mathrm{T}}(\boldsymbol{X\theta}-\boldsymbol{y})=\boldsymbol{y}^{\mathrm{T}}\boldsymbol{y}-2\boldsymbol{y}^{\mathrm{T}}\boldsymbol{X\theta}+\boldsymbol{\theta}^{\mathrm{T}}\boldsymbol{X}^{\mathrm{T}}\boldsymbol{X\theta} \tag{3.52}$$

并根据向量$\boldsymbol{\theta}$对$V(\boldsymbol{\theta})$进行微分：

$$\frac{\partial}{\partial\boldsymbol{\theta}}V(\boldsymbol{\theta})=-2\boldsymbol{X}^{\mathrm{T}}\boldsymbol{y}+2\boldsymbol{X}^{\mathrm{T}}\boldsymbol{X\theta} \tag{3.53}$$

由于$V(\boldsymbol{\theta})$是正二次型，其最小值必须在$\frac{\partial}{\partial\boldsymbol{\theta}}V(\boldsymbol{\theta})=0$时达到，这将$\hat{\boldsymbol{\theta}}$的解表征为：

$$\frac{\partial}{\partial\boldsymbol{\theta}}V(\hat{\boldsymbol{\theta}})=0\Leftrightarrow-2\boldsymbol{X}^{\mathrm{T}}\boldsymbol{y}+2\boldsymbol{X}^{\mathrm{T}}\boldsymbol{X\theta}=0\Leftrightarrow\boldsymbol{X}^{\mathrm{T}}\boldsymbol{X}\hat{\boldsymbol{\theta}}=\boldsymbol{X}^{\mathrm{T}}\boldsymbol{y} \tag{3.54}$$

它是正规方程。

3.A.2 线性代数方法

将$\boldsymbol{X}$的$p+1$列表示为c_j，j=1, …, p+1。我们首先表明，如果选择$\boldsymbol{\theta}$，则$\|\boldsymbol{X\theta}-\boldsymbol{y}\|_2^2$被最小化，使得$\boldsymbol{X\theta}$是$\boldsymbol{y}$在$\boldsymbol{X}$的$c_j$列所跨越的（子）空间上的正交投影，然后证明正交投影由正规方程求出的。

让我们将$\boldsymbol{y}$分解为$\boldsymbol{y}_{\perp}+\boldsymbol{y}_{\parallel}$，其中$\boldsymbol{y}_{\perp}$与所有$c_i$列跨越的（子）空间正交，$\boldsymbol{y}_{\parallel}$位于所有$c_i$列跨越的（子）空间中。由于$\boldsymbol{y}_{\perp}$与$\boldsymbol{y}_{\parallel}$和$\boldsymbol{X\theta}$正交，因此得出：

$$\|\boldsymbol{X\theta}-\boldsymbol{y}\|_2^2=\|\boldsymbol{X\theta}-(\boldsymbol{y}_{\perp}+\boldsymbol{y}_{\parallel})\|_2^2=\|(\boldsymbol{X\theta}-\boldsymbol{y}_{\parallel})-\boldsymbol{y}_{\perp}\|_2^2\geqslant\|\boldsymbol{y}_{\perp}\|_2^2 \tag{3.55}$$

利用三角不等式也可以得出：

$$\|\boldsymbol{X\theta}-\boldsymbol{y}\|_2^2=\|\boldsymbol{X\theta}-(\boldsymbol{y}_\perp-\boldsymbol{y}_\parallel)\|_2^2\leqslant\|\boldsymbol{y}_\perp\|_2^2+\|\boldsymbol{X\theta}-\boldsymbol{y}_\parallel\|_2^2 \tag{3.56}$$

这意味着如果我们选择$\boldsymbol{\theta}$使得$\boldsymbol{X\theta}-\boldsymbol{y}_\parallel$，则标准$\|\boldsymbol{X\theta}-\boldsymbol{y}\|_2^2$必须达到其最小值。因此，我们的解$\hat{\boldsymbol{\theta}}$必须使得$\boldsymbol{X\theta}-\boldsymbol{y}$正交于所有$c_i$列所跨越的（子）空间，这意味着：

$$(\boldsymbol{y}-\boldsymbol{X}\hat{\boldsymbol{\theta}})^{\mathrm{T}}c_j=0,\ j=1,\cdots,p+1 \tag{3.57}$$

（请记住，如果两个向量$\boldsymbol{u}$、$\boldsymbol{v}$的标量积$\boldsymbol{u}^{\mathrm{T}}\boldsymbol{v}$为0，则根据定义它们是正交的）。由于所有$c_j$列一起形成矩阵$\boldsymbol{X}$，我们可以将其紧凑地写为：

$$(\boldsymbol{y}-\boldsymbol{X}\hat{\boldsymbol{\theta}})^{\mathrm{T}}\boldsymbol{X}=0 \tag{3.58}$$

其中，右侧是$p+1$维零向量。这可以等效地写成：

$$\boldsymbol{X}^{\mathrm{T}}\boldsymbol{X}\hat{\boldsymbol{\theta}}=\boldsymbol{X}^{\mathrm{T}}\boldsymbol{y}$$

它是正规方程。

理解、评估和提高性能

到目前为止，我们已经遇到了四种不同的有监督机器学习方法，更多内容将在后面的章节中介绍。我们总是通过让模型适应训练数据来训练模型，并希望模型在面对新的、以前未见过的数据时也能为我们提供良好的预测。但我们真的能期望它奏效吗？对于机器学习的实际用途，这是一个非常重要的问题。在本章中，我们将在相当笼统的意义上讨论这个问题，然后在后面的章节中深入探讨更高级的方法。通过这样做，我们将揭示一些有趣的概念，并发现一些用于评估、改进和在不同的有监督机器学习方法之间进行选择的实用工具。

4.1 预期的新数据错误E_{new}：实际生产环境中的性能

我们先介绍一些概念和符号。首先，我们定义一个误差函数$E(\hat{y}, y)$，它编码了分类或回归的目标。误差函数将$\hat{y}(\boldsymbol{x})$的预测与测量数据点y进行比较，如果$\hat{y}(\boldsymbol{x})$是对y的良好预测，则返回一个较小的值（可能为零），否则返回一个较大的值。类似于我们在训练模型时使用不同的损失函数的方式，我们可以考虑许多不同的误差函数，这取决于预测的哪些属性对于手头的应用程序最重要。然而，除非另有说明，否则我们的默认选择错误分类和平方误差：

$$\text{错误分类：} E(\hat{y}, y) \triangleq \mathbb{I}\{\hat{y} \neq y\} = \begin{cases} 0 & \text{如果} \hat{y} = y \\ 1 & \text{如果} \hat{y} \neq y \end{cases} \quad (\text{分类}) \tag{4.1a}$$

$$\text{平方误差：} E(\hat{y}, y) \triangleq (\hat{y} - y)^2 \quad (\text{回归}) \tag{4.1b}$$

当我们计算平均错误分类（4.1a）时，我们通常将其称为*错误分类率*（或1减去错误分类率为*准确率*）。错误分类率通常是分类中要考虑的自然量，但对于不平衡或不对称问题，其他方面可能更重要，正如我们将在4.5节中讨论的那样。

误差函数$E(\hat{y}, y)$与损失函数$L(\hat{y}, y)$有相似之处。但是，它们的使用方式不同，在学习（或等效地训练）模型时使用损失函数，使用误差函数来分析已学习模型的性能。有许多不同的选择$E(\hat{y}, y)$和$L(\hat{y}, y)$的原因，我们很快就会讨论。

最后，有监督机器学习相当于设计一种方法，该方法在面对无穷无尽的新数据流时表现良好。想象一下，自动驾驶汽车出售给客户后必须由视觉系统处理的所有街景实时记录，或者一旦在临床实践中实施必须由医疗诊断系统对所有入院患者进行分类。用数学术语来说，在新的未见数据上的表现可以理解为误差函数的平均值——分类器正确的频率或者回归方法预测的好坏程度。为了能够在数学上描述无穷无尽的新数据流，我们引入了*数据的分布* $p(\boldsymbol{x}, y)$。在大多数其他章节中，我们只将输出y视为随机变量，而将输入$\boldsymbol{x}$视为固定变量。然而，在本章中，我们还必须将输入$\boldsymbol{x}$视为具有特定概率分布的随机变量。在任何真实世界的机器学习场景中，$p(\boldsymbol{x}, y)$都可能极其复杂，几乎无法写出来。尽管如此，我们仍将使用

$p(\boldsymbol{x}, y)$ 来推理有监督机器学习方法，而 $p(\boldsymbol{x}, y)$ 的基本概念（即使在实践中未知）将对此有所帮助。

无论我们考虑哪种具体的分类或回归方法，一旦它从训练数据 $\mathcal{T}=\{\boldsymbol{x}_i, y_i\}_{i=1}^n$ 中学习到，它将返回对任何我们给它的新输入 $\boldsymbol{x}_\star$ 的预测 $\hat{y}(\boldsymbol{x}_\star)$。在本章中，我们将编写 $\hat{y}(\boldsymbol{x};\mathcal{T})$ 来强调模型依赖于训练数据 $\mathcal{T}$ 的事实。事实上，如果我们要使用不同的训练数据集来学习相同（类型）的模型，通常会产生具有不同预测的不同模型。

在其他章节中，我们主要讨论模型如何预测一个或几个测试输入 $\boldsymbol{x}_\star$ 的输出。让我们通过对关于分布 $p(\boldsymbol{x}, y)$ 的所有可能测试数据点的误差函数（4.1）进行积分（平均），将其提升到一个新的水平。我们将此称为*预期的新数据错误*：

$$E_{\text{new}} \triangleq \mathbb{E}_\star[E(\hat{y}(\boldsymbol{x}_\star;\mathcal{T}), y_\star)] \tag{4.2}$$

期望 $\mathbb{E}_\star$ 是关于分布 $(\boldsymbol{x}_\star, y_\star) \sim p(\boldsymbol{x}, y)$ 的所有可能测试数据点的期望，即

$$\mathbb{E}_\star[E(\hat{y}(\boldsymbol{x}_\star;\mathcal{T}), y_\star)] = \int E(\hat{y}(\boldsymbol{x}_\star;\mathcal{T}), y_\star) p(\boldsymbol{x}_\star, y_\star) \mathrm{d}\boldsymbol{x}_\star \mathrm{d}y_\star \tag{4.3}$$

请记住，模型（无论它是线性回归、分类树、树的集合、神经网络还是其他）是在给定的训练数据集 $\mathcal{T}$ 上训练的，并由 $\hat{y}(\cdot;\mathcal{T})$ 表示。式（4.2）中发生的是对可能的测试数据点 $(\boldsymbol{x}_\star, y_\star)$ 的平均。因此，E_{new} 描述了模型如何从训练数据 T 泛化到新情况。

我们还引入了*训练误差*：

$$E_{\text{train}} \triangleq \frac{1}{n}\sum_{i=1}^{n} E(\hat{y}(\boldsymbol{x}_i;\mathcal{T}), y_i) \tag{4.4}$$

其中 $\{\boldsymbol{x}_i, y_i\}_{i=1}^n$ 是训练数据 $\mathcal{T}$。E_{train} 简单地描述了一种方法在其训练的特定数据上的表现如何，但一般来说，这并没有提供关于该方法在新的未见过的数据点上表现如何的信息[⊖]。

思考时间 4.1 k=1 的 k-NN 的 E_{train} 是什么？

训练误差 E_{train} 描述了该方法能够“重现”从中学习到的数据的能力，而预期的新数据误差 E_{new} 告诉我们当我们将其“投入生产”时，方法的执行情况。例如，我们期望自动驾驶汽车中的视觉系统检测行人的错误和漏检率是多少？或者，医疗诊断系统将在未来所有患者中出错的比例有多大？

有监督机器学习的总体目标是实现尽可能小的 E_{new}。

这进一步阐明了我们之前所做的评论，即损失函数 $L(\hat{y}, y)$ 和误差函数 $E(\hat{y}, y)$ 不必相同。正如我们将在本章中深入讨论的那样，一个与训练数据拟合得很好并因此具有较小 E_{train} 的模型，在面对新的、未见过的数据时，可能仍然具有较大的 E_{new}。因此，实现较小的 E_{new} 的最佳策略

⊖ 术语“风险函数”在一些文献中用于预期损失，如果损失函数和误差函数选择相同，则它与新数据误差 E_{new} 相同。训练误差 E_{train} 被称为“经验风险”，最小化代价函数的想法被称为“经验风险最小化”。

不一定是最小化E_{train}。除了错误分类（4.1a）不适合用作优化目标这一事实（它是不连续的，并且几乎处处导数为零）外，根据方法的不同，还可以论证通过更聪明的方法选择损失函数可以使E_{new}变得更小。这种情况的例子包括梯度上升（见第7章）和支持向量机（见第8章）。

最后，值得注意的是，并非所有方法都通过显式最小化损失函数进行训练的（k-NN 就是一个这样的例子），但是使用误差函数评估模型性能的想法仍然适用，无论它如何训练。

不幸的是，在实际情况下，我们永远无法通过计算E_{new}来评估我们的表现。原因是$p(\boldsymbol{x}, y)$——我们在实践中不知道——是E_{new}定义的一部分。然而，E_{new}是一个很重要的值，不能仅仅因为我们无法精确计算就放弃它。相反，我们将花费大量时间和精力从数据中估算E_{new}，以及分析E_{new}的行为方式以更好地了解我们如何降低它。

我们强调E_{new}是经过训练的模型与特定机器学习问题的属性。也就是说，我们不能笼统地谈论“逻辑回归中的E_{new}”，而是必须做出更具体的陈述，比如“使用在 MNIST 数据[⊖]上训练的逻辑回归分类器解决手写数字识别问题”。

4.2 估计E_{new}

机器学习工程师对E_{new}感兴趣的原因有多种，例如：

- 判断性能是否令人满意（E_{new}是否足够小），或者是否应该在解决方案中投入更多工作和/或应该收集更多训练数据。
- 选择不同的方法。
- 选择超参数（例如 k-NN 中的 k、岭回归中的正则化参数，或深度学习中的隐藏层数）以最小化E_{new}。
- 向客户报告预期性能。

不幸的是我们无法在任何实际情况下计算E_{new}。因此，我们将探索各种估计E_{new}的方法，这将引导我们得出一个非常有用的概念，称为交叉验证。

4.2.1 $E_{\text{train}} \not\approx E_{\text{new}}$：我们无法从训练数据中估计$E_{\text{new}}$

我们引入了预期的新数据误差E_{new}和训练误差E_{train}。与E_{new}相反，我们总是可以计算E_{train}。

我们现在假设$\mathcal{T}$ 由来自 $p(\boldsymbol{x}, y)$ 的样本（数据点）组成。这意味着假设训练数据是在与使用训练模型相似的情况下收集的，这是一个常见的假设。

当一个期望值（例如式（4.2）中E_{new}的定义）不能以封闭形式计算时，一种选择是通过样本平均值来近似期望值。实际上，这意味着我们用有限和来近似积分（期望值）。现在，问题是E_{new}中的积分是否可以很好地近似为E_{train}中的总和，如下所示：

$$E_{\text{new}} = \int E(\hat{y}(\boldsymbol{x};\mathcal{T}), y))p(\boldsymbol{x}, y)\mathrm{d}\boldsymbol{x}\mathrm{d}y \overset{??}{\approx} \frac{1}{n}\sum_{i=1}^{n} E(\hat{y}(\boldsymbol{x}_i;\mathcal{T}), y_i) = E_{\text{train}} \tag{4.5}$$

⊖ http://yann.lecun.com/exdb/mnist/.

换句话说，我们能否期望一种方法在面对新的、未见过的数据时表现得与它在训练数据上一样好？

不幸的是，答案是否定的。

思考时间 4.2 即使训练数据是从分布 $p(\boldsymbol{x}, y)$ 中提取的，为什么我们不能期望训练数据（E_{train}）上的性能很好地近似于方法在新的、以前未见过的数据（E_{new}）上的性能？

式（4.5）不成立，原因是用来近似积分的样本是由训练数据点给出的。然而，这些数据点也被用来训练模型，事实上，在被积函数的第一个因子中存在对完整训练数据集$\mathcal{T}$的明确依赖。因此，我们不能使用这些数据点来近似积分。换句话说，式（4.5）中的期望值应该在固定的训练数据集$\mathcal{T}$上有条件地计算。

事实上，正如我们稍后将更深入讨论的那样，典型的行为是$E_{\text{train}} < E_{\text{new}}$（尽管情况并非总是如此）。因此，一种方法在新的、未见过的数据上的表现通常比在训练数据上的表现更差。因此，训练数据E_{train}的性能并不是E_{new}的可靠估计。

4.2.2 $E_{\text{hold-out}} \approx E_{\text{new}}$：我们可以从保留的验证数据中估计$E_{\text{new}}$

我们不能直接使用训练数据来近似式（4.2）中的积分（即通过E_{train}估计E_{new}），因为这意味着我们有效地使用训练数据两次：首先，训练模型（通过式（4.4）中的$\hat{y}$），其次，评估误差函数（式（4.4）中的总和）。一个补救的办法是留出一些保留验证数据$\{\boldsymbol{x}'_j, y'_j\}_{j=1}^{n_v}$，这些数据不在用于训练的$\mathcal{T}$中，然后将其作为保留验证误差仅用于评估模型性能，

$$E_{\text{hold-out}} \triangleq \frac{1}{n_v}\sum_{j=1}^{n_v} E(\hat{y}(\boldsymbol{x}'_j;\mathcal{T}), y'_j) \tag{4.6}$$

这样，并不是所有的数据都会用于训练，而是会保存一些数据点，仅用于计算$E_{\text{hold-out}}$。图 4.1 说明了这个估计E_{new}的简单过程。

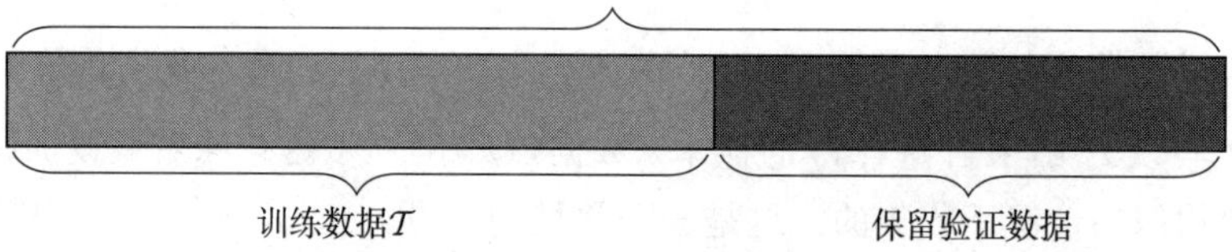

图 4.1 保留验证数据集方法。如果我们将可用数据分成两组并在训练集上训练模型，我们可以使用保留验证集计算$E_{\text{hold-out}}$。$E_{\text{hold-out}}$是对E_{new}的无偏估计，保留验证数据集中的数据越多，$E_{\text{hold-out}}$中的方差就越小，（更好的估计）但是留给模型训练的数据就越少（更大的E_{new}）

注意 划分数据时，请始终随机进行，例如在训练 - 验证划分之前打乱数据点。有人可能有意或无意地为你整理了数据集。如果你不随机拆分，你的二元分类问题可能会以训练数据中的一个类别和保留验证数据中的另一个类别结束。

假设所有（训练和验证）数据点都来自 $p(\boldsymbol{x}, y)$，那么$E_{\text{hold-out}}$是E_{new}的无偏估计（意味着如果整个过程重复多次，每次都有新数据，$E_{\text{hold-out}}$的平均值将为E_{new}）。这是令人欣慰的，至少在理论上是这样，但它并没有告诉我们在单个实验中$E_{\text{hold-out}}$与E_{new}的接近程度。但是，当保留验证数据集n_v的大小增加时，$E_{\text{hold-out}}$的方差会减小。$E_{\text{hold-out}}$的方差减小意味着我们可以预期它接近E_{new}。因此，如果我们使保留验证数据集足够大，$E_{\text{hold-out}}$将接近E_{new}。然而，搁置一个大的验证数据集意味着留给训练的数据集变小了。可以合理地假设训练数据越多，E_{new}越小（我们将在后面的 4.3 节中讨论）。这是个坏消息，因为实现小型E_{new}是我们的最终目标。

有时有很多可用数据。当我们真的有很多数据时，我们通常可以预留几个百分点来创建一个相当大的保留验证数据集，而不会过多地牺牲训练数据集的大小。在这种数据丰富的情况下，保留验证数据方法就足够了。

如果可用数据量更有限，这将成为一个更大的问题。在实践中，我们面临以下困境：我们越想了解E_{new}（更多的保留验证数据使$E_{\text{hold-out}}$的方差越小），我们就越难做到（更少的训练数据增加E_{new}）。这不是很令人满意，我们需要寻找一种保留验证数据方法的替代方法。

4.2.3　*k*-fold 交叉验证：$E_{k\text{-fold}} \approx E_{\text{new}}$无须设置保留验证数据

为了避免搁置验证数据但仍然获得E_{new}的估计，可以使用一个只有两个步骤的过程：

（1）将可用数据分成一个训练集和一个保留验证集，在训练数据上训练模型，使用保留验证数据计算$E_{\text{hold-out}}$（如图 4.1 所示）。

（2）再次训练模型，这次使用整个数据集。

通过这样的过程，我们在整个数据集上训练模型的同时得到了E_{new}的估计。这还不错，但也不完美，为什么？为了在估计中实现较小的方差，我们必须在步骤（1）中将大量数据放入保留验证数据集中。不幸的是，这意味着在步骤（1）中训练的模型可能与在步骤（2）中获得的模型有很大不同，并且E_{new}的估计涉及来自步骤（1）的模型，而不是来自步骤（2）。因此，这不会为我们提供对E_{new}的良好估计。然而，我们可以在这个想法的基础上获得有用的 *k*-fold 交叉验证方法。

我们希望使用所有可用数据来训练模型，同时对该模型的E_{new}有一个很好的估计。通过 *k*-fold 交叉验证，我们可以大致达到这个目标。*k*-fold 交叉验证的想法是简单地重复保留验证数据集方法多次，每次使用不同的保留数据集，如下所示：

（1）将数据集分成大小相似的 k 组（见图 4.2），并令$\ell = 1$。

（2）将组ℓ作为保留验证数据，其余组作为训练数据。

（3）在训练数据上训练模型，并将$E_{\text{hold-out}}^{\ell}$计算为保留验证数据的平均误差，如式（4.6）所示。

（4）如果$\ell < k$，令$\ell \leftarrow \ell + 1$并返回到步骤（2）。如果$\ell = k$，计算 *k*-fold 交叉验证误差：

$$E_{k\text{-fold}} \triangleq \frac{1}{k}\sum_{\ell=1}^{k} E_{\text{hold-out}}^{(\ell)} \tag{4.7}$$

（5）再次训练模型，这次使用整个数据集。

这个过程如图 4.2 所示。

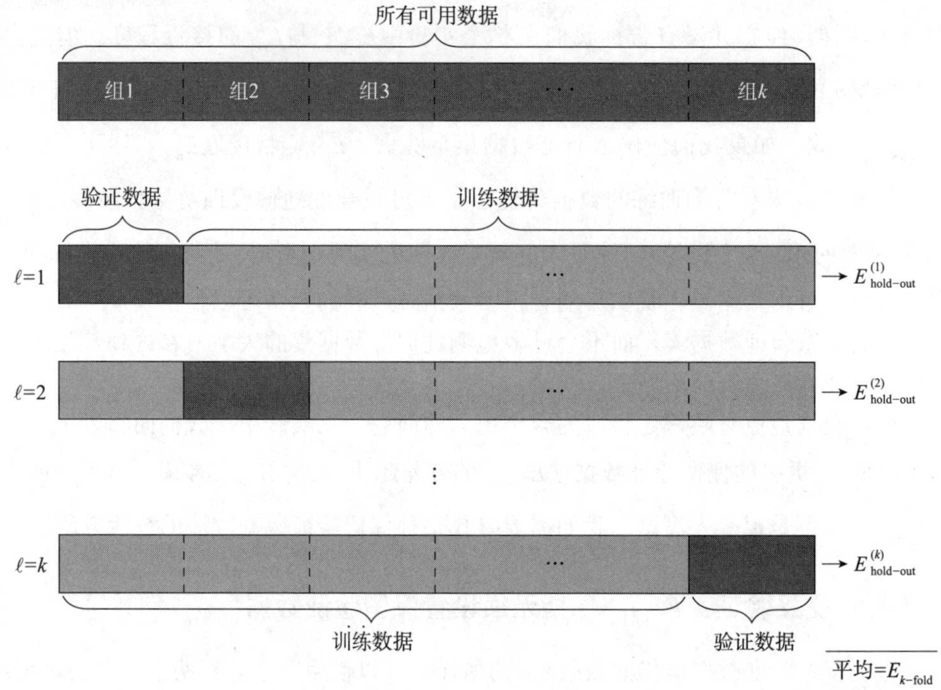

图 4.2 k -fold 交叉验证的图示。数据被分成 k 个大小相似的组。遍历 $\ell=1,2,\cdots,k$, 其中组 ℓ 作为验证数据，模型在剩余的 $k-1$ 个数据批次上进行训练。每次，经过训练的模型都用于计算验证数据的平均误差 $E^{(\ell)}_{\text{hold-out}}$。使用所有可用数据训练最终模型，该模型的 E_{new} 估计是 $E_{\text{hold-out}}$，即所有 $E^{(\ell)}_{\text{hold-out}}$ 的平均值

通过 k-fold 交叉验证，我们得到一个在所有数据上训练的模型以及该模型的 E_{new} 近似值，即 $E_{k\text{-fold}}$。尽管 $E_{\text{hold-out}}$（见 4.2 节）是 E_{new} 的无偏估计（以保留验证数据为代价），但 $E_{k\text{-fold}}$ 并非如此。然而，当 k 足够大时，事实证明它通常是一个足够好的近似值。让我们试着理解为什么 k -fold 交叉验证有效。

首先，我们必须区分在步骤（5）中对所有数据进行训练的最终模型和在步骤（3）中对除 $1/k$ 部分数据之外的所有数据进行训练的中间模型。k-fold 交叉验证的关键在于，如果 k 足够大，则中间模型与最终模型非常相似（因为它们是在几乎相同的数据集上训练的：只有 $1/k$ 的数据丢失了）。此外，每个中间 $E^{(\ell)}_{\text{hold-out}}$ 是对应第 ℓ 个中间模型的 E_{new} 的无偏但高方差估计。由于所有中间模型和最终模型相似，$E_{k\text{-fold}}$ 式（4.7）近似为最终模型的 E_{new} 的 k 个高方差估计的平均值。当平均估计时，方差减小，因此 $E_{k\text{-fold}}$ 将成为比中间 $E^{(\ell)}_{\text{hold-out}}$ 更好的 E_{new} 估计。

注意 出于与保留验证数据方法相同的考虑，重要的是始终随机拆分数据，以使交叉验证起作用。一个简单的解决方案是首先随机排列整个数据集，然后将其分成组。

我们通常将训练（或学习）视为执行一次的过程。然而，在 k-fold 交叉验证中，训练重复 k（甚至 k+1）次。一个特例是 $k=n$，也称为留一法交叉验证。对于线性回归等方法，实

际训练（求解正规方程）在现代计算机上通常在几毫秒内完成，多做 n 次在实践中可能不成问题。如果训练在计算上要求很高（例如，对于深度神经网络），它将成为一个相当烦琐的过程，而像 $k = 10$ 这样的选择可能更实际可行。如果有大量的可用数据，也可以选择使用计算要求较低的保留验证方法。

4.2.4 使用测试数据集

$E_{k\text{-fold}}$（或$E_{\text{hold-out}}$）在实践中的一个非常重要的用途是在多个方法之间进行选择并选择不同类型的超参数，使得$E_{k\text{-fold}}$（或$E_{\text{hold-out}}$）变得尽可能小。以这种方式选择的典型超参数是 k-NN 中的 k、树深度或正则化参数。然而，尽管我们不能使用训练数据误差E_{train}来估计新数据误差E_{new}，但基于$E_{k\text{-fold}}$（或$E_{\text{hold-out}}$）选择模型和超参数将使其用作E_{new}的估计器无效。事实上，如果选择超参数来最小化$E_{k\text{-fold}}$，则存在对验证数据过拟合的风险，导致$E_{k\text{-fold}}$成为对实际新数据错误的过于乐观的估计。如果对最终的E_{new}有一个很好的估计很重要，那么明智的做法是首先留出另一个保留数据集，我们将其称为*测试集*。该测试集应该只使用一次（在选择模型和超参数之后），以估计最终模型的E_{new}。

在训练数据昂贵的问题中，通常使用或多或少的人工技术来增加训练数据集。这些技术是复制数据并在复制版本中添加噪声、使用模拟数据，或者使用来自不同但相关问题的数据，正如我们将在第 11 章中更深入讨论的那样。使用这些技术（实际上可以是非常成功），训练数据$\mathcal{T}$不再取自 $p(\boldsymbol{x}, y)$。在最坏的情况下（如果人工训练数据很差），$\mathcal{T}$可能不会提供任何关于 $p(\boldsymbol{x}, y)$ 的信息，我们也不能真正期望模型学到任何有用的东西。因此，如果在训练期间使用此类技术，则对E_{new}进行良好的估计可能非常有用，但是对E_{new}的可靠估计只能从我们已知从 $p(\boldsymbol{x}, y)$ 中提取的数据中获得（即在“类似生产”的情况下收集）。如果训练数据被人为扩展，那么在扩展完成之前预留一个测试数据集就格外重要。

在测试数据集上评估的误差函数确实可以称为“测试误差”。然而，为了避免混淆，我们不使用术语“测试误差”，因为它通常（含糊地）用作测试数据集上错误的名称和E_{new}的另一个名称。

4.3 E_{new}的训练误差：泛化差距分解

设计具有较小E_{new}的方法是有监督机器学习的中心目标，交叉验证有助于估计E_{new}。然而，通过进一步对E_{new}进行数学分析，我们可以获得有价值的见解并更好地理解有监督机器学习方法的行为。为了能够对E_{new}进行推理，我们必须引入另一个抽象级别，即E_{new}和E_{train}的*训练数据平均版本*。为了使符号更明确，我们在这里定义$E_{\text{new}}(\mathcal{T})$和$E_{\text{train}}(\mathcal{T})$以强调它们都以特定训练数据集$\mathcal{T}$为条件的事实。

$$\bar{E}_{\text{new}} \triangleq \mathbb{E}_{\mathcal{T}}[E_{\text{new}}(\mathcal{T})] \tag{4.8a}$$

$$\bar{E}_{\text{train}} \triangleq \mathbb{E}_{\mathcal{T}}[E_{\text{train}}(\mathcal{T})] \tag{4.8b}$$

这里，$\mathbb{E}_{\mathcal{T}}$ 表示关于训练数据集 $\mathcal{T}$=break$\{\boldsymbol{x}_i, y_i\}_{i=1}^{n}$（固定大小 n）的预期值，假设它从 $p(\boldsymbol{x}, y)$ 中独立抽取组成。因此，如果我们要在不同的训练数据集上多次训练模型，$\bar{E}_{\text{new}}$就是平均的E_{new}，所有数据集的大小都是 n，对于$\bar{E}_{\text{train}}$也是如此。引入这些量的意义在于，当模型在一个特定的训练数据集$\mathcal{T}$上训练时，更容易推断出$\bar{E}_{\text{new}}$和$\bar{E}_{\text{train}}$的平均行为，而不是E_{new}和E_{train}获得的误差。尽管我们最终最关心的是E_{new}（训练数据通常是固定的），但从研究$\bar{E}_{\text{new}}$中获得的见解仍然有用。

思考时间 4.3　$E_{\text{new}}(\mathcal{T})$是模型在特定训练数据集$\mathcal{T}$上训练时的新数据误差，而$\bar{E}_{\text{new}}$是所有可能训练数据集的平均值。考虑到在 k -fold 交叉验证过程中，模型每次都在不同（或至少略有不同）的训练数据集上进行训练，$E_{k\text{-fold}}$实际上估计的是E_{new}还是$\bar{E}_{\text{new}}$？不同的 k 值是否不同？$\bar{E}_{\text{train}}$是如何估计的？

我们已经讨论了E_{train}不能用于估计E_{new}这一事实。事实上，通常认为：

$$\bar{E}_{\text{train}} < \bar{E}_{\text{new}} \tag{4.9}$$

换句话说，这意味着平均而言，一种方法在新的、未见过的数据上的表现通常比在训练数据上的表现差。一种方法在训练后对未见过的数据表现良好的能力通常被称为它从训练数据中*泛化*的能力。因此，我们将$\bar{E}_{\text{new}}$和$\bar{E}_{\text{train}}$之间的差异称为*泛化差距*[⊖]：

$$\text{泛化差距} \triangleq \bar{E}_{\text{new}} - \bar{E}_{\text{train}} \tag{4.10}$$

泛化差距是训练数据的预期性能与新的、未见过的数据的“生产中”预期性能之间的差异。

随着$\bar{E}_{\text{new}}$分解为

$$\bar{E}_{\text{new}} = \bar{E}_{\text{train}} + \text{泛化差距} \tag{4.11}$$

我们也有机会深入挖掘，并试图了解在实践中影响$\bar{E}_{\text{new}}$的因素。我们将式（4.11）称为$\bar{E}_{\text{new}}$的*训练误差 - 泛化差距分解*。

4.3.1　什么影响泛化差距？

泛化差距取决于方法和问题。关于方法，通常可以说*方法越适应训练数据，泛化差距就越大*。所谓的 Vapnik-Chervonenkis（VC）维度给出了一种方法对训练数据的适应程度的理论框架。从 VC 维度框架，可以推导出泛化差距的概率界限，但不幸的是，这些界限相当保守，我们不会进一步采用这种方法。相反，我们只使用模糊的术语*模型复杂度*或*模型灵活性*(可以互换使用这两个术语)，这指的是一种方法适应训练数据模式的能力。复杂度高的模型(例如全连接深度神经网络、深度树或 k 较小的 k-NN）可以描述复杂的输入 - 输出关系，而复杂度低的模型（例如逻辑回归）在描述方面的灵活性较差。对于参数模型，模型复杂度与可学习参数的数量有关，但也受正则化技术的影响。

⊖ 使用更严格的术语，我们或许应该将$\bar{E}_{\text{new}} - \bar{E}_{\text{train}}$称为预期的泛化差距，而$E_{\text{new}} - E_{\text{train}}$是条件泛化差距。但是，我们将对两者使用相同的术语。

正如我们稍后会提到的，模型复杂度的想法过于简单化，并没有捕捉到各种有监督机器学习方法的全部性质，但它仍然具有一些有用的直觉。

通常，**更高的模型复杂度意味着更大的泛化差距**。此外，$\bar{E}_{\text{train}}$随着模型复杂度的增加而降低，而$\bar{E}_{\text{new}}$通常会达到某个中间模型复杂度值的最小值：太低和太高的模型复杂度都会增大$\bar{E}_{\text{new}}$。如图 4.3 所示。模型复杂度过高（即$\bar{E}_{\text{new}}$比复杂度较低的模型高）称为*过拟合*。另一种情况，当模型复杂度太低时，有时称为*欠拟合*。在一致的术语中，$\bar{E}_{\text{new}}$达到最小值的点可以称为平衡拟合。由于目标是最小化$\bar{E}_{\text{new}}$，我们有兴趣找到这个最佳点。我们还将通过示例 4.1 说明这一点。

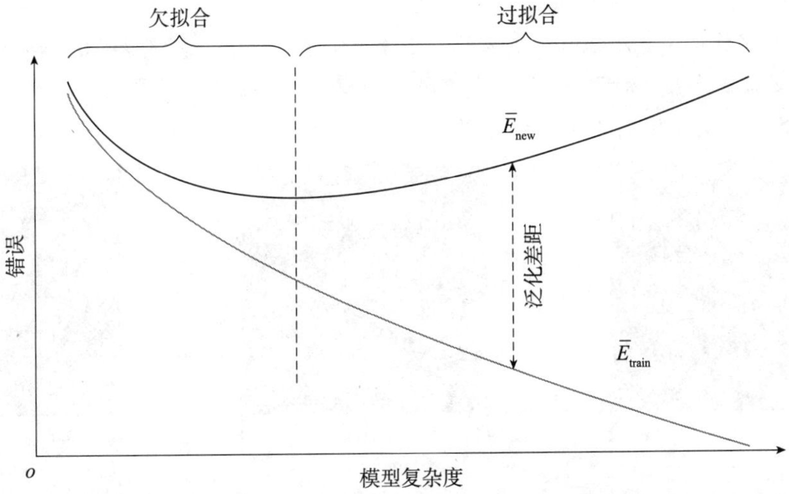

图 4.3　许多有监督机器学习方法的$\bar{E}_{\text{train}}$和$\bar{E}_{\text{new}}$行为，作为模型复杂度的函数。我们还没有对复杂度做出正式定义，但粗略的描述是从数据中学习的参数数量。两条曲线之间的差异是泛化差距。训练误差$\bar{E}_{\text{train}}$随着模型复杂度的增加而减小，而新数据误差$\bar{E}_{\text{new}}$通常呈 U 形。如果模型非常复杂以至于$\bar{E}_{\text{new}}$比不那么复杂的模型更大，则通常使用术语*过拟合*。不太常见的是术语*欠拟合*，用于相反的情况。给出最小$\bar{E}_{\text{new}}$（虚线处）的模型复杂程度可称为平衡拟合。例如，当我们使用交叉验证来选择超参数（即调整模型复杂度）时，我们正在寻找一个平衡的拟合

请注意，我们正在讨论$\bar{E}_{\text{new}}$、$\bar{E}_{\text{train}}$和泛化差距的通常行为。我们使用“通常”这个词是因为有太多的有监督机器学习方法和问题，几乎不可能做出对所有可能情况总是正确的断言，而且病态的反例也存在。还应记住，$\bar{E}_{\text{train}}$和$\bar{E}_{\text{new}}$是模型在（假设的）新训练数据集上重新训练和评估时的平均行为，参见示例 4.1。

示例 4.1　*k*-NN 的训练误差 – 泛化差距分解

我们考虑一个带有二维输入 $\boldsymbol{x}$ 的模拟二元分类示例。与所有现实世界的机器学习问题相反，在这样的模拟示例中，我们知道 $p(\boldsymbol{x}, y)$。在这个例子中，$p(\boldsymbol{x})$ 是正方形$[-1,1]^2$上的均匀分布，$p(y \mid \boldsymbol{x})$ 定义如下：图 4.4 中虚线上方的所有点都是蓝色

的概率为 0.8，曲线下方的点为红色的概率为 0.8。（就最小E_{new}而言，最佳分类器会将虚线作为其决策边界并实现$E_{\text{new}} = 0.2$。）

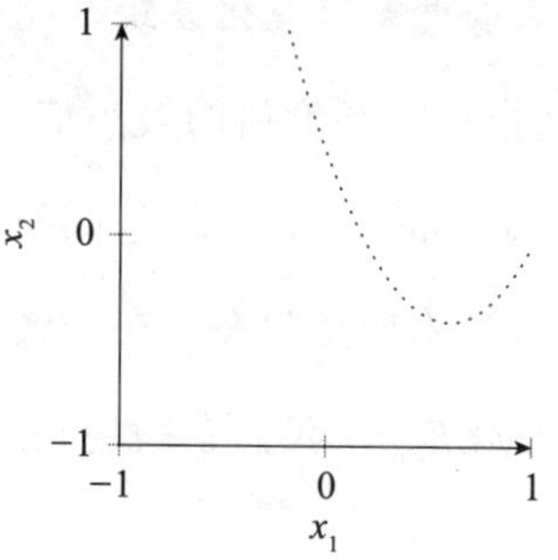

图 4.4

在训练数据中，n=200，并学习三个 k-NN 分类器，分别是 k=70，k=20，k=2。在模型复杂度方面，k=70 给出了最不灵活的模型，k=2 给出了最灵活的模型。我们在图 4.5 中绘制了它们的决策边界以及训练数据。

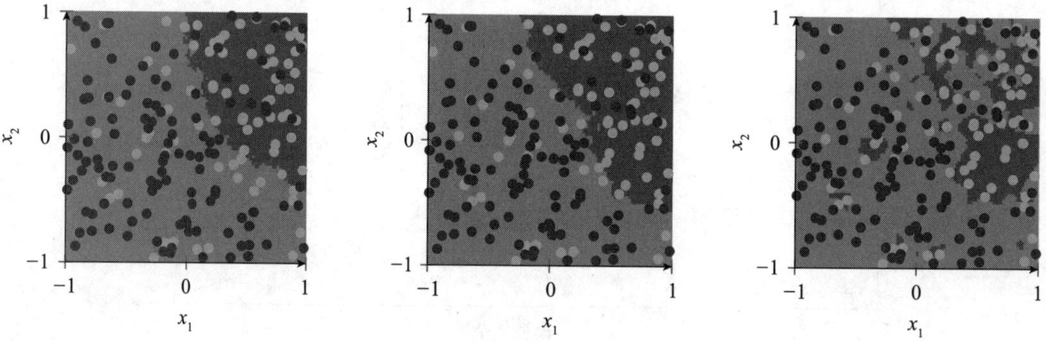

a) k-NN, k=70　　b) k-NN, k=20　　c) k-NN, k=2

图 4.5

我们在图 4.5 中看到，k=2（图 4.5c）太过适应数据。而当 k=70（图 4.5a）时，模型足够刚性，无法适应噪声，但似乎太不灵活，无法很好地适应图 4.4 中的真实虚线。

我们可以通过计算图 4.5 中错误分类的训练数据点的分数来计算E_{train}。从左到右，我们得到$E_{\text{train}} = 0.27, 0.24, 0.22$。由于这是一个模拟示例，我们还可以得到$E_{\text{new}}$（或者更确切地说，通过模拟大量测试数据对其进行数字估计），从左到右，我们得到$E_{\text{new}} = 0.26, 0.23, 0.33$。该模式类似于图 4.3，除了$E_{\text{new}}$对于一些 k 值实际上比E_{train}小。然而，这与理论并不矛盾。我们在正文中讨论的是一组特定训练数据的平均$\bar{E}_{\text{new}}$和$\bar{E}_{\text{train}}$，而不是E_{new}和E_{train}。为了研究$\bar{E}_{\text{new}}$和$\bar{E}_{\text{train}}$，我们将整个实验重复 100 次，并计算这 100 次实验的平均值：

	k-NN, $k=70$	k-NN, $k=20$	k-NN, $k=2$
$\bar{E}_{\text{train}}$	0.24	0.22	0.17
$\bar{E}_{\text{new}}$	0.25	0.23	0.30

该表很好地遵循图 4.3：泛化差距（$\bar{E}_{\text{new}}$和$\bar{E}_{\text{train}}$之间的差异）是正的，并且随着模型

复杂度的增加而增加（k-NN 中的 k 减小），而 $\bar{E}_{train}$ 随着模型复杂度的增加而减小。在这些 k 值中，$\bar{E}_{new}$ 在 $k = 20$ 时具有最小值。这表明 $k = 2$ 的 k-NN 对于这个问题存在过拟合，而 $k = 70$ 是欠拟合的情况。

到目前为止，我们一直关注泛化差距与模型复杂度之间的关系。另一个非常重要的方面是训练数据集 n 的大小。我们通常可以预期训练数据越多，泛化差距越小。另一方面，$\bar{E}_{train}$ 通常随着 n 的增加而增加，因为如果训练数据点太多，大多数模型都无法很好地拟合所有训练数据点。图 4.6 描绘了 $\bar{E}_{train}$ 和 $\bar{E}_{new}$ 的典型行为。

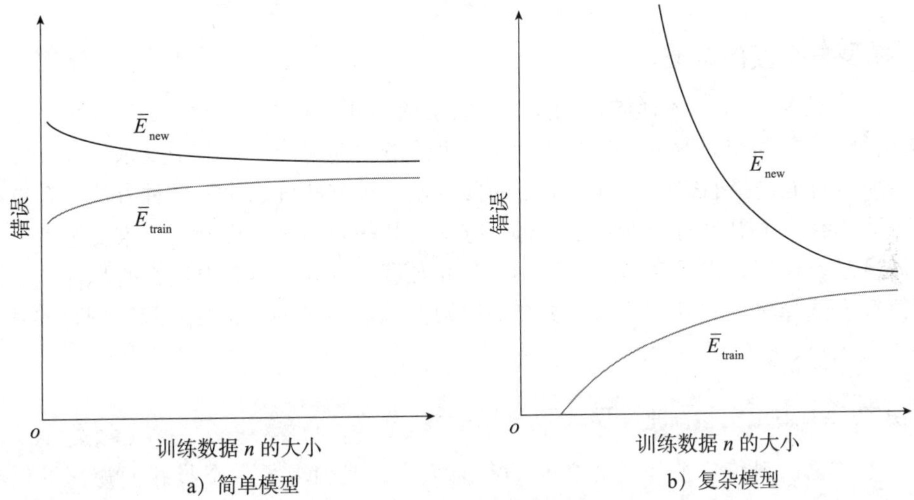

图 4.6 对于简单模型（低模型灵活性，图 4.6a）和复杂模型（高模型灵活性，图 4.6b），$\bar{E}_{new}$、$\bar{E}_{train}$ 与训练数据集中数据点数 n 之间的典型关系。泛化差距（$\bar{E}_{new}$ 和 $\bar{E}_{train}$ 之间的差异）减小，同时 $\bar{E}_{train}$ 增加。通常情况下，对于足够大的 n，一个更复杂的模型（图 4.6b）将比一个更简单的模型（图 4.6a）在同一问题上获得更小的 $\bar{E}_{new}$（这些图应该被认为在轴上具有相同的尺度）。但是，对于更复杂的模型，泛化差距通常更大，尤其是当训练数据集较小时

4.3.2 在实际应用中降低 E_{new}

我们的总体目标是实现“生产中”的小错误，即较小的 E_{new}。为此，根据分解 $E_{new} = E_{train} +$ 泛化差距，我们需要让 E_{train} 和泛化差距都很小。我们根据目前所见得出两个结论：

- 新数据误差 E_{new} 平均而言不会小于训练误差 E_{train}。因此，如果 E_{train} 比你的模型在当前应用程序中成功所需的 E_{new} 大得多，你甚至不需要浪费时间实施交叉验证来估计 E_{new}。相反，你应该重新考虑问题以及你使用的方法。
- 泛化差距和 E_{new} 通常随着 n 的增加而减小。因此，如果可能的话，增加训练数据的大小可能对减小 E_{new} 有很大帮助。

使模型更灵活会减小E_{train}，但通常会增加泛化差距。另一方面，降低模型的灵活性通常会减小泛化差距，但会增加E_{train}。当泛化差距和训练误差E_{train}都不为零时，通常会根据较小的E_{new}获得最佳权衡。因此，通过监控E_{train}并使用交叉验证估计E_{new}，我们还得到以下建议：

- 如果$E_{\text{hold-out}} \approx E_{\text{train}}$（较小的泛化差距，可能导致欠拟合），通过放松正则化、增加模型阶数（需要学习更多参数）等方式来增加模型灵活性可能是有益的。
- 如果E_{train}接近于零而$E_{\text{hold-out}}$不接近于零（可能导致过拟合），通过收紧正则化、降低阶数（需要学习的参数更少）等方式来降低模型灵活性可能是有益的。

4.3.3　模型复杂度的缺陷

当有一个超参数可供选择时，图 4.3 中描绘的是相关的情况。然而，当有多个超参数（甚至是竞争方法）可供选择时，重要的是要意识到图 4.3 中的一维模型复杂度尺度并不能公平地对待所有可能选择的空间。对于给定的问题，一种方法可以比另一种方法具有更小的泛化差距，而不会产生更大的训练误差。有些方法对某些问题来说更好。一维复杂度尺度对于复杂的深度学习模型来说很容易产生误导，但正如我们在示例 4.2 中说明的那样，它甚至不足以解决联合选择多项式回归次数（更高的次数意味着更多的灵活性）和正则化参数（更多的正则化意味着更少的灵活性）。

示例 4.2　回归问题的训练误差和泛化差距

为了说明训练误差和泛化差距的行为方式，我们考虑一个模拟问题，以便我们计算E_{new}。我们让 n=10 个数据点生成为$x \sim \mathcal{U}[-5,10]$和$y = \min(0.1x^2, 3) + \varepsilon$，其中$\varepsilon \sim \mathcal{N}(0,1)$，并考虑以下回归方法：

- 具有L^2正则化的线性回归。
- 具有二次多项式和L^2正则化的线性回归。
- 具有三阶多项式和L^2正则化的线性回归。
- 回归树。
- 具有 10 棵回归树的随机森林（见第 7 章）。

对于这些方法中的每一种，我们尝试超参数的几个不同值（分别为正则化参数和树深度）并计算$\bar{E}_{\text{train}}$和泛化差距。

因为$\bar{E}_{\text{new}} = \bar{E}_{\text{train}} +$泛化差距，对于每种方法，最小化$\bar{E}_{\text{new}}$的超参数是最接近（在 1 范数意义上）图 4.7 中的原点的值。确定了某个模型并且只剩下一个超参数可供选择，这与图 4.3 中的情况非常吻合。

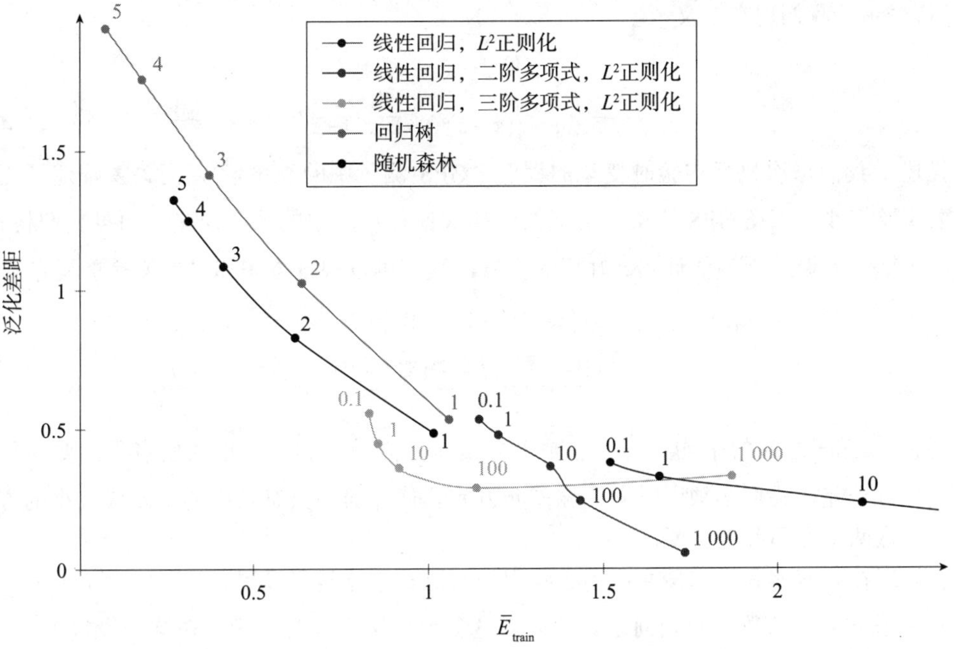

图 4.7

然而，当我们比较不同的方法时，会发现比一维模型复杂度尺度所描述的更复杂的情况。例如，比较图 4.7 中的二阶（红色）到三阶多项式（绿色）线性回归：对于正则化参数的某些值，训练误差在不增加泛化差距的情况下减少。类似地，当最大树深度为 2 时，随机森林（紫色）的泛化差距比树（黑色）更小，而训练误差保持不变。从中得出的主要结论是，这些关系非常复杂、问题相关，并且无法使用图 4.3 中的简化情况来描述。然而，正如我们将要看到的，当我们接下来介绍$\bar{E}_{\text{new}}$的另一种称为偏差 - 方差的分解时，情况会变得更加清晰，特别是在示例 4.4 中。

在任何实际问题中，我们都不能像示例 4.2 那样绘图。这只适用于我们完全控制数据生成过程的模拟示例。在实践中，我们不得不根据有限多的可用信息做出决定。最好选择已知对特定类型的数据工作良好的模型，并使用来自类似问题的经验。我们还可以使用交叉验证来选择不同的模型和超参数。尽管情况简化了，但图 4.3 中关于欠拟合和过拟合的直觉在决定交叉验证的下一个方法或超参数值时仍然非常有用。

4.4 E_{new}的偏差-方差分解

我们现在将引入$\bar{E}_{\text{new}}$的另一种分解，即（平方）偏差和方差项，以及不可避免的不可约噪声分量。这种分解比训练 - 泛化差距更抽象，但提供了一些对E_{new}和不同模型行为方式的额外见解。

让我们首先简短地提示一下偏差和方差的一般概念。考虑一个我们想要估计的未知常数z_0的实验。为了帮助我们估计z_0，我们有一个随机变量 z。例如，将z_0视为对象的（真实）位置，将 z 视为该位置的有噪声的 GPS 测量值。由于 z 是一个随机变量，它有一些均值$\mathbb{E}[z]$，

我们用$\bar{z}$表示。我们现在定义

$$\text{偏差：} \bar{z}-z_0 \tag{4.12a}$$

$$\text{方差：} \mathbb{E}[(z-\bar{z})^2]=\mathbb{E}[z^2]-\bar{z}^2 \tag{4.12b}$$

方差描述了我们每次执行实验时变化的程度（GPS 测量中的噪声量），而偏差描述了无论我们重复实验多少次（在 GPS 测量中可能的转换或偏移），z 中的系统误差。如果我们将 z 和z_0之间的预期平方误差视为估计器 z 好坏的度量，我们可以根据方差和平方偏差重写它：

$$\begin{aligned}\mathbb{E}[(z-z_0)^2]&=\mathbb{E}[((z-\bar{z})+(\bar{z}-z_0))^2]=\\&=\underbrace{\mathbb{E}[(z-\bar{z})^2]}_{\text{方差}}+2\underbrace{(\mathbb{E}[z]-\bar{z})}_{0}(\bar{z}-z_0)+\underbrace{(\bar{z}-z_0)^2}_{\text{偏差}^2}\end{aligned} \tag{4.13}$$

换句话说，z 和z_0之间的平均平方误差是平方偏差和方差之和。这里的要点是，要获得较小的期望平方误差，我们必须同时考虑偏差和方差。估计器中只有较小的偏差或较小的方差是不够的，这两个方面都很重要。

我们现在将偏差和方差概念应用于我们的有监督机器学习设置。为了数学上的简单，我们将考虑平方误差函数的回归问题。然而，直觉也适用于分类问题。在这个设置中，z_0对应输入和输出之间的真实关系，随机变量 z 对应从训练数据中学习到的模型。请注意，由于训练数据集合包含随机性，因此从中学习的模型也将是随机的。

我们首先假设输入 $\boldsymbol{x}$ 和输出 y 之间的真实关系可以描述为一些（可能非常复杂的）函数$f_0(\boldsymbol{x})$加上独立噪声ε：

$$y=f_0(\boldsymbol{x})+\varepsilon\text{，其中}\mathbb{E}[\varepsilon]=0\text{且}\operatorname{var}(\varepsilon)=\sigma^2 \tag{4.14}$$

在我们的符号中，$\hat{y}(\boldsymbol{x};\mathcal{T})$表示在训练数据$\mathcal{T}$上训练的模型。这是我们的随机变量，对应上面的 z。我们现在还引入了平均训练模型，对应$\bar{z}$：

$$\bar{f}(\boldsymbol{x})\triangleq\mathbb{E}_{\mathcal{T}}[\hat{y}(\boldsymbol{x};\mathcal{T})] \tag{4.15}$$

和以前一样，$\mathbb{E}_{\mathcal{T}}$ 表示从 $p(\boldsymbol{x}, y)$ 中提取的 n 个训练数据点的期望值。因此，如果我们可以在不同的训练数据集（每个数据集的大小为n）上无限次地重新训练模型并计算平均值，则$\bar{f}(\boldsymbol{x})$是我们将实现的（假设的）平均模型。

请记住，$\bar{E}_{\text{new}}$（对于平方误差回归）的定义是：

$$\bar{E}_{\text{new}}=\mathbb{E}_{\mathcal{T}}[\mathbb{E}_{\star}[(\hat{y}(\boldsymbol{x}_{\star};\mathcal{T})-y_{\star})^2]] \tag{4.16}$$

我们可以改变积分的顺序，将式（4.16）写为：

$$\bar{E}_{\text{new}}=\mathbb{E}_{\star}[\mathbb{E}_{\mathcal{T}}[(\hat{y}(\boldsymbol{x}_{\star};\mathcal{T})-f_0(\boldsymbol{x}_{\star})-\varepsilon)^2]] \tag{4.17}$$

稍微扩展式（4.13）以包括零均值噪声项ε（它独立于$\hat{y}(\boldsymbol{x}_{\star};\mathcal{T})$），我们可以将式（4.17）中的期望值$\mathbb{E}_{\star}$内的表达式重写为：

$$\mathbb{E}_{\mathcal{T}}[(\underbrace{\hat{y}(\boldsymbol{x}_\star;\mathcal{T})}_{“z”}-\underbrace{f_0(\boldsymbol{x}_\star)}_{“z_0”}-\varepsilon)^2] \\ =(\bar{f}(\boldsymbol{x}_\star)-f_0(\boldsymbol{x}_\star))^2+\mathbb{E}_{\mathcal{T}}[(\hat{y}(\boldsymbol{x}_\star;\mathcal{T})-\bar{f}(\boldsymbol{x}_\star))^2]+\varepsilon^2 \quad (4.18)$$

这是式（4.13）应用于有监督机器学习。在我们有兴趣分解的$\bar{E}_{\text{new}}$中，我们也有对新数据点$\mathbb{E}_\star$的期望。通过在表达式中加入期望值，我们可以将$\bar{E}_{\text{new}}$分解为：

$$\bar{E}_{\text{new}}=\underbrace{\mathbb{E}_\star[(\bar{f}(\boldsymbol{x}_\star)-f_0(\boldsymbol{x}_\star))^2]}_{\text{偏差}^2}+\underbrace{\mathbb{E}_\star[\mathbb{E}_{\mathcal{T}}[(\hat{y}(\boldsymbol{x}_\star;\mathcal{T})-\bar{f}(\boldsymbol{x}_\star))^2]]}_{\text{方差}}+\underbrace{\sigma^2}_{\text{不可约误差}} \quad (4.19)$$

平方偏差项$\mathbb{E}_\star[(\bar{f}(\boldsymbol{x}_\star)-f_0(\boldsymbol{x}_\star))^2]$现在描述了平均训练模型$\bar{f}(\boldsymbol{x}_\star)$与真实$f_0(\boldsymbol{x}_\star)$的差异程度，对所有可能的测试数据点$\boldsymbol{x}_\star$取平均值。以类似的方式，方差项$\mathbb{E}_\star\left[\mathbb{E}_{\mathcal{T}}[(\bar{y}(\boldsymbol{x}_\star;\mathcal{T})-\bar{f}(\boldsymbol{x}_\star))^2]\right]$描述了每次在不同的训练数据集上训练模型时，$\hat{y}(\boldsymbol{x};\mathcal{T})$的变化量。为了使偏差项较小，模型必须足够灵活，使得$\bar{f}(\boldsymbol{x})$可以至少在$p(\boldsymbol{x})$较大的区域接近$f_0(\boldsymbol{x})$。如果方差项很小，模型对恰好在训练数据中的数据点不是很敏感，反之亦然。不可约误差σ^2只是假设式（4.14）的一个结果——不可能预测ε，因为它是一个独立于所有其他变量的随机误差。关于不可约误差没有什么好说的，因此我们将重点放在偏差和方差项上。

4.4.1 什么影响偏差和方差？

我们没有正确定义模型复杂度，但我们实际上可以使用偏差和方差的概念来赋予它更具体的含义：高模型复杂度意味着低偏差和高方差，低模型复杂度意味着高偏差和低方差，如图 4.8 所示。

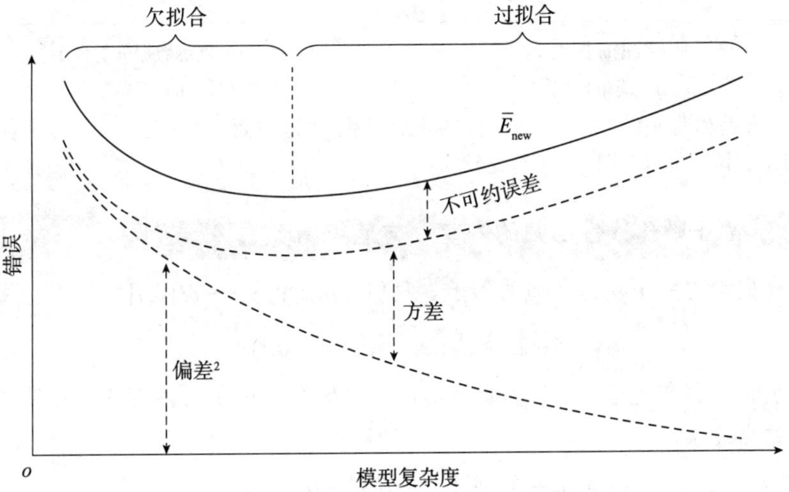

图 4.8　$\bar{E}_{\text{new}}$的偏差 - 方差分解，而不是图 4.3 中的训练误差 - 泛化差距分解。低模型复杂度意味着高偏差。模型越复杂，它越适应训练数据（中的噪声），方差就越大。不可约误差与模型的特定选择无关，因此是常数。通过选择合适的模型复杂度来实现较小的E_{new}的问题通常称为偏差 - 方差权衡

这与直觉产生了很好的共鸣。模型越灵活，它就越能适应训练数据$\mathcal{T}$——不仅适应有趣的模式，而且适应恰好在$\mathcal{T}$中的实际数据点和噪声。这正是方差项所描述的。另一方面，灵活性低的模型可能过于僵硬，无法很好地捕捉输入和输出之间的真实关系$f_0(\boldsymbol{x})$。这种效应由平方偏差项描述。

图 4.8 可以与图 4.3 进行比较，图 4.3 建立在$\bar{E}_{\text{new}}$的训练误差 - 泛化差距分解之上。从图 4.8 中，我们还可以讨论找到正确的模型复杂度级别作为*偏差 - 方差权衡*的挑战。我们在示例 4.3 中给出了一个例子。

平方偏差项更像是模型的属性，而不是训练数据集的属性，我们可以认为偏差项与训练数据中的数据点数 n 无关。另一方面，方差项随 n 变化很大 ⊖。我们知道，$\bar{E}_{\text{new}}$通常随着 n 的增加而减少，而$\bar{E}_{\text{new}}$的减少主要是因为方差的减少。直观地说，数据越多，我们对参数的信息就越多，方差就越小。图 4.9 总结了这一点，可以将其与图 4.6 进行比较。

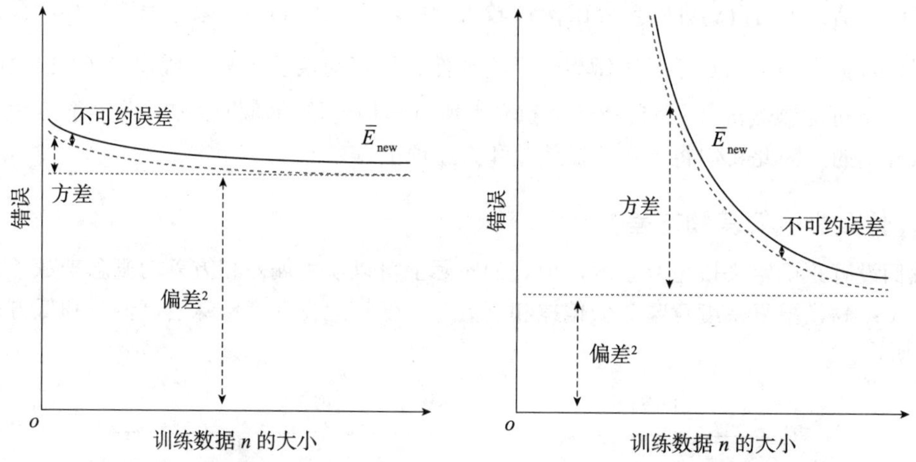

a）简单模型　　b）复杂模型

图 4.9　偏差、方差和训练数据集大小 n 之间的典型关系。偏差（近似）恒定，而方差随着训练数据集大小的增加而减小。该图可以与图 4.6 进行比较

示例 4.3　L^2正则化线性回归的偏差 - 方差权衡

让我们考虑一个模拟回归的例子。我们让$p(x,y)$从$x \sim \mathcal{U}[0,1]$中生成，且

$$y = 5 - 2x + x^3 + \varepsilon, \quad \varepsilon \sim \mathcal{N}(0,1) \tag{4.20}$$

我们让训练数据仅包含 n=10 个数据点。我们现在尝试使用具有四阶多项式的线性回归对数据建模，

$$y = \beta_0 + \beta_1 x + \beta_2 x^2 + \beta_3 x^3 + \beta_4 x^4 + \varepsilon \tag{4.21}$$

由于式（4.20）是式（4.21）的特例，并且平方误差损失对应高斯噪声，如果我们使用平方误差损失来训练该模型，我们实际上对该模型的偏差为零。然而，仅从

⊖ 这不完全正确。如果所有训练数据集（我们对其进行平均）包含 n=2 或 n=100 000 个数据点，平均模型$\bar{f}$可能确实不同，但我们在这里忽略了这种影响。

10个数据点学习5个参数会导致非常高的方差，因此我们决定使用平方误差损失和L^2正则化来训练模型，这将减少方差（但会增加偏差）。正则化越多（λ越大），偏差越大，方差越小。

由于这是一个模拟示例，我们可以多次重复实验并估计偏差和方差项（因为我们可以根据需要模拟尽可能多的训练和测试数据）。我们使用与图4.3和图4.8相同的样式在图4.10中绘制它们（注意反转的x轴：较小的正则化参数对应较高的模型复杂度）。对于这个问题，λ的最优值应该是0.7左右，因为$\bar{E}_{\text{new}}$在那里达到了最小值。找到这个最优λ是偏差－方差权衡的一个典型例子。

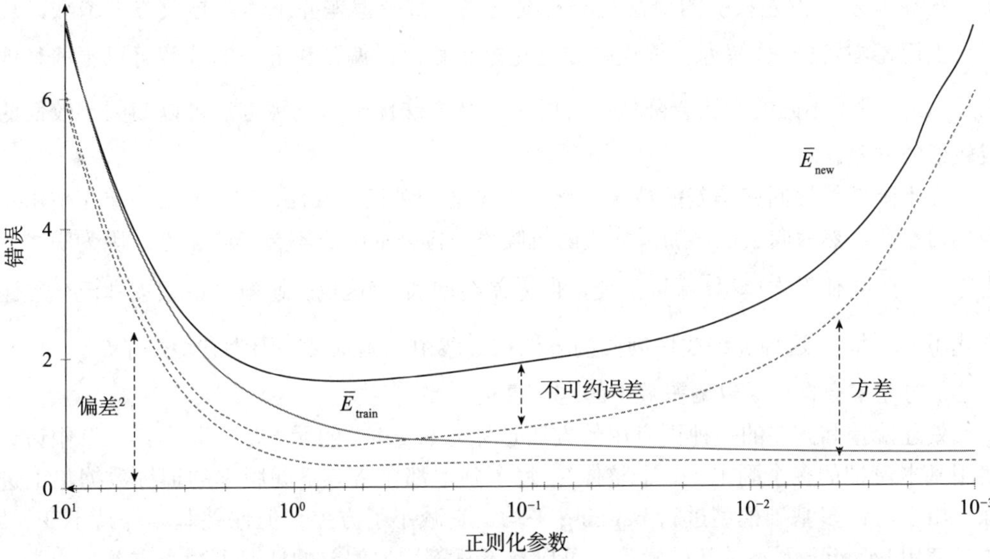

图 4.10

4.4.2 偏差、方差和泛化差距之间的联系

偏差和方差在理论上是明确定义的属性，但在实践中通常是无形的，因为它们是根据$p(\boldsymbol{x}, y)$定义的。在实践中，我们主要对泛化差距进行估计（例如$E_{\text{hold-out}} - E_{\text{train}}$），而偏差和方差需要额外的工具来进行估计[㊀]。因此，探索E_{train}和泛化差距对偏差和方差的看法是很有趣的。

考虑回归问题。假设平方误差同时用作误差函数和损失函数，并且在训练期间找到全局最小值。然后我们可以写

$$\begin{aligned}\sigma^2 + \text{偏差}^2 &= \mathbb{E}_\star[(\bar{f}(\boldsymbol{x}_\star) - y_\star)^2] \approx \frac{1}{n}\sum_{i=1}^{n}(\bar{f}(\boldsymbol{x}_i) - y_i)^2 \\ &\geqslant \frac{1}{n}\sum_{i=1}^{n}(\hat{y}(\boldsymbol{x}_i;\mathcal{T}) - y_i)^2 = E_{\text{train}}\end{aligned} \tag{4.22}$$

在近似等式中，我们使用训练数据点通过样本平均值来近似期望值[㊁]。此外，如果我们假设$\hat{y}$

㊀ 在某种程度上，偏差和方差可以使用引导程序进行估计，我们将在第7章中介绍。

㊁ 因为$\bar{f}(\boldsymbol{x}_\star)$和$\hat{y}$取决于训练数据$(\boldsymbol{x}_i, y_i)_{i=1}^n$，我们可以用$(\boldsymbol{x}_i, y_i)_{i=1}^n$来近似积分。

可能是$\bar{f}$，结合上述将平方误差作为损失函数的假设和通过寻找全局最小值来学习，我们得到了下一步中的不等式。记住$\bar{E}_{\text{new}} = \sigma^2 + \text{偏差}^2 + \text{方差}$，并允许我们写为$\bar{E}_{\text{new}} - E_{\text{train}} = \text{泛化差距}$，我们有：

$$\text{泛化差距} \gtrsim \text{方差} \tag{4.23a}$$

$$E_{\text{train}} \lesssim \text{偏差}^2 + \sigma^2 \tag{4.23b}$$

这个推导中的假设在实践中并不总能得到满足，但它至少给了我们一些大致的想法。

正如我们之前所讨论的，方法的选择对于获得什么E_{new}至关重要。同样，图4.8中的一维尺度和偏差－方差权衡的概念是一种简化图，减少偏差并不总是导致方差增加，反之亦然。然而，与将E_{new}分解为训练误差和泛化差距相比，偏差和方差的分解可以更清楚地说明为什么E_{new}对于不同的方法会降低：有时，一种方法优于另一种方法可以归因于较低的偏差或较低的方差。

在不降低线性回归偏差的情况下增加方差的一种简单（且无用）方法是首先使用正规方程学习参数，然后向它们添加零均值随机噪声。额外的噪声不会影响偏差，因为噪声的均值为零，因此会使平均模型$\bar{f}$保持不变，但方差会增加。（这也会影响训练误差和泛化差距，但方式不太清楚。）这种训练线性回归的方法在实践中毫无意义，因为它增加了E_{new}，但它说明了增加方差不会自动导致偏差减小的这一事实。

处理偏差和方差的一种更有用的方法是称为bagging的元方法，将在第7章中讨论。它使用基本模型的多个副本（一个整体），每个副本都在略有不同版本的训练数据集上进行训练。由于对许多基础模型进行bagging平均，它减小了方差，但偏差基本保持不变。因此，通过使用bagging而不是基础模型，可以在不显著增加偏差的情况下减小方差，通常会导致E_{new}的整体下降。

总而言之，真实世界比图4.3和图4.8中使用的一维模型复杂度更复杂，我们通过示例4.4对此进行了说明。

思考时间 4.4 你能修改线性回归，使偏差增加而不减小方差吗？

示例 4.4 回归问题的偏差和方差

我们考虑与示例4.2中完全相同的设置，但将$\bar{E}_{\text{new}}$分解为偏差和方差。结果显示在图4.11中。

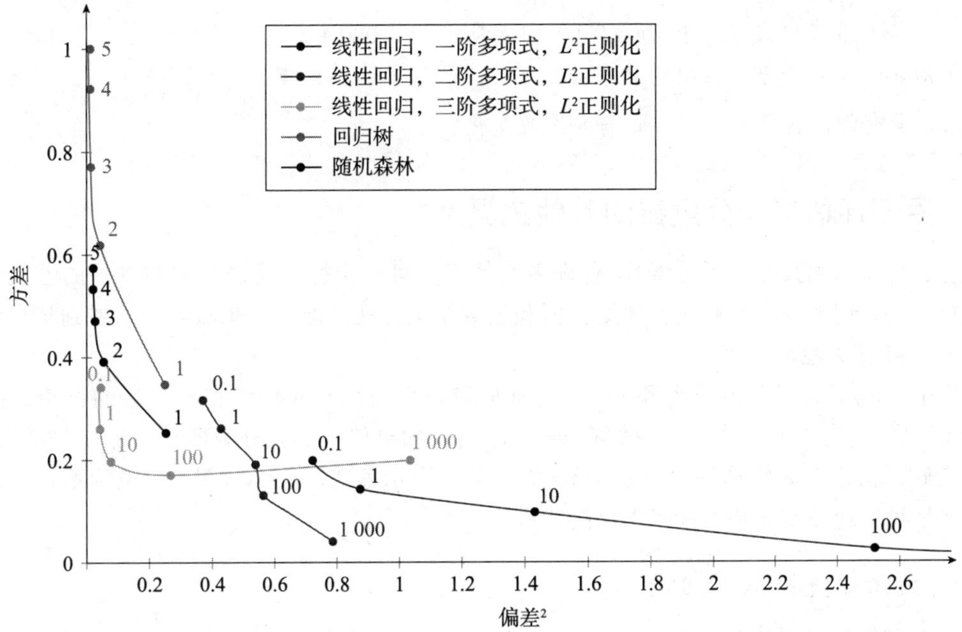

图 4.11

正如式（4.23）所预期的那样，与示例 4.2 有明显的相似之处。然而，bagging（用于随机森林，参见第 7 章）的效果更明显，即与回归树相比减小了方差，而偏差没有显著增加。

为了进一步说明偏差和方差的含义，我们在图 4.12 中更详细地说明了其中的一些情况。首先我们绘制一些线性回归模型。粗虚线是真实的$f_0(\boldsymbol{x})$，细虚线是从不同训练数据集$\mathcal{T}$学习的不同模型$\hat{y}(\boldsymbol{x}_\star;\mathcal{T})$，实线是它们的平均值$\bar{f}(\boldsymbol{x})$。在这些图中，偏差是粗虚线和实线之间的差距，而方差是细虚线围绕实线的分布。所有三个模型的方差似乎大致相同，一阶多项式的方差可能略小，而高阶多项式的偏差明显较小。这可以与图 4.11 进行比较。

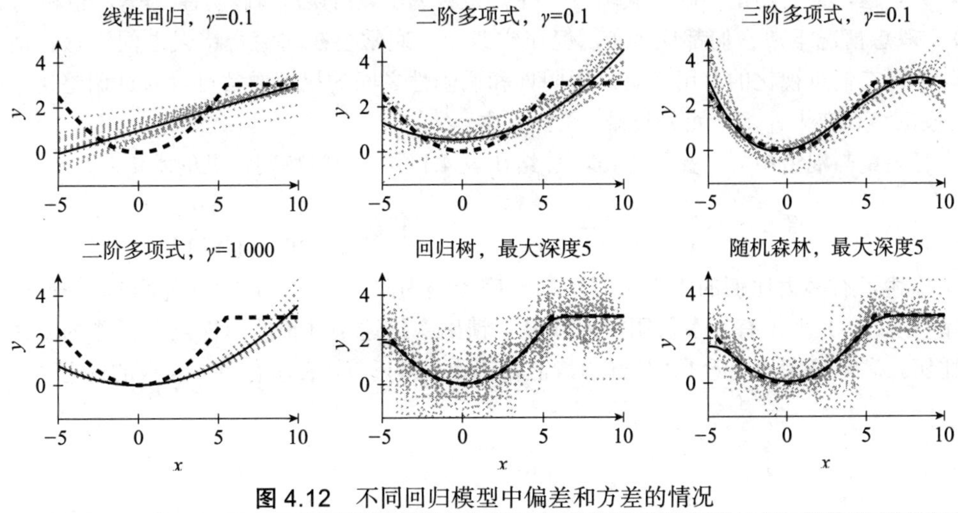

图 4.12 不同回归模型中偏差和方差的情况

将二阶多项式与少量（$\gamma = 0.1$）和大量（$\gamma = 1\,000$）正则化进行比较，很明显，正则化减小了方差，但也增加了偏差。此外，随机森林的方差比回归树小，但实线$\bar{f}(\boldsymbol{x})$没有任何明显变化，因此偏差没有变化。

4.5 用于评估二元分类器的其他工具

对于分类（尤其是二元分类），有许多其他工具可用于检查错误分类率以外的性能。为简单起见，我们考虑二元问题并使用保留验证数据集方法，但一些想法可以扩展到多类问题以及 k -fold 交叉验证。

其中一些工具对于不平衡和 / 或不对称问题特别有用，我们将在本节后面讨论这些问题。 请记住，在二元分类中，我们有 $y=\{-1, 1\}$。如果使用二元分类器来检测某物的存在，例如疾病、雷达上的物体等，约定是 $y=1$（阳性）表示存在，$y=-1$（阴性）表示不存在。这个约定是我们现在要介绍的许多术语的背景。

4.5.1 混淆矩阵和ROC曲线

如果我们学习二元分类器并在保留验证数据集上对其进行评估，那么除了计算$E_{\text{hold-out}}$之外，检查性能的一种简单而有用的方法是使用混淆矩阵。通过 y（实际输出）和$\hat{y}(\boldsymbol{x})$（分类器预测的输出）将验证数据分成四组，我们可以制作混淆矩阵：

	$y=-1$	$y=1$	总计
$\hat{y}(\boldsymbol{x})=-1$	真阴性（TN）	假阴性（FN）	N^*
$\hat{y}(\boldsymbol{x})=1$	假阳性（FP）	真阳性（TP）	P^*
总计	N	P	n

当然，TN、FN、FP 和 TP（以及 N*、P*、N、P 和 n）应替换为实际数字，如示例 4.5 所示。请注意，P(N) 表示数据集中阳性（阴性）示例的总数，而 P* (N*) 表示模型做出的阳性（阴性）预测的总数。混淆矩阵提供了分类器特征的快速且信息丰富的概述。对于我们即将介绍的非对称问题，重要的是要区分假阳性（FP，也称为 I 类错误）和假阴性（FN，也称为 II 类错误）。理想情况下，它们都应为 0，但在实践中，通常会在这两个错误之间进行权衡，混淆矩阵是将它们可视化的有用工具。假阴性和假阳性之间的权衡通常可以通过调整决策阈值 r 来完成，它存在于许多二元分类器（3.36）中。

还有大量与混淆矩阵相关的术语，总结在表 4.1 中。一些特别常见的术语是：

$$\text{召回率} = \frac{\text{TP}}{\text{P}} = \frac{\text{TP}}{\text{TP}+\text{FN}} \qquad \text{和} \qquad \text{精确率} = \frac{\text{TP}}{\text{P}^*} = \frac{\text{TP}}{\text{TP}+\text{FP}}$$

召回率描述了有多大比例的阳性数据点被正确预测为阳性。高召回率（接近 1）是好的，低召回率（接近 0）表示有很多假阴性的问题。精确率描述了真正的阳性点在预测为阳性的点中的比例。高精确率（接近 1）是好的，低精确率（接近 0）表示有很多误报的问题。

表 4.1 混淆矩阵中与数量（TN、FN、FP、TP）相关的一些常用术语。楷体字的术语在文中讨论

比例	名称
FP/N	误报率、Fall-out、误报概率
TN/N	真阴性率、特异性、选择性
TP/P	真阳性率、灵敏度、功率、召回率、检测概率
FN/P	假阴性率、漏报率
TP/P*	阳性预测值，*精确率*
FP/P*	错误发现率
TN/N*	阴性预测值
FN/N*	误漏率
P/n	患病率
(FN + FP) / n	*错误分类率*
(TN+TP)/n	准确率，1− 错误分类率
2TP/(P*+P)	F_1*分数*
$(1+\beta^2)$TP/($(1+\beta^2)$TP+β^2FN+FP)	F_β*分数*

许多分类器包含阈值 r（见式（3.36））。如果我们想在不指定特定决策阈值 r 的情况下针对特定问题比较不同的分类器，则 ROC 曲线可能很有用。ROC 的意思是“接收器操作特性”，来自它在通信理论中的历史。

为了绘制 ROC 曲线，针对所有 $r \in [0,1]$ 将召回率 / 真阳性率（TP/P，越大越好）与假阴性率（FP/N，越小越好）进行对比。该曲线通常如图 4.13a 所示。完美分类器（始终预测所有 $r \in (0,1)$ 的正确值）的 ROC 曲线触及左上角，而仅分配随机猜测 ⊖ 的分类器给出一条直线对角线。

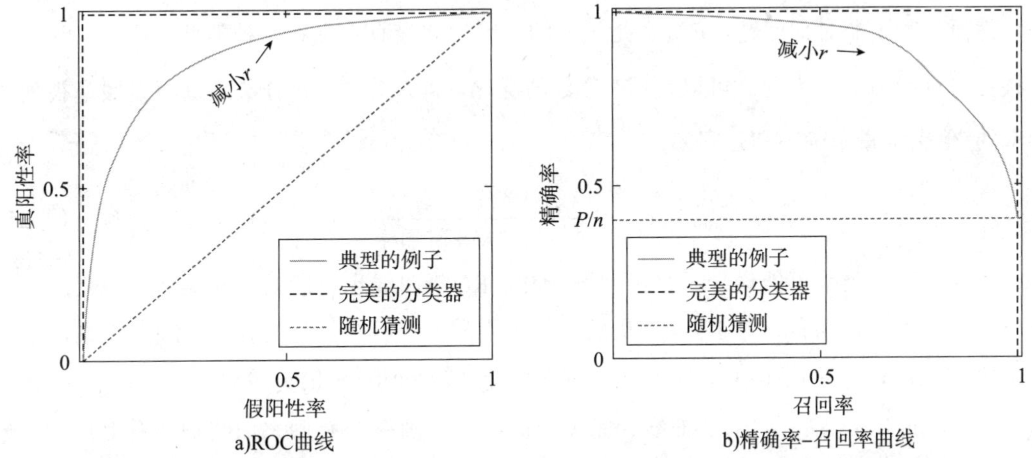

图 4.13 ROC（图 a）和精确率 − 召回率（图 b）曲线。两个图都总结了分类器对所有决策阈值 r 的性能（参见式（3.36）），但 ROC 曲线与平衡问题最相关，而精确率 − 召回率曲线对不平衡问题的信息量更大

⊖ 也就是说，以概率 r 预测 $\hat{y} = -1$。

ROC 曲线的简要总结是 ROC 曲线下的面积，即 ROC-AUC。从图 4.13a 中，我们得出结论，一个完美的分类器具有 ROC-AUC =1，而仅分配随机猜测的分类器具有 ROC-AUC=0.5。因此，ROC-AUC 将分类器对决策阈值 r 的所有可能值的性能总结为一个数字。

4.5.2　F_1分数和精确率-召回率曲线

许多二元分类问题具有特定的特征，因为它们是不平衡的或不对称的，或二者兼有之。我们说一个问题是：

- 不平衡的。如果绝大多数数据点属于一个类，通常是负类$y=-1$。这种不平衡意味着总是预测$\hat{y}(\boldsymbol{x})=-1$的（无用的）分类器将在错误分类率（4.1a）方面得分非常高。
- 不对称的。如果假阴性被认为比假阳性更严重，反之亦然。错误分类率（4.1a）中未考虑这种不对称性。

一个典型的不平衡问题是对一种罕见疾病的预测（大多数患者没有这种疾病——大多数数据点都是阴性的）。这个问题也可能是一个不对称问题，比如，预测受感染的患者是否健康比预测健康的人是否受感染存在更多问题。

首先，混淆矩阵提供了一个很好的机会来以更明确的方式检查假阴性和假阳性。但是，有时也可以将性能汇总为一个数字。为此，错误分类率不是很有帮助。例如，在一个严重不平衡的问题中，它可能偏向于总是预测 −1 的无用预测器，而不是任何实际有用的预测器。

对于不平衡问题，负类 $y=-1$ 是最常见的类，因此F_1分数比错误分类率（或准确率）更可取。F_1分数通过调和平均值总结了精确率和召回率：

$$F_1=\frac{2\cdot\text{精确率}\cdot\text{召回率}}{\text{精确率}+\text{召回率}} \tag{4.24}$$

这是一个介于零和一之间的数字（越高越好）。

然而，对于非对称问题，F_1分数是不够的，因为它没有考虑将一种类型的错误认为比另一种更严重的偏好。为此，可以使用F_1分数的泛化，即F_β分数。F_β分数通过将召回率视为精确率的β倍来衡量精确率和召回率：

$$F_\beta=\frac{(1+\beta^2)\text{精确率}\cdot\text{召回率}}{\beta^2\cdot\text{精确率}+\text{召回率}} \tag{4.25}$$

就像错误分类率可能误导不平衡问题一样，ROC 曲线也可能误导此类问题。相反，精确率 − 召回率曲线可能（对于$y=-1$是最常见类别的不平衡问题）更有用。顾名思义，精确率 − 召回率曲线对于$r\in[0,1]$的所有值绘制了精确率（TP/P*，越大越好）与召回率（TP/P，越大越好）的对比，很像 ROC 曲线。完美分类器的精确率 − 召回率曲线触及右上角，仅分配随机猜测的分类器在 P/n 处水平给出一条水平线，如图 4.13b 所示。

同样，对于精确率 − 召回率曲线，我们可以定义精确率 - 召回率曲线下的面积，即 PR-AUC。最佳可能的 PR-AUC 为 1，仅进行随机猜测的分类器的 PR-AUC 等于 P/n。

我们用一个医学中不平衡和不对称问题的例子来总结这一部分。然而，对通常既不平衡又不对称的现实世界分类问题的评估是一个具有挑战性的主题，第 12 章将进一步讨论存在的困境。

示例 4.5 甲状腺疾病检测中的混淆矩阵

甲状腺是人体内的一个内分泌腺，它产生的激素会影响代谢率和蛋白质的合成，甲状腺疾病可能会对人体产生严重影响。我们考虑使用 UCI 机器学习库（Dheeru and Karra Taniskidou，2017）提供的数据集检测甲状腺疾病的问题。该数据集包含 7 200 个数据点，每个数据点有 21 个医学指标作为输入（定性和定量）。它还包含定性诊断 {normal、hyperthyroid、hypothyroid}。为简单起见，我们将其转换为具有输出类 {normal, abnormal} 的二元问题。数据集分为训练集和验证集，分别有 3 772 和 3 428 个数据点。这个问题是不平衡的，因为只有 7% 的数据点是异常的。因此，总是预测正常的朴素（无用）分类器将获得大约 7% 的错误分类率。如果假阴性（未指示疾病）被认为比假阳性（错误指示疾病）更成问题，则问题也可能是不对称的。我们训练逻辑回归分类器并在验证数据集上对其进行评估（使用默认决策阈值 $r=0.5$，参见式（3.36）），得到混淆矩阵

	y = normal	y = abnormal
$\widehat{y}(\boldsymbol{x})$ = normal	3 177	237
$\widehat{y}(\boldsymbol{x})$ = abnormal	1	13

大多数验证数据点都被正确预测为 normal，但很大一部分 abnormal 数据也被错误预测为正常。这在应用程序中可能是不希望发生的。准确率（1- 错误分类率）为 0.931，F_1分数为 0.106。（始终预测正常的无用预测器具有非常相似的准确度 0.927，但更差的F_1分数为 0。）为了改变情况，我们在式（3.36）中将决策阈值降低到 $r=0.15$。也就是说，只要预测的类概率超过此值，$g(\boldsymbol{x})>0.15$，我们就预测阳性（abnormal）类。这会产生具有以下混淆矩阵的新预测：

	y = normal	y = abnormal
$\widehat{y}$ = normal	3 067	165
$\widehat{y}$ = abnormal	111	85

这种变化提供了更多的真阳性（85 名患者而不是 13 名患者被正确预测为 abnormal），但这是以更多的假阳性为代价的（111 名患者而不是 1 名患者现在被错误地预测为异常）。正如预期的那样，准确率现在较低，为 0.919，但F_1分数较高，为 0.381。但是请记住，F_1分数不考虑不对称性，只考虑不平衡性。我们必须通过考虑哪种类型的错误会产生更严重的后果，自己决定这个分类器是否在假阴性率和假阳性率之间有良好的折中。

4.6 拓展阅读

本章在很大程度上受到 Abu-Mostafa 等人（2012）的介绍性机器学习教科书的启发。还有其他几本关于机器学习的教科书，包括 Vapnik（2000）和 Mohri 等人（2018），Mohri 等人（2018）的中心主题是使用模型灵活性的正式定义（例如 VC 维度或 Rademacher 复杂度）来理解泛化差距。然而，对深度神经网络模型灵活性的理解（见第 6 章）仍有待研究，

可以参见C. Zhang等人（2017）、Neyshabur等人（2017）、Belkin等人（2019）和B.Neal等人（2019）的一些方向。此外，偏差 - 方差分解通常（包括在本章中）仅用于回归，但Domingos（2000）建议对分类问题进行可能的推广。Flach和Kull（2015）提出了精确率 - 召回率曲线的替代方案，即所谓的精确率 - 召回率 - 增益曲线。

学习参数模型

在本章中，我们阐述了参数化建模的概念。我们首先概括了参数化模型的概念，并概述了从数据中学习这些模型的基本原则。然后，本章围绕损失函数、正则化和优化这三个中心概念展开。我们已经接触了这些概念，主要是在第 3 章的参数模型、线性回归和逻辑回归方面。然而，这些主题是许多有监督机器学习方法的核心，事实上甚至超越了参数模型，因此值得更详细地讨论。

5.1 参数化建模原则

在第 3 章，我们介绍了用于回归和分类的两个基本参数模型，分别是线性回归和逻辑回归。我们还简要地讨论了如何用广义线性模型来处理不同类型的数据。然而，参数化建模的概念并不限于这些情况。因此，我们在本章开始介绍参数化建模的一般框架，并讨论从数据中学习这些模型的基本原则。

5.1.1 非线性参数函数

考虑回归模型（3.1），为方便起见在此重申：

$$y = f_{\boldsymbol{\theta}}(\boldsymbol{x}) + \varepsilon \tag{5.1}$$

在这里，我们引入了对符号中参数$\boldsymbol{\theta}$的明确依赖，以强调上述方程应被视为我们真正的输入－输出关系的模型。为了将该模型转换为线性回归模型，可以使用具有闭式解的最小二乘训练，我们在第 3 章中做出了两个假设。首先，在模型参数中假设函数$f_{\boldsymbol{\theta}}$是线性的，$f_{\boldsymbol{\theta}} = \boldsymbol{\theta}^{\mathrm{T}}(\boldsymbol{x})$。其次，假设噪声项$\varepsilon$满足高斯分布，$\varepsilon \sim \mathcal{N}(0, \sigma_{\varepsilon}^2)$。后一个假设有时是隐式的，但正如我们在第 3 章中看到的，它使最大似然公式等同于最小二乘。

这两个假设都可以放宽。基于上述表达式，也许最明显的推广是允许函数$f_{\boldsymbol{\theta}}$是一些任意的非线性函数。由于我们仍然希望从训练数据中学习该函数，因此我们要求它是可适应的。与线性情况类似，这通过让函数依赖于一些控制函数形状的模型参数$\boldsymbol{\theta}$来实现。不同的模型参数将导致产生不同的$f_{\boldsymbol{\theta}}(\cdot)$函数。训练模型相当于为参数向量$\boldsymbol{\theta}$找到一个合适的值，使函数$f_{\boldsymbol{\theta}}$准确描述真正的输入－输出关系。用数学术语来说，我们说我们有一个函数的参数化族：

$$\{f_{\boldsymbol{\theta}}(\cdot) : \boldsymbol{\theta} \in \boldsymbol{\Theta}\}$$

其中$\boldsymbol{\Theta}$是包含所有可能的参数向量的空间。下面，我们来举例说明。

示例 5.1 Michaelis-Menten 动力学

非线性参数函数的一个简单例子是用于模拟酶动力学的 Michaelis-Menten 方程。该模型由

$$y = \underbrace{\frac{\theta_1 x}{\theta_2 + x}}_{=f_\theta(x)} + \varepsilon$$

给出，其中 y 对应反应速率，x 对应底物浓度。该模型参数化为最大反应速率 $\theta_1>0$ 和所谓的酶的 Michaelis 常数 $\theta_2>0$。请注意，$f_\theta(x)$依赖于分母中出现的参数θ_2的非线性。

通常，该模型被写成没有噪声项ε的确定性关系，但在这里，我们将噪声作为与统计回归框架保持一致的误差项。

在上面的示例中，参数θ_1和θ_2具有物理意义，并且仅限于正数。因此，$\boldsymbol{\Theta}$对应于$\mathbb{R}^2$中的正象限。然而，在机器学习中，我们通常缺乏对参数的物理解释。该模型更像是一个可以尽可能适应训练数据的“黑盒”。因此，为了简单起见，我们将假设$\boldsymbol{\Theta} = \mathbb{R}^d$，这意味着$\boldsymbol{\theta}$是实值参数的 d 维向量。这种非线性黑盒模型的原型是神经网络，我们将在第 6 章中更详细地讨论。如果我们需要以某种方式限制参数值（例如限制为正值），那么这可以通过该参数的适当转换来实现。例如，在 Michaelis-Menten 方程中，我们可以分别将θ_1和θ_2替换为$\exp(\theta_1)$和$\exp(\theta_2)$，现在参数就允许采用任意实值。

请注意，与模型（5.1）相对应的似然受噪声项ε的约束。只要我们坚持噪声是附加的假设、高斯平均值为零和方差为σ_ε^2，我们就会得到一个高斯似然函数。

$$p(y|\boldsymbol{x};\boldsymbol{\theta}) = \mathcal{N}(f_{\boldsymbol{\theta}}(\boldsymbol{x}),\sigma_\varepsilon^2) \tag{5.2}$$

这个表达式与线性回归模型（3.18）中使用的可能性的唯一区别是，高斯分布的平均值现在由任意非线性函数$f_{\boldsymbol{\theta}}(\boldsymbol{x})$给出。

非线性分类模型可以以非常相似的方式构建，作为逻辑回归模型（3.29）的推广。在二元逻辑回归中，我们首先计算对数$z = \boldsymbol{\theta}^{\mathrm{T}}\boldsymbol{x}$。然后，通过 logistic 函数$h(z) = \frac{\mathrm{e}^z}{1+\mathrm{e}^z}$映射对数值来获得阳性类的概率，即$p(y=1|\boldsymbol{x})$。要将其转换为非线性分类模型，对于一些任意实值非线性函数$f_{\boldsymbol{\theta}}$，我们可以简单地将 logisti 的表达式替换为$z = f_{\boldsymbol{\theta}}(\boldsymbol{x})$。因此，非线性逻辑回归模型变成：

$$g(\boldsymbol{x}) = \frac{\mathrm{e}^{f_{\boldsymbol{\theta}}(\boldsymbol{x})}}{1+\mathrm{e}^{f_{\boldsymbol{\theta}}(\boldsymbol{x})}} \tag{5.3}$$

类似地，我们可以通过推广多元逻辑回归模型（3.42）来构建多元非线性分类器。也就是说，我们根据$\boldsymbol{z} = \boldsymbol{f}_{\boldsymbol{\theta}}(\boldsymbol{x})$计算对数向量$\boldsymbol{z} = [z_1\ z_2 \cdots z_M]^{\mathrm{T}}$，其中$\boldsymbol{f}_{\boldsymbol{\theta}}$是将$\boldsymbol{x}$映射到 M 维实值向量 $\boldsymbol{z}$ 的任意函数。通过 softmax 函数传播该对数向量会产生条件概率的非线性模型，$\boldsymbol{g}_{\boldsymbol{\theta}}(\boldsymbol{x}) = \mathrm{softmax}(\boldsymbol{f}_{\boldsymbol{\theta}}(\boldsymbol{x}))$。我们将在第 6 章中给出这种形式的非线性分类模型，其中我们使用

神经网络构造函数f_θ。

5.1.2 损失最小化作为泛化替代

在指定了某个模型类（即一个函数的参数化族定义的模型）后，学习相当于为参数找到合适的值，以便模型尽可能准确地描述实际的输入－输出关系。对于参数化模型，这个学习目标通常被表述为优化问题，例如：

$$\hat{\boldsymbol{\theta}} = \arg\min_{\boldsymbol{\theta}} \underbrace{\frac{1}{n}\sum_{i=1}^{n} \overbrace{L(y_i, f_{\boldsymbol{\theta}}(\boldsymbol{x}_i))}^{\text{损失函数}}}_{\text{代价函数}J(\boldsymbol{\theta})} \tag{5.4}$$

也就是说，我们寻求代价函数最小化，该函数定义为一些在训练数据上（用户选择的）损失函数L计算的平均值。在某些特殊情况下（例如平方损失的线性回归），我们可以精确计算这个优化问题的解决方案。然而，在大多数情况下，特别是在使用非线性参数模型时，这是不可能的，我们需要求助于数值优化。我们将在 5.4 节更详细地讨论这些算法，但现在值得注意的是，这些优化算法通常是迭代的。也就是说，该算法在多次迭代中运行，每次迭代中，优化问题（5.4）的当前近似解将更新为新的（希望更好的）近似解。这将导致计算权衡。我们运行算法的时间越长，越期望找到更好的解决方案，但要花费更长的训练时间。

找到$\boldsymbol{\theta}$的值，使模型尽可能适合训练数据，这是一个自然的想法。然而，正如我们在第 4 章中讨论的那样，机器学习的最终目标不是尽可能适合训练数据，而是找到一个可以推广到新数据的模型，不只是用来训练模型。换句话说，我们真正感兴趣的问题不是式（5.4），而是

$$\hat{\boldsymbol{\theta}} = \arg\min_{\boldsymbol{\theta}} E_{\text{new}}(\boldsymbol{\theta}) \tag{5.5}$$

其中$E_{\text{new}}(\boldsymbol{\theta}) = \mathbb{E}_\star[E(\hat{y}(\boldsymbol{x}_\star;\boldsymbol{\theta}), y_\star)]$是预期的新数据误差（对于相关的误差函数$E$，见第 4 章）。当然，问题在于，我们不知道预期的新数据错误。“真实”数据生成的分布是不可用的，因此我们无法计算新数据的预期错误，也无法显式优化目标（5.5）。然而，这种洞察力仍然具有实际重要性，因为它意味着

> 训练目标（5.4）只是实际感兴趣目标（5.5）的替代。

这种将训练目标视为替代的观点对我们在实践中如何处理优化问题（5.4）有影响。我们提出以下意见。

- **优化准确性与统计准确性**。代价函数$J(\boldsymbol{\theta})$是根据训练数据计算的，因此会受到数据中噪声的影响。它可以被视为“真实”预期损失的随机近似值（得到$n \to \infty$）。因此，比估计中的统计误差更准确地优化$J(\boldsymbol{\theta})$是没有意义的。当我们需要花费大量计算精力来获得非常准确的优化问题解决方案时，这一点尤为重要。只要我们在估计的统计准确性范围内，这是不必要的。然而，在实践中，可能很难确定统计准确性是什么（我们不会在本书中详细描述可用于估计它的方法），但谨记优化准确性和统计准确性之间的这种权衡仍然有用。
- **损失函数≠误差函数**。如第 4 章所述，我们可以使用误差函数E来评估模型的性能，这与训练中使用的损失函数L不同。换句话说，在训练模型时，我们会最小化的目标与我们实际感兴趣的目标并不同。这可能看起来违反直觉，但基于训练目标是替代的

观点，它非常有意义，事实上，它为机器学习工程师设计有用的训练目标提供了额外的灵活性。我们可能想要使用与错误函数不同的损失函数的原因有很多。第一，它可以产生一个泛化能力更好的模型。典型的例子是根据准确性评估分类模型（等价于错误分类错误）。如果我们通过最大限度地减少错误分类损失来训练模型，我们只关心将决策边界放在可以获得尽可能多的训练数据点的一侧，而不考虑决策边界的距离。然而，由于数据中的噪声，对决策边界留有一定的间隔可以获得更好的泛化能力，并且有一些损失函数明确鼓励这一点。第二，我们可以选择损失函数，以使优化问题（5.4）更容易解决，例如通过使用凸损失函数（见5.4节）。第三，某些损失函数可以促进最终模型的其他有利属性，例如降低模型对“生产中”使用的计算要求。

- **早停**。当使用*迭代数值优化方法*优化目标（5.4）时，可以视为生成一系列候选模型。在优化算法的每次迭代中，我们都可以访问参数向量的当前估计，从而获得参数值的“路径”。有趣的是，这条路径的终点不一定是最接近式（5.5）的解。事实上，参数值的路径可以在抖动中得到更糟糕的解（例如由于过拟合）之前跳过优解（具有良好的泛化特性）。基于这一观察，除了上述单纯的计算消耗的原因外，还有另一个早停优化算法的原因。通过*早停算法*，我们可以获得一个性能优于我们运行算法直到收敛的最终模型。我们将此称为*隐性正则化*，并将在5.3节中讨论如何在实践中实施它的细节。
- **显式正则化**。另一种策略是通过添加一个独立于训练数据的项来明确修改代价函数（5.4）。我们将这种技术称为显式正则化，目的是使最终模型更好地概括——也就是说，我们希望使修改后问题的解更接近式（5.5）的解。我们在3.3节中已经看到了这方面的例子，其中我们引入了 L^2 正则化。基本思想是简约法则：对观察到的现象的最简单解释通常是正确的。在机器学习的背景下，这意味着如果“简单”和“复杂”模型（或多或少）都同样适合数据，那么“简单”模型通常会具有优越的泛化属性，因此应该是更优的。在显式正则化中，“简单”和“复杂”的模糊概念分别简化为简单的小量参数和大量参数。为了支持一个简单的模型，一个额外的项被加入代价函数中以惩罚大量的参数。我们将在5.3节中进一步讨论正则化。

5.2 损失函数和基于似然的模型

在训练目标（5.4）中使用哪个损失函数 L 是一个设计选择，不同的损失函数将产生不同的解决方案 $\hat{\boldsymbol{\theta}}$。这反过来将导致具有不同特征的模型。一般来说，没有“正确”或“错误”的损失函数，但对于给定的问题，就 E_{new} 更小方面而言，一个特定的选择可以优于另一个选择（请注意，E_{new} 涉及类似的设计选择，即如何选择误差函数，该函数定义了我们如何衡量模型的性能）。事实证明，模型和损失函数的某些组合特别有用，并在经验上被指定为特定组合。例如，“线性回归”通常是指线性参数模型和平方误差损失的组合，而“支持向量分类”（见第8章）一词是指使用hinge损失训练的线性参数模型。然而，在本节中，我们涉及关于不同损失函数及其属性的一般性讨论，与特定组合没有联系。

损失函数的一个重要方面是它的鲁棒性。鲁棒性与异常点密切相关，异常点是指无用数据点不能描述我们感兴趣的模型。如果训练数据中的异常点对学习后的模型影响很小，我们说损失函数是鲁棒的。相反，如果异常点对学习模型产生重大影响，损失函数就不是鲁棒的。训练数据受异常点的错误影响，因此鲁棒性在应用中是一个非常重要的属性。然而，它不是非此即彼的属性，损失函数可以或多或少地具有鲁棒性。不幸的是，一些常用的损失函数（包括平方误差损失）并不特别鲁棒，因此，用户在使用这些“默认”选项之前，必须积极做出明智的决定。

从统计学的角度来看，我们可以将损失函数与学习模型的统计属性联系起来。首先，最大似然方法在损失函数和（噪声）数据的概率假设之间提供了正式的联系。其次，即使对于不是来自似然方面的损失函数，我们也可以将损失函数中称为*渐近最小化*的函数与模型的统计属性联系起来。渐近最小化函数是指对真实数据生成分布进行平均时使期望损失最小化的模型。等价地，我们可以将渐近最小化器视为优化问题（5.4）的解，作为训练数据点的数量$n\to\infty$（因此得名“渐近”）。如果有一个唯一的渐近最小化器，我们可以从中恢复真实的条件分布$p(y|\mathbf{x})$，那么损失函数被称为*严格正确*。我们将在下面回到这个概念，特别是在二元分类的情况下。

5.2.1 回归中的损失函数

在第 3 章中，我们介绍了*平方误差损失*[⊖]：

$$L(y,\hat{y})=(\hat{y}-y)^2 \tag{5.6}$$

这是线性回归的默认选择，因为它简化了训练，只求解正规方程。平方误差损失通常也用于其他回归模型，如神经网络。另一个常见的选择是*绝对误差损失*：

$$L(y,\hat{y})=|\hat{y}-y| \tag{5.7}$$

绝对误差损失在异常点上相对于平方误差损失更鲁棒，因为对于大误差，它增长得更慢，见图 5.1。在第 3 章中，我们介绍了平方误差损失的最大似然动机，假设输出 y 是用高斯分布 $\varepsilon\sim\mathcal{N}(0,\sigma_\varepsilon^2)$的附加噪声$\varepsilon$测量的。我们同样可以通过假设$\varepsilon$具有拉普拉斯分布$\varepsilon\sim\mathcal{L}(0,b_\varepsilon)$来激励绝对误差损失。我们详细阐述并扩展了从以下最大似然目标和某些统计建模假设导出损失函数的想法。然而，也有一些常用的回归损失函数，从最大似然的角度来看，它们不是很自然地推导出来的。

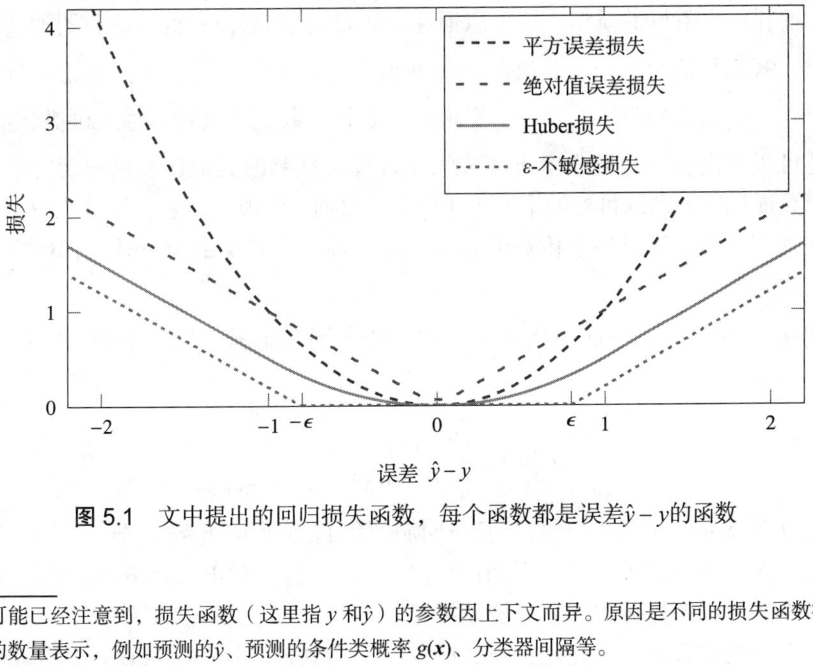

图 5.1　文中提出的回归损失函数，每个函数都是误差$\hat{y}-y$的函数

⊖ 你可能已经注意到，损失函数（这里指 y 和$\hat{y}$）的参数因上下文而异。原因是不同的损失函数很自然地用不同的数量表示，例如预测的$\hat{y}$、预测的条件类概率 $g(\mathbf{x})$、分类器间隔等。

有时会有人认为，平方误差损失是一个不错的选择，因为它是二次形状的，它可以以不那么线性的方式惩罚小误差(ε<1)。毕竟，高斯分布（至少大约）经常出现在自然界中。然而，大误差(ε<1)的二次形状是其非鲁棒性的原因，因此 Huber 损失被认为是绝对损失和平方误差损失的混合体：

$$L(y,\hat{y})=\begin{cases}\frac{1}{2}(\hat{y}-y)^2 & \text{如果}|\hat{y}-y|<1\\ |\hat{y}-y|-\frac{1}{2} & \text{否则}\end{cases} \tag{5.8}$$

绝对误差损失的另一个扩展是ε-*不敏感损失*，

$$L(y,\hat{y})=\begin{cases}0 & \text{如果}|\hat{y}-y|<\varepsilon\\ |\hat{y}-y|-\varepsilon & \text{否则}\end{cases} \tag{5.9}$$

其中ε是用户选择的设计参数。这种损失在观察到的y周围放置宽度为2ε的公差，其行为类似于该区域之外的绝对误差损失。ε-不敏感损失的鲁棒性特性与绝对误差损失的鲁棒性非常相似。在第 8 章中，ε-不敏感损失对支持向量回归很有用。我们在图 5.1 中说明了所有这些回归的损失函数。

5.2.2　二元分类中的损失函数

*错误分类损失*提供了二元分类的直观损失函数：

$$L(y,\hat{y})=\mathbb{I}\{\hat{y}\neq y\}=\begin{cases}0 & \text{如果}\hat{y}=y\\ 1 & \text{如果}\hat{y}\neq y\end{cases} \tag{5.10}$$

然而，尽管得到较小的错误分类损失可能是实践中的最终目标，但在训练模型时很少使用这种损失函数。如 5.1 节所述，这至少有两个原因。首先，使用不同的损失函数可以从训练数据得到一个泛化能力更好的模型。这可以通注意到最终预测$\hat{y}$没有揭示分类器的所有方面来理解。直觉上，我们可能更希望不让决策边界靠近训练数据点，即使它们被正确分类，而是将边界推得更远，以获得一些间隔。为了实现这一目标，我们不仅可以通过硬类预测$\hat{y}$来制定损失函数，还可以根据预测的类概率 $g(\mathbf{x})$ 或用于计算类预测的其他连续量来制定损失函数。不使用错误分类损失作为训练目标的第二个（也很重要的）原因是，它将导致代价函数分段。从数值优化的角度来看，这是一个困难的目标，因为除了未定义的地方外，梯度在任何地方都为零。

对于用函数 $g(\mathbf{x})$ 预测条件类概率$p(y=1|\mathbf{x})$的二元分类器，第 3 章中引入的*交叉熵损失*是一个合适的选择：

$$L(y,g(\mathbf{x}))=\begin{cases}\ln g(\mathbf{x}) & \text{如果}y=1\\ \ln(1-g(\mathbf{x})) & \text{如果}y=-1\end{cases} \tag{5.11}$$

这种损失是从最大似然角度导出的，但与回归（我们必须为ε指定分布）不同，除了对 $g(\mathbf{x})$ 使用什么模型外，交叉熵损失中没有用户选择。事实上，对于二元分类问题，模型 $g(\mathbf{x})$ 提供了给定输入的输出条件分布的完整统计描述。

虽然交叉熵在实践中普遍使用，但二元分类还有其他有用的损失函数。为了定义整个损失函数族，让我们首先在二元分类中引入间隔的概念。许多二元分类器$\hat{y}(\boldsymbol{x})$可以通过在 0 处设置一些实值函数 ㊀$f(\boldsymbol{x})$ 的阈值来构造。也就是说，我们可以写出类别预测：

$$\hat{y}(\boldsymbol{x}) = \text{sign}\{f(\boldsymbol{x})\} \tag{5.12}$$

例如，只需使用$f(\boldsymbol{x}) = \boldsymbol{\theta}^{\text{T}}\boldsymbol{x}$，就可以将逻辑回归呈现为这种形式，如式（3.39）所示。更一般地说，对于逻辑回归模型的非线性推广，其中阳性类的概率建模为式（5.3），预测（5.12）对应最有可能的类。然而，并非所有分类器都有概率解释，但对于某些底层函数 $f(\boldsymbol{x})$ 来说，它们通常仍然可以像式（5.12）中那样表示。

形式（5.12）的任何分类器的决策边界由 $\boldsymbol{x}$ 的值给出，其中 $f(\boldsymbol{x})=0$。为了简化我们的讨论，我们将假设没有一个数据点完全落在决策边界上（这总是会引起歧义）。这意味着我们可以假设上面定义的$\hat{y}(\boldsymbol{x})$总是 −1 或 +1。基于函数 $f(\boldsymbol{x})$，我们说：

数据点 $(\boldsymbol{x},y)$ 的分类器的间隔是 $y \cdot f(\boldsymbol{x})$。

因此，如果 y 和 $f(\boldsymbol{x})$ 具有相同的符号，这意味着分类是正确的，那么间隔是正的。同样，对于错误的分类，y 和 $f(\boldsymbol{x})$ 将有不同的符号，间隔将是负的。间隔可以被视为预测中确定性的衡量标准，其中间隔小的数据点在某种意义上（不一定是欧几里得意义上）接近决策边界。边距在二元分类中发挥的作用与$\hat{y}-y$的预测误差对回归的作用相似。

我们现在可以根据间隔定义二元分类的损失函数，方法是将小损失分配给正间隔（正确分类），将大损失分配给负间隔（分类错误）。例如，我们可以根据间隔重新计算 logistic 损失（3.34）：

$$L(y \cdot f(\boldsymbol{x})) = \ln(1 + \exp(-y \cdot f(\boldsymbol{x}))) \tag{5.13}$$

其中，与上述讨论一致，线性逻辑回归模型对应$f(\boldsymbol{x}) = \boldsymbol{\theta}^{\text{T}}\boldsymbol{x}$。类似于第 3 章中逻辑损失的推导，这只是交叉熵（或负对数似然）损失（5.11）的另一种写法，假设阳性类的概率是根据式（5.3）建模的。然而，从另一个角度来看，我们可以将式（5.13）视为通用的基于间隔的损失，而无须将其与概率模型（5.3）联系起来。也就是说，我们只是根据式（5.12）假设一个分类器，并通过最小化式（5.13）来学习 $f(\boldsymbol{x})$ 的参数。当然，这相当于逻辑回归，除了我们似乎失去了条件类概率估计 $g(\boldsymbol{x})$ 的概念，并且只有$\hat{y}(\boldsymbol{x})$的“硬”预测。然而，稍后，当我们讨论逻辑损失的渐近最小化器时，我们将恢复类概率估计。

我们也可以根据间隔重新计算错误分类损失：

$$L(y \cdot f(\boldsymbol{x})) = \begin{cases} 1 & \text{如果} y \cdot f(\boldsymbol{x}) < 0 \\ 0 & \text{否则} \end{cases} \tag{5.14}$$

然而，更重要的是，间隔视图允许我们轻松想出其他具有可能优点的损失函数。原则上，任何递减函数都是候选损失函数。然而，实践中使用的大多数损失函数也是凸的，这在数值优化训练损失时很有用。

一个例子是*指数损失*，定义为：

$$L(y \cdot f(\boldsymbol{x})) = \exp(-y \cdot f(\boldsymbol{x})) \tag{5.15}$$

㊀ 一般来说，函数 $f(\boldsymbol{x})$ 取决于模型参数 $\boldsymbol{\theta}$，但在下面的演示文稿中，出于简洁，我们将从符号中忽略这种依赖性。

当我们在第 7 章中推导 AdaBoost 算法时，事实证明这是一个有用的损失函数。指数损失的缺点是，与逻辑损失的线性渐近增长相比，由于负间隔的指数增长，它对异常点不是特别鲁棒[⊖]。我们还有 hinge 损失，将在第 8 章中用于支持向量分类：

$$L(y\cdot f(\boldsymbol{x}))=\begin{cases}1-y\cdot f(\boldsymbol{x}) & \text{对于}y\cdot f(\boldsymbol{x})\leqslant 1\\ 0 & \text{否则}\end{cases} \tag{5.16}$$

正如我们将在第 8 章中看到的那样，hinge 损失具有一种吸引人的所谓支撑向量属性。然而，hinge 损失的一个缺点是，它不是一个严格正确的损失函数，这意味着在使用这种损失时，不可能对学习到的分类模型进行概率性解释（我们将在下面详细说明）。作为补救措施，我们可以考虑平方 hinge 损失：

$$L(y\cdot f(\boldsymbol{x}))=\begin{cases}(1-y\cdot f(\boldsymbol{x}))^2 & \text{对于}y\cdot f(\boldsymbol{x})\leqslant 1\\ 0 & \text{否则}\end{cases} \tag{5.17}$$

另一方面，它不如 hinge 损失（二次而不是线性增长）鲁棒。因此，一个更复杂的替代方案是 huberised 平方 hinge 损失：

$$L(y\cdot f(\boldsymbol{x}))=\begin{cases}-4y\cdot f(\boldsymbol{x}) & \text{对于}y\cdot f(\boldsymbol{x})\leqslant -1\\ (1-y\cdot f(\boldsymbol{x}))^2 & \text{对于}-1\leqslant y\cdot f(\boldsymbol{x})\leqslant 1 \quad (\text{平方 hinge 损失})\\ 0 & \text{否则}\end{cases} \tag{5.18}$$

这个名称指的是它与 Huber 回归损失的相似之处，即二次函数被间隔小于 −1 的线性函数取代。上面介绍的三种损失函数对于支持向量分类来说都特别有趣，因为它们在间隔大于 1 时都为 0。

我们在图 5.2 中总结了二元分类的损失函数级联，其中说明了所有这些损失都是间隔的函数。

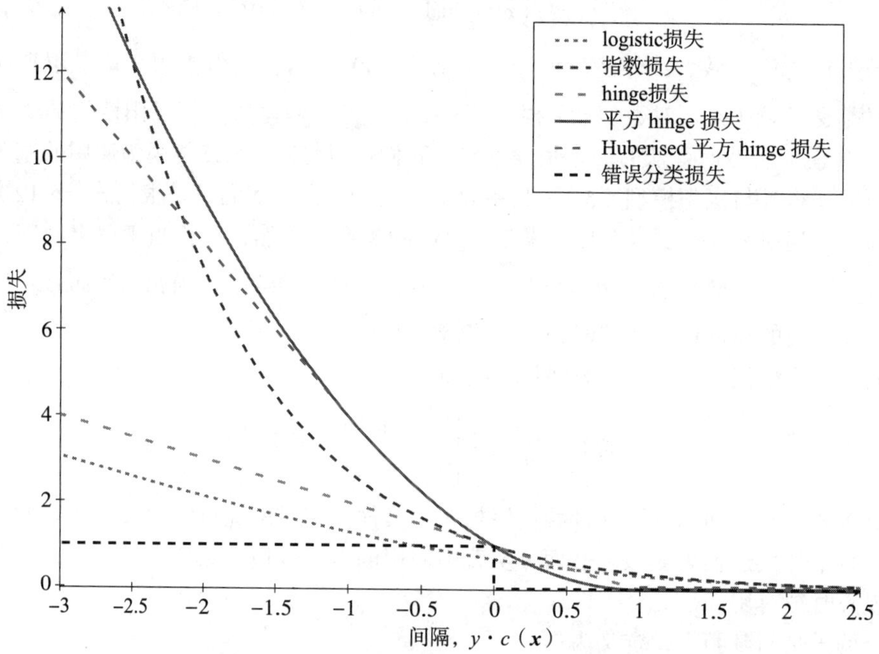

图 5.2　比较一些常见的分类损失函数，作为间隔的函数绘制

⊖　对于$yf(\boldsymbol{x})\ll 0$，认为$\ln(1+\exp(-yf(\boldsymbol{x})))\approx -yf(\boldsymbol{x})$。

在学习不平衡或不对称问题的模型时，可以修改损失函数来解释不平衡或不对称。例如，为了反映不正确预测 $y=1$ 是一个“C 倍严重的错误”，而不是不正确预测 $y=-1$，错误分类损失可以修改为

$$L(y,\hat{y})=\begin{cases}0 & \text{如果}\hat{y}=y\\ 1 & \text{如果}\hat{y}\neq y\text{且}y=-1\\ C & \text{如果}\hat{y}\neq y\text{且}y=1\end{cases} \tag{5.19}$$

其他损失函数可以以类似的方式进行修改。例如，通过简单地复制训练数据中的所有正训练数据点 C 次，而不是修改损失函数，也可以实现类似的效果。

我们已经对鲁棒性提出了一些主张。让我们使用图 5.2 来激励它们。异常点的一个特征是位于决策边界错误的一侧且远离决策边界的数据点。从间隔的角度来看，这相当于巨大的负间隔。因此，损失函数的鲁棒性与较大的负间隔的损失函数的形状密切相关。斜率越高，对较大的负间隔的处罚越重，对异常点就越敏感。因此，我们可以从图 5.2 中看出，由于指数增长，指数损失预计将对异常点敏感，而平方 hinge 损失则更强劲，相反，呈二次增长。然而，更鲁棒的是 Huberised 平方 hinge 损失、hinge 损失和 logistic 损失，它们都具有线性渐近行为。最鲁棒的是错误分类损失，但正如已经讨论过的，该损失还有其他缺点。

5.2.3 多类分类

到目前为止，我们只讨论了二进制分类问题，其中 $M=2$。交叉熵（等价于负对数似然）损失可以直接推广到多类问题，即 $M>2$，就像我们在第 3 章中所做的逻辑回归一样。这是基于似然的损失的有用属性，因为它允许我们在相同的连贯框架中系统地处理二元分类和多类分类。

推广上面讨论的其他损失函数需要将间隔推广到多类问题。这是可能的，但我们在本书中没有详细说明。相反，我们提到了一种务实的方法，即将问题重新表述为几个二进制问题。这种重新制定可以使用一对二或一对一方案来完成。

一对剩余（或一对全或二进制相关性）的想法是训练 M 个二进制分类器。该方案中的每个分类器都经过训练，可以预测一个类与所有其他类的竞争。为了对测试数据点进行预测，使用所有 M 个分类器，例如，以最大间隔预测的类为预测类。这种方法是一个务实的解决方案，可能会很好地解决一些问题。

一对一的想法是为每对类训练一个分类器。如果总共有 M 类，则有 $M(M-1)/2$ 个这样的对。为了进行预测，每个分类器预测其两个类中的任何一个，并选择总体获得最多“投票”的类作为最终预测。如果发生平局，预测的间隔可以用来打破平局。与一对二相比，一对一方法的缺点是涉及 $M(M-1)/2$ 个分类器，而不仅仅是 M 个。另一方面，与使用所有 M 个分类器的整个原始训练数据集相比，这些分类器中的每个分类器都在小得多的数据集上（仅属于两个类中的任何一个的数据点）上训练。

5.2.4 基于似然的模型和最大似然方法

最大似然方法是基于观测数据的统计模型构建损失函数的通用方法。一般来说，最大化数据似然等同于根据负对数似然损失最小化代价函数：

$$J(\boldsymbol{\theta}) = -\frac{1}{n}\sum_{i=1}^{n} \ln p(y_i | \boldsymbol{x}_i; \boldsymbol{\theta})$$

因此，在我们拥有条件分布$p(y|\boldsymbol{x})$的概率模型的所有情况下，负对数似然是一个合理的损失函数。对于分类问题，这是一种特别简单的形式，因为$p(y|\boldsymbol{x})$对应于M类的概率向量，负对数似然等价于交叉熵损失（3.44）(或在二元分类的情况下为式（3.32）)。

此外，正如我们之前观察到的那样，在回归情况下，某些常见的损失函数和最大似然方法之间存在对偶性。例如，在加法噪声的回归模型（5.1）中，如果我们假设高斯噪声分布$\varepsilon \sim \mathcal{N}(0,\sigma_\varepsilon^2)$，平方误差损失等价于负对数似然。同样，我们上面指出，绝对误差损失对应拉普拉斯分布式噪声的隐式假设$\varepsilon \sim \mathcal{L}(0,b_\varepsilon)$。⊖ 这种统计视角是理解绝对误差损失比平方误差损失更鲁棒（对异常点不太敏感）这一事实的一种方式，因为与高斯分布相比，拉普拉斯分布有更厚的尾部。因此，与高斯分布相比，拉普拉斯分布将零星的大噪声值（即异常点）编码为更可能的。

使用最大似然方法，关于噪声的其他假设或对其分布的洞察力可以以类似的方式纳入回归模型（5.1）。例如，如果我们认为误差是不对称的，即观察到较大的正误差的概率大于观察到较大的负误差的概率，那么这可以通过倾斜的噪声建模分配。然后，使用负对数似然损失是将这种偏差纳入训练目标的系统方法。

放宽式（5.1）中的高斯假设为模型提供了额外的灵活性。然而，噪声仍然被认为是附加的，与输入$\boldsymbol{x}$无关。当这些基本假设被忽略时，基于似然角度设计损失函数的真正力量就出现了。例如，在3.4节中，我们引入了广义线性模型，作为处理具有特定属性的输出变量的一种方式，例如计数数据（即y在自然数0，1，2，…的集合中取值）。在这种情况下，为了构建模型，我们通常从概率$p(y|\boldsymbol{x})$的特定形式开始，选择该形式是为了捕获数据的关键属性（例如，仅支持自然数）。因此，似然成为模型的一个组成部分，所以这种方法自然适合以最大似然进行训练。

在广义线性模型（见3.4节）中，似然以非常特殊的方式参数化，但在使用非线性参数模型时，这并非绝对必要。因此，基于似然（非线性）的参数化建模的更直接的方法是：

将条件分布$p(y|\boldsymbol{x};\boldsymbol{\theta})$直接建模为由$\boldsymbol{\theta}$参数化的函数。

更具体地说，一旦我们假设了某种可能性形式（如高斯、泊松或其他分布），其形式将由某些参数控制（如高斯的平均值和方差或泊松分布的速率，不要与$\boldsymbol{\theta}$混淆）。然后，这个想法是构造一个参数模型$f_{\boldsymbol{\theta}}(\boldsymbol{x})$，使得该模型的输出是控制分布$p(y|\boldsymbol{x};\boldsymbol{\theta})$形状的参数的向量。

例如，假设我们正在处理无界实值输出，并希望使用高斯似然，类似于回归模型（5.2）。然而，数据的性质是噪声方差，即我们期望看到的误差大小随输入$\boldsymbol{x}$而变化。通过直接使用似然公式，我们可以根据以下方式假设模型：

$$p(y|\boldsymbol{x};\boldsymbol{\theta}) = \mathcal{N}(f_{\boldsymbol{\theta}}(\boldsymbol{x}), \exp(h_{\boldsymbol{\theta}}(\boldsymbol{x})))$$

⊖ 这可以从拉普拉斯概率密度函数的定义中验证，该函数是与平均值负绝对偏差的指数。

其中f_θ和h_θ是两个任意（线性或非线性）实值回归函数，参数化为$\boldsymbol{\theta}$（因此，按照上面的符号，$\boldsymbol{f}_\theta(\boldsymbol{x})=(f_\theta(\boldsymbol{x})\ \ h_\theta(\boldsymbol{x})^{\mathrm{T}})$。指数函数用于确保方差始终为正，而没有明确限制函数$h_\theta(\boldsymbol{x})$。通过最小化训练数据上的负对数似然，可以同时学习这两个函数。请注意，在这种情况下，问题不会简化为平方误差损失，尽管似然是高斯似然，但我们需要考虑对方差的依赖。更准确地说，负对数似然损失变成了：

$$L(y,\boldsymbol{\theta})=-\ln\mathcal{N}(f_\theta(\boldsymbol{x}),\exp(h_\theta(\boldsymbol{x})))$$
$$\propto h_\theta(\boldsymbol{x})+\frac{(y-f_\theta(\boldsymbol{x}))^2}{\exp(h_\theta(\boldsymbol{x}))}+\text{常量}$$

一旦了解了参数，生成的模型就能够预测输出y的不同平均值和不同的方差，具体取决于输入变量$\boldsymbol{x}$的值[⊖]。

可以使用类似方式使用直接似然模型建模的其他情况包括多模态性、量化和截断数据。只要建模者能够提出合理的可能性——即可能生成所研究数据的分布——负对数似然损失就可以用于系统地训练模型。

5.2.5 严格正确的损失函数和渐近最小化器

如前所述，损失函数的渐近最小化器是理解其性质的重要理论概念。渐近最小化器是当训练数据点数$n\to\infty$时（因此称为渐近），最小化代价函数的模型。要形式化这一点，假设模型用函数$f(\boldsymbol{x})$表示。正如我们上面所看到的，通过边距概念，这不仅包括了回归，还涵盖了分类。然后，损失函数$L(y,f(\boldsymbol{x}))$的渐近最小化器$f^*(\boldsymbol{x})$被定义为最小化预期损失的函数：

$$f^*(\cdot)=\arg\min_f\mathbb{E}[L(y,f(\boldsymbol{x}))] \tag{5.20}$$

关于这个表达方式，有几点需要注意。首先，我们上面指出，渐近最小化器作为训练目标（5.4）的解为$n\to\infty$，但现在已被预期值所取代。这是由大数定律驱动的，该定律规定代价函数（5.4）将收敛于预期损失为$n\to\infty$，后者更便于进行数学分析。请注意，期望值是针对生成概率分布$p(y,\boldsymbol{x})$的真值，类似于我们对第4章中新数据错误的推理。其次，当我们谈论渐近最小化器时，通常假设模型类足够灵活，可以包含任何函数$f(\boldsymbol{x})$。因此，式（5.20）中的最小化不是关于有限维模型参数$\boldsymbol{\theta}$的，而是关于函数$f(\boldsymbol{x})$本身的。这个相当抽象的定义的原因是，我们希望将渐近最小化器推导出为损失函数本身的属性，而不是损失函数和模型类的特定组合。

上面的预期值与输入$\boldsymbol{x}$和输出y有关。然而，根据全期望值定律，我们可以写$\mathbb{E}[L(y,f(\boldsymbol{x}))]=\mathbb{E}[\mathbb{E}[L(y,f(\boldsymbol{x}))|\boldsymbol{x}]]$，其中内部期望值超过$y$（条件为$\boldsymbol{x}$），外部期望高于$\boldsymbol{x}$。现在，由于$f(\cdot)$可以自由地成为任何函数，因此最小化总期望等同于逐点最小化$\boldsymbol{x}$每个值的内部期望值。因此，我们可以将式（5.20）替换为：

$$f^*(\boldsymbol{x})=\arg\min_{f(\boldsymbol{x})}\mathbb{E}[L(y,f(\boldsymbol{x}))|\boldsymbol{x}] \tag{5.21}$$

⊖ 此属性被称为异方差性（与同源性的标准回归模型（5.2）相反——也就是说，它对所有可能的输入具有相同的输出方差）。

其中最小化现在对 $\boldsymbol{x}$ 的任何固定值独立完成。

通过计算损失函数的渐近最小化器，我们获得了有关使用此损失函数训练的模型的预期行为或属性的信息。虽然渐近最小化器是一个理想化的理论概念（假设有无限的数据和无限的灵活性），但它从某种意义上揭示了训练算法在最小化特定损失时努力实现的目标。

这个概念对于理解回归和分类损失非常有用。回归设置中几个值得注意的例子分别是平方误差损失和绝对误差损失的渐近最小化器。对于前者，渐近最小化器可以证明等于条件平均数 $f^*(\boldsymbol{x}) = \mathbb{E}[y|\boldsymbol{x}]$。也就是说，使用平方误差损失训练的回归模型将努力根据数据生成分布 $p(y, \boldsymbol{x})$ 下的真实条件平均值预测 y（尽管在实践中，这将受到模型类的有限灵活性和训练数据有限数量的阻碍）。对于绝对误差损失，渐近最小化由条件中位数 $f^*(\boldsymbol{x}) = \text{Median}[y|\boldsymbol{x}]$ 给出。与条件平均值相比，这对 $p(y \mid \boldsymbol{x})$ 的尾部概率不那么敏感，这为绝对误差损失的鲁棒性提供了另一种解释。

与渐近最小化器的概念相关的是*严格正确*的损失函数的概念。如果损失函数的渐近最小化器是唯一的，并且与真正的条件分布 $p(y \mid \boldsymbol{x})$ 一一对应时，损失函数称为严格正确的[⊖]。换句话说，对于严格正确的损失函数，我们可以用渐近最小化器 $f^*(\boldsymbol{x})$ 表示 $p(y \mid \boldsymbol{x})$。因此，这种损失函数将努力恢复真实输入 - 输出关系的完整概率特征。

这需要对模型进行概率解释，也就是说，我们可以用模型 $f(\boldsymbol{x})$ 来表达 $p(y \mid \boldsymbol{x})$，这通常不是显而易见的。在这方面突出的一个例子是最大似然方法。事实上，最大似然训练需要一个基于似然的模型，因为相应的损失直接用似然表示。正如我们上面所讨论的，负对数似然损失是一个非常通用的损失函数（它适用于回归、分类和许多其他类型的问题）。我们现在可以用理论陈述来补充这一点：

负对数似然损失是严格正确的。

请注意，这适用于可以使用负对数似然损失的任何类型的问题。如上所述，损失函数严格正确的概念与其渐近最小化器有关，而渐近最小化器又在无限灵活性和无限数据的假设下导出。因此，我们上面的说法是，*如果基于似然的模型足够灵活，可以描述真正的条件分布 $p(y \mid \boldsymbol{x})$，那么最大似然问题 $n \to \infty$ 的最佳解决方案是学习这个真实分布*。

思考时间 5.1　*为了以数学的方式表达预期的负对数似然损失，我们需要根据模型区分概率，我们目前可以用 $p(y \mid \boldsymbol{x})$ 以及真实数据生成分布 $p(y \mid \boldsymbol{x})$ 的似然表示。预期损失变为：*

$$\mathbb{E}_{p(y|\boldsymbol{x})}[-\ln q(y|\boldsymbol{x})|\boldsymbol{x}]$$

这被称为分布 $p(y \mid \boldsymbol{x})$ 相对于分布 $p(y \mid \boldsymbol{x})$ 的（条件）交叉熵（这解释了分类中常用的替代名称：交叉熵损失）。

关于交叉熵，我们声称负对数似然损失是严格正确的，这意味着什么？

负对数似然是严格正确的这一点并不令人惊讶，因为它与数据的统计属性密切相关。也许不那么明显的是，正如我们接下来将看到的那样，还有其他损失函数也是严格正确的。为

⊖ 一个正确但不是严格正确的损失函数被真正的条件分布 $p(y|\boldsymbol{x})$ 最小化，但最小化的参数不是唯一的。

了使下面的介绍更加具体，我们将重点关注本节剩余部分的二元分类情况。在二元分类中，条件分布 $p(y \mid \boldsymbol{x})$ 采取一种特别简单的形式，因为它完全由单个数字表示，即正类的概率 $p(y=1 \mid \boldsymbol{x})$。

回到上面讨论的基于间隔的损失函数，回想一下，任何鼓励正间隔的损失函数都可以用来训练分类器，然后该分类器可用于根据式（5.12）进行类预测。然而，

> 只有当我们使用严格正确的损失函数时，我们才能将生成的分类模型$g(\boldsymbol{x})$解释为条件类概率$p(y=1|\boldsymbol{x})$的估计值。

因此，在选择损失函数进行分类时，考虑其渐近最小化是有启发性的，因为这将决定损失函数是否严格正确。反过来，这将揭示使用生成的模型来推理条件类概率是否明智。

我们接着说明了上述一些损失函数的渐近最小化器。渐近最小化器的推导通常很容易计算，但为了简洁起见，我们在这里不进行推导。从二元交叉熵损失（5.11）开始，其渐近最小化器可以显示为$g^*(\boldsymbol{x})=p(y=1|\boldsymbol{x})$。换句话说，当$n\to\infty$，$g(\boldsymbol{x})$等于真实条件类概率时，损失函数（5.11）是唯一最小化的。这与上面的讨论一致，因为二元交叉熵损失只是负对数似然的另一个名称。

同样，逻辑损失（5.13）的渐近最小化器是$f^*(\boldsymbol{x})=\ln\dfrac{p(y=1|\boldsymbol{x})}{1-p(y=1|\boldsymbol{x})}$。这是$p(y=1|\boldsymbol{x})$的可逆函数，因此 logistic 损失是绝对恰当的。通过反转$f^*(\boldsymbol{x})$，我们得到$p(y=1|\boldsymbol{x})=\dfrac{\exp f^*(\boldsymbol{x})}{1+\exp f^*(\boldsymbol{x})}$，随着逻辑回归的“间隔公式”，我们似乎失去了类概率预测$g(\boldsymbol{x})$。我们现在已经找回了它们。同样，这并不奇怪，因为在使用逻辑回归模型时，logistic 损失是负对数似然的特殊情况。

对于指数损失（5.15），渐近最小化器是$f^*(\boldsymbol{x})=\dfrac{1}{2}\ln\dfrac{p(y=1|\boldsymbol{x})}{1-p(y=1|\boldsymbol{x})}$，这实际上与我们得到的 logistic 损失表达式相同，除了常数因子 1/2。因此，指数损失也是严格正确的，$f^*(\boldsymbol{x})$可以反转并用于预测条件类概率。

现在我们转向 hinge 损失（5.16），渐近最小化器是：

$$f^*(\boldsymbol{x})=\begin{cases}1 & \text{如果}p(y=1|\boldsymbol{x})>0.5\\-1 & \text{如果}p(y=1|\boldsymbol{x})<0.5\end{cases}$$

这是$p(y=1|\boldsymbol{x})$的不可逆变换，这意味着不可能从渐近最小化器$f^*(\boldsymbol{x})$中恢复$p(y=1|\boldsymbol{x})$。这意味着使用 hinge 损失（如支持向量分类，见 8.5 节）学习的分类器*无法*预测条件类概率。

另一方面，平方 hinge 损失（5.17）是一个严格正确的损失函数，因为它的渐近最小化器是$f^*(\boldsymbol{x})=2p(y=1|\boldsymbol{x})-1$。这也适用于 Huberised 平方 hinge 损失（5.18）。回顾我们的鲁棒性讨论，我们看到，通过平方 hinge 损失，我们使它严格正确，但同时我们影响它的鲁棒性。然而，“Huberised”（将边距小于 −1 的二次曲线替换为线性曲线）提高了鲁棒性，同时保持了严格正确的属性。

我们现在看到，一些（但不是所有）损失函数是严格正确的，这意味着它们可能会正确预测条件类概率。然而，这只是假设模型足够灵活，以至于$g(\boldsymbol{x})$或$f(\boldsymbol{x})$实际上可以采取渐近最小化器的形状。这可能会存在问题。例如，回想一下，$f(\boldsymbol{x})$是逻辑回归中的线性函数，而$p(y=1 \mid \boldsymbol{x})$在现实世界的应用中几乎是任意复杂的。因此，仅使用严格正确的损失函数来准确预测条件类概率是不够的，我们的模型也必须足够灵活。这个讨论也只在$n \to \infty$的极限内有效。然而，在实践中，n总是有限的。我们可能会问，一个足够灵活的模型必须多大才能至少近似地学习渐近最小化器？不幸的是，我们不能给出任何一般的数字，但遵循与第4章中过拟合讨论相同的原则，模型越灵活，就需要更大的n。如果n不够大，预测的条件类概率往往会“过拟合”训练数据。总之，使用严格正确的损失函数将鼓励训练程序学习一个忠实于数据真实统计属性的模型，但其本身并不足以保证模型能很好地描述这些属性。

在许多实际应用中，获得有关模型预测的可靠不确定性估计对于鲁棒和消息灵通的决策是必要的。因此，在这种情况下，验证模型很重要，不仅在准确性或预期误差方面，而且在统计属性方面也是如此。一种方法是评估模型的所谓校准，然而，这超出了本书的范围。

5.3 正则化

我们现在将更仔细地研究在3.3节中简要介绍过的正则化，它是一种有用的工具，可以避免模型过于灵活（例如高次多项式）时的过拟合。我们还在第4章中彻底讨论过调整模型灵活性的必要性，这实际上是正则化的目的。在实践中，找到正确的灵活性从而避免过拟合非常重要。

参数模型中正则化的想法是“保持参数$\hat{\boldsymbol{\theta}}$较小，除非数据确实能让我们信服”，或者“如果参数$\hat{\boldsymbol{\theta}}$较小的模型几乎与参数较大的模型拟合效果差不多，则应该优先选择参数较小的模型”。然而，有很多不同的方法来实现这个想法，我们区分了显式正则化和隐式正则化。我们将首先讨论显式正则化，这相当于修改代价函数，特别是所谓的L^2正则化和L^1正则化。

5.3.1 L^2正则化

L^2正则化（也称为 Tikhonov 正则化、岭回归和权重衰减）相当于在代价函数中添加一个额外的惩罚项$\|\boldsymbol{\theta}\|_2^2$。例如，具有平方误差损失和$L^2$正则化的线性回归等同于求解：

$$\hat{\boldsymbol{\theta}} = \arg\min_{\boldsymbol{\theta}} \frac{1}{n}\|\boldsymbol{X}\boldsymbol{\theta} - \boldsymbol{y}\|_2^2 + \lambda\|\boldsymbol{\theta}\|_2^2 \tag{5.22}$$

通过选择正则化参数$\lambda \geqslant 0$，在原始代价函数（尽可能地拟合训练数据）和正则化项（保持参数$\hat{\boldsymbol{\theta}}$接近零）之间进行了权衡。在设置$\lambda = 0$时，我们回到了原始的最小二乘问题（3.12），而$\lambda \to \infty$将迫使所有参数$\hat{\boldsymbol{\theta}}$为0。在实践中，$\lambda$的良好选择通常不是这些极端，而是介于两者之间，并且可以使用交叉验证来确定。

实际上，可以导出式（5.22）的正规方程的版本，即

$$(\boldsymbol{X}^{\mathrm{T}}\boldsymbol{X} + n\lambda\boldsymbol{I}_{p+1})\hat{\boldsymbol{\theta}} = \boldsymbol{X}^{\mathrm{T}}\boldsymbol{y} \tag{5.23}$$

其中$\boldsymbol{I}_{p+1}$是大小为$(p+1)\times(p+1)$的恒等矩阵。对于$\lambda>0$来说，矩阵$\boldsymbol{X}^{\mathrm{T}}\boldsymbol{X}+n\lambda\boldsymbol{I}_{p+1}$总是可逆的，我们有闭式解：

$$\hat{\boldsymbol{\theta}}=(\boldsymbol{X}^{\mathrm{T}}\boldsymbol{X}+n\lambda\boldsymbol{I}_{p+1})^{-1}\boldsymbol{X}^{\mathrm{T}}\boldsymbol{y} \tag{5.24}$$

这也揭示了线性回归中使用正则化的另一个原因，即当$\boldsymbol{X}^{\mathrm{T}}\boldsymbol{X}$不可逆时，普通正规方程（3.13）没有唯一的解$\hat{\boldsymbol{\theta}}$，而如果$\lambda>0$，$L^2$正则化版本总是具有唯一的解（5.24）。

5.3.2 L^1正则化

使用L^1正则化（也称为 LASSO，最小绝对收缩和选择运算符的缩写），惩罚项$\|\boldsymbol{\theta}\|_1$被添加到代价函数中。这里$\|\boldsymbol{\theta}\|_1$是 1- 范数或者 “taxicab 范数” $\|\boldsymbol{\theta}\|_1=|\theta_0|+|\theta_1|+\cdots+|\theta_p|$。线性回归的$L^1$正则化代价函数（具有平方误差损失）变为：

$$\hat{\boldsymbol{\theta}}=\arg\min_{\boldsymbol{\theta}}\frac{1}{n}\|\boldsymbol{X}\boldsymbol{\theta}-\boldsymbol{y}\|_2^2+\lambda\|\boldsymbol{\theta}\|_1 \tag{5.25}$$

与L^2正则化（3.48）的线性回归相反，此处没有闭式解（5.25）。然而，正如我们将在 5.4 节中看到的那样，可以设计一种高效的数值优化算法来求解式（5.25）。

至于L^2正则化，正则化参数λ必须由用户选择，并具有类似的含义：$\lambda=0$给出普通最小二乘解，$\lambda\to\infty$给出$\hat{\boldsymbol{\theta}}=0$。然而，在这些极端之间，$L^1$和$L^2$倾向于给出不同的解决方案。$L^2$正则化将所有参数推向较小的值（但不一定完全为零），而L^1倾向于所谓的稀疏解，其中只有少数参数是非零的，其余参数正好为零。因此，L^1正则化可以有效地“屏蔽”一些输入（通过将相应的参数θ_k设置为零），它可以用作输入（或特征）选择方法。

示例 5.2　汽车停车距离的正则化

再次考虑关于汽车停车距离回归问题的示例 2.2。我们使用示例 3.5 中认为毫无意义的十阶多项式，并依次对其应用 L^2 和 L^1 正则化。通过手动选择λ，我们获得了如图 5.3 所示的模型。

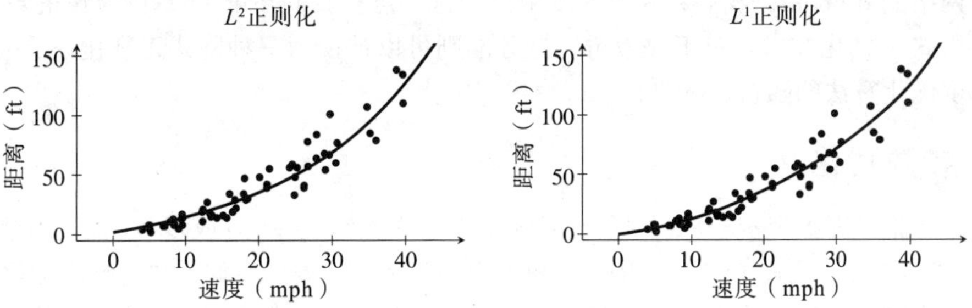

图　5.3

与示例 3.5 中的非正则化十阶多项式相比，这两个模型的过拟合较少。然而，这里的两种模型并不相同。在 L^2 正则化模型中，所有参数都相对较小，但不为零，但在 L^1 正则模型中，11 个参数中只有 4 个参数非零。L^1 正则化通常会给出稀疏模型，其中一些参数正好设置为零。

5.3.3 一般显式正则化

L^1和L^2正则化是我们所说的显式正则化的两个常见的例子，因为它们都是作为代价函数的修改而制定的。它们提出了一个可以制定明确正则化的一般模式：

$$\hat{\boldsymbol{\theta}} = \arg\min_{\boldsymbol{\theta}} \underbrace{J(\boldsymbol{\theta}; \boldsymbol{X}, \boldsymbol{y})}_{\text{代价函数}} + \underbrace{\lambda}_{\text{正则化参数}} \underbrace{R(\boldsymbol{\theta})}_{\text{正则化项}} \tag{5.26}$$

这个表达式包含三个重要元素：

- 代价函数。鼓励与训练数据有很好的拟合。
- 正则化项。鼓励更小的参数值。
- 正则化参数λ。它决定了代价函数和正则化项之间的权衡。

根据这种观点，很明显，显式正则化修改了将训练数据（最小化E_{train}）拟合到其他事物中的问题，这有望将E_{new}最小化。正则化项$R(\boldsymbol{\theta})$的实际设计可以通过多种方式完成。作为L^1项和L^2项的组合，一个选项是$R(\boldsymbol{\theta}) = \|\boldsymbol{\theta}\|_1 + \|\boldsymbol{\theta}\|_2^2$，这通常被称为弹性网正则化。无论正则化项的确切表达方式如何，其目的是鼓励较小的参数值，从而降低模型的灵活性，这可能会提高性能并降低E_{new}。

5.3.4 隐式正则化

任何通过最小化代价函数训练有监督机器学习方法都可以使用式（5.26）进行正则化。然而，还有其他方法可以在不明确修改代价函数的情况下实现类似的效果。隐式正则化的一个例子是早停。早停适用于使用迭代数值优化训练的任何方法，这是下一节的主题。这相当于在优化达到代价函数的最低值之前中止。虽然过早中止优化程序似乎违反直觉，但它在实践中被证明是有用的。事实证明，早停对于避免过拟合某些模型至关重要，最著名的就是深度学习（见第6章）。早停可以通过预留一些保留验证数据并计算式（4.6）中数值优化每次迭代 t 后$\boldsymbol{\theta}^{(t)}$的$E_{\text{hold-out}}$来实现[⊖]。通常可以观察到，$E_{\text{hold-out}}$最初减小，达到最低值，然后开始增加，即使代价函数（通过优化算法的设计）单调减小。然后，优化在$E_{\text{hold-out}}$达到最小值时终止，我们将在示例5.7中说明。

早停是一种常用的隐式正则化技术，但不是唯一的技术。另一种具有正则化效果的技术是神经网络的 dropout，我们将在第6章中讨论这一点。我们在第11章中讨论的数据增强也是一种隐式正则化技术。对于决策树，拆分准则可以被视为一种隐式正则化。也有人认为，随机梯度优化算法的随机性本身也具有隐式正则化的效果。

5.4 参数优化

许多有监督机器学习方法（包括线性和逻辑回归）都涉及一个（或多个）优化问题，例如式（3.12）、式（3.35）或式（5.25）。因此，机器学习工程师需要熟悉如何快速解决优化问题的主要策略。从线性和逻辑回归的优化问题开始，我们将介绍有监督机器学习中常用的一些优化方法背后的想法。本节只简要介绍优化理论，例如，我们只会讨论无约束的优化问题。

优化是关于找到目标函数的最小值或最大值的。由于最大化问题可以被表述为负目标函数的最小化，我们可以只局限于最小化，而不会失去任何普遍性。

⊖ 更实际的是，为了减少早停的计算开销，我们可以定期计算验证误差，例如在每个训练样本之后。

在机器学习中使用优化主要有两种方式：

- 通过最小化模型参数$\boldsymbol{\theta}$的代价函数来训练模型。在这种情况下，目标函数对应代价函数$J(\boldsymbol{\theta})$，优化变量对应模型参数。
- 调整超参数，例如正则化参数λ。例如，通过使用保留验证数据集（见第4章），我们可以控制λ以尽量减少保留验证误差$E_{\text{hold-out}}$。在这种情况下，目标函数是验证误差，优化变量对应超参数。

在下面的演示中，我们将使用$\boldsymbol{\theta}$来表示一般优化变量，但请记住，优化也可以用于选择超参数。

一类重要的目标函数是凸函数。对于凸目标函数，优化通常更容易进行，最好花一些时间来考虑非凸优化问题是否可以重新表述为凸问题（有时但并不总是可能的）。在本次讨论中，凸函数最重要的性质是它具有唯一的最小值⊖，没有其他局部最小值。凸函数的例子包括逻辑回归、线性回归和L^1正则线性回归的代价函数。非凸函数的一个例子是深度神经网络的代价函数。我们用示例 5.3 来说明这一点。

示例 5.3　目标函数的示例

图 5.4 包含两个目标函数的示例。

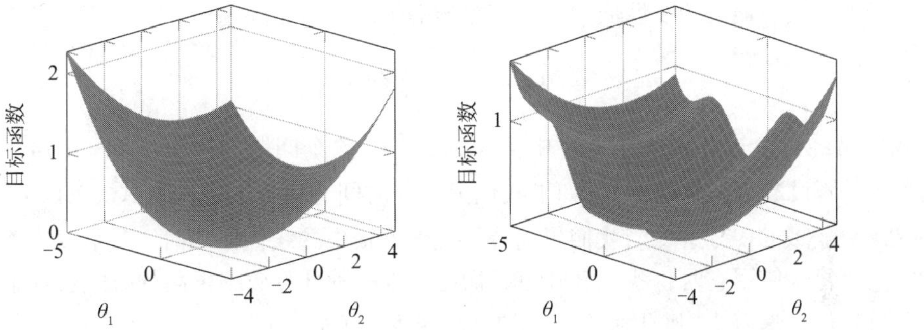

图 5.4

这两个示例都是二维参数向量$\boldsymbol{\theta}=[\theta_1\ \theta_2]^{\mathrm{T}}$的函数。左边是凸的，有一个有限的唯一全局最小值，而右边是非凸的，有三个局部最小值（其中只有一个是全局最小值）。我们将使用等高线图来说明这些目标函数，如图 5.5 所示。

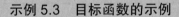

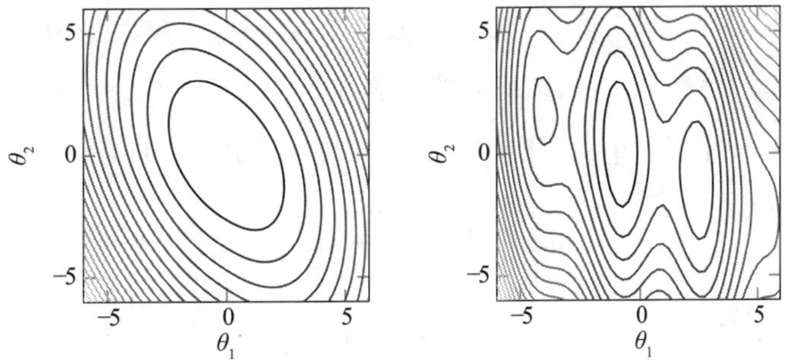

图 5.5

⊖ 然而，最小值不一定是有限的。例如，指数函数是凸的，但在$-\infty$时达到最小值。凸性是一个相对较强的属性，而且非凸函数可能只有一个最小值。

思考时间 5.2　阅读完本书的其余部分后，回到这里并尝试填写此表，总结不同的方法可以如何使用优化。

方法	为何优化?			使用哪种优化?			
	训练	超参数	无	闭式解	网格搜索	基于梯度	随机梯度下降
k-NN							
树							
线性回归							
L^2 正则化线性回归							
L^1 正则化线性回归							
逻辑回归							
深度学习							
随机森林							
AdaBoost							
梯度上升							
高斯处理（包括坐标下降）							

5.4.1　闭式解优化

对于平方误差损失的线性回归，训练模型等于解决优化问题（3.12）：

$$\hat{\boldsymbol{\theta}} = \arg\min_{\boldsymbol{\theta}} \frac{1}{n}\|\boldsymbol{X\theta} - \boldsymbol{y}\|_2^2$$

正如我们已经讨论过并在附录 3.A 中证明的那样。这个问题的解决方案（3.14）可以进行分析推导（假设$\boldsymbol{X}^{\mathrm{T}}\boldsymbol{X}$是可逆的）。如果我们只是花时间有效地实现一次式（3.14），例如使用 Cholesky 分解或 QR 分解，当我们想训练平方误差损失的线性回归时，我们每次都可以使用这种方法。每次使用它时，我们都知道我们已经以一种计算效率很高的方式找到了最优解。

如果我们想学习L^1正则化版本，我们必须解决式（5.25）：

$$\hat{\boldsymbol{\theta}} = \arg\min_{\boldsymbol{\theta}} \frac{1}{n}\|\boldsymbol{X\theta} - \boldsymbol{y}\|_2^2 + \lambda\|\boldsymbol{\theta}\|_1$$

不幸的是，这个问题无法通过分析来解决。相反，我们必须使用计算机的力量来解决它，方法是构建一个迭代过程来找到解决方案。通过对这种优化算法的某种选择，我们可以在此过程中使用一些解析表达式，事实证明，这提供了一种有效的解决方法。请记住，$\boldsymbol{\theta}$是一个包含$p+1$参数的向量，我们希望从训练数据中学习这些参数。事实证明，如果我们只为其中一个参数（例如θ_j）寻求最小值，同时保持其他参数的固定，我们可以找到最佳参数：

$$\arg\min_{\theta_j} \frac{1}{n}\|\boldsymbol{X\theta} - \boldsymbol{y}\|_2^2 + \lambda\|\boldsymbol{\theta}\|_1 = \operatorname{sign}(t)(|t| - \lambda)$$
$$\text{其中 } t = \sum_{i=1}^{n} x_{ij}\left(y_i - \sum_{k\neq j} x_{ik}\theta_k\right) \tag{5.27}$$

事实证明，通过向量$\boldsymbol{\theta}$重复“扫描”，并根据式（5.27）一次更新一个参数，是解决式（5.25）的好方法。这种类型的算法，我们一次更新一个参数，被称为**坐标下降**，我们将在示例 5.4

中进行说明。

可以证明式（5.25）中的代价函数是凸的。仅靠凸性不足以保证坐标下降将找到其（全局）最小值，但对于L^1正则化代价函数（5.25）来说，可以证明坐标下降实际上找到（全局）最小值。在实践中，我们知道，当参数向量的完全“扫描”期间没有参数变化时，我们找到了全局最小值。

事实证明，坐标下降是L^1正则线性回归（5.25）的非常有效的方法。关键是式（5.27）存在且计算成本低廉，并且由于最优$\hat{\boldsymbol{\theta}}$的稀疏性，许多更新将简单地设置为$\theta_j=0$。这使得算法速度很快。然而，对于大多数机器学习优化问题来说，不能说坐标下降是首选方法。现在我们来看看在机器学习中广泛使用的一些更通用的优化方法。

示例 5.4　坐标下降

我们将坐标下降应用于示例 5.3 中的目标函数，并在图 5.6 中展示了结果。为了使坐标下降成为实践中有效的替代方案，必须提供一次更新一个参数的闭式解，类似于式（5.27）。

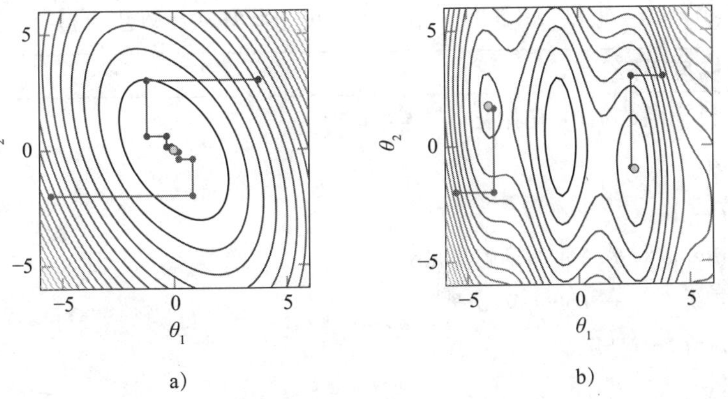

图　5.6

图 5.6 展示了如何在坐标下降算法中更新两个不同的初始参数向量（分别为蓝色和绿色轨迹）的参数。从图中可以清楚地看出，每次只更新一个参数，这使轨迹具有特征形状。获得的最小值用黄点标记。注意不同的初始化如何在非凸情况（图 b）中导致不同的（局部）最小值。

5.4.2　梯度下降

在许多情况下，我们不能进行闭式求解，但我们确实可以得到目标函数的值及其导数（或梯度）。有时，我们甚至可以得到二阶导数（Hessian 矩阵）。在这种情况下，使用我们现在将介绍的梯度下降方法通常是一个好主意，或者使用牛顿法，我们稍后会讨论。

当目标函数$J(\boldsymbol{\theta})$足够简单，可以计算其梯度时，梯度下降可用于学习高维参数向量$\boldsymbol{\theta}$。因此，让我们考虑参数学习问题：

$$\hat{\boldsymbol{\theta}}=\arg\min_{\boldsymbol{\theta}} J(\boldsymbol{\theta}) \tag{5.28}$$

（即使梯度下降也可能用于超参数）。我们将假设代价函数$\nabla_{\boldsymbol{\theta}}J(\boldsymbol{\theta})$的梯度存在于所有$\boldsymbol{\theta}$中。例

如，逻辑回归（3.34）的代价函数的梯度为⊖：

$$\nabla_{\boldsymbol{\theta}} J(\boldsymbol{\theta})=-\frac{1}{n}\sum_{i=1}^{n}\left(\frac{1}{1+\mathrm{e}^{y_i\boldsymbol{\theta}^{\mathrm{T}}\boldsymbol{x}_i}}\right)y_i\boldsymbol{x}_i \tag{5.29}$$

请注意，$\nabla_{\boldsymbol{\theta}}J(\boldsymbol{\theta})$是一个与$\boldsymbol{\theta}$维度相同的向量，它描述了$J(\boldsymbol{\theta})$增加的方向。因此，对我们来说更有用，$-\nabla_{\boldsymbol{\theta}}J(\boldsymbol{\theta})$描述$J(\boldsymbol{\theta})$下降的方向。也就是说，如果我们朝着负梯度的方向迈出一小步，这将减小代价函数的值，

$$J(\boldsymbol{\theta}-\gamma\nabla_{\boldsymbol{\theta}}J(\boldsymbol{\theta}))\leqslant J(\boldsymbol{\theta}) \tag{5.30}$$

对于一些（可能非常小的）$\gamma>0$。如果$J(\boldsymbol{\theta})$是凸的，则式（5.30）中的不等式是严格的，除非在最小值时（其中$\nabla_{\boldsymbol{\theta}}J(\boldsymbol{\theta})$为零）。这表明，如果我们有$\boldsymbol{\theta}^{(t)}$，并想选择$\boldsymbol{\theta}^{(t+1)}$，使得$J(\boldsymbol{\theta}^{(t+1)})\leqslant J(\boldsymbol{\theta}^{(t)})$，我们应该

$$\text{更新}\,\boldsymbol{\theta}^{(t+1)}=\boldsymbol{\theta}^{(t)}-\gamma\nabla_{\boldsymbol{\theta}}J(\boldsymbol{\theta}^{(t)}) \tag{5.31}$$

其中，有一些$\gamma>0$。重复式（5.31）给出了梯度下降算法，算法 5.1。

算法 5.1：梯度下降

输入： 目标函数 $J(\boldsymbol{\theta})$, 初始化 $\boldsymbol{\theta}^{(0)}$, 学习率$\gamma$

结果： $\hat{\theta}$

```
令 t ← 0
While ||θ^(t) − θ^(t−1)|| 不足够小 do
    更新 θ^(t+1) ← θ^(t) − γ∇_θ J(θ^(t))
    更新 t ← t+1
end
return θ̂ ← θ^(t−1)
```

在实践中，我们不知道γ，这决定了$\boldsymbol{\theta}$ - 步在每次迭代时的大小。可以将γ的选择作为在每次迭代中解决的内部优化问题，这是一个所谓的*线路搜索问题*。在算法的每次迭代中，这将导致γ的值可能不同。在这里，我们将考虑更简单的解决方案，我们将γ的选择留给用户，或者更具体地说，将其视为超参数⊜。在这种情况下，γ通常被称为*学习率*或*步长*。请注意，梯度$\nabla_{\boldsymbol{\theta}}J(\boldsymbol{\theta})$通常会在驻点（可能，但不一定是最小值）减少并最终达到 0，因此，如果γ保持不变，算法 5.1 可能会收敛。这与我们引入*随机梯度算法*时将讨论的内容形成鲜明对比。

学习率γ的选择很重要。图 5.7 显示了一些学习率过低、过高以及较好的典型情况。根据这些数字的直觉，我们建议在优化期间监控$J(\boldsymbol{\theta}^{(t)})$，并

⊖ 这一假设主要用于理论讨论。在实践中，有将梯度下降应用于各种无法区分的目标函数的成功例子，例如具有 ReLU 激活函数的神经网络（见第 6 章）。

⊜ 当被视为超参数时，我们也可以优化γ，例如通过使用交叉验证，如上所述。然而，这是一个“外部”优化问题，与线性搜索相反，线性搜索是一个“内部”优化问题。

- 如果代价函数值$J(\theta^{(t)})$越来越差或振荡很大，则降低学习率γ（如图 5.7b 所示）。
- 增加学习率γ，如果代价函数值$J(\theta^{(t)})$相当恒定，并且只会缓慢下降（如图 5.7a 所示）。

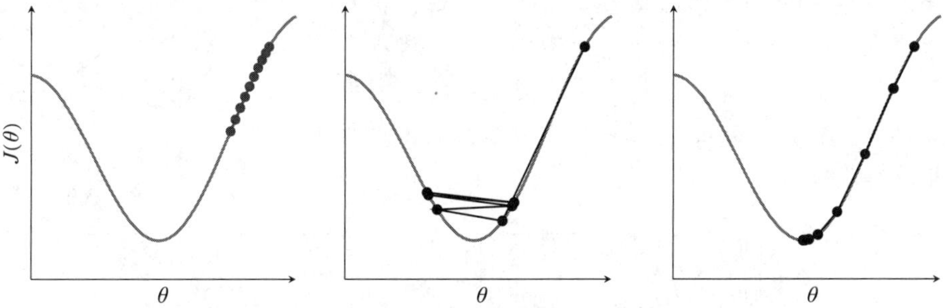

a）过低的学习率γ=0.05　b）过高的学习率γ=1.2　c）较好的学习率γ=0.3

图 5.7　使用代价函数$J(\theta)$的梯度下降进行优化，其中θ是标量参数。在不同的子数字中，我们使用过低的学习率（图 a）、过高的学习率（图 b）和较好的学习率（图 c）。请记住，γ的较好值与代价函数的形状密切相关。对于不同的$J(\theta)$来说，$\gamma = 0.3$可能过低（或过高）

无法为梯度下降提供一般收敛保证，主要是因为糟糕的学习率γ可能会破坏该方法。然而，使用γ的“右”选择，每次迭代$J(\boldsymbol{\theta})$的值都会降低（如式（5.30）所建议的那样），直到找到一个零梯度的点——即一个驻点。然而，驻点不一定是最小值，也可以是目标函数的最大点或鞍点。在实践中，人们通常会监控$J(\boldsymbol{\theta})$的值，并在算法似乎不再减少时终止该算法，并希望它已达到最低水平。

在具有多个局部最小值的非凸问题中，我们不能期望梯度下降总是找到全局最小值。如示例 5.5 所描述的，初始化对于确定找到哪个最小值（或驻点）通常至关重要。因此，使用不同的初始化多次运行优化可以是一种良好做法（如果时间和计算资源允许的话）。对于计算上复杂的非凸问题，例如训练深度神经网络（见第 6 章），当我们负担不起重新运行训练的费用时，我们通常使用特定于方法的启发式方法和技巧来找到一个好的初始化点。

对于凸问题，只有一个驻点，这也是全局最小值。因此，凸问题的初始化可以任意进行。然而，通过使用具有良好的初始猜测的*热启动*，我们仍可以节省宝贵的计算时间。有时，例如在进行k-fold交叉验证（第 4 章）时，我们必须在相似（但不是相同的）数据集上训练 k 个模型。在这种情况下，我们通常可以通过使用为上一个模型学习的参数初始化算法 5.1 来解决这种情况。

为了训练逻辑回归模型（3.35），我们可以使用梯度下降。由于其代价函数是凸的，我们知道一旦梯度下降收敛到最小值，它就达到了全局最小值，我们就完成了。然而，对于逻辑回归来说，有更先进的替代方案，并且通常表现得更好。接下来我们将讨论这点。

示例 5.5　梯度下降

我们首先从示例 5.3 中考虑凸目标函数，并以看似合理的学习率对它应用梯度下降。我们在图 5.8 中显示了结果。请注意，每个步骤都垂直于其开始点的水平曲线，这是梯度的特性。不出所料，我们找到了两种不同初始化的（全局）最小值。

对于示例 5.3 中的非凸目标函数，我们应用了具有两种不同学习率的梯度下降，并在图 5.9 中显示了结果。在图 5.9a 中，学习率似乎选择得很好，优化收敛得很好，尽管根据初始化的不同，最小值有所不同。请注意，它也可能收敛到不同最小值之间的鞍点之一。在图 5.9b 的情况中，学习率太高，过程似乎没有收敛。

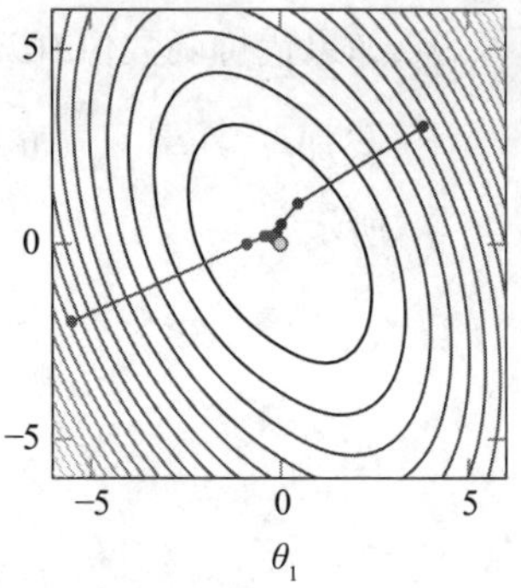

图　5.8

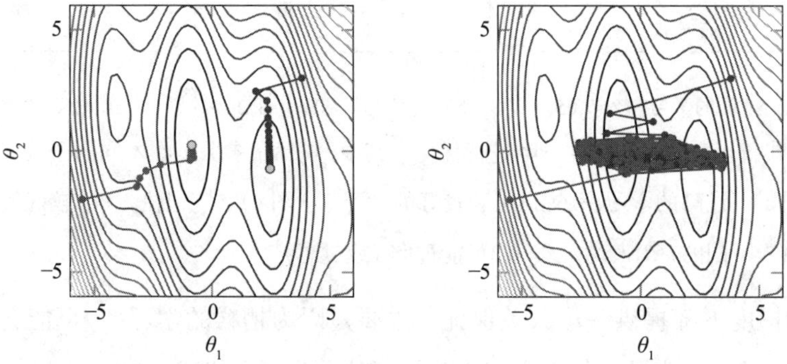

a)　　　b)

图　5.9

5.4.3　二阶梯度法

我们可以将梯度下降视为近似$J(\boldsymbol{\theta})$，它在$\boldsymbol{\theta}^{(t)}$周围有一个一阶泰勒展开，即（超）平面。下一个参数$\boldsymbol{\theta}^{(t+1)}$是通过向（超）平面的最陡峭方向迈出一步来选择的。现在让我们看看如果我们使用二阶泰勒展开会发生什么，

$$J(\boldsymbol{\theta}+\boldsymbol{v}) \approx \underbrace{J(\boldsymbol{\theta})+\boldsymbol{v}^{\mathrm{T}}[\nabla_{\boldsymbol{\theta}} J(\boldsymbol{\theta})]+\frac{1}{2}\boldsymbol{v}^{\mathrm{T}}[\nabla_{\boldsymbol{\theta}}^2 J(\boldsymbol{\theta})]\boldsymbol{v}}_{\triangleq s(\boldsymbol{\theta},\boldsymbol{v})} \tag{5.32}$$

其中 $\boldsymbol{v}$ 是与$\boldsymbol{\theta}$维度相同的向量。这个表达式不仅包含代价函数$\nabla_{\boldsymbol{\theta}} J(\boldsymbol{\theta})$的梯度，还包含代价函数$\nabla_{\boldsymbol{\theta}}^2 J(\boldsymbol{\theta})$的 Hessian 矩阵。请记住，我们正在寻找$J(\boldsymbol{\theta})$的最小值。我们将通过迭代最小化二阶近似$s(\boldsymbol{\theta},\boldsymbol{v})$来计算这一点。如果 Hessian 矩阵$\nabla_{\boldsymbol{\theta}}^2 J(\boldsymbol{\theta})$是正定的，那么当$s(\boldsymbol{\theta},\boldsymbol{v})$的导数为零时，得到$s(\boldsymbol{\theta},\boldsymbol{v})$相对于 $\boldsymbol{v}$ 的最小值：

$$\frac{\partial}{\partial \boldsymbol{v}} s(\boldsymbol{\theta},\boldsymbol{v}) = \nabla_{\boldsymbol{\theta}} J(\boldsymbol{\theta}) + [\nabla_{\boldsymbol{\theta}}^2 J(\boldsymbol{\theta})]\boldsymbol{v} = 0 \Leftrightarrow \boldsymbol{v} = -[\nabla_{\boldsymbol{\theta}}^2 J(\boldsymbol{\theta})]^{-1}[\nabla_{\boldsymbol{\theta}} J(\boldsymbol{\theta})] \tag{5.33}$$

这建议更新

$$\boldsymbol{\theta}^{(t+1)} = \boldsymbol{\theta}^{(t)} - [\nabla_{\boldsymbol{\theta}}^2 J(\boldsymbol{\theta}^{(t)})]^{-1}[\nabla_{\boldsymbol{\theta}} J(\boldsymbol{\theta}^{(t)})] \tag{5.34}$$

这是用于最小化的*牛顿法*。不幸的是，牛顿法也不能给出一般收敛保证。在某些情况下，牛

顿法可能比梯度下降快得多。事实上，如果代价函数$J(\boldsymbol{\theta})$是$\boldsymbol{\theta}$中的二次函数，那么式（5.32）是精确的，牛顿法（5.34）只会在一次迭代中找到最佳函数。然而，二次目标函数在机器学习中很少见⊖。甚至不能保证Hessian矩阵$\nabla_{\boldsymbol{\theta}}^2 J(\boldsymbol{\theta})$在实践中总是正定的，这可能会导致式（5.34）中相当奇怪的参数更新。为了仍然使用具有潜在价值的二阶信息，但同时也有一个强大且实用的算法，我们必须对牛顿法进行一些修改。我们有多种选择，这里我们将研究所谓的*信赖域*。

我们使用二阶泰勒展开式（5.32）推导出牛顿法，作为$J(\boldsymbol{\theta})$在$\boldsymbol{\theta}^{(t)}$周围的行为的模型。我们也许不应该相信泰勒展开式是一个适用于*所有*$\boldsymbol{\theta}$值的好模型，而只适用于$\boldsymbol{\theta}^{(t)}$附近的值。因此，一个自然的限制是，只能在以$\boldsymbol{\theta}^{(t)}$为半径$D$的球内信任二阶泰勒展开（5.32），我们将其称为信赖域。这表明我们可以对参数进行牛顿更新（5.34），除非该步骤长于D，在这种情况下，我们将缩小该步骤，使其永远不会离开我们的信任区域。在下一次迭代中，信赖域被移动到以更新的$\boldsymbol{\theta}^{(t+1)}$为中心，并从那里迈出另一步。我们可以将此表达为：

$$\text{更新}\boldsymbol{\theta}^{(t+1)} = \boldsymbol{\theta}^{(t)} - \eta[\nabla_{\boldsymbol{\theta}}^2 J(\boldsymbol{\theta}^{(t)})]^{-1}[\nabla_{\boldsymbol{\theta}} J(\boldsymbol{\theta}^{(t)})] \tag{5.35}$$

其中$\eta \leqslant 1$被选择为尽可能大，使得$\left\|\boldsymbol{\theta}^{(t+1)} - \boldsymbol{\theta}^{(t)}\right\| \leqslant D$。随着优化的进行，信赖域$D$的半径可以更新和调整，但为了简单起见，我们将认为$D$是用户的选择（就像梯度下降的学习率一样）。我们将以上步骤总结为算法5.2，并在示例5.6中观察它们。信赖域牛顿法具有一套关于如何更新D的规则，实际上是实践中训练逻辑回归的常用方法之一。

算法 5.2：信赖域牛顿法

输入： 目标函数 $J(\boldsymbol{\theta})$, 初始化 $\boldsymbol{\theta}^{(0)}$, 信赖域半径 D

结果： $\hat{\theta}$

```
令 t ← 0
While ||θ^(t) − θ^(t−1)|| 不足够小 do
    计算 v ← [∇²_θ Jθ^(t))]^(−1) [∇_θ J(θ^(t))]
    计算 η ← D / max(||v||, D)
    更新 θ^(t+1) ← θ^(t) − ηv
    更新 t ← t+1
end
return θ̂ ← θ^(t−1)
```

计算Hessian矩阵的逆矩阵$[\nabla_{\boldsymbol{\theta}}^2 J(\boldsymbol{\theta}^{(t)})]^{-1}$代价可能十分昂贵，甚至不可能计算。因此，有一大类方法被称为*准牛顿方法*，它们都用不同的方法来近似式（5.34）中Hessian矩阵的

⊖ 对于回归，我们经常使用平方误差损失$L(y, \hat{y}) = (\hat{y} - y)^2$，这是$\hat{y}$中的二次函数。这并不意味着$J(\boldsymbol{\theta})$（目标函数）必然是$\boldsymbol{\theta}$中的二次函数，因为$\hat{y}$可以非线性地依赖于$\boldsymbol{\theta}$。然而，对于具有平方损失的线性回归来说，依赖是线性的，而代价函数确实是二次的。这就是为什么我们可以使用正规方程计算显式解，这当然与我们在牛顿法应用于这个问题的一次迭代后获得的解相同。

逆矩阵$[\nabla_{\theta}^{2}J(\theta^{(t)})]^{-1}$。除其他外，该类包括 Broyden 方法和 BFGS 方法（Broyden、Fletcher、Goldfarb 和 Shanno 的缩写）。后者的进一步近似称为有限内存 BFGS 或 L-BFGS，已被证明是逻辑回归问题的另一个好的选择。

示例 5.6　牛顿法

我们首先从示例 5.3 中将牛顿法应用于代价函数，并在图 5.10 中显示了结果。由于凸代价函数（图 5.10a）碰巧也接近二次函数，牛顿法效果很好，对于两个初始化，只需两次迭代即可找到最小值。对于非凸问题（图 5.10b），牛顿法对两种初始化都是发散的，因为二阶泰勒展开（5.32）对这个函数的近似很差，导致方法误入歧途。

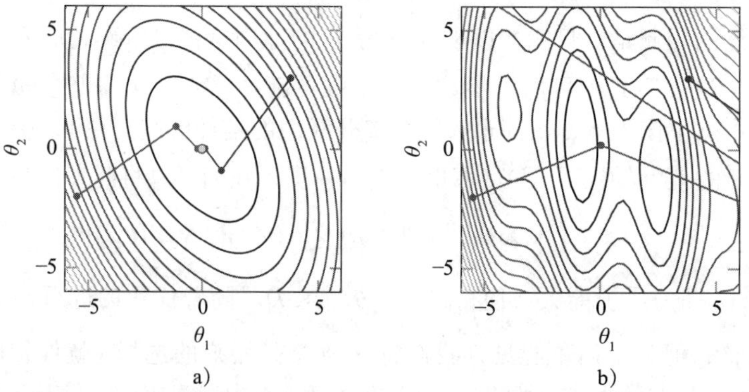

图　5.10

我们还将信赖域牛顿法应用于这两个问题，并在图 5.11 中显示了结果。请注意，第一步的方向与上面的非截断版本相同，但步骤现在仅限于保持在信赖域内（这里有一个半径为 2 的圆圈）。这防止了非凸情况的严重发散问题，所有情况都很好地收敛。事实上，凸例（图 5.11a）比上面的非截断版本需要更多的迭代次数，但这是我们必须付出的代价，这样才能产生一种鲁棒的方法，该方法也适用于图 5.11b 显示的非凸情况。

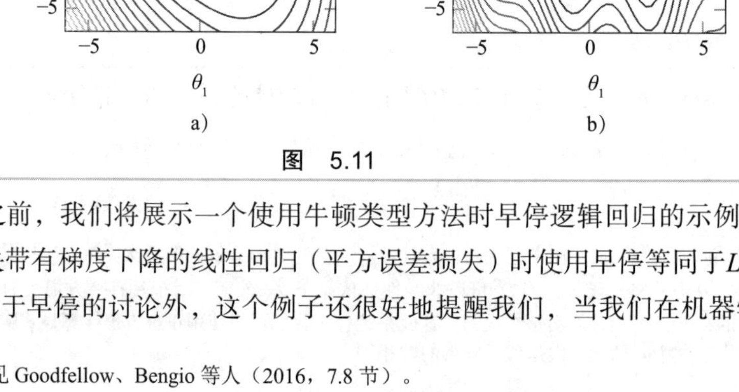

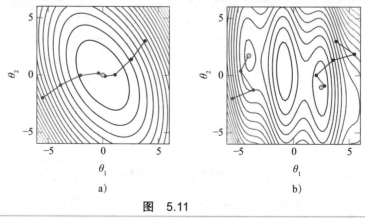

图　5.11

在结束本节之前，我们将展示一个使用牛顿类型方法时早停逻辑回归的示例。（事实上，可以证明，在解决带有梯度下降的线性回归（平方误差损失）时使用早停等同于L^2正则化[⊖]。）除了完成 5.3 节关于早停的讨论外，这个例子还很好地提醒我们，当我们在机器学习中使用

⊖ 例如，请参见 Goodfellow、Bengio 等人（2016，7.8 节）。

优化时，它实际上并不总是全局最优的目标。

示例 5.7 音乐分类示例的早停与逻辑回归

我们再次考虑示例 2.1 中的音乐分类问题。我们应用多类逻辑回归，为了夸大本示例的观点，我们应用了 20 阶多项式输入变换。多项式变换意味着我们没有在逻辑回归模型中拥有$\theta_0+\theta_1x_1+\theta_2x_2$，而是有$\theta_0+\theta_1x_2+\theta_2x_2+\theta_3x_1^2+\theta_4x_1x_2+\theta_5x_2^2+\cdots+\theta_{229}x_1x_2^{19}+\theta_{230}x_2^{20}$。如果不使用正则化，这种具有 231 个参数和相当有限的数据量的设置最有可能导致过拟合。

逻辑回归是使用牛顿型数值优化算法（见 5.4 节）学习的。因此，我们可以运用早停。为此，我们留出一些保留验证数据，并监控随着数值优化的进行，$E_{\text{hold-out}}$（存在错误分类错误）如何演变。

如图 5.12 所示，$E_{\text{hold-out}}$达到$t=12$的最小值，此后似乎有所增加。然而，我们确实知道，随着 t 的增大，代价函数（也可能是E_{train}）会单调减小。因此，随着 t 增大，该模型会出现过拟合。最好的模型（就$E_{\text{hold-out}}$而言，希望最终也包括E_{new}）是在优化的几次初始优化运行后发现的，远在它达到代价函数的最小值之前。为了说明正在发生的事情，我们在图 5.13 中分别绘制了 $t=1$、12、75 和 10 000 迭代后的决策边界。

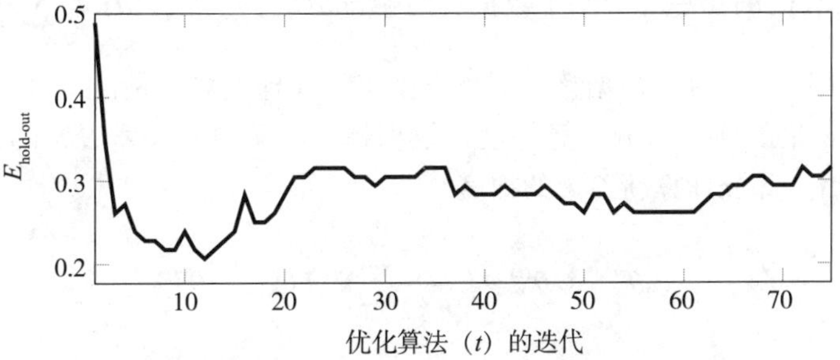

图 5.12

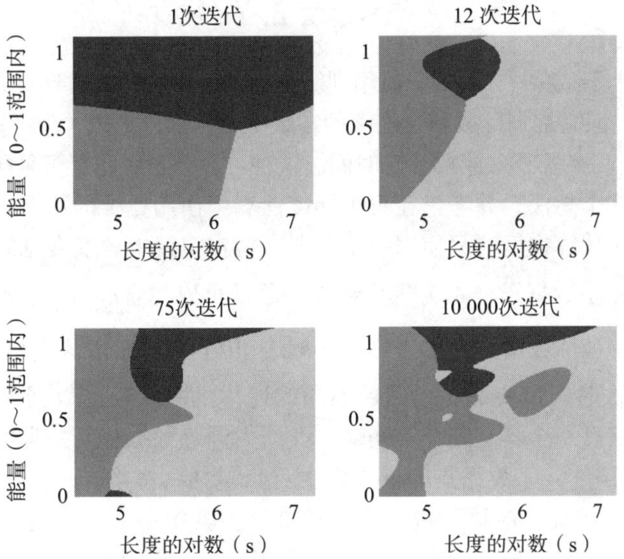

图 5.13

显然，随着 t 的增加，决策边界的形状变得更加复杂，因此，在某种程度上，t 的迭代次数可以被理解为控制模型灵活性的一种方式。这个例子确实有点夸张，但在训练深层神经网络时尤其可以看到同样的效果（见第 6 章）。

5.5 大型数据集优化

在机器学习中，训练数据可能有数百万（或更多）个数据点。因此，计算代价函数的梯度：

$$\nabla_{\theta} J(\boldsymbol{\theta}) = \frac{1}{n}\sum_{i=1}^{n} \nabla_{\theta} L(\boldsymbol{x}_i, y_i, \boldsymbol{\theta}) \tag{5.36}$$

可能涉及一百万个项的总和。除了花费大量时间来求和外，同时将所有数据点保存在计算机内存中也可能是一个问题。然而，有了这么多数据点，其中许多数据点相对来说可能十分相似，在实践中，我们可能不需要每次都考虑所有数据点：只看一个子集可能会提供足够的信息。这是一个称为子采样的一般想法，我们将仔细研究如何将子采样与梯度下降相结合，形成一种非常有用的优化方法，称为随机梯度下降。然而，也可以将子采样的想法与其他方法相结合。

5.5.1 随机梯度下降

对于非常大的 n（数据点数），我们可以期望只计算数据集的前半部分的梯度 $\nabla_{\theta} J(\boldsymbol{\theta}) \approx \sum_{i=1}^{n/2} \nabla_{\theta} L(\boldsymbol{x}_i, \boldsymbol{y}_i, \boldsymbol{\theta})$ 几乎等于基于数据集后半部分的梯度 $\nabla_{\theta} J(\boldsymbol{\theta}) \approx \sum_{i=n/2+1}^{n} \nabla_{\theta} L(\boldsymbol{x}_i, \boldsymbol{y}_i, \boldsymbol{\theta})$。因此，在每次梯度下降迭代时，根据整个训练数据集计算梯度可能是浪费时间的。相反，我们可以根据训练数据集的前半部分计算梯度，根据梯度下降方法（算法 5.1）更新参数，然后根据训练数据的后半部分计算新参数的梯度：

$$\boldsymbol{\theta}^{(t+1)} = \boldsymbol{\theta}^{(t)} - \gamma \frac{1}{n/2}\sum_{i=1}^{\frac{n}{2}} \nabla_{\theta} L(\boldsymbol{x}_i, \boldsymbol{y}_i, \boldsymbol{\theta}^{(t)}) \tag{5.37a}$$

$$\boldsymbol{\theta}^{(t+2)} = \boldsymbol{\theta}^{(t+1)} - \gamma \frac{1}{n/2}\sum_{i=\frac{n}{2}+1}^{n} \nabla_{\theta} L(\boldsymbol{x}_i, \boldsymbol{y}_i, \boldsymbol{\theta}^{(t+1)}) \tag{5.37b}$$

换句话说，当我们计算梯度时，我们只使用训练数据的子样本。通过这种方式，我们仍然可以使用所有训练数据，但它被划分成两个连续的参数更新。因此，式（5.37）与正常梯度下降的两个参数更新相比，大约需要一半的计算时间。这种计算节省说明了子采样想法的好处。

我们可以扩展这个想法，并考虑在每个梯度计算中使用更少的数据点进行子采样。子采样的极端版本是每次计算梯度时只使用一个数据点。在实践中，最常见的是在两个极端之间做一些事情。我们称小数据子样本为迷你批次，通常可以包含 $n_b = 10$、$n_b = 100$ 或 $n_b = 1000$ 个数据点。一个完整的训练数据传递称为轮（epoch），因此由 n/n_b 次迭代组成。

在使用迷你批次时，重要的是要确保不同的迷你批次在整个数据集中保持平衡和代表性。例如，如果我们有一个具有几个不同输出类的大训练数据集，并且数据集相对于输出进行排序，那么具有第一个 n_b 数据点的迷你批次将只包括一个类，因此没有给出完整数据集梯度的良好近似值。因此，应该随机形成迷你批次。其中一个实现是首先随机打乱训练数据，然后以有序的方式将其划分为小批次。当我们完成一轮时，我们会对训练数据进行另一次随机重新打乱，并再次遍历数据集。我们将带有迷你批次的梯度下降（通常称为随机梯度下降）总结为算法 5.3。

算法 5.3：随机梯度下降

输入： 目标函数 $J(\boldsymbol{\theta})=\dfrac{1}{n}\sum_{i=1}^{n}L(\boldsymbol{x}_i,y_i,\boldsymbol{\theta})$，初始化 $\boldsymbol{\theta}^{(0)}$，学习率 $\gamma^{(t)}$

结果： $\hat{\boldsymbol{\theta}}$

令 $t \leftarrow 0$
While 未达到收敛标准 **do**
　for $i=1,2,\cdots,E$ **do**
　　随机打乱训练数据 $\{\boldsymbol{x}_i,y_i\}_{i=1}^{n}$
　　for $i=1,2,\cdots,\dfrac{n}{n_b}$ **do**
　　　使用迷你批次的梯度进行近似计算
　　　$\{\mathbf{x}_i,\boldsymbol{y}_i\}_{i=(j-1)n_{b+1}}^{jn_b}$，$\hat{\boldsymbol{d}}^{(t)}=\dfrac{1}{n_b}\sum_{i=(j-1)n_{b+1}}^{jn_b}\nabla_{\theta}L(\boldsymbol{x}_i,y_i,\boldsymbol{\theta}^{(t)})$
　　　更新 $\boldsymbol{\theta}^{(t+1)}\leftarrow\boldsymbol{\theta}^{(t)}-\gamma^{(t)}\hat{\boldsymbol{d}}^{(t)}$
　　　更新 $t\leftarrow t+1$
　　end
　end
end
return $\hat{\boldsymbol{\theta}}\leftarrow\boldsymbol{\theta}^{(t-1)}$

随机梯度下降法在机器学习中有广泛应用，并且有许多针对不同方法的扩展。对于训练深度神经网络（见第 6 章）来说，一些常用的方法包括自动适应学习率和一种称为动量的想法，以抵消子采样引起的随机性。AdaGrad（自适应梯度的缩写）、RMSProp（均方根传播的缩写）和 Adam（自适应矩的缩写）方法就是这样的例子。对于“大数据”设置中的逻辑回归，随机平均梯度（SAG）方法已被证明是有用的，仅举几个例子。

5.5.2　随机梯度下降的学习率和收敛度

如果学习率是恰当选择且恒定的，标准梯度下降将收敛，因为梯度本身至少为零（或任何其他驻点）。另一方面，对于随机梯度下降，我们*无法*获得恒定学习率的收敛性。原因是，我们只有对真实梯度的*估计*，在目标函数的最小值下，这个估计不一定为零，但由于子采样，梯度估计中可能仍然存在相当大的“噪声”。因此，具有恒定学习率的随机梯度下降算法不会收敛到一个点，而是会继续“漫步”，看上去有些随机。为了使算法正常工作，我们还需要梯度估计是无偏差的。直观的原因是，无偏差梯度确保了算法在寻找最佳状态时平均会朝着正确的方向迈出一步。

通过不使用恒定的学习率，而是逐渐将其降低到零，参数更新将变得越来越小，并最终收敛。因此，我们从 $t=0$ 开始，学习率 $\gamma^{(t)}$ 相当高（这意味着我们迈出了一大步），然后随着 t 的增加而衰减 $\gamma^{(t)}$。在代价函数的某些规律和学习速率满足 Robbins-Monro 条件 $\sum_{t=0}^{\infty}\gamma^{(t)}=\infty$ 和

$\sum_{t=0}^{\infty}\left(\gamma^{(t)}\right)^2<\infty$ 的情况下，随机梯度下降算法几乎可以证明收敛到局部最小值。例如，如果使用 $\gamma^{(t)}=\frac{1}{t^{\alpha}},\alpha\in(0.5,1]$，Robbins-Monro 条件是满足的。然而，对于许多机器学习问题来说，人们发现在实践中，通常不让 $\gamma^{(t)}\to 0$，而是将其限制在某个小值 $\gamma_{\min}>0$ 来获得更好的性能。这将导致随机梯度下降无法完全收敛，Robbins-Monro 条件将无法满足，但该算法实际上会无限期地徘徊（或直到算法被用户终止）。出于实际目的，如果 $\gamma_{\min}$ 足够小，这种看似不受欢迎的特性通常不会引起任何重大问题，在实践中设置学习率的一个启发式是：

$$\gamma^{(t)}=\gamma_{\min}+(\gamma_{\max}-\gamma_{\min})\mathrm{e}^{-\frac{t}{\tau}} \tag{5.38}$$

现在，学习率 $\gamma^{(t)}$ 从 $\gamma_{\max}$ 开始，以 $t\to\infty$ 的形式转到 $\gamma_{\min}$。如何选择参数 $\gamma_{\min}$、$\gamma_{\max}$ 和 τ 与其说是科学，不如说是艺术。根据经验法，$\gamma_{\min}$ 可以选择大约为 $\gamma_{\max}$ 的 1%。参数 τ 取决于数据集和问题的复杂度大小，但它的选择应该使得在我们达到 $\gamma_{\min}$ 之前已经经过了多轮。可以通过监测图 5.7 中标准梯度下降的代价函数来选择 $\gamma_{\max}$ 的策略。

示例 5.8　随机梯度下降

我们将随机梯度下降法应用于示例 5.3 中的目标函数。对于图 5.14 中的凸函数，学习率的选择不是很关键。然而，请注意，由于子采样引起的梯度估计中的“噪声”，该算法收敛效果不如梯度下降等方法好。这是我们必须为子采样提供的大量计算节省付出的代价。

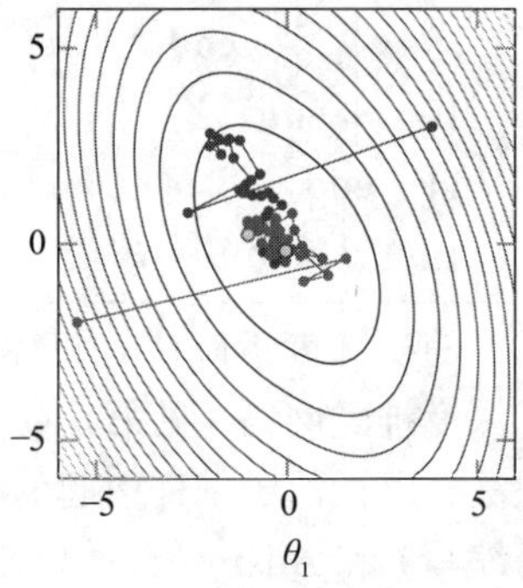

图　5.14

对于具有多个局部最小值的目标函数来说，我们在图 5.15 中应用了具有两个衰减学习率但初始 $\gamma^{(0)}$ 不同的随机梯度下降。随着学习速度较小（图 5.15a），随机梯度下降收敛到最近的最小值，而较大的学习率导致它最初采取更大的步，因此它不一定收敛到最近的最小值（图 5.15b）。

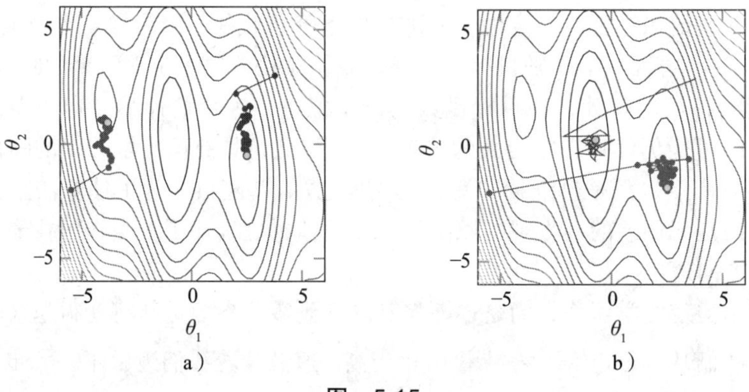

图　5.15

5.5.3 随机二阶梯度法

在涉及病态的和显著非线性的环境中，利用二阶信息改进随机梯度方法的想法是很自然的。同时，这将增加算法的复杂度和计算时间，这需要在这些算法的设计中进行平衡。

一种流行且相当自然的算法是一种被称为*随机准牛顿方法*的算法。如上所述，确定性准牛顿方法背后的想法是使用梯度中的信息计算 Hessian 矩阵的近似值。对于大规模问题，我们利用梯度的后退历史。这些想法也可以用于随机环境，尽管会产生新的算法。

5.5.4 自适应方法

自适应方法中也利用了前面步骤中使用梯度的想法。通过考虑不同的方法将前面步骤的梯度组合成合适的学习率：

$$\gamma_t = \gamma(\nabla J_t, \nabla J_{t-1}, \cdots, \nabla J_0) \tag{5.39}$$

和搜索方向：

$$d_t = d(\nabla J_t, \nabla J_{t-1}, \cdots, \nabla J_0) \tag{5.40}$$

我们从这一系列方法中获得不同的成员。在基本的随机梯度算法中，d_t仅取决于当前梯度∇J_t。由此产生的自适应随机梯度方法的更新规则是：

$$\theta_{(t+1)} = \theta_{(t)} - \gamma_t d_t \tag{5.41}$$

这类方法中最受欢迎的成员使用*指数移动平均线*，其中最近的梯度比旧的梯度具有更高的权重。设$\beta_1<1$和$\beta_2<1$分别表示搜索方向和学习率的指数权重。然后，ADAM 优化器根据以下内容更新搜索方向和学习率：

$$d_t = (1-\beta_1)\sum_{i=1}^{t} \beta_1^{t-i} \nabla J_i \tag{5.42a}$$

$$\gamma_t = \frac{\eta}{\sqrt{t}}\left((1-\beta_2)\mathrm{diag}\left(\sum_{i=1}^{t} \beta_2^{t-i} \|\nabla J_i\|^2\right)\right)^{1/2} \tag{5.42b}$$

调优参数β_1和β_2通常设置为接近 1，常见值为$\beta_1 = 0.9$，$\beta_2 = 0.999$。原因很简单，太小的值将有效地导致对过去信息的指数性遗忘，并消除这种方法固有的（通常非常有价值的）记忆效应。

这个自适应家族的第一个成员被称为 ADAGRAD，它使用当前梯度作为其搜索方向$d_t = \nabla J_t$，并具有带记忆的学习率，但所有组件都同等重要：

$$\gamma_t = \frac{n}{\sqrt{t}}\left(\frac{1}{\sqrt{k}}\mathrm{diag}\left(\sum_{i=1}^{t} \|\nabla J_i\|^2\right)\right)^{1/2} \tag{5.43}$$

5.6 超参数优化

除了模型的学习参数外，通常还有一组超参数需要优化。作为一个具体的例子，我们将使用正则化参数λ，但下面的讨论适用于所有超参数，只要它们不是太高的维度。我们通常可以将E_{new}估计为$E_{\text{hold-out}}$，并旨在将其最小化。

将$E_{\text{hold-out}}$的显式形式写为超参数λ的函数可能非常乏味，更不用说取其导数了。事实上，$E_{\text{hold-out}}$包括一个优化问题本身——为给定的λ值学习$\hat{\boldsymbol{\theta}}$。然而，我们仍然可以通过运行整个学习过程并计算验证数据集上的预测错误来评估任何给定λ的目标函数。

也许解决这种优化问题的最简单方法是“尝试几个不同的参数值，并选择最有效的参数值”。这就是网格搜索的想法和它的优点。此处的术语“网格”指的是一些（或多或少任意选择的）要尝试的不同参数值集合，我们在示例 5.9 中说明了这一点。

虽然实现简单，但网格搜索在计算上可能效率低下，特别是当参数向量具有高维度时。例如，对于五维参数向量，拥有一个分辨率为每维 10 个网格点的网格（这是一个非常粗粒度的网格），需要对目标函数进行 $10^5 = 100\ 000$ 次评估。如果可能的话，出于这个原因，应该避免使用网格搜索。然而，对于低维超参数（例如，在L^1和L^2正则化中，λ是一维），网格搜索可能是可行的。我们在算法 5.4 中总结了网格搜索，用它来确定正则化参数λ。

示例 5.9　网格搜索

我们将网格搜索应用于示例 5.3 中的目标函数，任意选择的网格以十字表示图 5.16 中的标记。发现的最小值，即目标函数值最小的网格点，用空心圈标记。

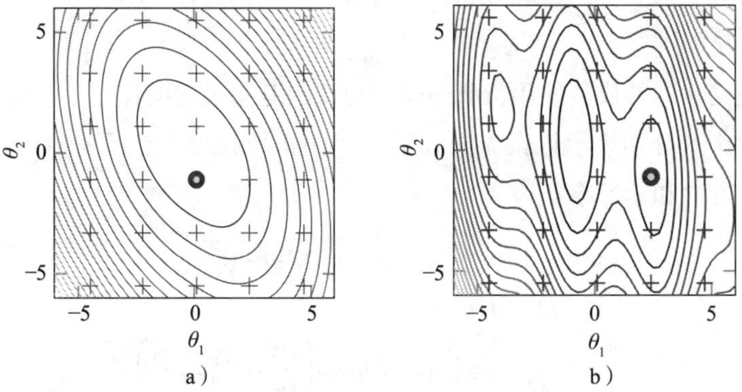

图　5.16

由于网格的糟糕选择，在非凸问题中找不到全局最小值（图 5.16b）。这个问题可以通过提高网格的分辨率解决，但这需要更多的计算（对目标函数进行更多评估）。

算法 5.4：网格搜索正则参数 λ

输入： 训练数据 $\{\boldsymbol{x}_i, y_i\}_{i=1}^{n}$，校验数据 $\{\boldsymbol{x}_i, y_i\}_{j=1}^{n_v}$

结果： $\hat{\lambda}$

for $\lambda = 10^{-3}, 10^{-2}, \cdots, 10^{3}$（作为一个例子）**do**

　此次训练数据中学习正则参数 λ 的 $\hat{\boldsymbol{\theta}}$

　校验数据的计算错误 $E_{\text{val}}(\lambda) \leftarrow \frac{1}{n_v}\sum_{j=1}^{n_v}(\hat{y}(\boldsymbol{x}_j;\hat{\boldsymbol{\theta}}) - y_j)^2$

end

return $\hat{\lambda}$ as $\arg\min_{\lambda} E_{\text{val}}(\lambda)$

一些超参数（例如 k-NN 中的 k，见第 2 章）是整数，有时在网格搜索中简单尝试所有合理的整数值是可行的。然而，大多数时候，网格搜索的主要挑战是选择一个好的网格。算法 5.4 中使用的网格是 0.001 ～ 1000 之间对数，但这当然只是一个例子。人们确实可以做一些手工工作，首先选择一个粗糙的网格来获得初步猜测，然后只围绕有前途的候选完善网格。在实践中，如果问题具有多个维度，随机选择网格点也是有益的，而不是使用间隔相等的线性或对数网格。

然而，选择网格的手动过程可能会变得相当乏味，人们可能希望有一个自动化的方法。事实上，通过将网格点选择问题本身视为机器学习问题来达成这一目标是可能的。如果我们考虑目标函数已经被评估为训练数据集的点，我们可以使用回归方法来学习目标函数的模型。该模型反过来可用于回答关于下一步在哪里评估目标函数的问题，从而自动选择下一个网格点。基于这个想法构建的一个具体方法是高斯过程优化方法，它使用高斯过程（见第 9 章）来训练目标函数的模型。

5.7 拓展阅读

Gneiting 和 Raftery（2007）对损失函数进行了数学上更彻底的讨论。一些渐近最小化器，也称为种群最小化器，是由 Hastie 等人（2009，10.5 ～ 10.6 节）推导出的。

Nocedal 和 Wright（2006）的书是优化的标准参考，涵盖了比本章更多的内容。随机梯度下降源于 Robbins 和 Monro（1951）对随机优化的研究，Bottou 等人（2018）和 Ruder（2017）对其在机器学习中的现代应用进行了两个概述。有关高斯过程优化，请参阅 Frazier（2018）和 Snoek 等人（2012）。

Hoerl 和 Kennad（1970）在统计学中独立引入了 L^2 正则化，更早是由 Andrey Nikolayevich Tikhonov 引入数值分析中的。L^1 正则化最早是由 Tibshirani（1996）提出的。早停在神经网络实践中作为一种正则化器已经使用了很长时间，Bishop（1995）、Sjöberg 和 Ljung（1995）对其进行了分析。有关随机梯度下降的正则化效应，请参阅 Hardt 等人（2016）和 Mandt 等人（2017）。已经有很多关于自适应方法的文章，并且有许多不同的算法可用。Duchi 等人（2011）引入了 ADAGRAD 算法，D. P. Kingma 和 Ba（2015）推导出 ADAM。Reddi 等人（2018）提供了关于这些算法的有趣见解。

神经网络和深度学习

在第 3 章中，我们介绍了线性回归和逻辑回归解决回归和分类问题的两个基本参数模型。神经网络通过堆叠这些模型的多个副本来扩展这一点，以构建一个分层模型，该模型可以描述比线性或逻辑回归模型更复杂的输入和输出之间的关系。深度学习是机器学习的一个子领域，涉及此类分层机器学习模型。

我们从 6.1 节开始，将线性回归推广到双层神经网络（即具有一个隐藏层的神经网络），然后将其进一步推广到深度神经网络。在 6.2 节中，我们研究了有关如何训练神经网络的一些细节。在 6.3 节中，我们介绍了为图像量身定制的特殊神经网络。最后，在 6.4 节中，我们提供了一种规范神经网络的技术。

6.1 神经网络模型

在 5.1 节中，我们引入了非线性参数函数的概念，用于建模输入变量$x_1,\cdots,x_p$和输出 y 之间的关系。我们在其预测形式中将这种非线性关系表示为：

$$\hat{y} = f_{\boldsymbol{\theta}}(x_1,\cdots,x_p) \tag{6.1}$$

其中函数 f 被参数化为$\boldsymbol{\theta}$。这种非线性函数可以通过多种方式参数化。在神经网络中，策略是使用几层线性回归模型和非线性*激活函数*。我们将在下面一步一步地仔细解释这意味着什么。

6.1.1 广义线性回归

我们从线性回归模型开始描述神经网络模型：

$$\hat{y} = W_1x_1 + W_2x_2 + \cdots + W_px_p + b \tag{6.2}$$

在这里，我们用权重$W_1,\cdots,W_p$和偏移项 b 表示参数。我们选择使用此符号，而不是式（3.2）中使用的符号，因为我们稍后处理的权重与偏移项略有不同。和以前一样，$x_1,\cdots,x_p$是输入变量。在图 6.1a 中，显示了式（6.2）的图形说明。每个输入变量x_j由一个节点表示，每个参数W_j由一个链接表示。此外，输出$\hat{y}$被描述为所有W_jx_j的总和。请注意，我们使用常量值 1 作为与偏移项 b 相对应的输入变量。

为了描述$\boldsymbol{x} = [1\ x_1\ \ x_2 \cdots x_p]^{\mathrm{T}}$和$\hat{y}$之间的非线性关系，我们引入了一个称为*激活函数*$h:\mathbb{R}\to\mathbb{R}$的非线性标量函数。线性回归模型（6.2）现在被修改为广义线性回归模型（见 3.4 节），其中输入的线性组合由激活函数转换：

$$\hat{y} = h(W_1x_1 + W_2x_2 + \cdots + W_px_p + b) \tag{6.3}$$

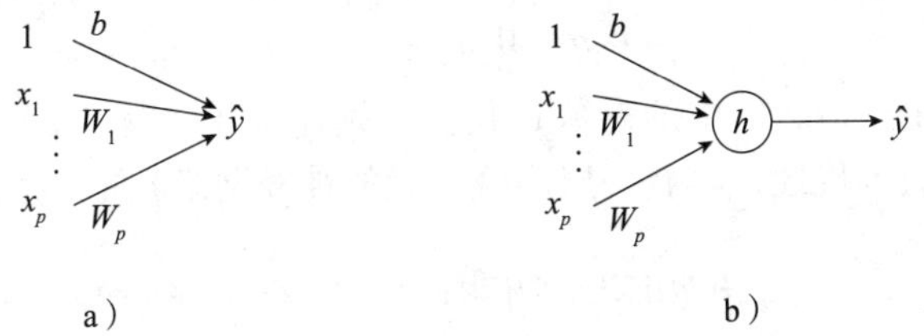

图 6.1 线性回归模型（图 6.1a）和广义线性回归模型（图 6.1b）的图形说明。在图 6.1a 中，输出$\hat{y}$被描述为所有项 b 和$\{W_j x_j\}_j^p=1$的总和，见式（6.2）。在图 6.1b 中，圆表示通过激活函数 h 的加法和变换，见式（6.3）

广义线性回归模型的扩展如图 6.1b 所示。

激活函数的常见选择是逻辑函数和整流线性单元（ReLU）。

$$\text{logistic}: h(z)=\frac{1}{1+\mathrm{e}^{-z}} \qquad \text{ReLU}: h(z)=\max(0,z)$$

这些分别如图 6.2a 和图 6.2b 所示。logistic（或 sigmoid）函数已经在逻辑回归（3.2 节）中使用过。logistic 函数线性接近 $z=0$，并在 z 减少或增加时饱和为 0 和 1。ReLU 甚至更简单。正输入的函数仅等于 z，负输入的函数等于零。多年来，logistic 函数一直是神经网络中激活函数的标准选择，而 ReLU 现在是大多数神经网络模型的标准选择，尽管（部分由于）它很简单。

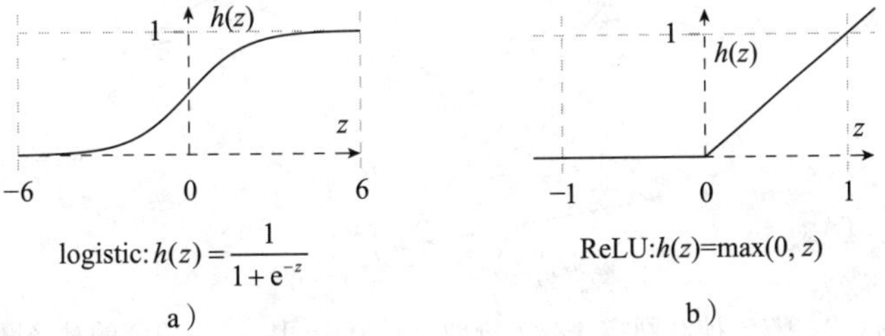

图 6.2 神经网络中使用的两种常见激活函数。逻辑（或 sigmoid）函数（图 6.2a）和整流线性单元（图 6.2b）

广义线性回归模型（6.3）非常简单，它本身无法描述输入 $\boldsymbol{x}$ 和输出$\hat{y}$之间的复杂关系。因此，我们进行了两项进一步的扩展以增加模型的普遍性：首先使用几个并行广义线性回归模型来构建一个层（这将得到双层神经网络），然后将这些层堆叠成顺序结构（这将得到深层神经网络）。

6.1.2 双层神经网络

在式（6.3）中，输出$\hat{y}$由一个标量回归模型构建。为了增加其灵活性并将其转化为双层神经网络，我们将其输出设置为 U 这样的广义线性回归模型的总和，每个模型都有自己的一组参数。第 k 个回归模型的参数是$b_k, W_{k1}, \cdots, W_{kp}$，我们用$q_k$表示它的输出：

$$q_k = h(W_{k1}x_1 + W_{k2}x_2 + \cdots + W_{kp}x_p + b_k), \qquad k=1,\cdots,U \tag{6.4}$$

这些中间输出q_k是所谓的隐藏单元，因为它们不是整个模型的输出。相反，U 不同的隐藏单元$\{q_k\}_{k=1}^U$作为附加线性回归模型的输入变量：

$$\hat{y} = W_1 q_1 + W_2 q_2 + \cdots + W_U q_U + b \tag{6.5}$$

为了区分式（6.4）和式（6.5）中的参数，我们分别添加了上标（1）和（2）。因此，描述这个双层神经网络（或等价地，具有一层隐藏单元的神经网络）的方程是：

$$\begin{aligned} q_1 &= h(W_{11}^{(1)} x_1 + W_{12}^{(1)} x_2 + \cdots + W_{1p}^{(1)} x_p + b_1^{(1)}) \\ q_2 &= h(W_{21}^{(1)} x_1 + W_{22}^{(1)} x_2 + \cdots + W_{2p}^{(1)} x_p + b_2^{(1)}) \\ &\vdots \end{aligned} \tag{6.6a}$$

$$\begin{aligned} q_U &= h(W_{U1}^{(1)} x_1 + W_{U2}^{(1)} x_2 + \cdots + W_{Up}^{(1)} x_p + b_U^{(1)}) \\ \hat{y} &= W_1^{(2)} q_1 + W_2^{(2)} q_2 + \cdots + W_U^{(2)} q_U + b^{(2)} \end{aligned} \tag{6.6b}$$

扩展图 6.1 的图形说明，该模型可以被描绘成带有双层链接的图形（使用箭头表示），见图 6.3。和前面一样，每个链接都有一个与之关联的参数。请注意，我们不仅在输入层而且在隐藏层中都包含一个偏移项。

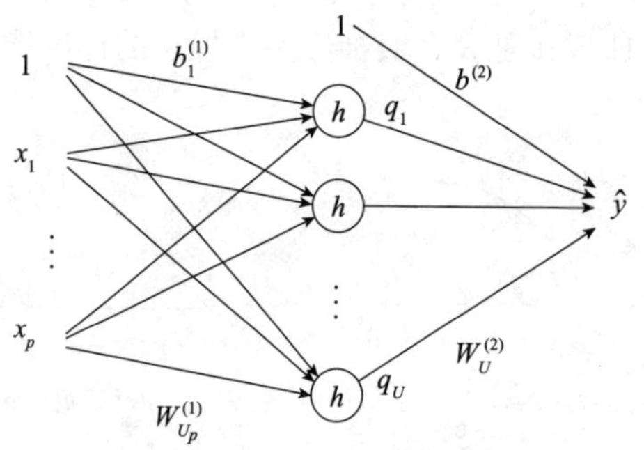

图 6.3 双层神经网络，或等价地，具有中间层隐藏单元的神经网络

6.1.3 单元向量化

式（6.6）中的双层神经网络模型也可以使用矩阵符号更紧凑地表示，其中每个层中的参数堆叠在权重矩阵 $\boldsymbol{W}$ 和偏移向量[⊖] $\boldsymbol{b}$ 中：

$$\begin{aligned} \boldsymbol{W}^{(1)} &= \begin{bmatrix} W_{11}^{(1)} & \cdots & W_{1p}^{(1)} \\ \vdots & & \vdots \\ W_{U1}^{(1)} & \cdots & W_{Up}^{(1)} \end{bmatrix}, \quad \boldsymbol{b}^{(1)} = \begin{bmatrix} b_1^{(1)} \\ \vdots \\ b_U^{(1)} \end{bmatrix} \\ \boldsymbol{W}^{(2)} &= \begin{bmatrix} W_1^{(2)} & \cdots & W_U^{(2)} \end{bmatrix}, \quad \boldsymbol{b}^{(2)} = [b^{(2)}] \end{aligned} \tag{6.7}$$

然后，完整的模型可以写作：

⊖ 在神经网络文献中，“偏差”一词通常用于偏移向量，但这实际上只是一个模型参数，而不是统计意义上的偏差。为了避免混淆，我们把它称为偏移。

$$q = h(W^{(1)}x + b^{(1)}) \tag{6.8a}$$

$$\hat{y} = W^{(2)}q + b^{(2)} \tag{6.8b}$$

我们还将 $\boldsymbol{x}$ 和 $\boldsymbol{q}$ 中的组件堆叠为 $\boldsymbol{x} = [x_1 \cdots x_p]^{\mathrm{T}}$ 和 $\boldsymbol{q} = [q_1 \cdots q_U]^{\mathrm{T}}$。请注意，式（6.8）中的激活函数 h 在输入向量上按元素操作，并产生相同维度的输出向量。两个权重矩阵和两个偏移向量是模型的参数，可以写作：

$$\boldsymbol{\theta} = \left[\mathrm{vec}(\boldsymbol{W}^{(1)})^{\mathrm{T}} \quad \boldsymbol{b}^{(1)\mathrm{T}} \quad \mathrm{vec}(\boldsymbol{W}^{(2)})^{\mathrm{T}} \quad \boldsymbol{b}^{(2)\mathrm{T}}\right]^{\mathrm{T}} \tag{6.9}$$

其中运算符 vec 将矩阵中的所有元素放入向量中。总体而言，式（6.8）描述了形式为 $\hat{y} = f_{\boldsymbol{\theta}}(\boldsymbol{x})$ 的非线性回归模型。

6.1.4 深度神经网络

双层神经网络本身就是一个有用的模型，并且人们已经对它进行了大量研究和分析。然而，当我们堆叠多层这样的广义线性回归模型，从而实现深层神经网络时，才能实现神经网络真正的描述能力。深度神经网络可以模拟复杂的关系（例如图像与其类之间的关系），并且是当今机器学习中最先进的方法之一。

我们枚举索引为 $l \in \{1, \cdots, L\}$ 的层，其中 L 是层数。对于双层的情况，每层都参数化了一个权重矩阵 $\boldsymbol{W}^{(l)}$ 和一个偏移向量 $\boldsymbol{b}^{(l)}$。例如，$\boldsymbol{W}^{(1)}$ 和 $\boldsymbol{b}^{(1)}$ 属于 $l = 1$ 层，$\boldsymbol{W}^{(2)}$ 和 $\boldsymbol{b}^{(2)}$ 属于 $l = 2$ 层，以此类推。我们还有*多层隐藏单元*，用 $\boldsymbol{q}^{(l)}$ 表示。每个这样的层由 U_l 隐藏单元 $\boldsymbol{q}^{(l)} = [q_1^{(l)} \cdots q_{U_l}^{(l)}]^{\mathrm{T}}$ 组成，其中 $U_1, \cdots, U_{L-1}$ 的维度在各个层中可能有所不同。

每个层根据

$$\boldsymbol{q}^{(l)} = h\left(\boldsymbol{W}^{(l)}\boldsymbol{q}^{(l-1)} + \boldsymbol{b}^{(l)}\right) \tag{6.10}$$

将隐藏层 $\boldsymbol{q}^{(l-1)}$ 映射到下一个隐藏层 $\boldsymbol{q}^{(l)}$，这意味着层被堆叠成，第一层隐藏单元 $\boldsymbol{q}^{(1)}$ 的输出是第二层的输入，第二层 $\boldsymbol{q}^{(2)}$（第二层隐藏单元）的输出是第三层的输入，以此类推。通过堆叠多层，我们构建了一个*深层神经网络*。L 层的深层神经网络可以描述为：

$$\begin{aligned}
\boldsymbol{q}^{(1)} &= h(\boldsymbol{W}^{(1)}\boldsymbol{x} + \boldsymbol{b}^{(1)}) \\
\boldsymbol{q}^{(2)} &= h(\boldsymbol{W}^{(2)}\boldsymbol{q}^{(1)} + \boldsymbol{b}^{(2)}) \\
&\vdots \\
\boldsymbol{q}^{(L-1)} &= h(\boldsymbol{W}^{(L-1)}\boldsymbol{q}^{(L-2)} + \boldsymbol{b}^{(L-1)}) \\
\hat{y} &= \boldsymbol{W}^{(L)}\boldsymbol{q}^{(L-1)} + \boldsymbol{b}^{(L)}
\end{aligned} \tag{6.11}$$

该模型的图形表示形式见图 6.4。可以将深度神经网络的表达式（6.11）与双层神经网络的表达式（6.8）进行比较。

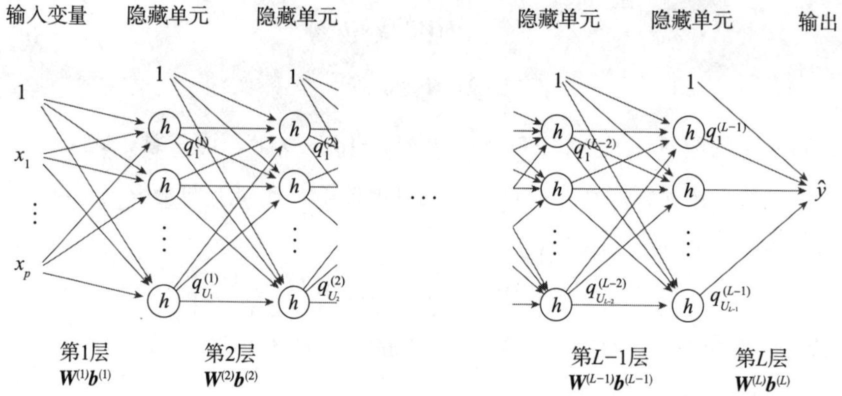

图 6.4 具有 L 层的深层神经网络。每层 l 由 $\boldsymbol{W}^{(l)}$ 和 $\boldsymbol{b}^{(l)}$ 参数化

第一层($l=1$)的权重矩阵$\boldsymbol{W}^{(1)}$的维度为$U_1 \times p$，相应的偏移向量$\boldsymbol{b}^{(1)}$的维度为U_1。由于输出是标量，在最后一层，权重矩阵$\boldsymbol{W}^{(L)}$的维度为$1\times U_{L-1}$，偏移向量$\boldsymbol{b}^{(L)}$的维度为 1。对于所有中间层($l=2,\cdots,L-1$)，$\boldsymbol{W}^{(l)}$的维度为$U_l \times U_{l-1}$，相应的偏移向量的维度为U_l。输入数量 p 由问题给出，但层 L 的数量和维度$U_1,U_2,\cdots$是可决定模型灵活性的用户选择。

6.1.5 数据点向量化

在训练期间，神经网络模型用于计算预测输出，不仅用于一个输入 $\boldsymbol{x}$，还用于多个输入 $\{\boldsymbol{x}_i\}_{i=1}^n$。例如，对于 6.1 节中介绍的双层神经网络，我们有：

$$\boldsymbol{q}_i^{\mathrm{T}} = h\left(\boldsymbol{x}_i^{\mathrm{T}}\boldsymbol{W}^{(1)\mathrm{T}} + \boldsymbol{b}^{(1)\mathrm{T}}\right) \tag{6.12a}$$

$$\hat{y}_i = \boldsymbol{q}_i^{\mathrm{T}}\boldsymbol{W}^{(2)\mathrm{T}} + \boldsymbol{b}^{(2)\mathrm{T}}, \qquad i=1,\cdots,n \tag{6.12b}$$

与前面解释的单元向量化类似，我们还希望将这些方程向量化到数据点上，以便有效地计算模型。请注意，方程（6.12）与式（6.8）中的模型相比是转置的。有了这个符号，我们可以像线性回归模型（3.5）一样，将所有数据点堆叠在矩阵中，其中每个数据点代表一行：

$$\boldsymbol{y} = \begin{bmatrix} y_1 \\ \vdots \\ y_n \end{bmatrix}, \quad \boldsymbol{X} = \begin{bmatrix} \boldsymbol{x}_1^{\mathrm{T}} \\ \vdots \\ \boldsymbol{x}_n^{\mathrm{T}} \end{bmatrix}, \quad \hat{\boldsymbol{y}} = \begin{bmatrix} \hat{y}_1 \\ \vdots \\ \hat{y}_n \end{bmatrix}, \quad \boldsymbol{Q} = \begin{bmatrix} \boldsymbol{q}_1^{\mathrm{T}} \\ \vdots \\ \boldsymbol{q}_n^{\mathrm{T}} \end{bmatrix} \tag{6.13}$$

然后我们可以方便地将式（6.12）写作：

$$\boldsymbol{Q} = h(\boldsymbol{X}\boldsymbol{W}^{(1)\mathrm{T}} + \boldsymbol{b}^{(1)\mathrm{T}}) \tag{6.14a}$$

$$\hat{\boldsymbol{y}} = \boldsymbol{Q}\boldsymbol{W}^{(2)\mathrm{T}} + \boldsymbol{b}^{(2)\mathrm{T}} \tag{6.14b}$$

我们还将预测的输出和隐藏单元堆叠在矩阵中。请注意，转置偏移向量$\boldsymbol{b}^{(1)\mathrm{T}}$和$\boldsymbol{b}^{(2)\mathrm{T}}$已添加到此符号的每行中。

式（6.14）中的向量化方程也是模型通常在支持数组编程的语言中实现的方式。对于实现，可能需要考虑使用 $\boldsymbol{W}$ 和 $\boldsymbol{b}$ 的转置版本作为权重矩阵和偏移向量，以避免将它们转置到每个层中。

6.1.6 用于分类的神经网络

神经网络也可以用于分类，其中采用类别型输出$y \in \{1,\cdots,M\}$，而不是数值型输出。在3.2节中，我们通过简单地将 logistic 函数添加到输出中，将线性回归扩展到逻辑回归。同样，我们可以将上一节中提出的回归神经网络扩展到神经网络以进行分类。在这样做时，我们使用3.2节中介绍的多类逻辑回归版本，更具体地说，为了方便起见，这里重复了 softmax 参数化（3.41）：

$$\mathrm{softmax}(\boldsymbol{z}) \triangleq \frac{1}{\sum_{j=1}^{M} \mathrm{e}^{z_j}} \begin{bmatrix} \mathrm{e}^{z_1} \\ \mathrm{e}^{z_2} \\ \vdots \\ \mathrm{e}^{z_M} \end{bmatrix} \tag{6.15}$$

该模型构造如式（6.11）所示，但输出为 M 维。softmax 函数现在成为作用在神经网络最后一层的附加激活函数：

$$\boldsymbol{q}^{(1)} = h\left(\boldsymbol{W}^{(1)}\boldsymbol{x} + \boldsymbol{b}^{(1)}\right) \tag{6.16a}$$

$$\vdots$$

$$\boldsymbol{q}^{(L-1)} = h(\boldsymbol{W}^{(L-1)}\boldsymbol{q}^{(L-2)} + \boldsymbol{b}^{(L-1)}) \tag{6.16b}$$

$$\boldsymbol{z} = \boldsymbol{W}^{(L)}\boldsymbol{q}^{(L-1)} + \boldsymbol{b}^{(L)} \tag{6.16c}$$

$$\boldsymbol{g} = \mathrm{softmax}(\boldsymbol{z}) \tag{6.16d}$$

softmax 函数将最后一层的输出$\boldsymbol{z} = [z_1,\cdots,z_M]^{\mathrm{T}}$映射到$\boldsymbol{g} = [g_1,\cdots,g_M]^{\mathrm{T}}$，其中$g_m$是类别概率$p(y_i = m|\boldsymbol{x}_i)$的模型。softmax 函数的输入变量$z_1,\cdots,z_M$称为 logit。注意 softmax 函数不是具有额外参数的层，它只是将输出转换为建模的类概率。通过构造，softmax 函数的输出将始终在间隔$g_m \in [0,1]$内且和为$\sum_{m=1}^{M} g_m = 1$，否则不能被解释为概率，因为输出现在为 M 维，所以权重的最后一层矩阵$\boldsymbol{W}^{(L)}$的维度为$M \times U_{L-1}$，偏移向量$\boldsymbol{b}^{(L)}$的维度为 M。

示例 6.1 手写数字的分类问题表述

我们考虑一个称为 MNIST 的数据集[⊖]，这是机器学习和图像处理中研究最多的数据集之一。该数据集有 60 000 个训练数据点和 10 000 个验证数据点。每个数据点由一个 28×28 像素的手写数字灰度图像组成。数字的大小已被标准化，并以固定大小的图像为中心。每张图像还标有它所描绘的数字 0，1，…，8，9。图 6.5 显示了该数据集中的 20 个数据点。

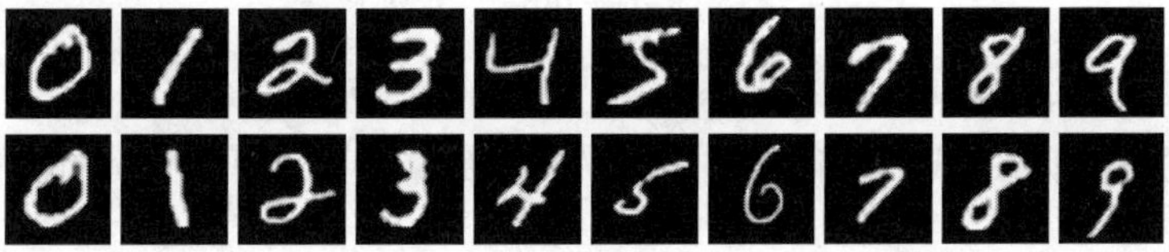

图 6.5

⊖ 参见 http://yann.lecun.com/exdb/mnist/。

在这个分类任务中，我们将图像视为输入$\boldsymbol{x}=[x_1,\cdots,x_p]^{\mathrm{T}}$。每个输入变量$x_j$对应于图像中的一个像素。总共有$p$=28×28=784个输入变量，我们将其压缩成一个长向量[⊖]。每个x_j的值表示该像素的强度。强度值在间隔[0, 1]内，其中x_j=0对应黑色像素，x_j=1对应白色像素。0和1之间的任何值都是具有相应强度的灰色像素。输出是类别$y_i\in\{0,\cdots,9\}$。这意味着我们用10个类表示10位数字。基于一组带有图像和标签的训练数据$\{\boldsymbol{x}_i,y_i\}_{i=1}^n$，问题是找到一个好的类概率模型：

$$p(y=m|\boldsymbol{x}),\quad m=0,\cdots,9$$

换言之，是找到一个未见过的图像$\boldsymbol{x}$属于M=10个类别中的每一个的概率。假设我们想用逻辑回归来解决这个问题，输出为softmax。这与只有一层的神经网络相同，即式（6.16），其中L=1。该模型的参数为：

$$\boldsymbol{W}^{(1)}\in\mathbb{R}^{784\times10},\boldsymbol{b}^{(1)}\in\mathbb{R}^{10}$$

这总共给出了$784\times10+10=7\,850$个参数。假设我们希望通过U=200个隐藏单元的双层神经网络来扩展此模型，需要两组权重矩阵和偏移向量：

$$\boldsymbol{W}^{(1)}\in\mathbb{R}^{784\times200},\ \boldsymbol{b}^{(1)}\in\mathbb{R}^{200},\ \boldsymbol{W}^{(2)}\in\mathbb{R}^{200\times10},\ \boldsymbol{b}^{(2)}\in\mathbb{R}^{10}$$

这是一种具有$784\times200+200+200\times10+10=159\,010$个参数的模型。在下一节，我们将学习如何将这些参数与训练数据相匹配。

6.2 训练神经网络

神经网络是一种参数模型，我们使用第5章中解释的技术来找到其参数。模型中的参数都是权重矩阵和偏移向量：

$$\boldsymbol{\theta}=\left[\mathrm{vec}(\boldsymbol{W}^{(1)})^{\mathrm{T}}\quad \boldsymbol{b}^{(1)\mathrm{T}}\quad\cdots\quad \mathrm{vec}(\boldsymbol{W}^{(L)})^{\mathrm{T}}\quad \boldsymbol{b}^{(L)\mathrm{T}}\right]^{\mathrm{T}} \tag{6.17}$$

为了找到参数$\boldsymbol{\theta}$的合适值，我们处理一个如下形式的优化问题：

$$\hat{\boldsymbol{\theta}}=\arg\min_{\boldsymbol{\theta}} J(\boldsymbol{\theta}),\quad 其中\ J(\boldsymbol{\theta})=\frac{1}{n}\sum_{i=1}^{n}L(\boldsymbol{x}_i,y_i,\boldsymbol{\theta}) \tag{6.18}$$

我们将代价函数表示为$J(\boldsymbol{\theta})$，损失函数表示为$L(\boldsymbol{x}_i,\boldsymbol{y}_i,\boldsymbol{\theta})$。损失函数的形式取决于要解决的问题，主要是回归问题或分类问题。

对于回归问题，我们通常使用平方误差损失（5.6），就像我们在线性回归中所做的那样，

$$L(\boldsymbol{x},y,\boldsymbol{\theta})=(y-f(\boldsymbol{x};\boldsymbol{\theta}))^2 \tag{6.19}$$

其中$f(\boldsymbol{x};\boldsymbol{\theta})$是神经网络的输出。

对于多类分类问题，我们类似地使用交叉熵损失函数（3.44），就像我们对多类逻辑回归所做的那样，

⊖ 通过扁平化，我们实际上从数据中删除了相当多的信息。在6.3节，我们将研究另一种保存空间信息的神经网络模型。

$$L(\boldsymbol{x},\boldsymbol{y},\boldsymbol{\theta}) = -\ln g_y(\boldsymbol{f}(\boldsymbol{x};\boldsymbol{\theta})) = -z_y + \ln\sum_{j=1}^{M}\mathrm{e}^{z_j} \tag{6.20}$$

其中，$z_j = f_j(\boldsymbol{x};\boldsymbol{\theta})$是第$j$个对数，也是在 softmax 函数$\boldsymbol{g}(\boldsymbol{z})$前的最后一层输出。此外，与式（3.44）中的符号类似，我们使用训练数据标签y作为索引变量，为损失函数选择正确的对数。另请注意，线性回归和逻辑回归都可以被视为神经网络模型的特殊情况，其中，网络中只有一层。另外，可用的不仅限于这两种损失函数。在 5.2 节的讨论之后，我们可以使用另一种符合需求的损失函数。

这些优化问题无法以闭式解的形式解决，因此必须使用数值优化。在所有数值优化算法中，参数都以迭代的方式更新。在深度学习中，我们通常使用各种版本的基于梯度的搜索：

1. 选择一个初始化$\boldsymbol{\theta}_0$。

2. 对于$t=0,1,2,\cdots$,更新参数为

$$\boldsymbol{\theta}_{t+1} \leftarrow \boldsymbol{\theta}_t - \gamma \nabla_{\boldsymbol{\theta}} J(\boldsymbol{\theta}_t) \tag{6.21}$$

3. 当满足某些标准时终止，并将最后一个$\boldsymbol{\theta}_t$作为$\hat{\boldsymbol{\theta}}$。

解决优化问题（6.18）有两个主要的计算挑战。

- n **很大**。第一个计算挑战是大数据问题。对于许多深度学习应用程序来说，数据点的数量n非常大，这使得代价函数及其梯度的计算成本非常大，因为它需要所有数据点的总和。因此，我们无法在每次迭代时计算精确的梯度$\nabla_{\boldsymbol{\theta}} J(\boldsymbol{\theta}_t)$。相反，我们通过在每次迭代时只考虑训练数据的随机子集来计算该梯度的近似值，我们称之为迷你批次。这种优化过程被称为随机梯度下降，我们已经在 5.5 节中进行了解释。
- $\dim(\boldsymbol{\theta})$**很大**。第二个计算挑战是对于深度学习问题，$\dim(\boldsymbol{\theta})$的参数数量也非常大。为了有效地计算梯度$\nabla_{\boldsymbol{\theta}} J(\boldsymbol{\theta}_t)$，我们应用微积分的链式法则，并重用计算该梯度所需的偏导数。这被称为反向传播算法，将在下一节中进一步解释。

6.2.1 反向传播

反向传播算法是神经网络几乎所有训练过程中的重要组成部分。如上所述，它不是一个完整的训练算法，因为它需要训练数据并训练模型。反向传播是一种有效计算神经网络中所有参数的代价函数及其梯度的算法。代价函数及其梯度随后将用于 5.5 节中解释的随机梯度下降算法。

该模型中的参数都是权重矩阵和偏移向量。因此，在基于梯度的搜索算法（6.21）的每次迭代中，我们还需要找到这些矩阵和向量中所有元素的代价函数的梯度。总而言之，我们希望找到

$$\mathrm{d}\boldsymbol{W}^{(l)} \triangleq \nabla_{\partial \boldsymbol{w}^{(l)}} J(\boldsymbol{\theta}) = \begin{bmatrix} \dfrac{\partial J(\boldsymbol{\theta})}{\partial w_{11}^{(l)}} \cdots \dfrac{\partial J(\boldsymbol{\theta})}{\partial w_{1,U^{(l-1)}}^{(l)}} \\ \vdots \qquad\qquad \vdots \\ \dfrac{\partial J(\boldsymbol{\theta})}{\partial w_{U^{(l)},1}^{(l)}} \cdots \dfrac{\partial J(\boldsymbol{\theta})}{\partial w_{U^{(l)},U^{(l-1)}}^{(l)}} \end{bmatrix}$$

$$\mathrm{d}\boldsymbol{b}^{(l)} \triangleq \nabla_{\partial \boldsymbol{b}^{(l)}} J(\boldsymbol{\theta}) = \begin{bmatrix} \frac{\partial J(\boldsymbol{\theta})}{\partial b_1^{(l)}} \\ \vdots \\ \frac{\partial J(\boldsymbol{\theta})}{\partial b_{U^{(l)}}^{(l)}} \end{bmatrix} \tag{6.22}$$

对于所有$l=1,\cdots,L$。请注意，这里的代价函数$J(\boldsymbol{\theta})$仅包括当前迷你批次中的损失。当计算这些梯度时，我们可以相应地更新权重矩阵和偏移向量：

$$\boldsymbol{W}_{t+1}^{(l)} \leftarrow \boldsymbol{W}_t^{(l)} - \gamma \mathrm{d}\boldsymbol{W}_t^{(l)} \tag{6.23a}$$

$$\boldsymbol{b}_{t+1}^{(l)} \leftarrow \boldsymbol{b}_t^{(l)} - \gamma \mathrm{d}\boldsymbol{b}_t^{(l)} \tag{6.23b}$$

为了有效地计算这些梯度，反向传播利用了模型的结构，而不是分别计算每个参数的导数。为此，反向传播使用微积分的链式法则。

首先，我们描述了反向传播如何适用于单个数据点$(\boldsymbol{x}, y)$，稍后在算法 6.1 中将此推广到多个数据点。反向传播算法由向前传播和向后传播两步组成。在向前传播中，我们仅使用 6.1 节中提出的神经网络模型来评估代价函数。我们从输入 $\boldsymbol{x}$ 开始，按顺序评估从第 1 层到最后一层 L 的每层，因此，我们向前传播：

$$\boldsymbol{q}^{(0)} = \boldsymbol{x}, \tag{6.24a}$$

$$\begin{cases} \boldsymbol{z}^{(l)} = \boldsymbol{W}^{(l)}\boldsymbol{q}^{(l-1)} + \boldsymbol{b}^{(l)}, \\ \boldsymbol{q}^{(l)} = h(\boldsymbol{z}^{(l)}), \end{cases} \quad \text{对于} l = 1,\cdots,L-1 \tag{6.24b}$$

$$\boldsymbol{z}^{(L)} = \boldsymbol{W}^{(L)}\boldsymbol{q}^{(L-1)} + \boldsymbol{b}^{(L)}, \tag{6.24c}$$

$$J(\boldsymbol{\theta}) = \begin{cases} (y - z^{(L)})^2, & \text{如果是回归问题} \\ -z_y^{(L)} + \ln \sum_{i=1}^{M} \mathrm{e}^{z_j^{(L)}}, & \text{如果是分类问题} \end{cases} \tag{6.24d}$$

请注意，由于我们只考虑一个数据点，代价函数$J(\boldsymbol{\theta})$将只包括一个损失项。

当考虑到向后传播时，我们需要引入一些额外的符号，即代价 J 相对于隐藏单元$\boldsymbol{z}^{(l)}$和$\boldsymbol{q}^{(l)}$的梯度，由下式给出：

$$\mathrm{d}\boldsymbol{z}^{(l)} \triangleq \nabla_{\boldsymbol{z}^{(l)}} J(\boldsymbol{\theta}) = \begin{bmatrix} \frac{\partial J(\boldsymbol{\theta})}{\partial z_1^{(l)}} \\ \vdots \\ \frac{\partial J(\boldsymbol{\theta})}{\partial z_{U^{(l)}}^{(l)}} \end{bmatrix} \text{ 且 } \mathrm{d}\boldsymbol{q}^{(l)} \triangleq \nabla_{\boldsymbol{q}^{(l)}} J(\boldsymbol{\theta}) = \begin{bmatrix} \frac{\partial J(\boldsymbol{\theta})}{\partial q_1^{(l)}} \\ \vdots \\ \frac{\partial J(\boldsymbol{\theta})}{\partial q_{U^{(l)}}^{(l)}} \end{bmatrix} \tag{6.25}$$

在向后传播中，我们计算所有层的梯度$\mathrm{d}\boldsymbol{z}^{(l)}$和$\mathrm{d}\boldsymbol{q}^{(l)}$。递归地这样做，与我们在向前传播中所做的方向相反，也就是说，从最后一层 L 开始，传播回第一层。要开始这些递归，我们首先需要计算$\mathrm{d}\boldsymbol{z}^{(l)}$，即代价函数相对于最后一个隐藏层中隐藏单元的梯度。这显然取决于我们对损失函数（6.24d）的选择。如果要处理回归问题，并选择平方误差损失，我们会得到：

$$\mathrm{d}z^{(L)} = \frac{\partial J(\boldsymbol{\theta})}{\partial z^{(L)}} = \frac{\partial}{\partial z^{(L)}}(y - z^{(L)})^2 = -2(y - z^{(L)}) \tag{6.26a}$$

对于多类分类问题，我们使用交叉熵损失（6.20），得到：

$$\mathrm{d}z_j^{(L)} = \frac{\partial J(\boldsymbol{\theta})}{\partial z_j^{(L)}} = \frac{\partial}{\partial z_j^{(l)}}\left(-z_y^{(L)} + \ln\sum_{k=1}^{M} \mathrm{e}^{z_k^{(L)}}\right) = -\mathbb{I}\{y = j\} + \frac{\mathrm{e}^{z_j^{(L)}}}{\sum_{k=1}^{M} \mathrm{e}^{z_k^{(L)}}} \tag{6.26b}$$

向后传播现在通过以下递归进行：

$$\mathrm{d}\boldsymbol{z}^{(l)} = \mathrm{d}\boldsymbol{q}^{(l)} \odot h'(\boldsymbol{z}^{(l)}) \tag{6.27a}$$

$$\mathrm{d}\boldsymbol{q}^{(l-1)} = \boldsymbol{W}^{(l)\mathrm{T}} \mathrm{d}\boldsymbol{z}^{(l)} \tag{6.27b}$$

其中$\odot$表示元素积，$h'(z)$是激活函数 $h(z)$ 的导数。与式（6.24b）中的符号类似，$h'(\boldsymbol{z})$在向量 $\boldsymbol{z}$ 上逐元素运算。请注意，第 L 层没有执行式（6.27a）的第一行，因为该层没有激活函数，见式（6.24c）。

使用$\mathrm{d}\boldsymbol{z}^{(l)}$，我们现在可以计算权重矩阵和偏移向量的梯度：

$$\mathrm{d}\boldsymbol{W}^{(l)} = \mathrm{d}\boldsymbol{z}^{(l)} \boldsymbol{q}^{(l-1)\mathrm{T}} \tag{6.27c}$$

$$\mathrm{d}\boldsymbol{b}^{(l)} = \mathrm{d}\boldsymbol{z}^{(l)} \tag{6.27d}$$

向后传播的所有方程（6.27）都可以从微积分的链式法则导出，有关更多详细信息，请参阅附录 6.A。图 6.6 总结了反向传播算法的计算过程。

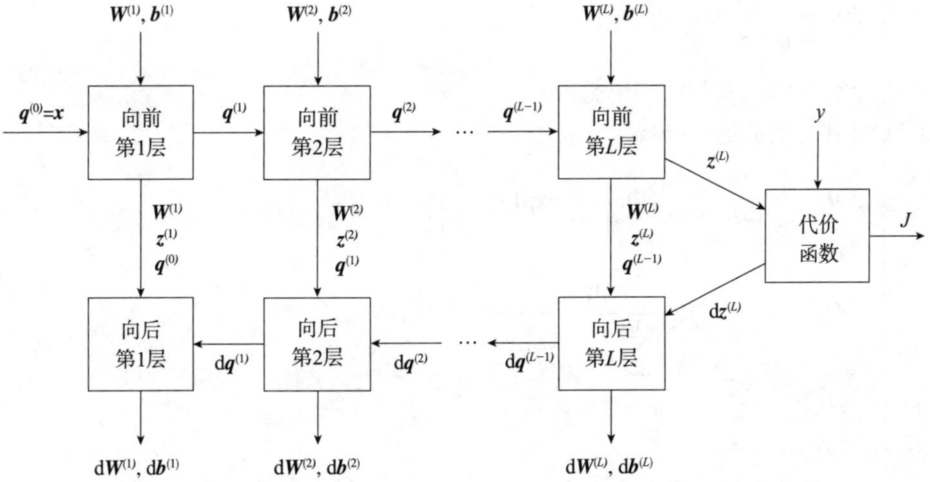

图 6.6 反向传播算法的计算过程。我们从左上角的输入开始，向前传播并计算代价函数。在此过程中，我们还缓存隐藏单元$\boldsymbol{q}^{(l)}$和$\boldsymbol{z}^{(l)}$的值。然后，我们将梯度$\mathrm{d}\boldsymbol{q}^{(l)}$和$\mathrm{d}\boldsymbol{z}^{(l)}$向后传播，并计算参数$\boldsymbol{W}^{(l)}$、$\boldsymbol{b}^{(l)}$的梯度。这个计算过程涉及的方程在式（6.24）、式（6.26）和式（6.27）中给出

到目前为止，我们只考虑过一个数据点$(\boldsymbol{x}, y)$的反向传播。然而，我们确实想对于整个迷你批次$\{\boldsymbol{x}_i, y_i\}_{i=(j-1)n_b+1}^{jn_b}$计算代价函数$J(\boldsymbol{\theta})$及其梯度$\mathrm{d}\boldsymbol{W}^{(l)}$和$\mathrm{d}\boldsymbol{b}^{(l)}$。因此，我们对当前迷你批次中的所有数据点运行式（6.24）、式（6.26）和式（6.27），并计算 J、$\mathrm{d}\boldsymbol{W}^{(l)}$和$\mathrm{d}\boldsymbol{b}^{(l)}$的平均结果。为了以计算高效的方式做到这一点，我们同时处理迷你批次中的所有n_b个数据点，将其

堆叠在矩阵中，就像我们在式（6.14）中所做的那样，其中每行代表一个数据点：

$$Q = \begin{bmatrix} \boldsymbol{q}_1^{\mathrm{T}} \\ \vdots \\ \boldsymbol{q}_{n_b}^{\mathrm{T}} \end{bmatrix}, \quad Z = \begin{bmatrix} \boldsymbol{z}_1^{\mathrm{T}} \\ \vdots \\ \boldsymbol{z}_{n_b}^{\mathrm{T}} \end{bmatrix}, \quad \mathrm{d}Q = \begin{bmatrix} \mathrm{d}\boldsymbol{q}_1^{\mathrm{T}} \\ \vdots \\ \mathrm{d}\boldsymbol{q}_{n_b}^{\mathrm{T}} \end{bmatrix}, \quad \mathrm{d}Z = \begin{bmatrix} \mathrm{d}\boldsymbol{z}_1^{\mathrm{T}} \\ \vdots \\ \mathrm{d}\boldsymbol{z}_{n_b}^{\mathrm{T}} \end{bmatrix} \tag{6.28}$$

然后，我们得到完整的算法，见算法 6.1。

算法 6.1：反向传播

输入：参数 $\boldsymbol{\theta} = \{\boldsymbol{W}^{(l)}, \boldsymbol{b}^{(l)}\}_{l=1}^{L}$，激活函数 h，数据 $\boldsymbol{X}, \boldsymbol{y}$，共 n_b 行，每一行对应一个当前迷你批次中的数据点。

结果：$J(\boldsymbol{\theta}), \nabla_{\boldsymbol{\theta}} J(\boldsymbol{\theta})$ 当前迷你批次。

1 向前传播
2 令 $\boldsymbol{Q}^0 \leftarrow \boldsymbol{X}$
3 **for** $l = 1, \cdots, L$ **do**
4 $\quad \boldsymbol{Z}^{(l)} = \boldsymbol{Q}^{(l-1)} \boldsymbol{W}^{(l)\mathrm{T}} + \boldsymbol{b}^{(l)\mathrm{T}}$
5 $\quad \boldsymbol{Q}^{(l)} = h(\boldsymbol{Z}^{(l)})$ 最后一层（$l = L$）不执行此行
6 **end**
7 计算代价函数
8 **if** 回归问题 **then**
9 $\quad J(\boldsymbol{\theta}) = \dfrac{1}{n_b} \displaystyle\sum_{i=1}^{n_b} L\left(y_i - Z_i^{(L)}\right)^2$
10 $\quad \mathrm{d}Z^{(L)} = -2(\boldsymbol{y} - \boldsymbol{Z}^{(L)})$
11 **else if** 分类问题 $^{\ominus}$ **then**
12 $\quad J(\boldsymbol{\theta}) = \dfrac{1}{n_b} \displaystyle\sum_{i=1}^{n_b} \left(-Z_{i,y_i}^{(L)} + \ln\left(\sum_{j=1}^{M} \exp\left(Z_{ij}^{(L)}\right) \right) \right)^2$
13 $\quad \mathrm{d}Z_{ij}^{(L)} = -\mathbb{I}\{y_i = j\} + \dfrac{\exp\left(Z_{ij}^{(L)}\right)}{\displaystyle\sum_{j=1}^{M} \exp\left(Z_{ij}^{(L)}\right)} \quad \forall i, j$
14 向后传播
15 **for** $l = 1, \cdots, 1$ **do**
16 $\quad \mathrm{d}\boldsymbol{Z}^{(l)} = \mathrm{d}\boldsymbol{Q}^{(l)} \odot h(\boldsymbol{Z}^{(l)})$ 最后一层（$l = L$）不执行此行
17 $\quad \mathrm{d}\boldsymbol{Q}^{(l-1)} = \mathrm{d}\boldsymbol{Z}^{(l)} \boldsymbol{W}^{(l)}$
18 $\quad \mathrm{d}\boldsymbol{W}^{(l)} = \dfrac{1}{n_b} \mathrm{d}\boldsymbol{Z}^{(l)\mathrm{T}} \boldsymbol{Q}^{(l-1)}$
19 $\quad \mathrm{d}b_j^{(l)} = \dfrac{1}{n_b} \displaystyle\sum_{i=1}^{n_b} \mathrm{d}Z_{ij}^{(l)} \quad \forall j$

$\ominus$ 在计算（$Z_{ij}^{(L)}$）时，为了避免潜在的溢出，可能需要考虑在计算代价之前对 logit $Z_{ij}^{(L)} \leftarrow Z_{ij}^{(L)} \leftarrow \max_j Z_{ij}^{(L)}$ 进行归一化。注意，这种归一化不会改变代价函数的值。

$$
\begin{aligned}
&\textbf{end}\\
&\nabla_\theta J(\boldsymbol{\theta})=[\mathrm{vec}(\mathrm{d}\boldsymbol{W}^{(l)})^{\mathrm{T}}\ \ \mathrm{d}\boldsymbol{b}^{(l)})^{\mathrm{T}}\ \ \cdots\ \ \mathrm{vec}(\mathrm{d}\boldsymbol{W}^{(L)})^{\mathrm{T}}\ \ \mathrm{d}\boldsymbol{b}^{(L)})^{\mathrm{T}}]\\
&\textbf{return}\ J(\boldsymbol{\theta}),\nabla_\theta J(\boldsymbol{\theta})
\end{aligned}
$$

6.2.2 初始化

我们之前遇到的大多数优化问题（例如 L^1 正则化和逻辑回归）都是凸的。这意味着无论我们使用哪种初始化 $\boldsymbol{\theta}_0$，我们都可以保证全局收敛性。相比之下，训练神经网络的代价函数通常是非凸的。这意味着训练对初始参数的值很敏感。通常，我们将所有参数初始化为小随机数，以使不同的隐藏单元能够编码数据的不同方面。如果使用 ReLU 激活函数，偏移元素 b_0 通常初始化为一个小的正值，以便在 ReLU 的非负范围内运行。

示例 6.2　手写数字的分类（第一次尝试）

我们考虑了示例 6.1 中引入的手写数字分类示例。根据提供的数据，我们训练了该示例末尾提到的两个模型：逻辑回归模型（或等效的单层神经网络）和双层神经网络。

我们使用算法 5.3 中解释的随机梯度下降，学习率 γ=0.5，迷你批次大小为 n_b=100 个数据点。由于我们总共有 n=60 000 个训练数据点，因此在 60 000/100 = 600 次迭代后完成了一轮。我们运行 15 轮的算法，即 9000 次迭代。

如前所述，在算法的每次迭代中，都会对当前训练数据的迷你批次的代价函数进行评估。此代价函数的值在图 6.7a 和图 6.8a 以深色表示。此外，我们还计算了当前迷你批次中 100 个数据点的错误分类率。这在图 6.7b 和图 6.8b 中得到了说明。由于当前的迷你批次由 100 个随机选择的训练数据点组成，因此性能会根据考虑哪个迷你批次而波动。

然而，重要的衡量标准是我们如何对训练期间未使用的数据进行操作。因此，在每 100 次迭代中，我们还计算 10 000 个数据点的整个验证数据集的代价函数和错误分类错误。图 6.7 和图 6.8 的浅色部分说明了这一表现。

逻辑回归模型

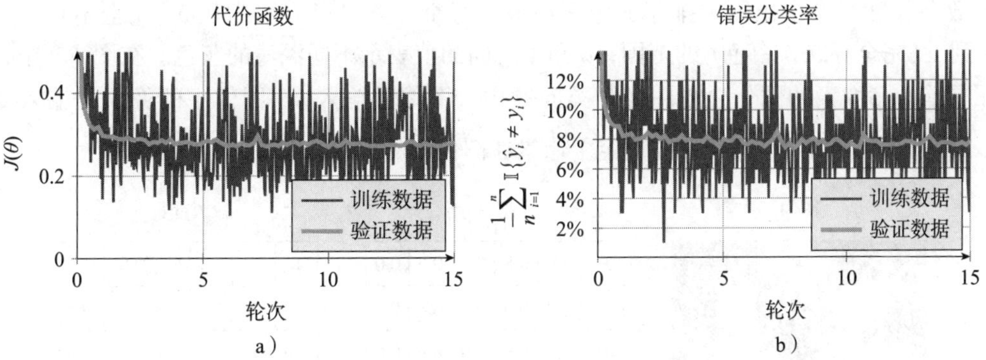

图 6.7　展示逻辑回归模型的训练

我们可以看到验证数据的性能有所提高，在多轮之后，我们已经看不到任何额外的改进，我们对验证数据的错误分类率约为 8%。

双层神经网络

图 6.8 显示了 U=200 个隐藏单元的双层神经网络的训练。在这个模型中，我

们使用 ReLU 作为激活函数。

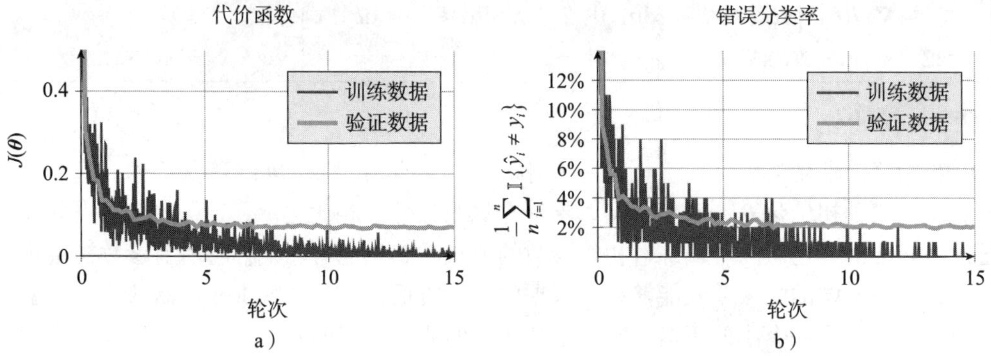

图 6.8

添加此层隐藏单元可显著将验证数据的错误分类率降至 2%。我们还可以看到，在后期，我们经常在当前迷你批次中获得所有 100 个数据点。训练错误和验证错误之间的差异表明，我们的模型存在过拟合。规避这种过拟合，从而进一步提高验证数据性能的一种方法是将神经网络层更改为为图像数据量身定制的其他类型的层。以下一节解释了这些类型的神经网络层。

6.3 卷积神经网络

卷积神经网络（CNN）是一种特殊的神经网络，最初是为输入数据具有类似网格结构的问题量身定制的。在本节中，我们将重点关注图像，其中像素位于二维网格上。在应用 CNN 的应用程序中，图像也是最常见的输入数据类型。然而，CNN 可用于网格上的任何输入数据，也可以用于一维（例如音频波形数据）和三维（体积数据，例如计算机断层（CT）扫描或视频数据）。我们将关注灰度图像，但这种方法也可以轻松扩展到彩色图像。

6.3.1 图像的数据表示

数字灰度图像由矩阵中排序的像素组成。每个像素可以表示为从 0（完全不存在，黑色）到 1（完全存在，白色）的范围，0 和 1 之间的值表示不同深浅的灰色。在图 6.9 中，展示了具有6×6像素的图像。在图像分类问题中，图像是输入 $\boldsymbol{x}$，图像中的像素是输入变量 $x_{1,1}, x_{1,2}, \cdots, x_{6,6}$。这两个索引 j 和 k 决定了像素在图像中的位置，如图 6.9 所示。

图像

数据表示

0.0	0.0	0.8	0.9	0.6	0.0
0.0	0.9	0.6	0.0	0.8	0.0
0.0	0.0	0.0	0.0	0.9	0.0
0.0	0.0	0.0	0.9	0.6	0.0
0.0	0.0	0.9	0.0	0.0	0.0
0.0	0.8	0.9	0.9	0.9	0.9

输入变量

$x_{1,1}$	$x_{1,2}$	$x_{1,3}$	$x_{1,4}$	$x_{1,5}$	$x_{1,6}$
$x_{2,1}$	$x_{2,2}$	$x_{2,3}$	$x_{2,4}$	$x_{2,5}$	$x_{2,6}$
$x_{3,1}$	$x_{3,2}$	$x_{3,3}$	$x_{3,4}$	$x_{3,5}$	$x_{3,6}$
$x_{4,1}$	$x_{4,2}$	$x_{4,3}$	$x_{4,4}$	$x_{4,5}$	$x_{4,6}$
$x_{5,1}$	$x_{5,2}$	$x_{5,3}$	$x_{5,4}$	$x_{5,5}$	$x_{5,6}$
$x_{6,1}$	$x_{6,2}$	$x_{6,3}$	$x_{6,4}$	$x_{6,5}$	$x_{6,6}$

图 6.9 6×6 像素的灰度图像的数据表示。每个像素由编码该像素强度的数字表示。这些像素值存储在带有元素 $x_{j,k}$ 的矩阵中

如果我们将代表图像像素的所有输入变量放在长向量中，就像我们在示例 6.1 和示例 6.2 中所做的那样，我们可以使用 6.1 节中介绍的网络架构。然而，通过这样做，图像数据中存在的许多结构都将丢失。例如，我们知道两个相距较近的像素通常比相距较远的两个像素有更多的共同点。这种向量化会破坏这些信息。相比之下，CNN 通过将输入变量和隐藏层表示为矩阵来保存这些信息。CNN 的核心成分是卷积层，我们将在后面进行解释。

6.3.2 卷积层

在输入层之后，我们使用一个隐藏层，其中包含与输入变量数量相同的隐藏单元。对于 6×6 像素的图像，我们有 $6 \times 6 = 36$ 个隐藏单元。我们选择以与输入变量相同的方式在 6×6 矩阵中对隐藏单元进行排序，见图 6.10a。

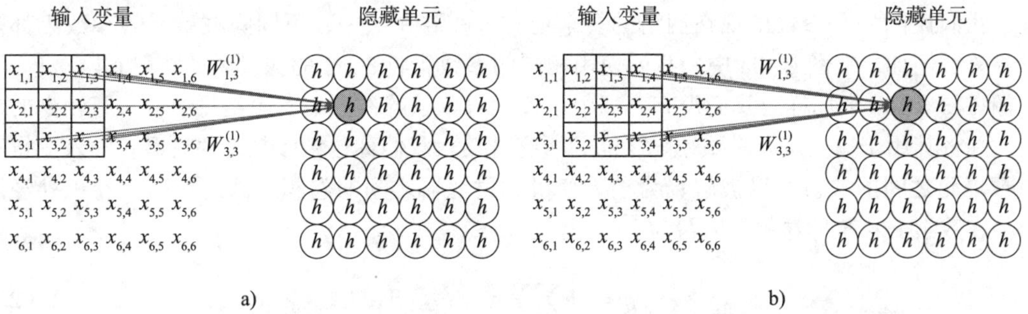

图 6.10 卷积层中的相互作用：每个隐藏单元（圆圈）仅取决于图像中的一小部分像素（方框中），这里是大小为 3×3 的像素。隐藏单元的位置对应于区域的位置图像：如果我们向右移动到一个隐藏单元，则图像也向右移动了一步（比较图 a 和图 b）。此外，九个参数 $W_{1,1}^{(1)}, W_{1,2}^{(1)}, \cdots, W_{3,3}^{(1)}$ 对于层中的所有隐藏单元都是相同的

前几节中显示的网络层（如图 6.3 中的网络层）是*密集层*。这意味着每个输入变量都连接到后续层中的所有隐藏单元，并且每个此类连接都有一个与之关联的唯一参数 $W_{j,k}$。经验发现，这些层为图像提供了过多的灵活性，我们可能无法捕捉真正重要的模式，因此模型在未见过的数据上的泛化和表现不会很好。相反，卷积层利用图像中的结构来找到更有效的参数化模型。与密集层相比，卷积层利用两个重要概念——*稀疏相互作用和参数共享*——来实现这种参数化。

6.3.3 稀疏相互作用

我们所说的稀疏相互作用是指相应密集层中的大多数参数被迫等于零。更具体地说，卷积层中的隐藏单元仅取决于图像中一个小区域的像素，而不是所有像素。在图 6.10 中，这个区域的大小为 3×3。区域的位置与隐藏单元在其矩阵表示中的位置有关。如果我们向右移动一步到隐藏单元，图像中的相应区域也会向右移动一步，图 6.10a 和图 6.10b 进行比较可见。对于边界上的隐藏单元，相应的区域部分位于图像之外。对于这些边界情况，我们通常使用零填充，其中缺失的像素只需用零替换。零填充如图 6.11 所示。

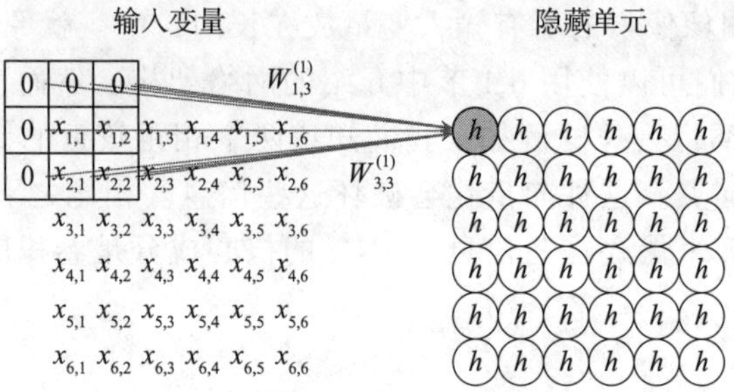

图 6.11 当片段部分位于图像之外时使用的零填充图。使用零填充，图像的大小可以保存在下一层中

6.3.4 参数共享

在密集层中，输入变量和隐藏单元之间的每个链接都有自己独特的参数。通过参数共享，我们让同一个参数出现在网络的多个地方。在卷积层中，不同隐藏单元的参数集都是一样的。例如，在图 6.10a 中，我们使用相同的参数集将 3×3 的像素区域映射到隐藏单元，就像在图 6.10b 中那样。我们没有为每个位置学习单独的参数集，而是只学习一组较少的参数，并将其用于输入层和隐藏单元之间的所有链接。我们称这组参数为过滤器。输入变量和隐藏单元之间的映射可以被解释为输入变量和过滤器之间的卷积，因此被称为卷积神经网络。在数学上，这种卷积可以写为：

$$q_{ij} = h\left(\sum_{k=1}^{F}\sum_{l=1}^{F} x_{i+k-1,j+l-1}W_{k,l}\right) \tag{6.29}$$

其中 $x_{i,j}$ 表示该层的零填充输入，q_{ij} 表示该层的输出，$W_{k,l}$ 是具有 F 行和 F 列的过滤器。卷积层中稀疏的相互作用和参数共享使得 CNN 对图像中物体的平移相对不变。如果过滤器中的参数对某个细节（如角落、边界等）很敏感，那么无论该细节出现在图像的哪个位置，隐藏单元都会对该细节做出反应（或不做出反应）。此外，与相应的密集层相比，卷积层使用的参数明显较少。在图 6.10 中，只需要 3×3+1=10 个参数（包括偏移参数）。如果我们使用密集层，则需要 (36+1)×36=1 332 个参数。另一种解释是：在参数数量相同的情况下，卷积层可以比密集层编码更多的图像属性。

6.3.5 卷积层和步幅

在上面显示的卷积层中，我们的隐藏单元和图像中的像素一样多。然而，当我们添加更多图层时，我们希望减少隐藏单元的数量，只存储前几层中计算的最重要的信息。一种方法是不将过滤器应用于每个像素，而是将过滤器应用于每两个像素。如果我们将过滤器应用于每两个像素，无论是按行还是按列，隐藏单元将只有行的一半和列的一半。对于大小为 6×6 的图像来说，我们得到 3×3 个隐藏单元。这个概念如图 6.12 所示。

步幅控制过滤器每步图像上移动的像素数。在图 6.10 中，步幅为 s=1，因为过滤器按行和列移动一个像素。在图 6.12 中，步幅为 s=2，因为它按行和列移动两个像素。请注意，图 6.12 中的卷积层仍然需要 10 个参数，就像图 6.10 中的卷积层一样。从数学上讲，带步幅的卷积层可以表示为：

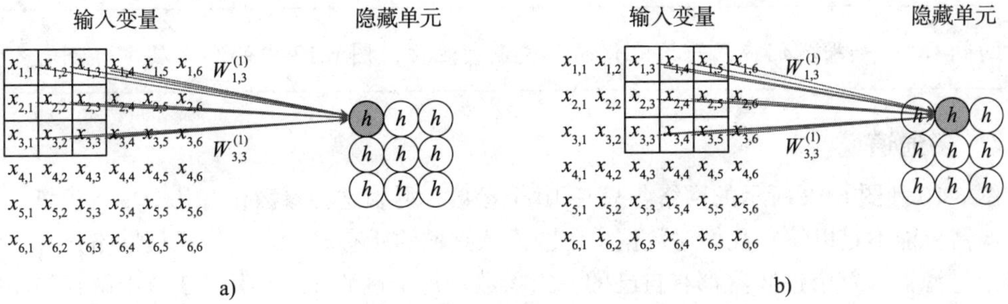

图 6.12　步幅为 2 且过滤器大小为 3 × 3 的卷积层

$$q_{ij}=h\left(\sum_{k=1}^{F}\sum_{l=1}^{F}x_{s(i-1)+k,s(j-1)+l}W_{k,l}\right) \tag{6.30}$$

特别要注意的是，如果我们在上式中使用 s=1，这就相当于式（6.29）。

6.3.6　池化层

总结前几层信息的另一种方法是使用池化来实现。池化层在卷积层之后充当额外的层。与卷积层类似，它只取决于像素区域。然而，与卷积层不同，池化层没有任何额外的可训练参数。在池化层中，我们还使用步幅来凝聚信息，这意味着区域移动了$s>1$个像素。两个常见的池化版本是平均池化和最大池化。在平均池化中，计算相应区域单元的平均值。从数学上来说，这意味着：

$$\tilde{q}_{ij}=\frac{1}{F^2}\sum_{k=1}^{F}\sum_{l=1}^{F}q_{s(i-1)+k,s(j-1)+l} \tag{6.31}$$

其中$q_{i,j}$是池化层的输入，$\tilde{q}_{ij}$是输出，F 是池大小，s 是池层中使用的步幅。在最大池化中，我们取最大像素。最大池化数如图 6.13 所示。

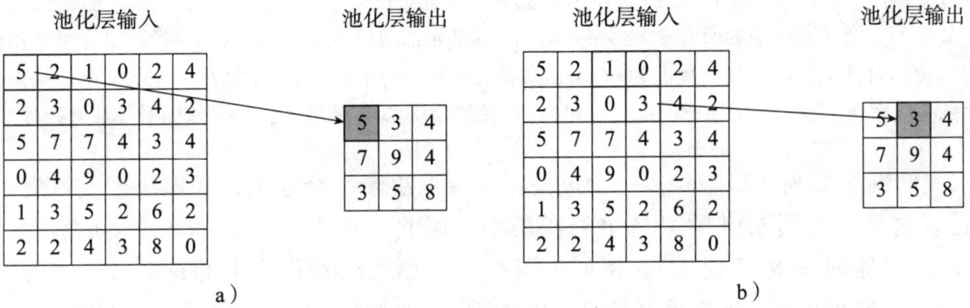

图 6.13　步幅为 2 且池化过滤器大小为 2 × 2 的最大池化层

与步幅的卷积相比，池化层可以使模型对输入的小平移更具不变性，这意味着如果我们通过少量输入转化，许多池化输出不会改变。例如，在图 6.13 中，如果我们将输入单元向右移动一步（并将第一列替换为 0），除第一列中的 7 和 3 外，池化层的输出将相同，7 和 3 将变为 5 和 2。然而，使用步幅$s=2$的卷积层需要的计算量比计算层（步幅$s=1$）少四倍，之后使用步幅$s=2$的池化层，因为对于第一个选项，卷积按行和列移动两步，而在第二个选项中，卷积仍然移动一步。

思考时间 6.1 如果我们应用平均池化而不是最大池化，图 6.13 中的池化层输出会是多少？

6.3.7 多通道

图 6.10 和图 6.12 所示的网络各只有 10 个参数。尽管这种参数化有几个重要优势，但一个过滤器可能不足以编码我们对数据集中图像感兴趣的所有属性。为了扩展网络，我们添加了多个过滤器，每个过滤器都有自己的一组参数。每个过滤器都使用 6.3 节中解释的相同的卷积运算生成自己的一组隐藏单元——即所谓的通道。因此，CNN 中的每层隐藏单元都组织成一个具有维度（行 × 列 × 通道）的所谓张量。在图 6.14 中，第一层隐藏单元有四个通道，因此该隐藏层的维度为 6 × 6 × 4。

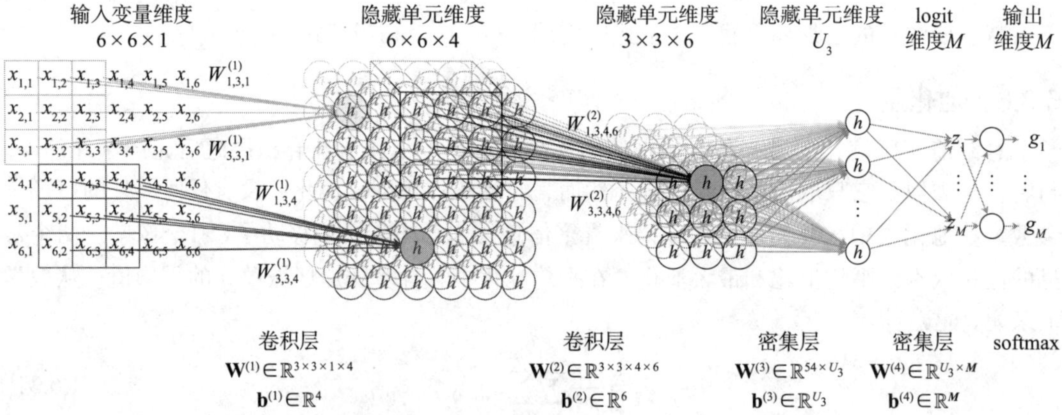

图 6.14 用于 6 × 6 灰度图像分类的完整 CNN 架构。在第一个卷积层中，四个过滤器（每个过滤器大小为 3 × 3）产生一个具有四个通道的隐藏层。第一个通道（在后面）以红色可视化，第四个通道（在前面）以蓝色可视化。我们使用步幅为 1，它保持行数和列数。在第二个卷积层中，使用六个大小为 3 × 3 × 4 和步幅为 2 的过滤器。它们产生一个包含 3 个行、3 个列和 6 个通道的隐藏层。在两个卷积层之后，跟着一个密集层，其中第二个隐藏层中的所有 3 × 3 × 6=54 个隐藏单元都与第三层中的所有 U_3 隐藏单元紧密相连，其中所有链接都有其唯一的参数。我们为 M logit 添加了额外的密集层映射。网络以 softmax 函数结束，以提供预测的类概率作为输出。请注意，此处不包括与偏移参数相对应的箭头，为了使图形不那么杂乱

当我们继续堆叠卷积层时，每个过滤器不仅取决于一个通道，还取决于上一层中的所有通道。这显示在图 6.14 的第二个卷积层中。因此，每个过滤器都是维度的张量（过滤器行 × 过滤器列 × 输入通道）。例如，图 6.14 中第二个卷积层中的每个过滤器的大小为 3 × 3 × 4。如果我们在一个权重张量 $\boldsymbol{W}$ 中收集所有过滤器参数，该张量将具有维度（过滤器行 × 过滤器列 × 输入通道 × 输出通道）。在图 6.14 的第二个卷积层中，相应的权重矩阵 $\boldsymbol{W}^{(2)}$是 3 × 3 × 4 × 6 维的张量。每个卷积层都有多个过滤器，每个过滤器都对图像中的不同特征敏感，例如某些边界、线条或圆圈，从而在我们的训练数据中丰富地表示图像。

具有多个输入通道和输出通道的卷积层可以在数学上描述为：

$$q_{ijn}^{(l)} = h\left(\sum_{k=1}^{F_l}\sum_{l=1}^{F_l}\sum_{m=1}^{U_{l-1}} q_{s_l(i-1)+k-1,s_l(j-1)+l,m}^{(l-1)} W_{k,l,m,n}^{(l)}\right) \tag{6.32}$$

其中$q_{ijm}^{(l-1)}$是第l层的输入，$q_{ijm}^{(l)}$是第l层的输出，U_{l-1}是输入通道的数量，F_l是过滤器行 / 列，s_l

是步幅，$W_{k,l,m,n}^{(l)}$是权重张量。

6.3.8 完整的CNN架构

一个完整的 CNN 架构由多个卷积层组成。对于预测性任务，我们在处理网络时减少隐藏层中的行数和列数，同时增加通道数量，使网络能够编码更高级别的特征。在几个卷积层后，我们通常用一个或多个密集层结束网络。如果我们考虑图像分类任务，我们会在末尾放置一个 softmax 层，以获得 [0,1] 范围内的输出。训练 CNN 时的损失函数将与前面解释的回归和分类网络相同，具体取决于我们手头的问题类型。图 6.14 展示了一个完整的 CNN 架构的示例。

示例 6.3 手写数字的分类 – 卷积神经网络

在示例 6.1 和示例 6.2 中解释的模型中，我们将每张图像的所有 28×28 个像素放入一个具有 784 个元素的长矢量中。在这个操作中，我们没有利用两个相邻像素比两个相距更远的像素更有可能相关的信息。相反，我们保留了数据的矩阵结构，并使用具有三个卷积层和两个密集层的 CNN。下表给出了层的设置。

	卷积层			密集层	
	第 1 层	第 2 层	第 3 层	第 4 层	第 5 层
过滤器和输出通道的数量	4	8	12	–	–
过滤器行和列	(5×5)	(5×5)	(4×4)	–	–
步幅	1	2	2	–	–
隐藏单元数量	3 136	1 568	588	200	10
参数数量（包括偏移向量）	104	808	1 548	117 800	2 010

在高维参数空间中，代价函数中的鞍点很频繁。由于梯度在这些鞍点处也是零，随机梯度下降可能会卡在那里。因此，我们使用称为 Adam（自适应矩估计的缩写）的随机梯度下降扩展来训练此模型。Adam 在梯度及其二阶矩上使用运行平均线，并且可以更容易地通过这些鞍点。对于 Adam 优化器来说，我们使用学习率 $\gamma = 0.002$。在图 6.15 中显示了当前训练迷你批次的代价函数和错误分类率以及验证数据。最浅线条是示例 6.2 中显示的双层网络验证数据的性能。

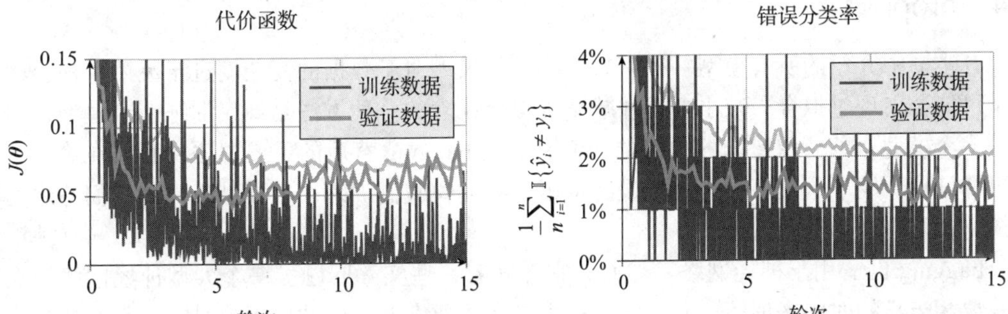

图 6.15

与密集的双层网络的结果相比，我们可以看到在验证集上的错误分类率从 2% 下降到 1%。通过图 6.15 我们也能看到在验证数据上的性能并不稳定，在

1% ～ 1.5% 之间波动，正如5.5节中的解释，这是由于随机梯度下降本身引入的随机性。为了规避这种效应，我们使用衰减的学习率。我们使用式（5.38）中建议的方案，$\gamma_{\max} = 0.003$，$\gamma_{\min} = 0.0001$，$\tau = 2\,000$（见图6.16）。

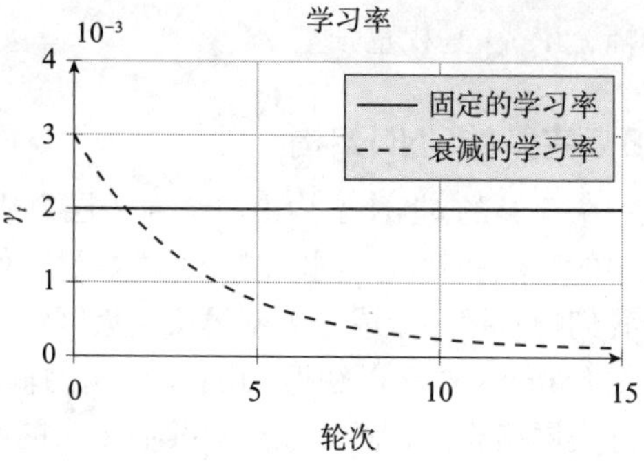

图 6.16

在使用图6.17中的自适应学习率后，验证数据的错误分类率稳定在1%左右，而不仅仅是像我们应用衰减的学习率之前那样有时反弹到1%。然而，我们可以做得更多。在最后一个轮次中，我们在当前的迷你批次中几乎获得了所有正确的数据点。此外，查看为验证数据评估的代价函数的图，它在五个轮次后开始增加。因此，我们看到了过拟合的迹象，就像我们在示例6.2的末尾所做的那样。为了规避这种过拟合，我们可以添加正则化。一种流行的神经网络正则化方法是dropout，下一节将对此进行解释。

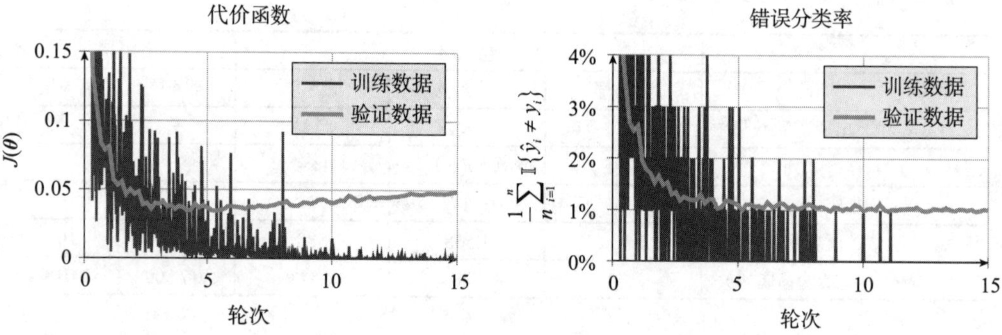

图 6.17

思考时间6.2 在示例6.3的表格中，所有五个层的参数数量以及三个卷积层的隐藏单元数量都可以从该表中的剩余数字和之前陈述的信息中计算出来。你能完成这个计算吗？

6.4 dropout

与本书中介绍的所有模型一样，如果我们的模型对于数据的复杂度过于灵活，神经网络模型可能会出现过拟合。减小方差并减小过拟合风险的一种方法是不仅训练一个模型，而且训练多个模型，并获取它们的预测的均值。这是bagging背后的主要想法，我们在第7章中将更详细地介绍了这个想法。为了设置术语，我们说我们训练一个模型集成，我们称之为每个模型都是一个集成成员。

bagging也适用于神经网络。然而，它伴随着一些实际问题。一个大型神经网络模型通常需要相当长的时间来训练，并且它有很多参数需要存储。因此，无论是在运行时还是内存方面，不仅训练一个，而且训练一个完整的大型神经网络组合都将非常昂贵。dropout是一种类似bagging的技术，它允许我们组合许多神经网络，无须单独训练它们。诀窍是让不同的模型相互共享参数，从而降低计算成本和内存需求。

6.4.1 子网络集成

考虑一个类似图 6.18a 中的密集神经网络。在 dropout 中，我们通过随机删除一些隐藏单元来构建等价的集成成员。我们说我们移除这些单元，因此得名 dropout。当单元被移除时，我们也会删除单元的所有传入和传出连接。通过此过程，我们获得一个子网络，该子网络仅包含原始网络中存在的单元和参数的子集。图 6.18b 显示了两个这样的子网络。

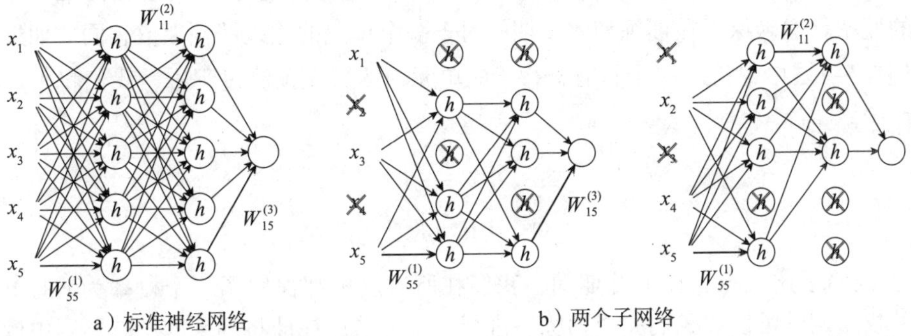

图 6.18 具有两个隐藏层的神经网络（图 a）和带有两个随机移除单元的子网络的神经网络（图 b）。已移除的单元的集合在两个子网络之间是独立的

在数学上，我们可以把它写成每一层采样一个掩码$\boldsymbol{m}^{(l-1)}=[m_1^{(l-1)}\cdots m_{U_{l-1}}^{(l-1)}]$，将该掩码元素与隐藏单元$\boldsymbol{q}^{(l-1)}$相乘，然后将掩码后的隐藏单元$\tilde{\boldsymbol{q}}^{(l-1)}$输入下一层：

$$m_j^{(l-1)}=\begin{cases}1 & \text{概率为 } r\\ 0 & \text{概率为 } 1-r\end{cases}\quad \text{对于所有 } j=1,\cdots,U_{l-1} \tag{6.33a}$$

$$\tilde{\boldsymbol{q}}^{(l-1)}=\boldsymbol{m}^{(l-1)}\odot \boldsymbol{q}^{(l-1)} \tag{6.33b}$$

$$\boldsymbol{q}^{(l)}=h(\boldsymbol{W}^{(l)}\tilde{\boldsymbol{q}}^{(l-1)}+\boldsymbol{b}^{(l)}) \tag{6.33c}$$

保留单元的概率 r 是用户设置的超参数。我们可以选择将 dropout 应用到所有层或仅应用于其中的一些层，并且还可以对不同层使用不同的概率 r。我们也可以将 dropout 应用于输入变量，如图 6.18b 所示。然而，我们不应将 dropout 应用于输出单元。由于所有子网络都来自同一个原始网络，不同的子网络彼此共享一些参数。例如，在图 6.18b 中，参数$W_{55}^{(1)}$存在于两个子网络中。事实上，它们相互共享参数使我们能够高效地训练子网络的集成。

6.4.2 通过dropout训练

为了用 dropout 训练，我们使用算法 5.3 中描述的随机梯度下降。在每个梯度步骤中，都使用迷你批次的数据来计算梯度的近似值，像往常一样在随机梯度下降中完成。然而，我们没有计算整个网络的梯度，而是通过如上所述的 dropout 单元来生成随机子网络。我们计算该子网络的梯度，然后完成梯度步骤。这个梯度步骤仅更新子网络中存在的参数。与移除单元关联的参数不会影响该子网络的输出，因此保持不变。在下一个梯度步骤中，我们使用另一个迷你批次数据，删除另一个随机选择的单元集合，并更新该子网络中存在的参数。我们以这种方式一直进行，直到满足一些最终条件。

6.4.3 测试时的预测

在我们训练完子网络后，我们希望根据未见过的输入数据点$\mathbf{x}_\star$进行预测。如果这是一种集成方法，我们将计算所有可能的子网络并对其预测进行平均。由于每个单元都可以在内部或外部，因此有 2^U 个这样的子网络，其中 U 是网络中的单元总数。因此，由于数量如此之多，评估所有这些是不可行的。然而，有一个简单的技巧可以大致实现相同的效果。我们不是评估所有可能的子网络，而是简单地评估包含所有参数的完整网络。为了补偿模型在 dropout 的情况下训练的事实，我们将从一个单元输出的每个估计参数乘以该单元在训练期间保留的概率。这确保了在训练和测试期间对下一个单元的输入的预期值相同。如果在训练中，我们在$l-1$层中保持了一个具有概率 r 的单元，然后在预测过程中，我们将以下权重矩阵$\mathbf{W}^{(l)}$乘以 r，即

$$\tilde{\mathbf{W}}^{(l)} = r\mathbf{W}^{(l)} \tag{6.34a}$$

$$\mathbf{q}^{(l)} = h(\tilde{\mathbf{W}}^{(l)}\mathbf{q}^{(l-1)} + \mathbf{b}^{(l)}) \tag{6.34b}$$

图 6.19 也说明了这一点，在训练期间，我们在所有层中都保留了一个概率为 r 的单元。当然，这种权重调整可以在我们完成训练后进行一次，然后在即将到来的所有预测中像往常一样使用这些调整后的权重。

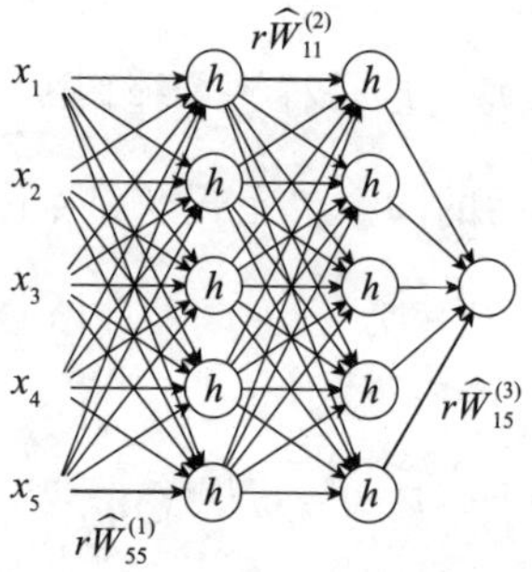

图 6.19　该网络在接受 dropout 训练后用于预测。所有单元和链接都存在（没有 dropout），但从某个单元输出的权重乘以该单元在训练期间被包括在内的概率。这是为了弥补其中一些在训练期间被移除的事实。在这里，所有单元在训练期间都以概率 r 被保留（因此以概率 $1-r$ 移除）

尽管对于这种近似的准确性还没有任何可靠的理论论据，但这种近似所有集成成员平均值的方法在实践中表现得很好。

6.4.4 dropout和bagging

如前所述，dropout 与被称为 bagging 的集成方法有相似之处。如果你已经通过第 7 章了解了 bagging，那么有几个重要的区别需要指出：

- 在 bagging 中，所有模型都是独立的，因为它们有自己的参数。在 dropout 中，不同的模型（子网络）共享参数。
- 在 bagging 中，每个模型都经过训练，直到收敛。在 dropout 时，大多数 U^2 子网络根本没有经过训练（因为它们没有被采样），那些接受过训练的子网络很可能只接受过一个单梯度步骤的训练。然而，由于它们共享参数，当其他子网络经过训练时，所有模型也将更新。

- 与 bagging 类似，在 dropout 时，我们在从训练数据中随机选择的数据集上训练每个模型。然而，在 bagging 时，我们通常在整个数据集的引导版本上进行测试，而在 dropout 时，每个模型都根据随机选择的迷你批次数据进行训练。

尽管 dropout 在某些方面与 bagging 不同，但经验表明，在避免过拟合和减少模型的方差方面，它具有与 bagging 相似的特性。

6.4.5 将dropout作为正则化方法

作为减少方差和避免过拟合的一种方式，dropout 可以被视为一种正则化方法。神经网络还有很多其他正则化方法，包括显式正则化（如 L^1 和 L^2 正则化，见第 5 章）、早停（训练在参数收敛之前停止，见第 5 章）和各种稀疏的表示（例如，CNN 可以被视为一种正则化方法，其中大多数参数被迫为零）等。自发明以来，dropout 已成为最受欢迎的正则化技术之一，因为它简单，计算成本低廉，性能好。事实上，设计神经网络的良好做法通常是扩展网络直到它过拟合，然后进一步扩展它，最后添加 dropout 等正则化方法，以避免过拟合。

示例 6.4　手写数字的分类（用 dropout 标准化）

我们回到示例 6.3 中的最后一个模型，在那里我们使用了经过自适应学习率训练的 CNN。在结果中，我们可以看到过拟合的明显迹象。为了减少这种过拟合，我们在训练过程中采用了 dropout。我们在最终的隐藏层中使用 dropout，每次迭代只保留该层中 200 个隐藏单元的 r=75%。该正则化模型的结果见图 6.20。在最浅线条中，我们还介绍了示例 6.3 末尾已经显示的非正则化版本的验证数据的性能。

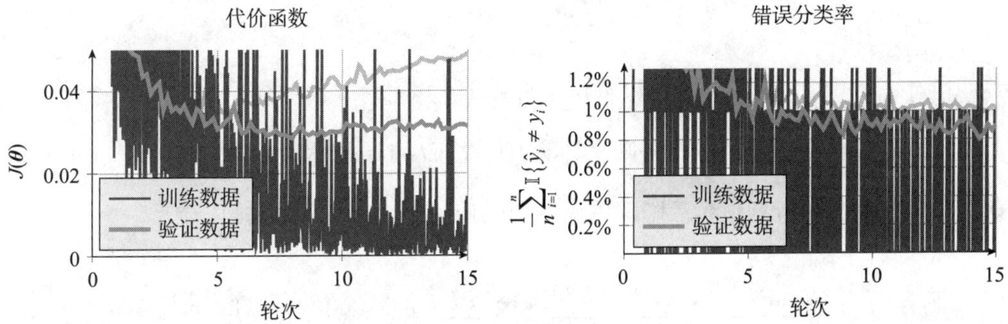

图 6.20

与示例 6.3 的最后一个模型相比，为验证数据评估的代价函数（几乎）不再增加，并且我们还将错误分类率额外降低了 0.1% ～ 0.2%。

6.5 拓展阅读

虽然神经网络的第一个概念可以追溯到 20 世纪 40 年代（McCulloch 和 Pitts，1943），但在 20 世纪 80 年代末和 20 世纪 90 年代初，他们使用了所谓的反向传播算法，取得了第一个主要的成功。在那个阶段，神经网络可用于从低分辨率图像中对手写数字进行分类（LeCun，Boser 等人，1989）。然而，在 20 世纪 90 年代末，神经网络在很大程度上被放弃了，因为人们普遍认为它们不能用于解决计算机视觉和语音识别方面的任何具有挑战性的问题。在这些领域，神经网络无法与基于特定领域先验知识的手工制作的解决方案竞争。

自 20 世纪末以来，这种情况在深度学习的领域发生了巨大变化。软件、硬件和算法并行化的进步使解决更复杂的问题成为可能，这在几十年前是不可想象的。例如，在图像识别方面，这些深度模型是目前使用的主要方法，它们在某些特定任务上甚至达到远超人类的性能。LeCun，Bengio 等人（2015）以及 Goodfellow，Bengio 等人（2016）的教科书提供了深度学习的介绍和概述。

6.A　反向传播方程的推导

要推导反向传播方程（6.27），请考虑 l 层的非向量化版本：

$$\begin{cases} z_j^{(l)} = \sum_k W_{jk}^{(l)} q_k^{(l-1)} + b_j^{(l)} \\ q_j^{(l)} = h(z_j^{(l)}) \end{cases}, \quad \forall j = 1, \cdots, U^{(l)} \tag{6.35}$$

假设我们想计算关于参数$W_{jk}^{(l)}$和$b_j^{(l)}$的代价函数的导数。请注意，代价函数$J(\boldsymbol{\theta})$仅通过隐藏单元$z_j^{(l)}$依赖于$W_{jk}^{(l)}$和$b_j^{(l)}$（而不是该层中的其他隐藏单元）。我们可以用微积分的链式法则来写：

$$\begin{aligned} \frac{\partial J}{\partial b_j^{(l)}} &= \frac{\partial J}{\partial z_j^{(l)}} \underbrace{\frac{\partial z_j^{(l)}}{\partial b_j^{(l)}}}_{=1} = \frac{\partial J}{\partial z_j^{(l)}} \\ \frac{\partial J}{\partial W_{jk}^{(l)}} &= \frac{\partial J}{\partial z_j^{(l)}} \underbrace{\frac{\partial z_j^{(l)}}{\partial W_{jk}^{(l)}}}_{=q_k^{(l-1)}} = \frac{\partial J}{\partial z_j^{(l)}} q_k^{(l-1)}, \quad \forall j = 1, \cdots, U^{(l)} \end{aligned} \tag{6.36}$$

其中$z_j^{(l)}$相对于$W_{jk}^{(l)}$和$b_j^{(l)}$的偏导数可以直接来自式（6.35）。

同样，我们也可以使用链式法则来计算$J(\boldsymbol{\theta})$关于$l-1$层的后激活隐藏单元$q_k^{(l-1)}$的偏导数。注意，$J(\boldsymbol{\theta})$通过l层的所有预激活隐藏单元$\{z_j^{(l)}\}_{j=1}^{U^{(l)}}$依赖于$q_k^{(l-1)}$，因此我们得到：

$$\frac{\partial J}{\partial q_k^{(l-1)}} = \sum_j \frac{\partial J}{\partial z_j^{(l)}} \underbrace{\frac{\partial z_j^{(l)}}{\partial q_k^{(l-1)}}}_{W_{jk}^{(l)}} = \sum_j \frac{\partial J}{z_j^{(l)}} W_{jk}^{(l)}, \quad \forall k = 1, \cdots, U^{(l-1)} \tag{6.37}$$

最后，我们也可以用链式法则表达：

$$\frac{\partial J}{\partial z_j^{(l)}} = \frac{\partial J}{\partial q_j^{(l)}} \frac{\partial q_j^{(l)}}{\partial z_j^{(l)}} = \frac{\partial J}{\partial q_j^{(l)}} h'(z_j^{(l)}), \quad \forall j = 1, \cdots, U^{(l)} \tag{6.38}$$

其中h'是激活函数的导数。通过式（6.2）和式（6.25）中引入的$\mathrm{d}\boldsymbol{W}$、$\mathrm{d}\boldsymbol{b}$、$\mathrm{d}\boldsymbol{z}$和$\mathrm{d}\boldsymbol{q}$的向量化符号，我们可通过方程（6.38）得出式（6.27a）、通过方程（6.37）得出式（6.27b）并通过 6.A 节得出式（6.27c）～式（6.27d）。

集成方法：bagging 和提升方法

在前面的章节中，我们已经展示了从 k- 最近邻到深度层神经网络等许多种不同的机器学习模型的案例。在本章中，我们将介绍一种新的通过将许多个简单且基础的机器学习模型实例相结合来建立机器学习模型的方式。我们将这种方式称为基于模型的集成，并相应地将这样得到的机器学习模型称为集成模型。集成方法的核心思想在于"集众智"：通过分别训练许多彼此之间存在些许不同的基础模型，这些模型在对于输入 – 输出之间关系的学习过程中都能够发挥作用。具体来说，为了获得集成的预测结果，我们需要让每一个基础模型分别做出自己的预测，然后使用平均、加权平均或者多数投票的方式得出最终整体的预测结果。一个设计巧妙的集成模型可以得到比单独的基础模型更好的预测结果。

我们将在 7.1 节中介绍一种通用的集成学习方法 bootstrap aggregating，简称为 bagging。bagging 方法的核心思想是，首先通过随机采样训练数据的一系列相互重叠的子集（即 bootstrap，自举法）来创造一系列稍微不同"版本"的训练数据集，然后选择一种基础模型，分别在每一个"版本"的训练数据上进行训练。这样我们就能得到一系列相似但不相同的基础模型。通过这个过程，我们可以得到相比在整个数据集上训练的单个基础模型来说方差更小的集成模型，并且没有任何显著的偏差增加。这意味着在实际应用中，使用 bagging 方法可以降低模型过拟合的风险。在 7.2 节中，我们将介绍一种名为随机森林的强大集成方法，这种方法是 bagging 方法的拓展，但仅适用于基本模型是分类树或回归树的情况。在随机森林中，每棵树都被随机扰动，从而在 bagging 的基础上进一步降低方差。

在 7.3 节和 7.4 节中，我们将介绍另一种名为提升（boosting）的集成学习方法。与 bagging 和随机森林不同，提升方法需要按顺序依次串行训练每一个基础模型，每一个模型都被训练用于"纠正"之前训练的那些模型当中存在的误差。相对于 bagging 来说，与基本模型相比，提升方法的主要作用在于减少偏差。因此，提升方法可以将一系列"弱"基础模型（如线性分类器）的集成转换为一个"强"集成模型（如高度非线性分类器）。

7.1 bagging方法

正如我们已经在第 4 章中阐述过的那样，关于机器学习的一个核心概念在于偏差与方差之间的取舍。简单来说，一个更灵活的模型往往具有更低的偏差，因为这样的模型能够更好地描述输入与输出之间复杂的关系。k 值较小时的 k- 最近邻或者深度很深的分类树就是既简单又灵活的模型的示例。这些高度灵活的模型有时候会被用来解决一些现实生活中的问题，在这些问题中，输入与输出之间绝非简单的线性关系。然而，使用灵活的模型的坏处在于，它们具有过拟合的风险，或者说模型有较高的方差。尽管如此，这些模型并非一无是处。通过将这些模型作为 bagging 方法中的基础模型，我们可以

在不增大误差的同时减小方差。

下面我们将使用一个示例简述 bagging 的主要思想。

示例 7.1　在回归问题上使用 bagging

考虑图 7.1a 表示的数据集，数据集中每一个样本（即图中黑点）都是给定函数（即图中虚线）与一定噪声的叠加结果。如同所有有监督机器学习那样，我们希望通过已有数据训练得到的模型也能够对新的数据进行较好的预测。这意味着模型应能对 $x_\star$处（即图中空心圆圈处）的值进行较好的预测。

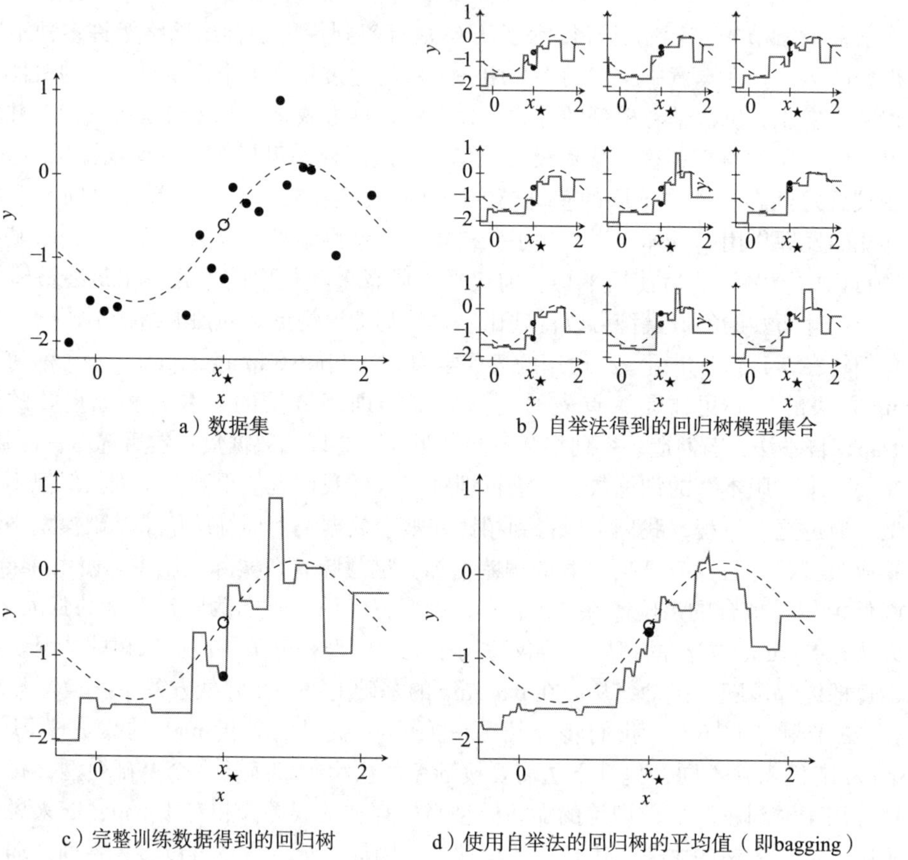

a）数据集　b）自举法得到的回归树模型集合

c）完整训练数据得到的回归树　d）使用自举法的回归树的平均值（即bagging）

图　7.1

为解决这一问题，我们可以尝试使用任意回归模型。这里我们选择使用回归树模型。其中，我们令回归树生长至每个叶子节点仅包含一个数据点。其预测结果如图 7.1c 所示（即图中折线与标点）。可以从图中看到，这是一个典型的低偏差 − 高方差的模型，呈现出明显的过拟合结果。我们可以通过降低生成的回归树的深度来降低方差并缓解过拟合，但是这会导致偏差的增大。因此，我们采用以回归树为基础模型的 bagging 方法。

bagging 方法背后的逻辑是：由于训练数据中包含噪声，我们可以将预测值 $\hat{y}(x_\star)$当作一个随机变量（即图中灰点）。在 bagging 中，我们训练了一系列基础模型（见图 7.1b），通过自举法（bootstrap）可以得到一系列存在些许差异的训练集，这些模型分别在不同“版本”上进行训练。我们可以把每一个基础模型当作对于随机变量 $\hat{y}(x_\star)$的不同实现。多个模型得到的随机变量的平均值相比单个基础模型的随机变量应该有着更低的方差，这意味着我们可以通过对所有基础模型的预测结果取平均值（见图 7.1d），从而得到一个比单一基础模型方差更低的预测结果。因此，使用 bagging 集成的回归树（见图 7.1d）比单一回归树（见图 7.1c）的结果方差更小。由于基础模型本身的偏差就很小，通过平均得到的结果可以同时具有低偏差和低方差。从图 7.1 中我们可以可视化地确认 bagging 得到的预测结果确实比单一模型的结果更好（即标点与空心圆更接近）。

7.1.1 自举法

正如示例 7.1 中简述的那样，bagging 的思想是通过对一系列基础模型求平均，其中每个基础模型都是从不同的训练数据集上学习得到的。因此，我们首先需要构造出这些不同的训练数据集。在最理想的情况下，我们只需要成倍扩大我们的数据集即可。然而在更多情况下，这对我们来说是不现实的。我们往往不得不在一个有限的数据集上物尽其用。在这种情况下，自举法就很有用了。

自举法（bootstrap）是一种使用一个数据集（大小为 n）来人工构建一系列数据集（大小为 n）的方法。bootstrap 原本通常是用来量化统计中的不确定性的（诸如置信空间），但是它也能应用在机器学习模型的建立中。我们将原始数据集表示为 $\mathcal{T}=\{\boldsymbol{x}_i, y_i\}_{i=1}^n$ 并假设 $\mathcal{T}$ 能够很好地反映真实世界中数据产生的过程，即我们可以合理的推断，假如我们可以采集更多的训练数据，这些新的数据点应该与 $\mathcal{T}$ 中已有的数据十分接近。我们可以进一步认为，从 $\mathcal{T}$ 中随机抽取数据点的方法是一种合理地模拟一个“新”数据集的方法。从统计学意义上来看，不是从总体进行抽样（即获取更多数据），而是从已有的训练数据集上抽样，而这个训练数据集被认为能够很好地代表总体。

下面的算法 7.1 描述了 bootstrap，而示例 7.2 对 bootstrap 进行了展示说明。我们注意到，采样过程是通过随机替换来实现的，因此利用 bootstrap 得到的数据集中，一些数据点可以多次重复，而另外一些数据点可能完全没有出现。

算法 7.1：bootstrap

数据： 原始训练数据集 $\mathcal{T}=\{\boldsymbol{x}_i, y_i\}_{i=1}^n$

结果： 自举法数据集 $\tilde{\mathcal{T}}=\{\tilde{\boldsymbol{x}}_i, \tilde{y}_i\}_{i=1}^n$

```
for i=1,⋯,n do
    在整数集 {1, ⋯, n} 上对 ℓ 均匀随机采样
    令 x̃_i = x_ℓ, ỹ_i = y_ℓ
end
```

思考时间 7.1　如果 bootstrap 采样过程中不进行随机替换会怎样？

示例 7.2　bootstrap

我们有一个仅包含 10 个数据点的小型数据集，其中包括两个维度的输入 $\boldsymbol{x}=[x_1\ x_2]$，以及一个二进制输出 $y\in\{黑，白\}$（见图 7.2）。

原始训练集，$\mathcal{T}=\{\boldsymbol{x}_i,y_i\}_{i=1}^{10}$

编号	x_1	x_2	y
1	9.0	2.0	黑
2	1.0	4.0	黑
3	4.0	6.0	黑
4	4.0	1.0	黑
5	1.0	2.0	黑
6	1.0	8.0	白
7	6.0	4.0	白
8	7.0	9.0	白
9	9.0	8.0	白
10	9.0	6.0	白

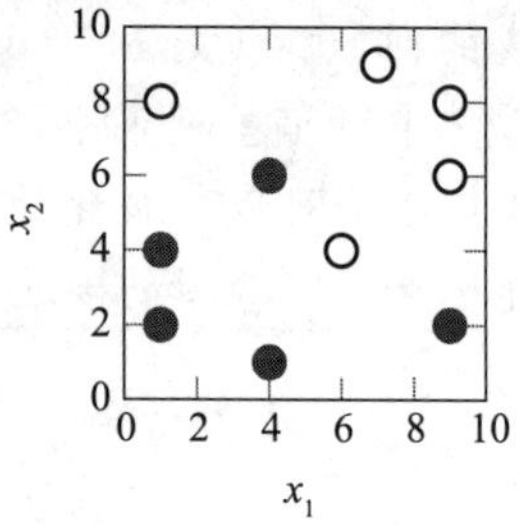

图　7.2

为了生成一个 bootstrap 数据集$\mathcal{T}=\{\tilde{\boldsymbol{x}}_i,\tilde{y}_i\}_{i=1}^{10}$，我们模拟 10 次在数集$\{1,2,\cdots,10\}$上进行的随机替换，获得标号为$\{2,10,10,5,9,2,5,10,8,10\}$。于是可以得到$(\tilde{\boldsymbol{x}}_1,\tilde{y}_1)=(\boldsymbol{x}_2,y_2),(\tilde{\boldsymbol{x}}_2,\tilde{y}_2)=(\boldsymbol{x}_{10},y_{10})$，以此类推。我们最终会获得如图 7.3 所示的数据集，图中括号内的数字表示原始数据中这个点在 bootstrap 数据集内重复了多少次。

bootstrap 数据集，$\tilde{\mathcal{T}}=\{\tilde{\boldsymbol{x}}_i,\tilde{y}_i\}_{i=1}^{10}$

编号	$\tilde{x}_1$	$\tilde{x}_2$	$\tilde{y}$
2	1.0	4.0	黑
10	9.0	6.0	白
10	9.0	6.0	白
5	1.0	2.0	黑
9	9.0	8.0	白
2	1.0	4.0	黑
5	1.0	2.0	黑
10	9.0	6.0	白
8	7.0	9.0	白
10	9.0	6.0	白

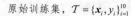

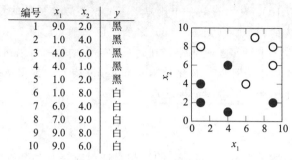

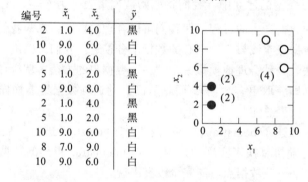

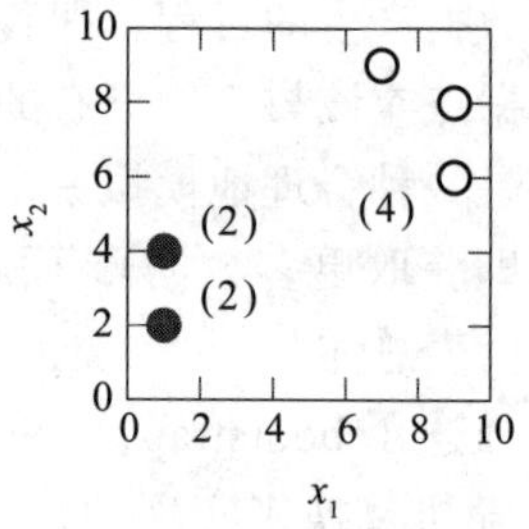

图　7.3

7.1.2　通过取平均值降低方差

通过重复运行 B 次 bootstrap（见算法 7.1），我们得到 B 个随机但具有相同分布的数据集$\hat{\mathcal{T}}^{(1)},\cdots,\hat{\mathcal{T}}^{(B)}$。然后，我们可以使用这些 bootstrap 数据集来训练 B 个基础模型。接下来我们对这些模型的预测值取平均值：

$$\hat{y}_{\text{bag}}(\boldsymbol{x}_\star)=\frac{1}{B}\sum_{b=1}^{B}\tilde{y}^{(b)}(\boldsymbol{x}_\star) \quad 或 \quad \boldsymbol{g}_{\text{bag}}(\boldsymbol{x}_\star)=\frac{1}{B}\sum_{b=1}^{B}\tilde{\boldsymbol{g}}^{(b)}(\boldsymbol{x}_\star) \tag{7.1}$$

使用哪个公式取决于我们关注的是回归问题（即预测$\hat{y}_{\text{bag}}(\boldsymbol{x}_\star)$的值）还是分类问题（即预测属于每个类的概率$\boldsymbol{g}_{\text{bag}}(\boldsymbol{x}_\star)$）。后者假设每一个基础分类器都输出一个类概率向量。如果不是这种情形（即当分类器预测其所属类别并输出时），我们可以通过对基础模型进行多数投票来得到一个“生硬的”分类预测结果。值得注意的是，在式（7.1）中我们自然而然地对集成中每个模型的结果进行了简单平均（即所有模型的在求平均时具有相同的权重），这是由于集成中所有模型都是用相同的方法构建得到的，因此具有相同的分布。

在式（7.1）中，用$\tilde{y}^{(1)}(\boldsymbol{x}_\star),\cdots,\tilde{y}^{(B)}(\boldsymbol{x}_\star)$和$\tilde{\boldsymbol{g}}^{(1)}(\boldsymbol{x}_\star),\cdots,\tilde{\boldsymbol{g}}^{(B)}(\boldsymbol{x}_\star)$表示集成中各个模型的预测结果。而预测结果的平均值则用$\hat{y}_{\text{bag}}(\boldsymbol{x}_\star)$或$\boldsymbol{g}_{\text{bag}}(\boldsymbol{x}_\star)$表示，这也是从 bagging 得到的最终预测结果。方法 7.1 对其进行了总结。（对于分类问题，预测结果也可以通过集成模型多数投票的替代方法得到，但是这相对于对预测结果取平均的方法来说，通常会导致性能稍微有所下降。）

方法 7.1 bagging

学习所有基础模型

数据： 训练数据集$\mathcal{T}=\{\boldsymbol{x}_i,y_i\}_{i=1}^n$

结果： B 个基础模型

1. **for** b=1,⋯, B **do**
2. 　执行算法 7.1 自举生成训练集$\tilde{\mathcal{T}}^{(b)}$
3. 　根据$\tilde{\mathcal{T}}^{(b)}$训练一个基础模型
4. **end**
5. 通过求平均值式（7.1）计算$\hat{y}_{\text{bag}}(\boldsymbol{x}_\star)$或$\boldsymbol{g}_{\text{bag}}(\boldsymbol{x}_\star)$

使用基础模型进行**预测**

数据： B 个基础模型和测试输入$\boldsymbol{x}_\star$

结果： 一个预测结果$\hat{y}_{\text{bag}}(\boldsymbol{x}_\star)$或$\boldsymbol{g}_{\text{bag}}(\boldsymbol{x}_\star)$

1. **for** b=1,⋯, B **do**
2. 　根据第 b 个基础模型计算预测结果$\tilde{y}^{(b)}(\boldsymbol{x}_\star)$或$\tilde{\boldsymbol{g}}^{(b)}(\boldsymbol{x}_\star)$
3. **end**
4. 通过求平均值式（7.1）计算$\hat{y}_{\text{bag}}(\boldsymbol{x}_\star)$或$\boldsymbol{g}_{\text{bag}}(\boldsymbol{x}_\star)$

我们现在给出式（7.1）中如何减小方差的进一步细节，这也是 bagging 方法最核心的要点。我们将关注点放在回归问题上，但这在分类问题上也是直观成立的。

首先我们对随机变量进行简单观察分析，即平均减小方差。为了形式化地描述，令$z_1,\cdots,z_B$为一组具有相同分布（但有可能不相互独立）的随机变量，其平均值为$\mathbb{E}[z_b]=\mu$，方差为$\text{Var}[z_b]=\sigma^2$，其中 $b=1,\cdots,B$。并且我们假设任意两个变量之间相关系数的平均值[⊖]为ρ。接下来，计算这一组变量的平均值$\frac{1}{B}\sum_{b=1}^{B}z_b$的均值（数学期望）与方差，我们得到：

$$\mathbb{E}\left[\frac{1}{B}\sum_{b=1}^{B}z_b\right]=\mu \tag{7.2a}$$

$$\text{Var}\left[\frac{1}{B}\sum_{b=1}^{B}z_b\right]=\frac{1-\rho}{B}\sigma^2+\rho\sigma^2 \tag{7.2b}$$

⊖ 即$\frac{1}{B(B-1)}\sum_{b\neq c}\mathbb{E}[(z_b-\mu)(z_c-\mu)]=\rho\sigma^2$。

从第一个等式（7.2a）中，我们可以得到一组相同概率分布的随机变量的平均值，其数学期望不变。从第二个等式（7.2b）中，我们可以发现，当相关系数$\rho<1$时，对这些变量求平均可以降低其方差。等式（7.2b）右侧的第一部分可以通过增大 B 来任意地减小，而第二部分只由相关系数ρ和方差σ^2决定。

为了建立 bagging 方法与式（7.2）之间的关系，考虑将基础模型的预测结果$\tilde{y}^{(b)}(\boldsymbol{x}_\star)$看作随机变量。所有的基础模型和它们的预测结果，来自同一个数据集 $\mathcal{T}$（通过 bootstrap），因此$\tilde{y}^{(b)}(\boldsymbol{x}_\star)$也是具有相同分布但相关的。通过对预测结果求平均值，我们可以降低其方差，如式（7.2b）所示。如果我们选择足够大的 B，实现的方差减小将会受到相关系数ρ的限制。经验表明，ρ通常足够小，因而 bagging 方法所带来的额外计算复杂度开销（相对于只使用基础模型自身）在减小方差方面有较好的收益。总的来说，如式（7.1）所示，通过对来自多个不同基础模型的具有相同分布的预测结果求平均值，每个基础模型的预测结果具有较小的偏差，平均后的结果偏差依然较小[⊖]（由式（7.2a）可得），而其方差则降低了（由式（7.2b）可得）。

乍一看，我们可能觉得随着集成成员 B 的增加式（7.1）bagging 集成方法使得模型变得更“复杂”了，如果使用过多集成成员 B，可能面临着过拟合的风险。然而，式（7.2）表明完全不存在这样的问题，bagging 能够在偏差保持较低的同时减小方差。在示例 7.3 中，我们证实了这一点。

示例 7.3　在回归问题上使用 bagging

我们再次考虑示例 7.1 中的问题来探索基础模型的数量 B 是如何影响结果的。我们测量在使用不同的 B 的值的时候，$x_\star$处“真实”的函数值与 bagging 方法预测值$\hat{y}_{\text{bag}}(x_\star)$之间误差的平方。（由于 bootstrap，bagging 算法本身存在一定的随机性。为了避免这种“噪声”的影响，我们将多次运行 bagging 算法得到的结果取平均值作为最终结果。）

我们从图 7.4 可以看到，当 $B\to\infty$ 时，方差最终趋于一条水平线。如果当 $B\to\infty$ 时存在过拟合的问题，方差会在 B 为某个较大的值时上升。

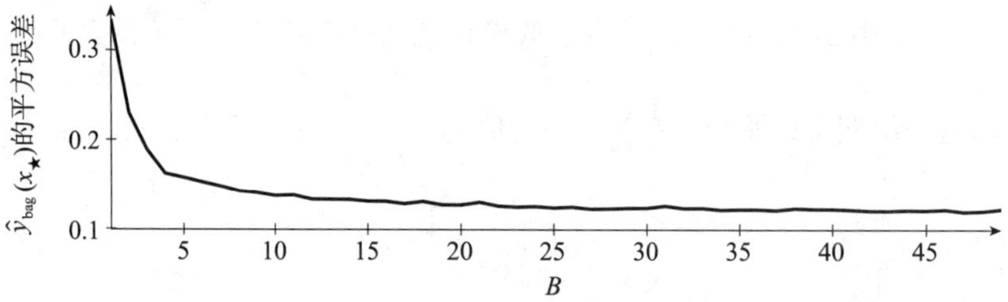

图　7.4

尽管模型中参数的总数随着 B 的增大而增加，在示例 7.3 中，当 $B\to\infty$时并没有发生过

⊖ 严格来说，式（7.2a）中仅仅表明，单个基础模型的偏差与其平均值的偏差是相同的。然而，在 bootstrap 的过程中有可能影响到单个基础模型的偏差，即在原始数据集上训练的基础模型可能具有比在 bootstrap 数据集上训练的模型更小的偏差。不过绝大多数情况下，在实际操作中这并不构成什么问题。

拟合的现象，而这是预期（也是有意为之）的结果。在理解 bagging 方法上很重要的一点是，进行 bagging 的过程中，*更多的集成成员没有使整体模型更灵活而是仅仅降低了方差*。我们可以将其理解为，向集成模型中添加更多的成员并不是为了获得对于原始训练数据的更好的拟合。相反，如果每个集成的成员对其自身使用的扰动后的训练数据产生了过拟合，对于多个集成的模型求平均会产生一个使结果更平滑的效果，这通常会导致在训练数据上更大的误差（相对于每一个独立的集成成员在训练数据上的误差），但同时具有更好的泛化能力。我们也可以从另一个角度来理解这一点，即只考虑在 $B\to\infty$ 的限制下的情况。基于大数定律和基础模型间具有相同分布的事实，此时的 bagging 集成模型变为

$$\hat{y}_{\text{bag}}(x_\star)=\frac{1}{B}\sum_{b=1}^{B}\tilde{y}^{(b)}(x_\star)\xrightarrow{B\to\infty}\mathbb{E}\left[\tilde{y}^{(b)}(x_\star)\middle|\mathcal{T}\right] \tag{7.3}$$

这里的数学期望基于 bootstrap 算法的随机性。当 B 增大时，我们期望 bagging 模型收敛到右侧（只有有限灵活性的）模型。考虑到这一点，在实际应用中，选择 B 的值主要取决于算力上的约束。B 的值越大，结果越好，但是在没法进一步降低误差时继续增大 B 只会浪费算力。

注意 *bagging 依然可能受到过拟合的影响，因为每个集成成员可能会发生过拟合。我们所能确保的只有在使用过多集成成员时不会导致（或者恶化）过拟合的问题，以及在理论上，当 B 的取值在 $B\to\infty$ 时不会带来问题。*

7.1.3 包外误差估计

当使用 bagging（或者随机森林，下文中将介绍）时，能够发现存在一种不需要通过交叉验证即可估计新的数据误差 E_{new} 的方法。我们首先观察到的一点是，并非所有原始数据集 $\mathcal{T}$ 中的数据点都被用于每个集成成员的训练中。可以发现，在 bootstrap 中，平均只有 63% 在原始数据集 $\mathcal{T}=\{\boldsymbol{x}_i,y_i\}_{i=1}^n$ 内的原始数据点也会在一个 bootstrap 数据集 $\tilde{\mathcal{T}}=\{\tilde{\boldsymbol{x}}_i,\tilde{y}_i\}_{i=1}^n$ 中出现。简单来说，这意味着对于任意给定的 $\mathcal{T}$ 中的数据点 $\{\boldsymbol{x}_i,y_i\}$，大约有 1/3 的集成成员不会在训练过程中用到这个数据点。我们称这些（大约 $B/3$）集成成员相对于第 i 个数据点来说是包外（out-of-bag）的，并且我们将这些“包外”的模型组成一个集合，即第 i 个数据点的包外集成。注意到对于每个选取的数据点 $\{\boldsymbol{x}_i,y_i\}$ 来说，其包外集成是不同的。

下一个要点是，对于第 i 个数据点的包外集成来说，数据点 $\{\boldsymbol{x}_i,y_i\}$ 可以当作一个测试数据点，因为它并没有在任何一个集成成员的训练中被用到。通过计算包外集成对点 $\{\boldsymbol{x}_i,y_i\}$ 进行预测时的误差（如方差），我们可以估计出这个包外集成的 E_{new}，这里我们将其记为 $E_{\text{OOB}}^{(i)}$。由于 $E_{\text{OOB}}^{(i)}$ 是仅基于一个数据点得到的，因此它不能很好地估计 E_{new}。但是，如果我们对数据集 $\mathcal{T}$ 中每个数据点 $\{\boldsymbol{x}_i,y_i\}$ 都重复这一操作并得到其平均值 $E_{\text{OOB}}=\frac{1}{n}\sum_{i=1}^{n}E_{\text{OOB}}^{(i)}$，我们就能对 E_{new} 进行更好的预测。尽管用 E_{OOB} 作为 E_{new} 的预测时，E_{OOB} 仅包含 $B/3$ 个（而非 B 个）集成成员，但是正如前面的示例 7.3 中我们所看到的，bagging 的预测性能在集成成员达到了一定数量后趋于不变。因此，如果对于一个足够大的 B，使得包含 B 个与包含 $B/3$ 个集成成员的集成模型具有相近的预测性能，那么 E_{OOB} 作为 E_{new} 的预测至少与 k-fold 交叉验证时的 $E_{k\text{-fold}}$ 一样好。而

最重要的一点是，在 bagging 中E_{OOB}的计算几乎不需要什么成本，但$E_{k\text{-fold}}$的计算则需要花费大量算力来对模型重复训练 k 次。

7.2 随机森林

在 bagging 方法中，我们通过对集成中的多个基础模型求平均值来降低方差。不幸的是，能够通过这种方法降低方差的量受到各个集成成员间相关程度的限制（可参考式（7.2b）中对于平均相关系数ρ的依赖关系）。然而，只需一个简单的小技巧，就可以将模型间的相关程度降低到比 bootstrap 方法所能达到的下限更低的水平，这种方法被称为随机森林。

相比 bagging 作为一种对任何类型的基础模型都能通用的降低方差的技术，随机森林需要假设这些基础模型都是分类树或者回归树模型。随机森林的思想在于在构建树的过程中加入额外的随机因素，从而进一步降低基础模型间的相关程度。乍一看这似乎是一个愚蠢的想法：对模型训练过程的随机扰动似乎显然会降低它的性能。在这种随机扰动的背后其实存在着底层逻辑上的合理性，不过现在我们先来讨论算法层面的细节。

令$\tilde{\mathcal{T}}^{(b)}$作为 bagging 中 B 次运行 bootstrap 中的其中一个数据集。为了在这个数据集上训练一个分类树或者回归树，我们基本上仍像通常那样（见 2.3 节）操作，但是在一点上有所区别。在训练过程中，每当我们需要将节点进行拆分时，我们不把所有可能的输入变量$x_1,\cdots,x_p$都纳入用以拆分的变量当中。取而代之的是，我们从中随机挑选出包含 q 个变量的子集，其中$q \leqslant p$，并且只考虑将这 q 个变量作为可以用以拆分的变量。在下一个拆分的点，我们再随机划分出新的包含 q 个输入变量的子集，以此类推。自然，这些子集的随机选取在这 B 个集成成员上是各自独立进行的，所以我们最终（极大概率）会在每棵不同的树上使用不同的一组子集。这种训练过程中额外添加的随机约束使 bagging 方法变为了随机森林。这会导致这 B 棵树之间的相关性降低，从而使对其预测结果求平均值的过程能够比 bagging 方法更有效地降低方差。值得注意的是，这种随机扰动反而会增大其中每棵树各自的方差[⊖]。在等式（7.2b）中的各个值中，相比 bagging 来说，随机森林的优点是减小了ρ，但缺点是增大了σ^2。然而经验表明，似乎相关性的降低起到了更主要的影响，因此平均的预测方差通常是降低的。我们将在下面的示例 7.4 中进行展示说明。

为了便于理解“每次只使用一部分输入变量”的作用，让我们回想一下生成决策树的算法。决策树的生成是一个基于递归的二分法实现的贪婪算法。这意味着算法可能会做出那些一开始看上去很好，但是最终整体结果欠佳的选择。具体来说，考虑一个具有决定性影响的输入变量的情况。如果我们只使用普通 bagging 来构建树的集成模型，很有可能所有的集成成员在第一次划分时都选择了这个决定性的变量，导致所有的树在第一次划分时都是相同的（即完全相关）。相反如果我们使用随机森林，由于这个变量大概率不会出现在一些集成成员的第一次划分时所选取的子集中，因此集成模型中的一些成员在第一次划分时甚至不能使用到这个决定性的变量。这会迫使这些集成成员去根据其他的变量进行划分。尽管没有理由说明这样做会导致单棵树自身的性能有所提升，但它有一定可能性会在后续划分过程中产生好的作用，并且由于我们是对许多集成成员进行求平均，因此最终总体性能可以有所提升。

⊖ 并且也有可能导致偏差的增大，这与 bootstrap 导致偏差增大类似，详见上一条脚注。

示例 7.4 随机森林与 bagging 在二元分类问题上的比较

考虑一个包含变量数量为 $p=2$ 的二元分类数据集，如图 7.5 所示。两个类别分别为蓝色和红色。总数为 $n=200$ 组输入变量为在 $[0,2]\times[0,2]$ 上随机采样得到，当其位于虚线曲线上方时有 98% 的概率标记为红色，反之亦然。我们使用两种不同的分类器：基于分类树的 bagging（这与取 $q=p=2$ 时的随机森林等价）和随机森林（其中随机森林取 $q=1$）。两个模型取相同的集成成员数量 $B=9$。图 7.5 中，我们画出了每个基础模型的分类边界以及基于多数投票得到的最终分类边界。

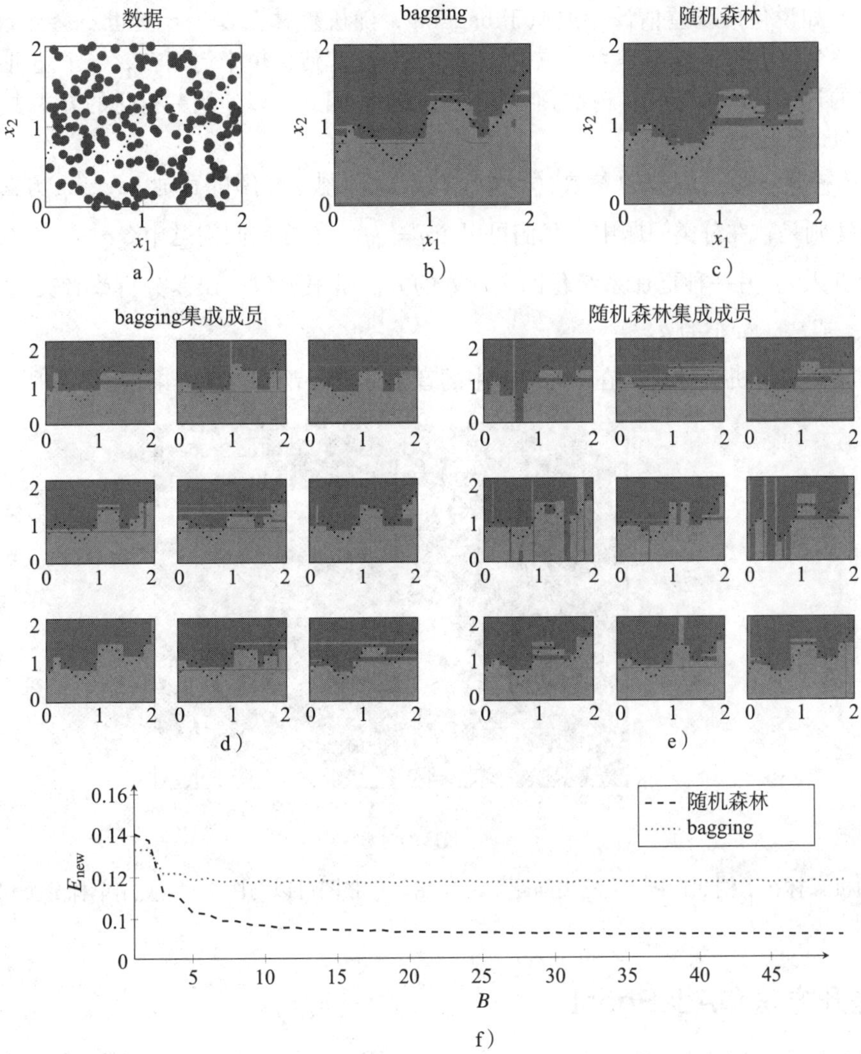

图 7.5

最明显的差异体现在随机森林中单个集成成员的方差比 bagging 中要大。随机森林中大约一半的集成成员被迫选择根据水平轴进行第一次的划分，而 bagging 中所有集成成员第一次划分都选择按垂直轴进行划分。这导致相较于 bagging，随机森林集成成员的方差有所增加，同时相关程度有所下降。

尽管在视觉上很难比较出 bagging 与随机森林最终分类结果的好坏（如图 7.5c 所示），我们可以计算出在不同 B 的取值下E_{new}的值。由于模型学习过程本身具有一定的随机性，我们对多次学习的模型求平均来避免被随机的结果所混淆。实际上我们可以看到，除了在 B 取特别小的值的时候，其他情况下随机森林比 bagging 有更好的性能，因此我们可以总结得出相关程度降低带来的积极影响胜过了方差增加带来的消极影响。在 B=1 时，随机森林性能较差的结果也是预料之中的，因为随机森林中单个集成成员的方差会有所增大，而且 B=1 时并没有求平均值的过程。

由于随机森林也是一种 bagging 方法，在 7.1 节中提到的工具与特性对于随机森林也同样适用，比如说包外误差估计。类似于 bagging，随机森林在 $B\to\infty$ 时也不会导致过拟合。因此，取一个较小的 B 仅仅是为了减少计算开销。比起使用单个树而言，一个随机森林大约需要 B 倍的计算量。由于所有树都具有相同的分布，因此可以使用并行化的方式去实现随机森林的学习。

q 的选择是一个可调节的参数，当 q=p 时，就和刚才介绍的普通 bagging 方法一样了。一个经验法则是，在分类问题中，我们可以令$q=\sqrt{p}$，而在回归问题中令$q=p/3$（对得到的小数四舍五入）。另一种更加系统化的选择 q 的方法是根据包外误差分析或者交叉验证法来选取令E_{OOB}或$E_{k\text{-fold}}$最小的 q。

最终我们将随机森林应用在示例 2.1 中的音乐分类问题上，其结果如图 7.6 所示。

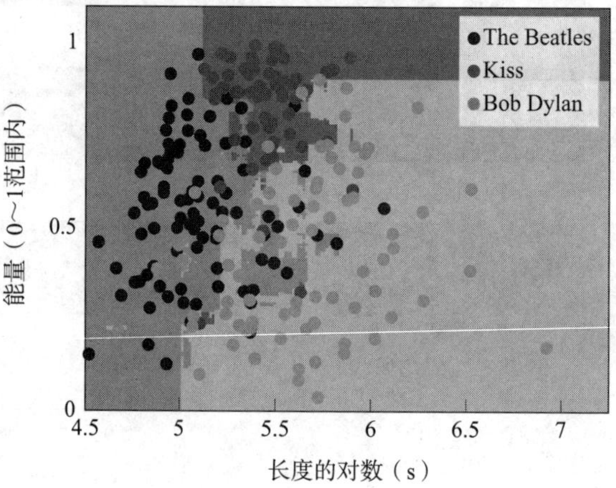

图 7.6 随机森林在示例 2.1 中音乐分类问题上的应用。这张图可以与图 2.11a 使用单棵分类树的分类边界进行对比

7.3 提升方法和AdaBoost

正如我们上文中提到的那样，bagging 是一种用于在较高方差的基础模型中减小方差的集成方法。提升方法（boosting）是另一种集成方法，它主要在具有较高偏差的基础模型中减小其偏差。具有较高偏差的模型的一个典型的案例是深度仅为 1 的分类树（有时会被称作分类树墩）。提升方法基于以下的思想：哪怕是一个具有高偏差的弱机器学习模型也能包含一些输入与输出之间的关系。进而，通过训练一些弱模型，其中各个模型都包含一部分输入与输出之间的关系，有可能可以通过对这些预测结果进行组合在整体上得到更好的预测结果。因此，提升方法的目的就是通过将一系列弱模型集成为一个强模型来降低偏差。

提升方法与 bagging 方法有一些相似之处。它们都是集成方法，因此它们都基于将多个基础模型的预测结果进行组合（即集成）。bagging 与提升方法也都可以被看作一种"元算法"（即它们都可以对任何回归及分类算法进行组合），因此它们都是建立在其他算法之上的更高层次的算法。然而，bagging 与提升方法之间也存在着重要的区别，这就是我们接下来要介绍的内容。

提升方法与 bagging 方法最主要的区别在于基础模型是如何训练的。在 bagging 方法中，我们并行地训练 B 个具有相同分布的基础模型。而在提升方法中，我们通过一个串行的流程来构建各个基础模型。通俗来说，提升方法就是通过让每个模型尝试纠正之前模型的误差来实现的，其实现方法是在每次迭代中修改训练数据集中各个数据点的权重，从而强调那些在当前模型下不能很好预测的数据点。最终的预测结果是通过各个基础模型的加权平均或者加权多数投票的方式得到的。我们通过示例 7.5 这个简单案例来展示说明这一思想。

示例 7.5　提升方法的说明

考虑一个二维输入 $\mathbf{x}=[x_1\ x_2]$ 上的二元分类问题。训练数据共包含 $n=10$ 个数据点，两个类别各包含 5 个。我们使用分类树墩（即深度为 1 的分类树）作为一个简单的（弱）基础分类器。图 7.7a 展示了训练数据集，分别用红点和蓝点表示两个类别。图 7.7d 中，染色的区域表示使用该数据集训练得到的分类树墩 $\widehat{y}^{(1)}(\mathbf{x})$ 的分类边界。

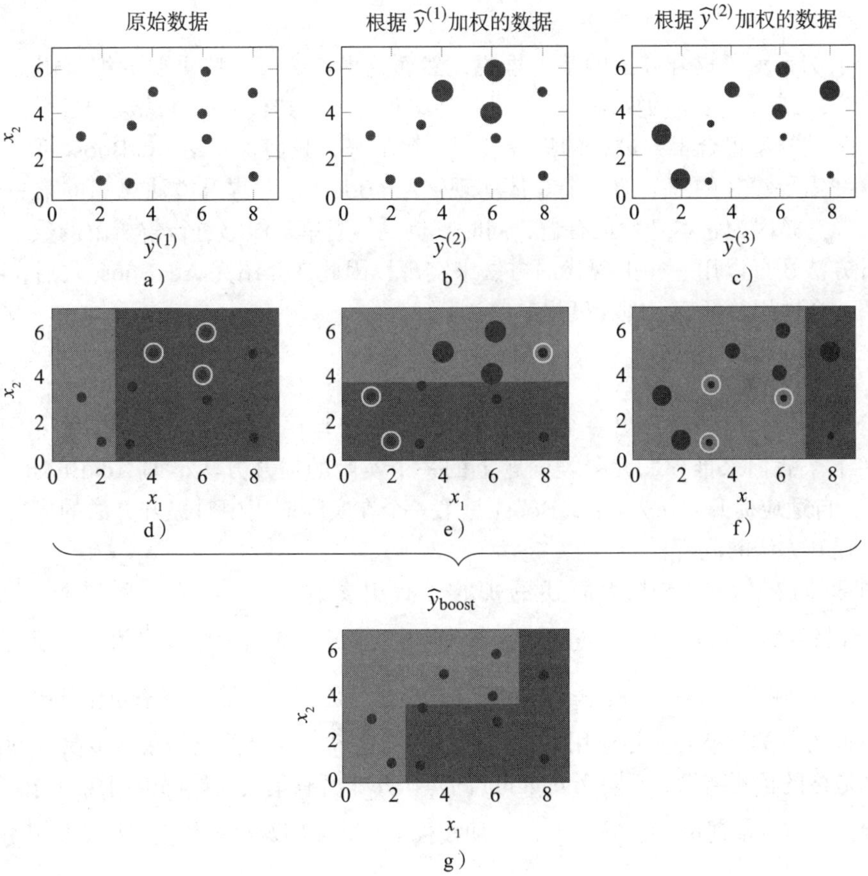

图　7.7

模型$\hat{y}^{(1)}(\boldsymbol{x})$对三个数据点的分类有误（即落在蓝色区域的红点），这些数据点在图中被圈出了。为了改进分类器的性能，我们希望能够找到一个可以从蓝色类别的数据点当中分辨出这三个数据点的模型。为了在下一个分类树墩的训练过程中着重强调这三个分类错误的点，我们给数据集中的每个数据点赋以**权重**$\{w_i^{(2)}\}_{i=1}^n$，如图 7.7b 所示（较大的点对应较高的权重）。那些$\hat{y}^{(1)}(\boldsymbol{x})$正确分类的点的权重会被下调，而那三个错误分类的点的权重被上调。我们在加权过的数据上再训练另一个分类树墩$\hat{y}^{(2)}(\boldsymbol{x})$，新的分类器$\hat{y}^{(2)}(\boldsymbol{x})$能够最小化**加权后的**误差，$\frac{1}{n}\sum_{i=1}^{n} w_i^{(2)}\mathbb{I}\{\hat{y}^{(2)}(\boldsymbol{x}_i) \neq y_i\}$，从而得到中间靠下的分类边界。相同的过程再进行第三次也是最后一次迭代，我们基于$\hat{y}^{(2)}(\boldsymbol{x})$分类结果是否正确来对权重进行更新，然后训练第三个决策树墩$\hat{y}^{(3)}(\boldsymbol{x})$，其结果如图 7.7f 所示。

最终得到的分类器$\hat{y}_{\text{boost}}(\boldsymbol{x})$如图 7.7g 所示，是通过对三个决策树墩进行加权多数投票得到的。值得注意，这里分类的边界是非线性的，而各个基础模型的分类边界都是线性的。这可以说明将三个弱的（具有较高偏差的）基础模型集成得到更强的（具有较低偏差的）模型。

这个示例展示了提升方法的基本思想，然而这里依然有一些重要的细节需要被详细说明才能最终得到一个完整的算法。特别是如何去计算每次迭代后的训练集中各个点的权重以及如何将基础模型组合得到最终的集成模型。接下来，我们将介绍 AdaBoost 算法，这是对于以上这些需要填补的细节的一个具体实现。AdaBoost 是对提升方法思想的第一个成功的实现，选择它是因为它本身就很有趣，同时它也足够简单，能够进行解析解的数学推导。然而，提升方法还可以用一些更现代的方法来实现，因此在介绍完 AdaBoost 之后，我们还会继续介绍一个通用的框架，即梯度提升方法。

7.3.1 AdaBoost

尽管我们目前已经讨论出一个通用的思想了，但是在具体设计上还有一些需要做出的选择。接下来我们来推导二元分类问题上的一个实际的提升方法，即 AdaBoost（Adaptive Boosting，自适应提升）方法。AdaBoost 是第一个在实际应用中对提升方法的成功实现，并且引领了提升方法的流行。

正如我们在示例 7.5 中所简述的那样，提升方法试图构建一系列弱二元分类器$\hat{y}^{(1)}(\boldsymbol{x}), \hat{y}^{(2)}(\boldsymbol{x}), \cdots, \hat{y}^{(B)}(\boldsymbol{x})$。在这个过程中，我们只考虑每个基础模型最终的“生硬的”分类结果$\hat{y}(\boldsymbol{x})$，而不是它们的预测类概率$g(\boldsymbol{x})$。任何分类模型原则上都能够用来当作基础分类器，其中深度较低的分类树就是实际应用中常用的一种。这 B 个各自独立的集成成员的预测结果会组合得到最终的预测结果。不同于 bagging 的是，并非所有集成成员都被同样对待。取而代之的是，我们指定一系列正系数$\{\alpha^{(b)}\}_{b=1}^B$作为加权权重，并使用**加权多数投票**构造提升分类器：

$$\hat{y}_{\text{boost}}^{(B)}(\boldsymbol{x}) = \text{sign}\left(\sum_{b=1}^{B}\alpha^{(b)}\hat{y}^{(b)}(\boldsymbol{x})\right) \tag{7.4}$$

每个集成成员分别投票 +1 或者 −1，当加权求和的结果为正时，整个提升分类器最终输出 +1，反之输出 −1。加权系数$\alpha^{(b)}$可以被看作第 b 个集成成员对自身做出预测的置信度。

建立式（7.4）所示的 Adaboost 分类器的过程遵循式（5.12）中建立二元分类器的一般形式。也就是说，我们通过将一个实值函数$f(\boldsymbol{x})$的阈值设置为零来获得类预测的分类边界，这里的实值函数由所有集成成员预测结果的加权求和得出。在 AdaBoost 中，集成成员及其加权系数$\alpha^{(b)}$都是通过在每一轮迭代中贪婪地最小化其指数损失函数而得的。回忆一下式（5.15）中给出的指数损失函数：

$$L(y\cdot f(\boldsymbol{x}))=\exp(-y\cdot f(\boldsymbol{x})) \tag{7.5}$$

其中$y\cdot f(\boldsymbol{x})$是分类器的分类间隔。每次迭代添加一个集成成员，当第 b 个集成成员被添加进来时，它会对到目前为止建立的整个集成模型（也就是包含前 b 个集成成员的集成模型）的指数损失函数值（式（7.5））进行最小化。选择指数损失函数而非其他损失函数的主要原因在 5.2 节中有所阐述，即它便于进行一系列封闭的数学运算（就像在线性回归中的方差损失函数一样），这将体现在我们接下来对于 AdaBoost 的数学推导过程当中。

令 b 次迭代后的提升分类器记为$\hat{y}^{(b)}_{\text{boost}}(\boldsymbol{x})=\text{sign}\{f^{(b)}(\boldsymbol{x})\}$，其中$f^{(b)}(\boldsymbol{x})=\sum_{i=1}^{b}\alpha^{(j)}\hat{y}^{(j)}(\boldsymbol{x})$。我们可以将$f^{(b)}(\boldsymbol{x})$迭代地表示为：

$$f^{(b)}(\boldsymbol{x})=f^{(b-1)}(\boldsymbol{x})+\alpha^{(b)}\hat{y}^{(b)}(\boldsymbol{x}) \tag{7.6}$$

其中初始值$f^{0}(\boldsymbol{x})=0$。集成成员（及其加权系数$\alpha^{(b)[j]}$）是顺序构建得到的，这意味着在整个流程的第 b 次迭代时，之前迭代得到的函数$f^{(b-1)}(\boldsymbol{x})$是已知且确定的。这就是为何这个构建过程会是“贪婪的”。因此，第 b 轮迭代需要学习的就是集成成员$\hat{y}^{(b)}(\boldsymbol{x})$和其加权系数$\alpha^{(b)}$。我们可以通过最小化训练数据集上的指数损失函数来实现，即

$$(\alpha^{(b)},\hat{y}^{(b)})=\arg\min_{(\alpha,\hat{y})}\sum_{i=1}^{n}L(y_i\cdot f^{(b)}(\boldsymbol{x}_i)) \tag{7.7a}$$

$$=\arg\min_{(\alpha,\hat{y})}\sum_{i=1}^{n}\exp\left(-y_i\left(f^{(b-1)}(\boldsymbol{x}_i)+\alpha\hat{y}(\boldsymbol{x}_i)\right)\right) \tag{7.7b}$$

$$=\arg\min_{(\alpha,\hat{y})}\sum_{i=1}^{n}\underbrace{\exp\left(-y_i f^{(b-1)}(\boldsymbol{x}_i)\right)}_{=w_i^{(b)}}\exp(-y_i\alpha\hat{y}(\boldsymbol{x}_i)) \tag{7.7c}$$

第一个等式当中，我们使用了式（7.5）中指数损失函数的定义，以及式（7.6）中对提升分类器的顺序的构造过程。最后一个等式中我们可以看到使用指数损失函数的便利之处，即$\exp(a+b)=\exp(a)\exp(b)$。这让我们能够定义各个数据点的数量占比为

$$w_i^{(b)}\overset{\text{def}}{=}\exp(-y_i f^{(b-1)}(\boldsymbol{x}_i)) \tag{7.8}$$

这可以当作训练数据集每个数据点的权重来用于下一轮迭代。注意到权重$w_i^{(b)}$独立于模型的加权系数α以及模型学习到的预测结果$\hat{y}$。也就是说，在通过求解式（7.7c）来学习模型$\hat{y}^{(b)}(\boldsymbol{x})$和其加权系数$\alpha^{(b)}$时，我们可以将$\{w_i^{(b)}\}_{i=1}^{n}$当作常量。

为了求解式（7.7），我们将目标函数改写为：

$$\sum_{i=1}^{n} w_i^{(b)} \exp(-y_i \alpha \hat{y}(\boldsymbol{x}_i)) = \mathrm{e}^{-\alpha} \underbrace{\sum_{i=1}^{n} w_i^{(b)} \mathbb{I}\{y_i = \hat{y}(\boldsymbol{x}_i)\}}_{=W_c} + \mathrm{e}^{\alpha} \underbrace{\sum_{i=1}^{n} w_i^{(b)} \mathbb{I}\{y_i \neq \hat{y}(\boldsymbol{x}_i)\}}_{=W_e} \tag{7.9}$$

其中我们使用了指示函数来将总和划分为两部分：第一部分是那些$\hat{y}$正确分类的训练数据点，第二部分是$\hat{y}$错误分类的训练数据点。（注意$\hat{y}$是我们这一步要训练得到的集成成员）。更进一步，为了简洁起见，我们将正确分类的点和错误分类的点的权重之和分别记为 W_c 和 W_e。进而令 $W=W_c+W_e$ 作为所有权重的总和，有$W = \sum_{i=1}^{n} w_i^{(b)}$。

对式（7.9）的最小化包含两个步骤：首先是在$\hat{y}$上进行，随后在α上进行。这种分开进行的方法是可行的，因为只要$\alpha > 0$，在$\hat{y}$上的最小化其实并不依赖于α具体的值，而这也是使用指数损失函数的另外一个好处。为了解释这一点，注意到我们可以将目标函数（7.9）改写为：

$$\mathrm{e}^{-\alpha} W + (\mathrm{e}^{\alpha} - \mathrm{e}^{-\alpha}) W_e \tag{7.10}$$

由于总权重 W 独立于$\hat{y}$，而且对于任何$\alpha > 0$，有$\mathrm{e}^{\alpha} - \mathrm{e}^{-\alpha} > 0$，因此在$\hat{y}$上对此式的最小化等价于在$\hat{y}$上对 W_e 最小化，即

$$\hat{y}^{(b)} = \arg\min_{\hat{y}} \sum_{i=1}^{n} w_i^{(b)} \mathbb{I}\{y_i \neq \hat{y}(\boldsymbol{x}_i)\} \tag{7.11}$$

换句话说，第 b 个集成成员应该被训练成能够最小化加权的错误分类损失，其中每个数据点$(\boldsymbol{x}_i, y_i)$都被赋予一个权重$w_i^{(b)}$。对于各点权重的一个符合直觉的想法是，在每一次迭代中，我们都应该关注在之前的迭代中错误分类的点，从而“纠正”前面$(b-1)$个集成分类器的“错误”。

思考时间 7.2 在 AdaBoost 中，我们使用了指数损失函数来训练提升集成模型。为何我们最终使用加权错误分类损失函数（而非未加权的指数损失函数）来训练基础模型？

式（7.11）中问题的具体求解方式取决于基础模型的选择，即模型对于$\hat{y}$的特有的一些约束（比如一个浅层分类树）。然而，除去加权$w_i^{(b)}$的部分之外，求解式（7.11）几乎就是最基础的分类问题。对于绝大多数分类模型来说，训练一个能够解决加权分类问题的集成成员是简单易行的。由于绝大多数分类器的训练都是在最小化某个代价函数的值，我们只需要在计算代价函数的过程中改为对每个数据点分别加权，进而解决这个微调后的问题即可。

一旦我们训练得到了第 b 个能够解决式（7.11）中的加权分类问题的集成成员$\hat{y}^{(b)}(\boldsymbol{x})$，就只剩下学习该基础模型的加权系数$\alpha^{(b)}$了。这可以通过求解式（7.7）得到，在训练得到$\hat{y}$后，这就相当于最小化式（7.10）的值。通过对式（7.10）在α上求微分并且使其导数为 0，我们得到以下等式：

$$-\alpha \mathrm{e}^{-\alpha} W + \alpha(\mathrm{e}^{\alpha} + \mathrm{e}^{-\alpha}) W_e = 0 \Leftrightarrow W = (\mathrm{e}^{2\alpha} + 1) W_e \Leftrightarrow \alpha = \frac{1}{2} \ln\left(\frac{W}{W_e} - 1\right)$$

进而，我们定义

$$E_{\text{train}}^{(b)} \overset{\text{def}}{=} \frac{W_e}{W} = \sum_{i=1}^{n} \frac{w_i^{(b)}}{\sum_{j=1}^{n} w_j^{(b)}} \mathbb{I}\{y_i \neq \hat{y}^{(b)}(\boldsymbol{x}_i)\} \tag{7.12}$$

将其作为第 b 个分类器的加权错误分类误差，我们可以得到加权系数的最优值：

$$\alpha^{(b)} = \frac{1}{2}\ln\left(\frac{1-E_{\text{train}}^{(b)}}{E_{\text{train}}^{(b)}}\right) \tag{7.13}$$

其中，$\alpha^{(b)}$的值依赖于第 b 个集成成员的结果是合理的，正如前文所述，我们可以将$\alpha^{(b)}$看作这个集成成员预测结果的置信度。到这里，我们完成了 AdaBoost 算法的推导，这可以总结为方法 7.2。在这个算法的第 6 行中，我们利用了式（7.8）中的权重可以通过式（7.6）来进行递归计算。而且，我们在第 7 行添加了对于数据点权重$w_i^{(b)}$的正则化计算方法，这在实际应用中十分方便，同时也不影响以上推导过程。

方法 7.2　AdaBoost

学习 AdaBoost 分类器

数据： 训练数据$\mathcal{T} = \{\boldsymbol{x}_i, y_i\}_{i=1}^{n}$

结果： B 个弱分类器

1. 将所有数据点的权重赋值为$w_i^{(1)} = 1/n$
2. **for** b=1,⋯, B **do**
3. 　根据加权的训练数据$\{(\boldsymbol{x}_i, y_i, w_i^{(b)})\}_{i=1}^{n}$训练一个弱分类器$\hat{\boldsymbol{y}}^{(b)}(\boldsymbol{x})$
4. 　计算$E_{\text{train}}^{(b)} = \sum_{j=1}^{n} w_j^{(b+1)} \mathbb{I}\{y_i \neq \hat{y}^{(b)}(\boldsymbol{x}_i)\}$
5. 　计算$\alpha^{(b)} = 0.5\ln((1-E_{\text{train}}^{(b)} / E_{\text{train}}^{(b)})$
6. 　计算$w_i^{(b+1)} = w_i^{(b)} \exp(-\alpha^{(b)} y_i \hat{y}^{(b)}(\boldsymbol{x}_i)),\quad i = 1, \cdots, n$
7. 　令$w_i^{(b+1)} \leftarrow w_i^{(b+1)} / \sum_{j=1}^{n} w_j^{(b+1)},\quad i = 1, \cdots, n$
8. **end**

使用 AdaBoost 分类器进行**预测**

数据： B 个置信度分别为$\{\hat{y}^{(b)}(\boldsymbol{x}), \alpha^{(b)}\}_{b=1}^{B}$的弱分类器和测试输入$\boldsymbol{x}_\star$

结果： 预测$\hat{y}_{\text{boost}}(\boldsymbol{x}_\star)$

1. 输出$\hat{y}_{\text{boost}}^{(B)}(\boldsymbol{x}_\star) = \text{sign}\left\{\sum_{b=1}^{B} \alpha^{(b)} \hat{y}^{(b)}(\boldsymbol{x}_\star)\right\}$

在 AdaBoost 的推导过程中，我们假设所有模型的权重$\{\alpha^{(b)}\}_{b=1}^{(B)}$都是正的。实际情况也确实如此，注意到在根据式（7.13）计算系数时，函数$\ln((1-x)/x)$的值对于任何$0 < x < 0.5$都是

正的。也就是说，对于第 b 个分类器的误差$E_{\text{train}}^{(b)}$只要小于 0.5，那么它的权重系数$\alpha^{(b)}$就会为正。也就是说，这个分类器至少得比抛硬币有更好的预测结果，这在实际应用场景中显然是成立的（注意，$E_{\text{train}}^{(b)}$是训练误差）。（当然，如果真的有$E_{\text{train}}^{(b)}>0.5$，我们可以对这个分类器的所有预测结果取反来使其$E_{\text{train}}^{(b)}<0.5$。）

示例 7.6　AdaBoost 与 bagging 在二元分类问题上的案例

考虑示例 7.4 中的二元分类问题。现在我们比较 AdaBoost 与 bagging 在这个问题上的性能差异，这里分别令分类树的深度为 1（即分类树墩）和 3。值得注意的是，这个比较旨在体现两种方法的差别。在实际应用中，我们一般不会在这么浅的分类树上使用 bagging 方法。

对于两种方法，当集成成员数量 B 取值为 1、5、20 以及 100 时的分类边界如图 7.8a 所示。尽管使用了一个很弱的分类器（深度很浅的分类树具有很高的偏差），AdaBoost 仍然很好地适应了数据集。这与 bagging 的情况截然相反，使用 bagging 时，尽管已经包含大量集成成员，但整体模型并没有变得更加灵活，仍然不能较好地贴合训练数据。换句话说，AdaBoost 降低了基础模型的偏差，而 bagging 对于模型的偏差几乎没有影响。

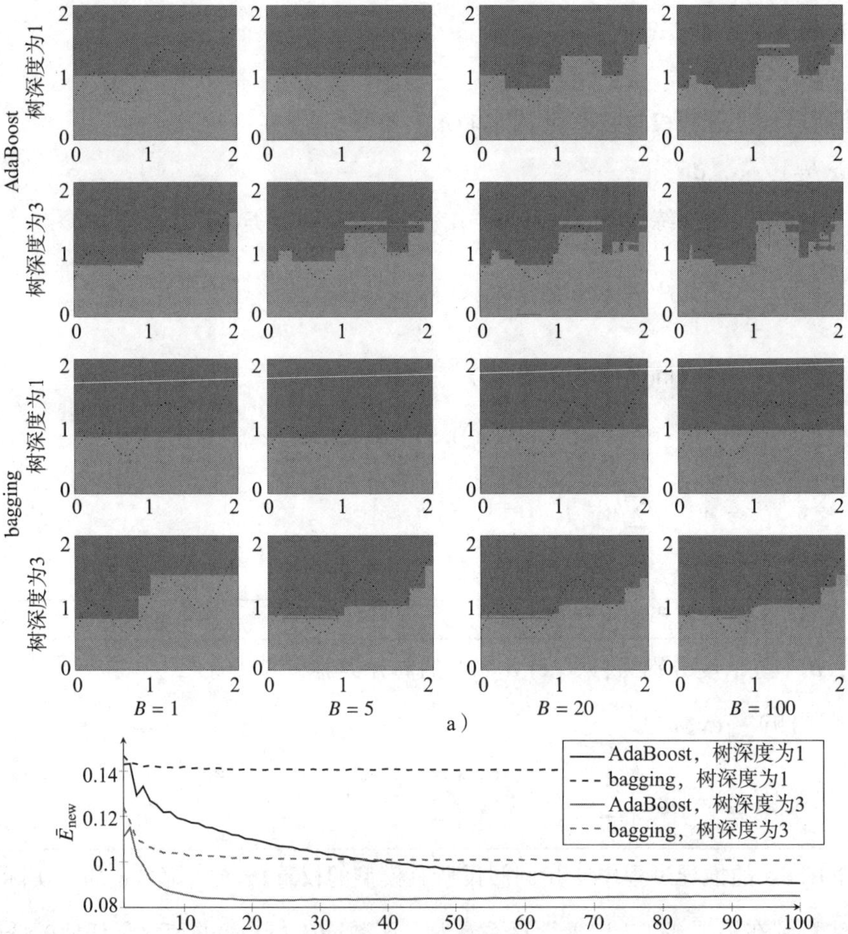

a）

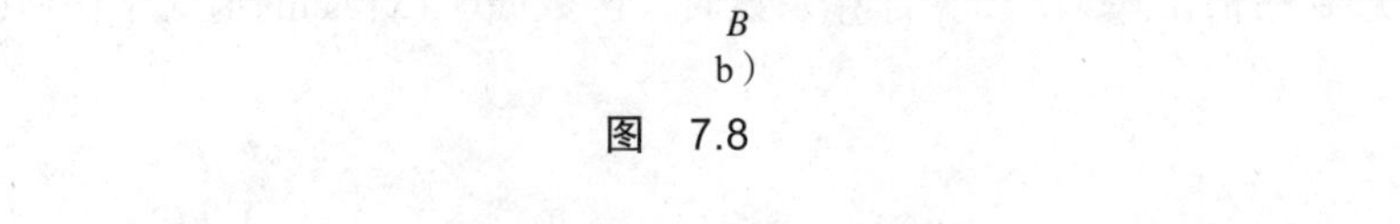

b）

图　7.8

我们还计算了这个问题的$\bar{E}_{\text{new}}$，把它作为B的一个函数，其函数图像见图7.8b。应注意$\bar{E}_{\text{new}}$同时取决于偏差和方差。正如前文讨论过的，bagging的作用主要在于降低方差，但这对于方差已经很低（但是偏差很高）的模型几乎没有什么帮助。相反，提升方法能够降低偏差，因此在这个示例中有明显更有效的影响。更进一步来说，在bagging中，$B\to\infty$不会导致过拟合，但是对于提升方法来说并非如此。我们可以看到在树的深度为3时，$\bar{E}_{\text{new}}$的最小值在$B\approx 25$时取到，在之后实际上$\bar{E}_{\text{new}}$的值随着B的增大而略微增加了。因此，在深度为3的分类树上使用AdaBoost时，当$B\geqslant 25$时会受到（一点点）过拟合的不利影响。

7.3.2 AdaBoost的设计选择

对于AdaBoost方法以及其他所有提升方法来说，在使用时都要进行两个主要的选择：选择哪种分类器作为基础分类器和选择提升算法进行迭代的次数B。正如前文所提到的，我们原则上可以使用任何分类方法作为基础分类器。但是，在实际应用中最常见的选择是使用一个深度较浅的分类树，甚至之际使用分类树墩（即深度为1的树，见示例7.5）。这种选择基于提升算法能够有效降低偏差这一事实，从而使用弱基础模型（高偏差）也能够学习得到较好的模型。由于较浅的树可以较快地进行训练，因此它们是不错的默认选项。实践表明，包含一些叶子节点的树有可能有更好的性能，但是在实际应用中，深度为1的分类树（对于二分类问题只包含2个叶子节点）往往更为常见。事实上，使用深度较深的分类树（高方差模型）作为基础分类器反而会导致性能恶化。

基础模型在提升方法中是顺序进行训练的：每次迭代都引入一个旨在减少当前误差的新的基础模型。其结果是，提升模型随着迭代次数B的增加而越来越灵活，因此使用过大的迭代次数B会导致模型过拟合（bagging则不是这样，增大B并不会导致bagging过拟合）。在实际应用中的观察结果却表明，似乎这个过拟合的过程通常发生得很缓慢，而整体性能似乎对B的选择没那么敏感。尽管如此，我们依然建议用一种系统化的方法来选择B的值，比如在训练时使用早停策略。另一个不幸的方面在于，由于提升方法本身的串行特性，无法对训练过程进行并行化。

在以上的讨论中，我们假设每个基础分类器输出一个类别预测$\hat{y}^{(b)}(\boldsymbol{x})\in\{-1,1\}$。然而，绝大多数分类问题模型输出的是概率$g(\boldsymbol{x})$，即该样本属于各个类的概率的预测值$p(y=1|\boldsymbol{x})$。在AdaBoost中，是有可能利用预测的分类概率值$g(\boldsymbol{x})$（而不是二元分类的预测结果$\hat{y}^{(b)}(\boldsymbol{x})$）的。然而，这会导致远比式（7.4）更为复杂的推导过程。这种对方法7.2的拓展被称为实数AdaBoost（Real AdaBoost）。

7.4 梯度提升方法

在实际应用当中，AdaBoost往往有很好的效果，只要数据集里的噪声不太大。然而，当数据集包含的噪声增多时，不论是那些异常值（即标签与实际值不匹配），或者是由于输入－输出之间的关系具有较高的不确定性，AdaBoost的最终性能都可能会下降。这并非提升方法本身所致，而是AdaBoost使用的指数损失函数所导致的问题。正如5.2节所阐述的那样，指数损失函数会对远离间隔的负例给出极高的惩罚，从而导致其对于噪声点比较敏感，见图 5.2。为了缓和这个问题，从而建立更加鲁棒的提升算法，我们可以考虑使用一些其他的（更鲁棒的）损失函数。然而，这就会导致训练过程中涉及额外的计算开销。

为了提出更加通用的提升算法，我们需要从另一个略微不同的角度来审视提升算法。在上文的讨论中，我们将提升算法看作训练一系列弱分类器，其中每个分类器都试图纠正之前的误差。这是一种直观的阐释，但是从数学的角度来看，一种可能更加有用的阐释是将提升算法看作一种训练加性模型的方法。有监督学习的核心任务是估计某个未知的函数，基于观测数据建立输入与输出之间的映射。其中一种非常有用（因此也很常见）的用于构建灵活模型的方法就是使用形如下式的加性模型：

$$f^{(B)}(\boldsymbol{x})=\sum_{b=1}^{B}\alpha^{(b)}f^{(b)}(\boldsymbol{x}) \tag{7.14}$$

其中$\alpha^{(b)}$是实数值的权重系数，而$f^{(b)}(\boldsymbol{x})$是某种“基础函数”。对于回归问题，函数$f^{(B)}(\boldsymbol{x})$可以直接用作模型的预测结果，而对于分类问题，可以使用符号函数来获得一个生硬的类预测，或者使用 logistic 函数将输出结果转化为类别概率[⊖]。

将式（7.14）与式（7.4）比较，可以看出，AdaBoost 明显符合这个求和的形式，即将一些弱学习器（集成成员）作为基础函数，然后将其置信度作为加权权重。然而，在此之前我们已经见过其他一些加性模型的案例了。为了将增强算法放在更广泛的背景下，我们提供了几个示例。

如果基础函数是一个固定的先验的结果，那么唯一能够被学习的参数就只有权重$\alpha^{(b)}$了。此时式（7.14）的模型就是一个线性回归模型，或者一个泛化的线性模型。举例来说，第 3 章中我们讨论了多项式回归，其中的基础函数被定义为对输入变量的多项式变换。在第 8 章中，我们将介绍一些更加系统的方法来建立（固定的）基础函数用在加性模型当中。

我们往往能够获得一个个更加灵活的模型，如果我们允许基础函数自身也能够进行学习的话。这同样也是我们之前遇到过的问题。在第 6 章中，我们介绍了神经网络，并且展示了一个双层的回归网络的表达式，可以看出它也对应一个加性模型。

思考时间 7.3 如果我们把双层的回归神经网络写为加性模型的形式，那么 B，$\alpha^{(b)}$，$f^{(b)}(\boldsymbol{x})$ 分别对应什么？

通过将提升方法看作加性模型，能够得到的一个重要的结论是：每一个集成成员并非必须对应一个能够解决这一特定问题的弱学习器。也就是说，对于一个分类问题，每一个集成成员并非必须对应一个用于解决原始问题（或者某个变种）的分类器。真正关键的点在于，只需要式（7.14）中求和后的结果是个有用的模型即可。下面我们将看到一个这样的示例，用于说明一棵回归树也可以通过梯度提升方法来解决分类问题。这也是我们在上文使用符号f而非$\hat{y}$的原因。对于分类问题，每个集成成员的输出也并不需要对应预测的类。

相反，提升方法相对于其他加性模型具有两个独特的特性：

- 基础函数是从数据集中学习得到的，并且每个基础函数（即集成成员）对应一个机器学习模型，即提升方法中训练得到的基础模型。

⊖ 类似地，我们可以使用其他连接函数，将加性模型的函数值$f^{(B)}(\boldsymbol{x})$转变为适用于研究数据性质的似然值，类似于广义线性模型（见 3.4 节）。

- 基础函数与其权重系数是串行学习得到的。即每次迭代我们都在求和中添加一个新的成员，经历 B 次迭代后学习算法结束。

训练加性模型的目标是选择 $\{\alpha^{(b)}, f^{(b)}(\boldsymbol{x})\}_{b=1}^{B}$，使最终得到的 $f^{(B)}(\boldsymbol{x})$ 能够最小化下式的值：

$$J(f(\boldsymbol{X})) = \frac{1}{n}\sum_{i=1}^{n} L(y_i, f(\boldsymbol{x}_i)) \tag{7.15}$$

其中，L 是人为指定的损失函数（见 5.2 节）。举例来说，在二元分类问题中，选用 logistic（或者其他鲁棒的损失函数）而非指数损失函数会让最终模型对于离群点不那么敏感。这里我们定义 $f(\boldsymbol{X}) = [f(\boldsymbol{x}_1) \cdots f(\boldsymbol{x}_n)]^{\mathrm{T}}$ 为模型 $f(\boldsymbol{x})$ 在训练数据集上的 n 个数据点的预测结果组成的向量。由于我们没有 $f(\boldsymbol{x})$ 的确切表达式，因此我们把 J 看作模型 $f(\boldsymbol{x})$ 本身。

对于我们刚才列出的第一个特性——即每个基础函数就是一个通用的机器学习模型——我们可以得出以下的结论：不存在一个闭式表达式能够最小化式（7.15），因此我们需要得到的是某种近似解。提升方法的串行学习的特性（即第二个特性）可以被看作处理这种问题的一种解决方式，即训练过程是逐步“贪婪”进行的。将这与前面的 AdaBoost 算法联系起来，能够发现使用指数损失函数虽然能为训练过程中每一步的数学推导带来便利，但其实这对于构建有效的提升方法来说并不是必要的。事实上，通过与数值优化类似的论证，只要我们每一次迭代都“朝着正确的方向移动”，我们就能够在每次迭代中不断改进我们的模型。这也就是说，在第 b 次迭代中，我们引入新的集成成员，其目的是减少损失函数的值（式（7.15）），而并非必须（贪婪地）最小化该值。这引出了梯度提升法的基本思想。

考虑训练进行到第 b 次迭代时，我们同样可以根据该方法串行的特征得到

$$f^{(b)}(\boldsymbol{x}) = f^{(b-1)}(\boldsymbol{x}) + \alpha^{(b)} f^{(b)}(\boldsymbol{x}) \tag{7.16}$$

而我们的目标就是选出合适的 $\{\alpha^{(b)}, f^{(b)}(\boldsymbol{x})\}$ 来减小式（7.15）中损失函数的值。即我们希望让第 b 个集成成员满足：

$$J\left(f^{(b-1)}(\boldsymbol{X}) + a^{(b)} f^{(b)}(\boldsymbol{X})\right) < J\left(f^{(b-1)}(\boldsymbol{X})\right) \tag{7.17}$$

在梯度下降算法中（见 5.4 节），我们通过保证在代价函数的每一步都与梯度的方向相反来实现这一点。

然而，在提升方法中，我们不假设基础函数的特定参数化形式，而是使用一个可学习的模型（如决策树）构建每个集成成员。那么我们应该如何计算代价函数的梯度呢？这个问题的解决方案同时也是梯度提升方法背后的核心思想，就是采用一个非参数化的方法，通过分配给 n 个训练数据点的值来表示 $c(\boldsymbol{x})$。也就是说，我们计算代价函数的梯度时，直接把代价函数当作关于 $f(\boldsymbol{X})$ 的一个函数。这让我们得到了一个 n 维梯度向量：

$$\nabla_c J(c^{(b-1)}(\boldsymbol{X})) \overset{\text{def}}{=} \begin{bmatrix} \dfrac{\partial J(f(\boldsymbol{X}))}{\partial f(\boldsymbol{x}_1)} \\ \vdots \\ \dfrac{\partial J(f(\boldsymbol{X}))}{\partial f(\boldsymbol{x}_n)} \end{bmatrix}_{\big| f(\boldsymbol{X}) = f^{(b-1)}(\boldsymbol{X})} = \frac{1}{n} \begin{bmatrix} \dfrac{\partial L(y_1, f)}{\partial f}_{\big| f = f^{(b-1)}(\boldsymbol{x}_1)} \\ \vdots \\ \dfrac{\partial L(y_n, f)}{\partial f}_{\big| f = f^{(b-1)}(\boldsymbol{x}_n)} \end{bmatrix} \tag{7.18}$$

这里我们假设损失函数 L 是可微分的。进而，为了满足式（7.17），我们应该令

$f^{(b)}(\boldsymbol{X})=-\nabla_c J(c^{(b-1)}(\boldsymbol{X}))$，然后加权系数$\alpha^{(b)}$的取值可以类比梯度下降中的步长，这可以通过一种合适的方法进行选择，例如线性搜索方法等。

然而，令第 b 次迭代中的集成成员在训练数据上各点的预测$f^{(b)}(\boldsymbol{X})$与梯度的反方向完全契合是不现实的。这是由于每个集成成员$f(\boldsymbol{x})$都被限制为某种特定的函数形式，比如它们都表示为一些给定深度的决策树。一般来说，这两种情况都不是很理想，因为在所有数据点上精确匹配梯度很容易导致过拟合。毕竟，我们通常并不侧重于找到一个能够尽可能契合训练数据的模型，而是希望模型能够泛化到新数据点的模型。因此，我们将注意力放在那些能够根据训练数据进行更高层次泛化的函数上，这在机器学习中是十分必要的。

在具体实现中，我们将第 b 个集成成员$f^{(b)}(\boldsymbol{x})$作为机器学习模型进行训练时，训练的目标是使其在各个数据点上的预测结果（即向量$f^{(b)}(\boldsymbol{x})$）接近式（7.18）中的梯度取反，其接近的程度可由任何合适的距离函数求出，比如平方距离。这对应求解一个回归问题，其目标值是梯度的各个元素，而损失函数（例如平方损失函数）决定了我们如何测量结果与目标的接近程度。值得注意的是，尽管讨论的实际问题是分类问题，式（7.18）中的梯度仍然是实数。

得到第 b 个集成成员后，我们还需要计算加权系数$\alpha^{(b)}$。正如前文已经指出的那样，这对应梯度下降算法中的步长。在最简单版本的梯度下降法中，这被看作一个留给使用者自行调优的参数。然而，这也可以通过在每次迭代时求解一个线性搜索最优化的问题来得到。对于梯度提升来说，通常情况下采取的是后者。同时，对求得的理想的$\alpha^{(b)}$乘以某个小于 1 的常数，可以起到正则化的效果，这在实际应用中被证明是有用的。我们将梯度提升法总结为方法 7.3。

方法 7.3　一个简单的梯度提升算法

学习梯度提升分类器

数据： 训练数据$\mathcal{T}=\{\boldsymbol{x}_i, y_i\}_{i=1}^n$，步长乘法器$\gamma<1$

结果： 一个提升方法分类器$f^{(B)}(\boldsymbol{x})$

1. 将$f^0(\boldsymbol{x})$初始化为常量 $f^0(\boldsymbol{x})\equiv\arg\min_c\sum_{i=1}^n L(y_i,c)$
2. **for** b=1,⋯, B **do**
3. 　根据损失函数计算负梯度$d_i^{(b)}=-\frac{1}{n}\left|\frac{\partial L(y_i,c)}{\partial c}\right|_{c=f^{(b-1)}(\boldsymbol{x}_i)}$
4. 　根据输入 - 输出训练数据集$\{\boldsymbol{x}_i, d_i^{(b)}\}_{i=1}^n$训练一个回归模型$f^{(b)}(\boldsymbol{x})$
5. 　计算$\alpha^{(b)}=\arg\min_\alpha\sum_{i=1}^n L(y_i, f^{(b-1)}(\boldsymbol{x}_i)+\alpha f^{(b)}(\boldsymbol{x}_i))$
6. 　将提升模型更新为$f^{(b)}(\boldsymbol{x})$=$f^{(b-1)}(\boldsymbol{x})+\gamma\alpha^{(b)}f^{(b)}(\boldsymbol{x})$
7. **end**

使用梯度提升分类器进行**预测**

数据：B 个弱分类器和测试输入 $\boldsymbol{x}_\star$

结果：预测结果 $\hat{y}^{(B)}_{\text{boost}}(\boldsymbol{x}_\star)$

1. 输出 $\hat{y}^{(B)}_{\text{boost}}(\boldsymbol{x}) = \text{sign}\left\{f^{(B)}(\boldsymbol{x})\right\}$

当使用决策树作为基础模型时，对于 $\alpha^{(b)}$ 的优化可以和学习 $f^{(b)}(\boldsymbol{x})$ 的过程一并实现。尤其是，比起先计算出每个叶子节点的预测值（见 2.3 节）之后与 $\alpha^{(b)}$ 相乘，我们可以直接在树的每个叶子节点上分别解决一个线性搜索问题。

思考时间 7.4　我们将提升方法描述为一个分步贪婪训练一个加性模型的过程。基于这个理解，另一种训练这类模型的方法是坐标上升法（见 5.4 节）。这意味着，比起每次迭代都不断加入新的成员直至 B 次迭代，我们可以先确定成员的个数，然后在它们当中不断循环（每次更新一个成员）直至收敛。这样做相比原方法可能会有哪些缺陷和优势？

虽然给出的方法 7.3 适用于分类问题，但梯度提升法也可以用于回归问题，这只需要进行一些小的修改。正如前文提到的，梯度提升需要损失函数具有一定程度的平滑性，最低要求是它至少得对绝大多数点都是可微的，这样才能计算梯度。然而，其中一些对梯度提升的实现对于损失函数有更高的要求，例如二阶可导。logistic 损失函数（见 5.2 节）被认为是一个"安全方案"，因为它是无限可微的、强凸的，并且还具有较好的统计特性。因此，logistic 损失函数是实际应用中最常用的损失函数。

我们以 AdaBoost 和梯度提升两种算法在示例 2.1 的音乐分类问题上的应用作为本章的结尾，见图 7.9。

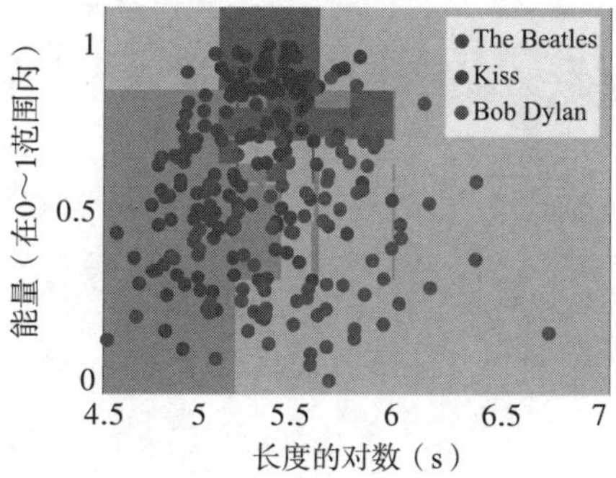

a）AdaBoost

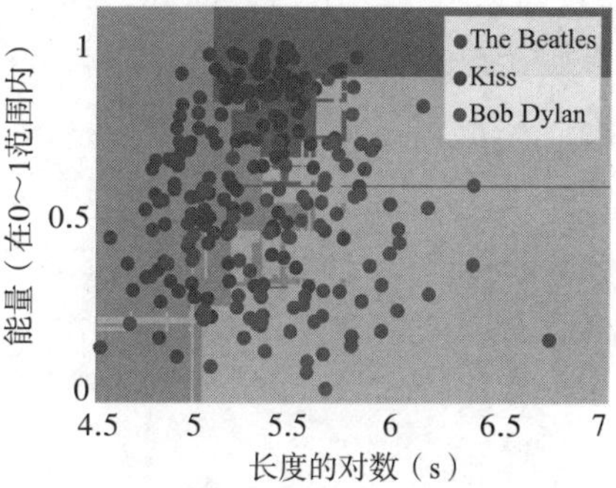

b）梯度提升分类器

图 7.9　两种提升算法在示例 2.1 的音乐分类问题上的结果比较

7.5　拓展阅读

通用的 bagging 思想最早是由 Breiman（1996）提出的，而更加具体的随机森林算法可以追溯到 Ho（1995）提出要限制每棵树划分时可用的变量。这一想法使用 bootstraped 得到的数据集（即 bagging）来自 Breiman（2001）。

提升方法的流行是由于 AdaBoost 被 Freund 和 Schapire（1996）所提出，他们因此被授予 2003 年的 Gödel 奖。实数 AdaBoost 由 Friedman 等人（2000）提出，梯度提升法由 Friedman（2001）和 Mason 等人（1999）提出。对于梯度提升的高效且广泛使用的实现包括 T. Chen 和 Guestrin（2016）提出的 XGBoost 以及 Ke 等人（2017）提出的 LightGBM。

非线性输入变换和核

在本章中，我们会继续对第 3 章中使用非线性变换$\boldsymbol{\phi}(\boldsymbol{x})$来创造新的输入特征的思想展开深入挖掘。通过一种名为*核技巧*的方法，我们可以*无限地*创造出这样的非线性变换，从而对我们的一些基础方法（如线性回归和 k-NN）进行拓展，得到用途更广泛且更灵活的模型。当我们改变线性回归的损失函数时，我们得到了支持向量回归，及其在分类问题上的对应版本的支持向量分类器，这是两种现成且十分强大的机器学习方法。核的概念在之后的第 9 章也同样重要，我们将会从贝叶斯统计的角度分析线性回归和核技巧，最终得到高斯过程模型。

8.1 通过非线性输入变换创造特征

“线性回归”一词当中包含“线性”的原因是输出被建模成输入的*线性组合*。然而我们还没给输入一个明确的定义。回想一下示例 2.2 中的刹车距离问题。如果速度是输入的话，那么动能（正比于速度的平方）不也能被当作输入吗？答案是肯定的。事实上，在任何模型中，我们都可以对“原始”输入变量进行任何指定的非线性变换，包括线性回归模型。举例来说，如果我们只有一个一维的输入 x，原始的线性回归模型（式（3.2））为

$$y = \theta_0 + \theta_1 x + \varepsilon \tag{8.1}$$

从这里开始，我们就可以将该模型拓展到以$x^2, x^3, \cdots, x^{d-1}$为输入（$d$ 由用户自行选择），然后得到一个多项式的 x 的线性回归模型：

$$y = \theta_0 + \theta_1 x + \theta_2 x^2 + \cdots + \theta_{d-1} x^{d-1} + \varepsilon = \boldsymbol{\theta}^{\mathrm{T}} \boldsymbol{\phi}(x) + \varepsilon \tag{8.2}$$

由于 x 是已知的，我们可以直接计算$x^2, x^3, \cdots, x^{d-1}$。注意这依然是一个线性回归模型，因为*参数$\boldsymbol{\theta}$是线性形式的*，对应$\boldsymbol{\phi}(x) = [1 \ x \ x^2 \ \cdots \ x^{d-1}]^{\mathrm{T}}$作为新的输入向量。我们将对 $\boldsymbol{x}$ 的变换称作一个*特征*[⊖]，将由 $\boldsymbol{x}$ 的变换组成的 $d \times 1$ 维的输入向量$\boldsymbol{\phi}(\boldsymbol{x})$称为*特征向量*。参数$\hat{\boldsymbol{\theta}}$还是通过相同的方式学习得到，但是我们

$$\text{将原始的 } \boldsymbol{X} = \underbrace{\begin{bmatrix} \boldsymbol{x}_1^{\mathrm{T}} \\ \boldsymbol{x}_2^{\mathrm{T}} \\ \vdots \\ \boldsymbol{x}_n^{\mathrm{T}} \end{bmatrix}}_{n \times p+1} \quad \text{替换为变换得到的} \quad \boldsymbol{\Phi}(\boldsymbol{X}) = \underbrace{\begin{bmatrix} \boldsymbol{\phi}(\boldsymbol{x}_1)^{\mathrm{T}} \\ \boldsymbol{\phi}(\boldsymbol{x}_2)^{\mathrm{T}} \\ \vdots \\ \boldsymbol{\phi}(\boldsymbol{x}_n)^{\mathrm{T}} \end{bmatrix}}_{n \times d} \tag{8.3}$$

对于线性回归问题，这意味着我们可以通过直接在正规方程（3.13）中进行替换式（8.3）来学习参数。

⊖ 有时候原始输入 $\boldsymbol{x}$ 也会被视为一种特征。

对输入进行非线性变换的这种想法并不仅仅局限于线性回归，任何非线性变换$\boldsymbol{\phi}(\cdot)$都可以用在任何有监督机器学习模型上。非线性变换是对输入的第一步操作，就像预处理一样，然后这些变换后的输入才被用在训练、评估以及模型的使用上。我们已经在第 3 章的示例 3.5 中展示了对输入的非线性变换在回归问题上的应用，接下来的示例 8.1 是对输入的非线性变换在分类问题上的应用。

思考时间 8.1　图 8.1 中展示了两个使用了多项式变换的线性回归模型。看到图 8.1 的人可能会问，一个线性回归模型是如何得到一条曲线的？线性回归模型是否并不局限于直线呢？

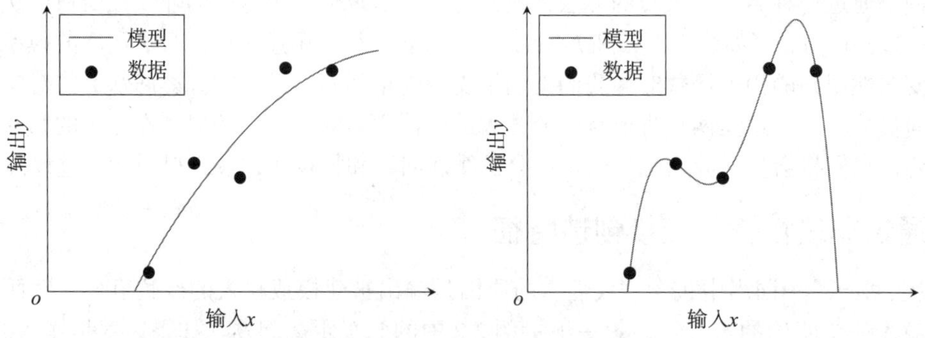

a）一个二阶多项式变换的线性回归模型，使用平方误差损失函数进行训练。这条线不再是直线（如图3.1），但这只是点的投影。在三维空间中，将各个特征置于不同的轴上（本例中是x与x^2），它还是一个仿射变换的模型

b）一个四阶多项式变换的线性回归模型，使用平方误差损失函数进行训练。注意到一个四阶多项式包含五个未知参数，这大致意味着我们可以期望这个模型恰好完全贴合5个数据点，这是一个典型的过拟合的案例

图 8.1　分别对输入 x 进行二阶和四阶多项式变换的线性回归模型，如式（8.2）所示

示例 8.1　分类问题上的非线性特征变换

考虑一个二元分类问题的数据集，如图 8.2a 所示，其中输入$\boldsymbol{x}=[x_1\ x_2]^{\mathrm{T}}$，类别为红色与蓝色。仅仅通过观察我们就能够发现，线性分类器不能有效解决这个问题。

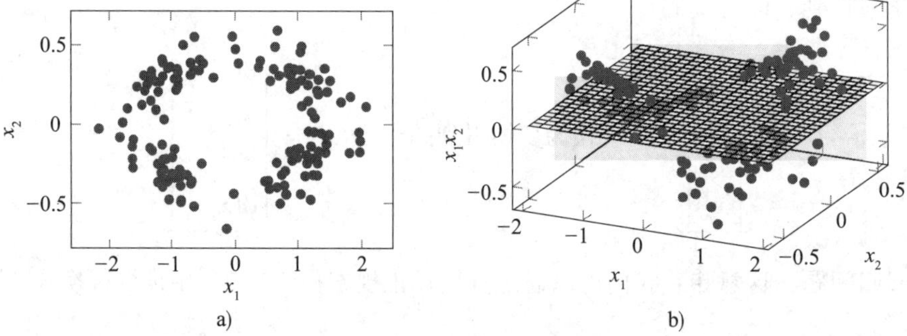

图　8.2

然而，通过加入非线性变换$x_1\,x_2$作为特征，即$\boldsymbol{\phi}(\boldsymbol{x})=[x_1\ \ x_2\ \ x_1x_2]^{\mathrm{T}}$，我们可以得

到图 8.2b 中的情况。通过引入了一个相对简单的特征，这个问题就变得更加适合使用线性分类器来解决了，因为现在数据可以被一个平面较好地分类。其结论就是，一种可以增大模型适用范围的且较为简单的方法就是使用非线性变换。

多项式非线性变换只是大量（无限多）可选特征$\boldsymbol{\phi}(\boldsymbol{x})$中的一种。在实际应用中，使用大于二阶的多项式变换时应当小心，因为它们在观测数据点之外的行为不太可靠（见图 8.1b）。相反，一些替代版本往往在实际中更加有用，比如傅里叶级数（对于标量 x 来说）$\boldsymbol{\phi}(x)=[1\ \sin(x)\cos(x)\sin(2x)\cos(2x)\cdots]^{\mathrm{T}}$、阶跃函数、回归样条等。对输入进行非线性变换的特征$\boldsymbol{\phi}(\boldsymbol{x})$可以让简单的模型变得更灵活，从而能够用在现实世界中那些具有非线性特征的实际问题上。为了得到较好的性能，对于特征$\boldsymbol{\phi}(\boldsymbol{x})$的选择是十分重要的，既要具有足够的灵活性，又不能对问题过拟合。通过挑选合适的特征$\boldsymbol{\phi}(\boldsymbol{x})$，可以在很多问题上得到很好的性能，然而挑选特征的具体方法对每个问题都是独特的，这往往依赖于使用者的技巧。相反，我们侧重于让特征数量 $d\to\infty$ 并与正则化相结合的思想。这能够实现对于特征的自动挑选，进而引向一系列现成且强大的机器学习工具，即核方法。

8.2 核岭回归

一个设计巧妙的输入变换$\boldsymbol{\phi}(\boldsymbol{x})$能够在线性回归和其他任何方法中对特定的机器学习问题给出很好的性能。然而，我们希望$\boldsymbol{\phi}(\boldsymbol{x})$能够囊括一系列对于绝大多数问题都适用的变换，从而得到一个通用的现成方法。因此，我们将发掘这样的一个想法，即选取一个非常大的 d，比数据点的数量 n 还要大得多，最终甚至让 $d\to\infty$。其推导过程将会基于 L^2 正则化线性回归，但我们将在后续发现这种想法对其他模型也能适用。

8.2.1 对线性回归的重构

首先，为了增大线性回归问题中的 d，我们需要进行某种正则化以免当 $d>n$ 时出现过拟合。我们之后会解释为什么使用 L^2 正则化线性回归。回想一下 L^2 正则化线性回归的公式：

$$\hat{\boldsymbol{\theta}}=\arg\min_{\boldsymbol{\theta}}\frac{1}{n}\sum_{i=1}^{n}(\underbrace{\boldsymbol{\theta}^{\mathrm{T}}\boldsymbol{\phi}(\boldsymbol{x}_i)}_{\hat{y}(\boldsymbol{x}_i)}-y_i)^2+\lambda\|\boldsymbol{\theta}\|_2^2=(\boldsymbol{\Phi}(\boldsymbol{X})^{\mathrm{T}}\boldsymbol{\Phi}(\boldsymbol{X})+n\lambda\boldsymbol{I})^{-1}\boldsymbol{\Phi}(\boldsymbol{X})^{\mathrm{T}}\boldsymbol{y} \tag{8.4}$$

我们还没有确定具体要使用的非线性变换$\boldsymbol{\phi}(\boldsymbol{x})$是哪一个，但是我们已经准备好令非线性变换中的$d\gg n$了。选取一个较大的 d（即$\boldsymbol{\phi}(\boldsymbol{x})$的维数）的缺点在于我们同样需要训练 d 个不同的参数。在线性回归问题中，我们通常先学习得到一个 d 维向量$\hat{\boldsymbol{\theta}}$，而后将其用于预测值的计算中：

$$\hat{y}(\boldsymbol{x}_\star)=\hat{\boldsymbol{\theta}}^{\mathrm{T}}\boldsymbol{\phi}(\boldsymbol{x}_\star) \tag{8.5}$$

为了能够使 d 的取值非常大，甚至在理论上能够允许 $d\to\infty$，我们需要重构这个模型，不然将无法满足随 d 增长而成比例增加的存储量与计算量的需求。第一步是注意到预测结果$\hat{y}(\boldsymbol{x}_\star)$可以改写为：

$$\begin{aligned}\hat{y}(\boldsymbol{x}_\star) &= \underbrace{\hat{\boldsymbol{\theta}}^{\mathrm{T}}}_{1\times d} \underbrace{\boldsymbol{\phi}(\boldsymbol{x}_\star)}_{d\times 1} = (\boldsymbol{\Phi}(\boldsymbol{X})^{\mathrm{T}}\boldsymbol{\Phi}(\boldsymbol{X}) + n\lambda\boldsymbol{I})^{-1}\boldsymbol{\Phi}(\boldsymbol{X})^{\mathrm{T}}\boldsymbol{y})^{\mathrm{T}}\boldsymbol{\phi}(\boldsymbol{x}_\star) \\ &= \underbrace{\boldsymbol{y}^{\mathrm{T}}}_{1\times n} \underbrace{\underbrace{\boldsymbol{\Phi}(\boldsymbol{X})}_{n\times d}\underbrace{(\boldsymbol{\Phi}(\boldsymbol{X})^{\mathrm{T}}\boldsymbol{\Phi}(\boldsymbol{X}) + n\lambda\boldsymbol{I})^{-1}}_{d\times d}\underbrace{\boldsymbol{\phi}(\boldsymbol{x}_\star)}_{d\times 1}}_{n\times 1}\end{aligned} \tag{8.6}$$

其中向下的大括号给出了各向量与矩阵的大小。由这个$\hat{y}(\boldsymbol{x}_\star)$的表达式可知，相比对 d 维的$\hat{\boldsymbol{\theta}}$分别根据$\boldsymbol{x}_\star$进行独立的计算与存储来说，我们可以对每个测试输入$\boldsymbol{x}_\star$计算一个 n 维向量$\boldsymbol{\Phi}(\boldsymbol{X})(\boldsymbol{\Phi}(\boldsymbol{X})^{\mathrm{T}}\boldsymbol{\Phi}(\boldsymbol{X})+n\lambda\boldsymbol{I})^{-1}\boldsymbol{\phi}(\boldsymbol{x}_\star)$。通过这么做，我们可以不必存储一个 d 维向量。但是这会导致我们需要对一个 $d\times d$ 矩阵求逆。因此我们还需要进行一些工作才能得到一个对任意给定的极大的 d 都可以实际应用的方法。

对于任意的矩阵 $\boldsymbol{A}$，push-through 矩阵恒等式表明$\boldsymbol{A}(\boldsymbol{A}^{\mathrm{T}}\boldsymbol{A}+\boldsymbol{I})^{-1} = (\boldsymbol{A}\boldsymbol{A}^{\mathrm{T}}+\boldsymbol{I})^{-1}\boldsymbol{A}$成立。将其带入式（8.6）中，我们可以进一步将$\hat{y}(\boldsymbol{x}_\star)$改写为：

$$\hat{y}(\boldsymbol{x}_\star) = \underbrace{\boldsymbol{y}^{\mathrm{T}}}_{1\times n}\underbrace{(\boldsymbol{\Phi}(\boldsymbol{X})\boldsymbol{\Phi}(\boldsymbol{X})^{\mathrm{T}} + n\lambda\boldsymbol{I})^{-1}}_{n\times n}\underbrace{\boldsymbol{\Phi}(\boldsymbol{X})\boldsymbol{\phi}(\boldsymbol{x}_\star)}_{n\times 1} \tag{8.7}$$

由式（8.7）可知，我们不需要处理任何 d 维向量或矩阵也能计算$\hat{y}(\boldsymbol{x}_\star)$的值，只要我们能够通过某种方法解决式（8.7）中$\boldsymbol{\Phi}(\boldsymbol{X})\boldsymbol{\Phi}(\boldsymbol{X})^{\mathrm{T}}$和$\boldsymbol{\Phi}(\boldsymbol{X})\boldsymbol{\phi}(\boldsymbol{x}_\star)$这两个矩阵乘法运算。让我们对这两个乘法进行更加详细的观察：

$$\boldsymbol{\Phi}(\boldsymbol{X})\boldsymbol{\Phi}(\boldsymbol{X})^{\mathrm{T}} = \begin{bmatrix} \boldsymbol{\phi}(\boldsymbol{x}_1)^{\mathrm{T}}\boldsymbol{\phi}(\boldsymbol{x}_1) & \boldsymbol{\phi}(\boldsymbol{x}_1)^{\mathrm{T}}\boldsymbol{\phi}(\boldsymbol{x}_2) \cdots \boldsymbol{\phi}(\boldsymbol{x}_1)^{\mathrm{T}}\boldsymbol{\phi}(\boldsymbol{x}_n) \\ \boldsymbol{\phi}(\boldsymbol{x}_2)^{\mathrm{T}}\boldsymbol{\phi}(\boldsymbol{x}_1) & \boldsymbol{\phi}(\boldsymbol{x}_2)^{\mathrm{T}}\boldsymbol{\phi}(\boldsymbol{x}_2) \cdots \boldsymbol{\phi}(\boldsymbol{x}_2)^{\mathrm{T}}\boldsymbol{\phi}(\boldsymbol{x}_n) \\ \vdots & \vdots \\ \boldsymbol{\phi}(\boldsymbol{x}_n)^{\mathrm{T}}\boldsymbol{\phi}(\boldsymbol{x}_1) & \boldsymbol{\phi}(\boldsymbol{x}_n)^{\mathrm{T}}\boldsymbol{\phi}(\boldsymbol{x}_2) \cdots \boldsymbol{\phi}(\boldsymbol{x}_n)^{\mathrm{T}}\boldsymbol{\phi}(\boldsymbol{x}_n) \end{bmatrix} \tag{8.8}$$

$$\boldsymbol{\Phi}(\boldsymbol{X})\boldsymbol{\phi}(\boldsymbol{x}_\star) = \begin{bmatrix} \boldsymbol{\phi}(\boldsymbol{x}_1)^{\mathrm{T}}\boldsymbol{\phi}(\boldsymbol{x}_\star) \\ \boldsymbol{\phi}(\boldsymbol{x}_2)^{\mathrm{T}}\boldsymbol{\phi}(\boldsymbol{x}_\star) \\ \vdots \\ \boldsymbol{\phi}(\boldsymbol{x}_n)^{\mathrm{T}}\boldsymbol{\phi}(\boldsymbol{x}_\star) \end{bmatrix} \tag{8.9}$$

注意，$\boldsymbol{\phi}(\boldsymbol{x})^{\mathrm{T}}\boldsymbol{\phi}(\boldsymbol{x}')$是两个 d 维向量$\boldsymbol{\phi}(\boldsymbol{x})$与$\boldsymbol{\phi}(\boldsymbol{x}')$的内积。从式中我们可以洞察的一个关键点在于，特征$\boldsymbol{\phi}(\boldsymbol{x})$在式（8.7）中只以内积$\boldsymbol{\phi}(\boldsymbol{x})^{\mathrm{T}}\boldsymbol{\phi}(\boldsymbol{x}')$的形式出现，而每个内积都是标量。这意味着，如果我们能够直接计算内积$\boldsymbol{\phi}(\boldsymbol{x})^{\mathrm{T}}\boldsymbol{\phi}(\boldsymbol{x}')$，那么我们并不需要计算 d 维向量$\boldsymbol{\phi}(\boldsymbol{x})$的值也能实现我们的目的。

为了用一个具体案例来进行说明，出于计算简单的考虑，我们选取多项式来进行分析。当 p=1（即 $\boldsymbol{x}$ 是一个标量 x），且其特征是一个三阶多项式（即 d=4），其中第 2 项、第 3 项系数增大$\sqrt{3}$倍[⊖]，我们有：

⊖ 增大$\sqrt{3}$倍的影响可以通过对 $\boldsymbol{\theta}$ 中第 2 项、第 3 项的值缩小$\sqrt{3}$倍来补偿。

$$\phi(x)^{\mathrm{T}}\phi(x') = [1 \quad \sqrt{3}x \quad \sqrt{3}x^2 \quad x^3]\begin{bmatrix} 1 \\ \sqrt{3}x' \\ \sqrt{3}x'^2 \\ x'^3 \end{bmatrix} = 1+3xx'+3x^2x'^2+x^3x'^3 = (1+xx')^3 \tag{8.10}$$

总的来看，如果$\phi(x)$是一个（以合适方式重新缩放的）$d-1$阶多项式的话，那么有$\phi(x)^{\mathrm{T}}\phi(x')=(1+xx')^{d-1}$。我们想要表达的要点是，比起先计算两个$d$维的向量$\phi(x)$和$\phi(x')$再去计算它们的内积，我们可以直接计算表达式$(1+xx')^{d-1}$。对于二阶或三阶多项式来说，这可能没有太大的差别，但是考虑到在d是几百或几千的情景下，计算量的差别就很大了。

我们能从上文中得到的核心要点是，如果我们选择一个合适的$\boldsymbol{\phi}(\boldsymbol{x})$使我们在不计算$\boldsymbol{\phi}(\boldsymbol{x})$的情况下求得内积$\boldsymbol{\phi}(\boldsymbol{x})^{\mathrm{T}}\boldsymbol{\phi}(\boldsymbol{x}')$，那么我们就可以令$d$任意大。鉴于定义两个无限维度的向量的内积是可行的，因此$d\to\infty$不存在任何限制。

我们现在推导得到了在任何数量d的特征$\boldsymbol{\phi}(\boldsymbol{x})$上都能应用的$L^2$正则化线性回归模型，只要$\boldsymbol{\phi}(\boldsymbol{x})$的内积$\boldsymbol{\phi}(\boldsymbol{x})^{\mathrm{T}}\boldsymbol{\phi}(\boldsymbol{x}')$是闭式表达式（或者至少能够以某种方式计算且计算量不随d线性增长）。对于一个机器学习工程师来说，这看上去似乎也没那么有价值，毕竟依旧需要挑选出输入的非线性变换$\boldsymbol{\phi}(\boldsymbol{x})$，选择$d$的取值（可能为$\infty$），然后推导出$\boldsymbol{\phi}(\boldsymbol{x})^{\mathrm{T}}\boldsymbol{\phi}(\boldsymbol{x}')$（就像式（8.10）那样）。幸运的是，我们可以绕过这些步骤，这就需要引出核的概念。

8.2.2 核的主要思想

在本书中，核$\kappa(\boldsymbol{x},\boldsymbol{x}')$指的是任何包含两个参数$\boldsymbol{x}$和$\boldsymbol{x}'$、参数空间相同，且函数值为一个标量的函数。整本书里我们都只考虑那些实数值且对称的核函数，即有对于任意$\boldsymbol{x}$和$\boldsymbol{x}'$，都有$\kappa(\boldsymbol{x},\boldsymbol{x}')=k(\boldsymbol{x}',\boldsymbol{x})\in\mathbb{R}$。式（8.10）就是这样的一个核函数的例子。更加通用的，两个非线性变换的内积也是典型的核函数：

$$\kappa(\boldsymbol{x},\boldsymbol{x}')=\boldsymbol{\phi}(\boldsymbol{x})^{\mathrm{T}}\boldsymbol{\phi}(\boldsymbol{x}') \tag{8.11}$$

当下的要点在于，由于$\boldsymbol{\phi}(\boldsymbol{x})$在线性回归模型（8.7）中仅以内积的形式出现，我们并不需要先设计一个d维的向量再计算内积。我们只需要直接选择一个核函数$\kappa(\boldsymbol{x},\boldsymbol{x}')$即可。这被称作核技巧：

> 如果$\boldsymbol{x}$在模型中仅以$\boldsymbol{\phi}(\boldsymbol{x})^{\mathrm{T}}\boldsymbol{\phi}(\boldsymbol{x}')$的形式出现，我们可以选择一个核函数$\kappa(\boldsymbol{x},\boldsymbol{x}')$而无须选择特征$\boldsymbol{\phi}(\boldsymbol{x})$。

为了说明这个技巧在实际应用中是怎样的，我们利用式（8.11）的核函数改写式（8.7）：

$$\hat{y}(\boldsymbol{x}_\star)=\underbrace{\boldsymbol{y}^{\mathrm{T}}}_{1\times n}\underbrace{(\boldsymbol{K}(\boldsymbol{X},\boldsymbol{X})+n\lambda\boldsymbol{I})^{-1}}_{n\times n}\underbrace{\boldsymbol{K}(\boldsymbol{X},\boldsymbol{x}_\star)}_{n\times 1} \tag{8.12a}$$

$$\text{其中}\boldsymbol{K}(\boldsymbol{X},\boldsymbol{X})=\begin{bmatrix}\kappa(\boldsymbol{x}_1,\boldsymbol{x}_1) & \kappa(\boldsymbol{x}_1,\boldsymbol{x}_2) & \cdots & \kappa(\boldsymbol{x}_1,\boldsymbol{x}_n)\\ \kappa(\boldsymbol{x}_2,\boldsymbol{x}_1) & \kappa(\boldsymbol{x}_2,\boldsymbol{x}_2) & \cdots & \kappa(\boldsymbol{x}_2,\boldsymbol{x}_n)\\ \vdots & & & \vdots\\ \kappa(\boldsymbol{x}_n,\boldsymbol{x}_1) & \kappa(\boldsymbol{x}_n,\boldsymbol{x}_2) & \cdots & \kappa(\boldsymbol{x}_n,\boldsymbol{x}_n)\end{bmatrix}\text{且} \tag{8.12b}$$

$$\boldsymbol{K}(\boldsymbol{X},\boldsymbol{x}_\star)=\begin{bmatrix}\kappa(\boldsymbol{x}_1,\boldsymbol{x}_\star)\\ \kappa(\boldsymbol{x}_2,\boldsymbol{x}_\star)\\ \vdots\\ \kappa(\boldsymbol{x}_n,\boldsymbol{x}_\star)\end{bmatrix} \tag{8.12c}$$

这些等式描述了一个使用了核函数的 L^2 正则化线性回归。由于 L^2 正则化线性回归被称作岭回归，因此式（8.12）也被称作核岭回归。$n\times n$ 矩阵$\boldsymbol{K}(\boldsymbol{X},\boldsymbol{X})$是通过计算训练数据中每一对输入在核函数上的值得到的，这也被称作格拉姆矩阵。我们先前讨论过的一个可以包含无限维非线性变换向量$\boldsymbol{\phi}(\boldsymbol{x})$的线性回归模型是很有价值的，而式（8.12）（对于特定选择的$\boldsymbol{\phi}(\boldsymbol{x})$和$\kappa(\boldsymbol{x},\boldsymbol{x}')$）恰好等价于一个这样的模型。用户在使用时只需要选择一个核函数$\kappa(\boldsymbol{x},\boldsymbol{x}')$而非特征$\boldsymbol{\phi}(\boldsymbol{x})$。在实际应用中，选择核函数$\kappa(\boldsymbol{x},\boldsymbol{x}')$比选择特征$\boldsymbol{\phi}(\boldsymbol{x})$要方便得多。

作为使用者，我们原则上可以任意选择核函数$\kappa(\boldsymbol{x},\boldsymbol{x}')$，只要我们可以计算式（8.12a）的值。这要求$\boldsymbol{K}(\boldsymbol{X},\boldsymbol{X})+n\lambda\boldsymbol{I}$的逆矩阵存在。因此，只要我们能够保证核函数的格拉姆矩阵$\boldsymbol{K}(\boldsymbol{X},\boldsymbol{X})$是半正定的即可。这样的核函数被称作半正定核[⊖]。因此，核岭回归的使用者只需要选择一个半正定核$\kappa(\boldsymbol{x},\boldsymbol{x}')$而无须对特征$\boldsymbol{\phi}(\boldsymbol{x})$进行选择或计算。然而，对于每个半正定核来说，其实都存在与之对应的$\boldsymbol{\phi}(\boldsymbol{x})$，我们将在 8.4 节详细讨论这一点。

一些半正定核在实际应用中非常常用，其中一个就是二次指数核（通常称为 RBF 径向基函数或者高斯核函数），即

$$\kappa(\boldsymbol{x},\boldsymbol{x}')=\exp\left(-\frac{\|\boldsymbol{x}-\boldsymbol{x}'\|_2^2}{2\ell^2}\right) \tag{8.13}$$

其中超参数$\ell>0$由使用者自行选择，例如可以用交叉验证的方法得到。另外一个常用的半正定核函数就是上文中提到的多项式核$\kappa(\boldsymbol{x},\boldsymbol{x}')=(c+\boldsymbol{x}^{\mathrm{T}}\boldsymbol{x}')^{d-1}$。一个较为特殊的例子是线性核$\kappa(\boldsymbol{x},\boldsymbol{x}')=\boldsymbol{x}^{\mathrm{T}}\boldsymbol{x}'$。我们将在下文给出更多示例。

从式（8.12）可知，我们似乎每次使用模型进行预测时，都需要计算$\boldsymbol{K}(\boldsymbol{X},\boldsymbol{X})+n\lambda\boldsymbol{I}$的值。然而这其实不是必要的，因为这个值并不依赖于测试输入$\boldsymbol{x}_\star$。因此，一个明智的策略是引入一个 n 维向量：

⊖ 令人非常困惑的是，在某些文章中，半正定核也被称作是正定核。

$$\hat{\boldsymbol{\alpha}} = \begin{bmatrix} \hat{\alpha}_1 \\ \hat{\alpha}_2 \\ \vdots \\ \hat{\alpha}_n \end{bmatrix} = \boldsymbol{y}^{\mathrm{T}}(\boldsymbol{K}(\boldsymbol{X},\boldsymbol{X})+n\lambda\boldsymbol{I})^{-1} \tag{8.14a}$$

从而使我们将式（8.12）的核岭回归改写为：

$$\hat{y}(\boldsymbol{x}_\star) = \hat{\boldsymbol{\alpha}}^{\mathrm{T}}\boldsymbol{K}(\boldsymbol{X},\boldsymbol{x}_\star) \tag{8.14b}$$

也就是说，与其计算并存储一个 d 维向量$\hat{\boldsymbol{\theta}}$用于标准的线性回归，我们不如计算并存储一个 n 维的向量$\hat{\boldsymbol{\alpha}}$。不过我们还是需要存储 $\boldsymbol{X}$，因为我们每次预测都需要计算$\boldsymbol{K}(\boldsymbol{X},\boldsymbol{x}_\star)$的值。

我们将核岭回归总结为方法 8.1，并用示例 8.2 来具体说明。核岭回归本身也是一个在实际问题上很有用的方法。话虽如此，我们接下来要倒退一步来讨论我们刚刚的推导过程，从而为更多核方法做好准备。在第 9 章我们还会重新讨论核岭回归，用作高斯过程回归模型推导过程的基础。

方法 8.1　核岭回归

学习核岭回归模型

数据：训练数据$\mathcal{T}=\{\boldsymbol{x}_i,y_i\}_{i=1}^n$及核函数 κ

结果：学习得到的对偶参数$\hat{\boldsymbol{\alpha}}$

1. 根据式（8.14a）计算$\hat{\boldsymbol{\alpha}}$

使用核岭回归模型进行**预测**

数据：训练得到的对偶参数$\hat{\boldsymbol{\alpha}}$及测试输入$\boldsymbol{x}_\star$

结果：预测结果$\hat{y}(\boldsymbol{x}_\star)$

1. 根据式（8.14b）计算$\hat{y}(\boldsymbol{x}_\star)$

示例 8.2　使用核的线性回归

我们再次探讨示例 2.2 中汽车刹车距离问题，并且使用核岭回归来解决它。这里我们令$\lambda=0.01$，然后探讨在使用不同的核函数时分别是什么情况。

我们从图 8.3a 开始，使用$\ell=1$的高斯核函数（黑色曲线）。我们注意到这条曲线不能很好地在数据点间进行插值，而$\ell=3$（灰色曲线）能够给出更加合理的结果。（我们可以通过交叉验证来选出较好的ℓ，但在这里我们不在这个方向进一步展开。）

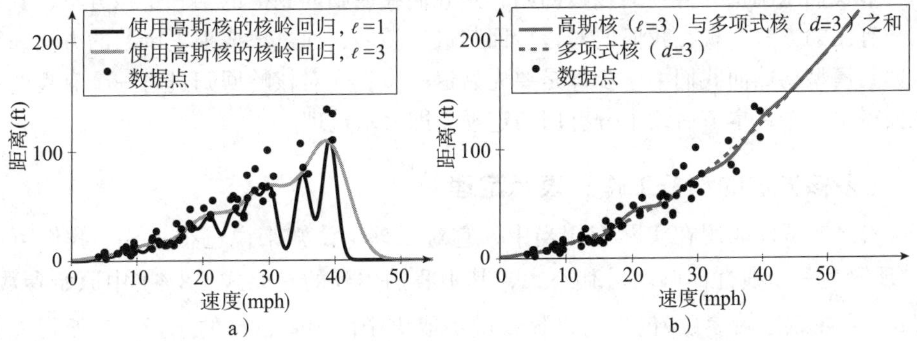

图　8.3

有趣的一点是，当外推到已有数据点的范围之外时，预测值回到了0。这事实上是高斯核以及其他许多常用核函数所共有的性质，这种结果背后的原因是，在核函数的构造中，核函数的值$\kappa(\boldsymbol{x},\boldsymbol{x}')$随着$\boldsymbol{x}$和$\boldsymbol{x}'$距离的增大而接近于0。直观来讲，这意味着得到的最终结果来自临近数据点的插值，而当我们外推到已有数据点所处区间之外时，这个方法会给出“默认的”预测值0。这能够从式（8.14b）中看出——当$\boldsymbol{x}_\star$远离训练数据点时，向量$\boldsymbol{K}(\boldsymbol{X},\boldsymbol{x}_\star)$中所有元素的值都会非常接近于0(如果核函数具有刚才所提到的性质的话)，因此最终预测结果也会接近于0。

我们先前已经注意到这个数据在一定程度上遵循某个二次函数。我们将在8.4节讨论对两个核函数求和可以得到一个新的核函数。在图8.3b中，我们尝试将$\ell=3$的高斯核与二阶多项式核（d=3）进行求和（即实线）。作为参照，我们也包含了只使用二阶多项式核（$d=3$）的核岭回归（虚线，等价于L^2正则化线性回归）。组合得到的核提供了一个比只使用二次函数更加灵活的模型，同时（在本例中）比只使用高斯核具有更好的外推能力。

我们可以这样理解，多项式核并不是**局部的**（基于上文相同的逻辑）。也就是说，它的值不会因为测试数据点与训练数据点距离很远而降至0。相反它会遵循一个多项式的变化趋势，其预测结果在外推时也会遵循这个多项式的趋势。注意到这两个核函数（图8.3b中实线与虚线）在外推时给出了几乎完全相同的预测结果，这是因为在组合后的核中，高斯核的部分只会“活跃于”插值中。在进行外推时，组合后的核函数就会退回到只使用多项式核的那部分。

通过分析图8.3，我们可以看到核岭回归是一个非常灵活的模型，其结果很大程度上取决于核函数的选择。正如贯穿本章（以及下一章）所讲的那样，对于机器学习工程师来说，对于核函数的选择是使用核方法中最重要的选择。

思考时间8.2 试验证在式（8.12）中使用线性核，其结果相当于退回到一个不使用任何非线性变换的L^2正则化线性回归。

8.3 支持向量回归

上一节我们刚刚推导得到的核岭回归，是我们在回归问题上的第一个核方法，其本身是一种十分有用的方法。现在我们要对核岭回归进行拓展，通过替换损失函数的方法来得到支持向量回归模型。然而我们第一步却是要先后退一步，先对核岭回归进行一个有趣的观察分析，从而得出一个在本节后续十分有用的定理，即表示定理。

8.3.1 更多核方法的预备工作：表示定理

式（8.14）不仅能用在实际应用当中，它对于理论认知来说也很重要。我们可以将式（8.14）理解为一个线性回归的对偶公式，其中我们用到的是原式（8.4）中原始参数$\boldsymbol{\theta}$的对偶参数$\boldsymbol{\alpha}$。需注意原始参数$\boldsymbol{\theta}$包含的参数数量d取决于使用者自己的选择，甚至可能是无限大的，而对偶参数$\boldsymbol{\alpha}$包含的参数数量n只是数据点的个数。

通过比较式（8.14b）与式（8.5），我们可以得到：

$$\hat{y}(\boldsymbol{x}_\star)=\hat{\boldsymbol{\theta}}^{\mathrm{T}}\boldsymbol{\phi}(\boldsymbol{x}_\star)=\hat{\boldsymbol{\alpha}}^{\mathrm{T}}\underbrace{\boldsymbol{\Phi}(\boldsymbol{X})\boldsymbol{\phi}(\boldsymbol{x}_\star)}_{\boldsymbol{\kappa}(\boldsymbol{X},\boldsymbol{x}_\star)} \tag{8.15}$$

对于任意$\boldsymbol{x}_\star$都成立，这意味着

$$\hat{\boldsymbol{\theta}}=\boldsymbol{\Phi}(\boldsymbol{X})^{\mathrm{T}}\hat{\boldsymbol{\alpha}} \tag{8.16}$$

式中原始参数$\boldsymbol{\theta}$与对偶参数$\boldsymbol{\alpha}$之间的关系并非仅仅局限于核岭回归，相反式（8.16）可以基于一个通用的结论得出，即表示定理。

本质上，表示定理表明，只要满足$\hat{y}(\boldsymbol{x})=\boldsymbol{\theta}^{\mathrm{T}}\boldsymbol{\phi}(\boldsymbol{x})$，式（8.16）就能对几乎任何损失函数的岭回归学习得到的$\boldsymbol{\theta}$成立。具体细节超出了本章的范畴，但是在 8.A 节中会给出这个定理的完整陈述。这一定理的一个含义是，使用L^2正则化线性回归对于最终得到一个核岭回归（8.14）来说是关键的，我们不能使用其他诸如L^1正则化的方法作为替代。表示定理是绝大多数核方法的基石，因为这意味着我们可以使用对偶参数$\boldsymbol{\alpha}$（具有有限的长度n）以及一个核函数$\kappa(\boldsymbol{x},\boldsymbol{x}')$来表示一个模型，而不必使用原始参数$\boldsymbol{\theta}$（可能具有无限长度$d$）以及一个非线性特征变换$\boldsymbol{\phi}(\boldsymbol{x})$，就像我们在式（8.14）中对线性回归问题的处理一样。

8.3.2 支持向量回归方法

我们现在来讨论支持向量回归，它是另一种现成的回归问题的核方法。从模型的角度来看，支持向量回归与核岭回归唯一的区别是损失函数有所改变。这个新的损失函数有一个有趣的效果，那就是能够使支持向量回归中的对偶参数向量$\hat{\boldsymbol{\alpha}}$变得稀疏，即$\hat{\boldsymbol{\alpha}}$的一些元素恰好是零。注意到，我们可以将$\hat{\boldsymbol{\alpha}}$中的每个元素与一个训练数据点进行对应，对应着$\hat{\boldsymbol{\alpha}}$的那些非零元素的数据点被称为支持向量，而预测的结果$\hat{y}(\boldsymbol{x}_\star)$也只取决于这些点（这与核岭回归（8.14b）相反，在核岭回归中需要用到所有训练数据点来计算$\hat{y}(\boldsymbol{x}_\star)$）。这使得支持向量回归成为所谓支持向量机（SVM）的一个例子，支持向量机是一系列具有稀疏对偶参数向量的方法。

用于支持向量回归的损失函数是ϵ-不敏感损失函数，

$$L(y,\hat{y})=\begin{cases}0 & \text{如果}|y-\hat{y}|<\epsilon\\ |y-\hat{y}|-\epsilon & \text{否则}\end{cases} \tag{8.17}$$

或者等价地写作$L(y,\hat{y})=\max 0,|y-\hat{y}|-\epsilon$，这在第 5 章式（5.9）中有所介绍。参数$\epsilon$是一个用户指定的值。在原始表达式当中，支持向量回归也利用了线性回归模型

$$\hat{y}(\boldsymbol{x}_\star)=\boldsymbol{\theta}^{\mathrm{T}}\boldsymbol{\phi}(\boldsymbol{x}_\star) \tag{8.18a}$$

但现在我们不再使用式（8.4）中使用的最小平方代价函数，我们现在有：

$$\hat{\boldsymbol{\theta}}=\arg\min_{\theta}\frac{1}{n}\sum_{i=1}^{n}\max\{0,|y_i-\underbrace{\boldsymbol{\theta}^{\mathrm{T}}\boldsymbol{\phi}(\boldsymbol{x}_i)}_{\hat{y}(\boldsymbol{x}_i)}|-\epsilon\}+\lambda\|\boldsymbol{\theta}\|_2^2 \tag{8.18b}$$

与核岭回归一样，我们将原始公式（8.18）重新表述为一个用$\boldsymbol{\alpha}$代替了$\boldsymbol{\theta}$的对偶公式，并使用核技巧。对于对偶公式，我们不能仿照式（8.4）～式（8.14）进行方便的闭式推导，因为$\hat{\boldsymbol{\theta}}$

没有闭式解。相反，我们不得不使用优化理论，引入松弛变量，并构建式（8.18b）中的拉格朗日函数。我们这里不给出完整的推导过程（它与 8.B 节中支持向量分类的推导过程相似），但事实证明，对偶公式会变为：

$$\hat{y}(\boldsymbol{x}_\star) = \hat{\boldsymbol{\alpha}}^{\mathrm{T}} \boldsymbol{K}(\boldsymbol{X}, \boldsymbol{x}_\star) \tag{8.19a}$$

其中$\hat{\boldsymbol{\alpha}}$是以下优化问题的解：

$$\hat{\boldsymbol{\alpha}} = \arg\min_{\boldsymbol{\alpha}} \frac{1}{2} \boldsymbol{\alpha}^{\mathrm{T}} \boldsymbol{K}(\boldsymbol{X}, \boldsymbol{X}) \boldsymbol{\alpha} - \boldsymbol{\alpha}^{\mathrm{T}} \boldsymbol{y} + \epsilon \|\boldsymbol{\alpha}\|_1 \tag{8.19b}$$

$$\text{其中} |\alpha_i| \leqslant \frac{1}{2n\lambda} \tag{8.19c}$$

请注意，式（8.19a）与核岭回归的相应表达式（8.14b）是相同的。这是符合表示定理的结果。与核岭回归的唯一区别在于如何学习对偶参数$\boldsymbol{\alpha}$，即通过数值求解式（8.19b）的优化问题，而非使用式（8.14a）中的闭式解。

ϵ-不敏感损失函数可用于任何回归模型，但在这种核方法的背景下尤其有价值，因为这会使对偶参数向量$\boldsymbol{\alpha}$变得稀疏（意味着只有一些元素是非零的）。注意，$\boldsymbol{\alpha}$ 在训练集中每个数据点上分别对应一个元素。这意味着式（8.19a）中的预测值只取决于一部分数据点，即对应的$\boldsymbol{\alpha}_i$不为零的数据点，称作*支持向量*。事实上，可以证明支持向量就是那些损失函数值不为零的数据点，也就是那些$|\hat{y}(\boldsymbol{x}_i) - y_i| \geqslant \epsilon$ 的数据点。因此，更大的ϵ 意味着支持向量的数量更少，反之亦然。这种影响也可以通过将ϵ看作是对偶公式（8.19b）中 L^1 惩罚中的正则化参数来理解。（然而，支持向量的数量也受λ 的影响，因为λ 会影响$\hat{y}(\boldsymbol{x})$的形状）。我们将在示例 8.3 中说明了这一点。

在训练时，所有的训练数据确实都被使用过（即用来求解式（8.19b）），但在进行预测时（使用式（8.19a）），只有支持向量对预测结果有贡献。这可以显著降低计算成本。用户选择的ϵ 越大，支持向量就越少，预测时需要的计算量就越小。因此，可以说ϵ 具有正则化的作用，因为我们使用的支持向量越多，模型就越复杂；支持向量越少，模型就越简单。我们在方法 8.2 中对支持向量回归进行了总结。

方法 8.2　支持向量回归

学习支持向量回归模型

数据：训练数据$\mathcal{T} = \{\boldsymbol{x}_i, y_i\}_{i=1}^n$

结果：学习得到的对偶参数$\hat{\boldsymbol{\alpha}}$

1. 根据式（8.19b）~ 式（8.19c）计算$\hat{\boldsymbol{\alpha}}$的数值解

使用核岭回归进行**预测**

数据：学习得到的对偶参数$\hat{\boldsymbol{\alpha}}$及测试输入$\boldsymbol{x}_\star$

结果：预测结果$\hat{y}(\boldsymbol{x}_\star)$

1. 根据式（8.19b）计算$\hat{y}(\boldsymbol{x}_\star)$

示例 8.3 支持向量回归和核岭回归

我们再次考虑示例 2.2 的汽车刹车距离问题，如图 8.4 所示。我们使用示例 8.2 中的高斯核和多项式核的组合，且令$\lambda=0.01$，$\epsilon=15$，对数据进行支持向量回归（灰线）。作为参考，我们也展示了相应的核岭回归（黑线）。

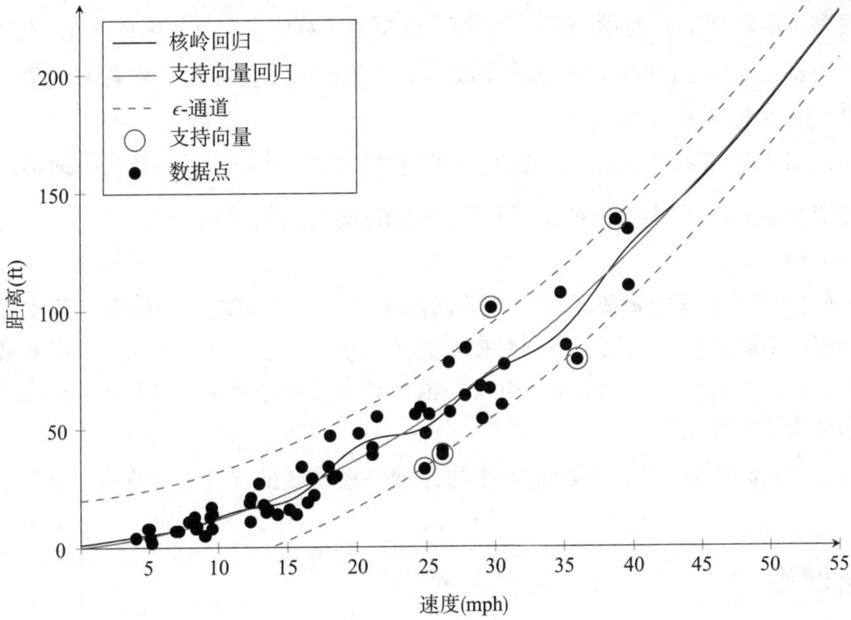

图 8.4

在图 8.4 中，我们圈出了所有$\alpha_i \neq 0$的数据点，即上文所述的支持向量。我们还展示了"ϵ-通道"（$\hat{y}(\boldsymbol{x})\pm\epsilon$，图中上下两条虚线），我们可以确认所有支持向量都位于"ϵ-通道"之外。这是使用ϵ-不敏感损失函数的直接结果，它确保了距离$\hat{y}(\boldsymbol{x})$在ϵ范围内的数据点的损失函数正好为零。如果我们选择一个较小的ϵ，就会得到更多的支持向量，反之亦然。$\boldsymbol{\alpha}$的稀疏性导致的另一个结果是，当用支持向量回归计算式（8.19a）中的预测结果时，（在本例中）只需使用五个数据点（即支持向量）进行计算即可。对于核岭回归来说，$\boldsymbol{\alpha}$不是稀疏的，因此计算预测结果（8.14b）需要用到全部 62 个数据点。

ϵ-不敏感损失函数使得对偶参数向量$\boldsymbol{\alpha}$变得稀疏。但是值得注意的是，这并不意味着相应的原始参数向量$\boldsymbol{\theta}$是稀疏的（它们的关系由式（8.16）给出）。还要注意式（8.19b）是一个受约束的优化问题（式（8.19c）给出了一个约束），并且需要比我们在 5.4 节介绍的更多的理论来推导出一个好的求解器。

与某些核相对应的特征向量$\boldsymbol{\Phi}(\boldsymbol{x})$——如平方指数核（即高斯核）式（8.13）——并不包含常数偏移项。因此，对于支持向量回归，有时会在式（8.19a）中加入一个额外的θ_0，从而为式（8.19b）中的优化问题增加约束条件$\sum_i \alpha_i = 0$。同样的附加约束条件也可用于核岭回归（8.14b）中，但这将破坏$\boldsymbol{\alpha}$（即式（8.14b））的闭式计算。

8.3.3 对于核函数在回归问题中的应用的总结

在核岭回归和支持向量回归中，我们一直在处理三个不同概念之间的相互关系，其中每个概念本身都很有趣。为了说明这一点，我们顺序地把它们分别列出来：

- 我们讨论了一个模型的**原始形式和对偶形式**。原始形式用$\boldsymbol{\theta}$（大小固定为d）来表示模型，而对偶形式使用$\boldsymbol{\alpha}$来表示（每个数据点i对应一个α_i，因此无论d是多少，$\boldsymbol{\alpha}$的大小都是n）。这两种表式方法在数学上是等价的，但在实践中各有优势，具体取决于$d>n$还是$n>d$。
- 我们引入了**核函数**$\kappa(\boldsymbol{x},\boldsymbol{x}')$，这使得我们可以取$d\to\infty$，而不必明确地给出一个非线性变换$\boldsymbol{\phi}(\boldsymbol{x})$的无限维的向量。这只在使用$\boldsymbol{\alpha}$的对偶形式时才有实际意义，因为$d$是$\boldsymbol{\theta}$的维数。
- 我们使用了**不同的损失函数**。核岭回归中使用平方误差损失函数，而支持向量回归使用ϵ-不敏感损失函数。特别是在对偶形式中，ϵ-不敏感损失函数尤其重要，因为它可以给出稀疏的$\boldsymbol{\alpha}$。(在8.5节中我们也会对支持向量分类器使用hinge损失函数，它们有类似的性质)。

现在我们将在8.4节花一些额外的精力来加深理解核函数的概念，并在8.5节介绍支持向量分类。

8.4 核理论

我们在前文中已经将核函数定义为任何从同一空间获取两个参数并返回一个标量的函数。我们还提出，通常要将自己限制在半正定核上，并给出了两种在实际应用中有效的算法——核岭回归和支持向量回归。在我们继续介绍支持向量分类之前，我们先进一步讨论核的概念，同时介绍背后的可用理论。为使讨论内容更加具体，让我们首先引入另一种核方法，即核方法版本的k-NN。

8.4.1 核k-NN简介

正如第2章中所述，k-NN通过对$\boldsymbol{x}_\star$的k个最近的邻居进行平均或多数投票来实现对$\boldsymbol{x}_\star$的预测。在原本的表述中，所谓“最近”是由欧氏距离定义的。由于欧氏距离总是正的，我们可以等效地考虑欧氏距离的平方，这可以用线性核$\kappa(\boldsymbol{x},\boldsymbol{x}')=\boldsymbol{x}^{\mathrm{T}}\boldsymbol{x}'$的形式改写为：

$$\begin{aligned}\|\boldsymbol{x}-\boldsymbol{x}'\|_2^2&=(\boldsymbol{x}-\boldsymbol{x}')^{\mathrm{T}}(\boldsymbol{x}-\boldsymbol{x}')=\boldsymbol{x}^{\mathrm{T}}\boldsymbol{x}'+\boldsymbol{x}'^{\mathrm{T}}\boldsymbol{x}'-2\boldsymbol{x}^{\mathrm{T}}\boldsymbol{x}'\\&=\kappa(\boldsymbol{x},\boldsymbol{x})+\kappa(\boldsymbol{x}',\boldsymbol{x}')-2\kappa(\boldsymbol{x},\boldsymbol{x}')\end{aligned}\tag{8.20}$$

为了对k-NN算法进行泛化来使用核函数，我们允许用式（8.20）中的任何半正定核$\kappa(\boldsymbol{x},\boldsymbol{x}')$来代替线性核。核$k$-NN的工作原理与标准$k$-NN相同，但确定数据点之间的接近程度时，使用式（8.20）的右侧而非式（8.20）的左侧，且使用的$\kappa(\boldsymbol{x},\boldsymbol{x}')$由使用者决定。

对于大多数（但并非所有）核来说，对于所有的$\boldsymbol{x}$和$\boldsymbol{x}'$，都有$\kappa(\boldsymbol{x},\boldsymbol{x})=\kappa(\boldsymbol{x}',\boldsymbol{x}')$，且为某个常数，这表明式（8.20）右侧真正值得关注的部分是$-2\kappa(\boldsymbol{x},\boldsymbol{x}')$。因此，如果$\kappa(\boldsymbol{x},\boldsymbol{x}')$取了较大的值，那么两个数据点$\boldsymbol{x}$和$\boldsymbol{x}'$被认为是接近的，反之亦然。也就是说，核函数决定了任何

两个数据点之间的接近程度。

此外，核 k-NN 还允许我们将 k-NN 应用于那些不适用于欧氏距离的数据。只要我们有一个输入空间上的核函数，我们就可以使用核 k-NN，哪怕欧氏距离对于该输入来说没有意义。因此，我们可以将 k-NN 应用于数值型或分类型之外的输入数据（比如文本片段），如示例 8.4 所示。

示例 8.4　单词翻译中的核 k-NN

本示例说明了核 k-NN 是如何应用于文本数据之上的，在文本数据中，欧氏距离没有意义，因此不能使用标准的 k-NN。本示例中，输入的是单词（或者更严格地说，是字符串），我们使用莱文斯坦距离来构建一个核函数。莱文斯坦距离（编辑距离）是将一个词（字符串）转化为另一个词所需的单字符编辑次数。它输入两个字符串并返回一个非负整数，只有当这两个字符串完全相同时，这个整数为零。它满足了在字符串空间内度量距离的特性，因此我们可以使用它来构建核函数，比如一个平方指数核函数 $\kappa(x,x')=\exp\left(-\frac{(\mathrm{LD}(x,x'))^2}{2\ell^2}\right)$（其中，LD 为莱文斯坦距离），我们令 $\ell=5$。

在这个非常简单的例子中，我们考虑一个由 10 个形容词组成的训练数据集（x_i），如下表所示，其中每个形容词根据其含义被标注为（y_i）积极的（`Positive`）或消极的（`Negative`）。我们现在将使用核 k-NN（用上文定义的核函数）来预测"horrendous（可怕的）"这个词（$x_\star$）是一个积极的还是消极的词。在第三列当中，我们计算了各个被标注的词（x_i）和"horrendous"（$x_\star$）之间的莱文斯坦距离（LD）。最右侧一列显示了式（8.20）右侧的值，即核 k-NN 用来判定两个数据点的接近程度的数值。

单词，x_i	含义，y_i	x_i与$x_\star$之间的莱文斯坦距离	$\kappa(x_i,x_i)+\kappa(x_\star,x_\star)-2\kappa(x_i,x_\star)$
awesome	Positive	8	1.44
excellent	Positive	10	1.73
spotless	Positive	9	1.60
terrific	Positive	8	1.44
tremendous	Positive	4	0.55
awful	Negative	9	1.60
dreadful	Negative	6	1.03
horrific	Negative	6	1.03
outrageous	Negative	6	1.03
terrible	Negative	8	1.44

检查最右边的一列，与 horrendous 最接近的词是积极的词 tremendous。因此，如果我们令 $k=1$，结论将是 horrendous 是一个积极的词。然而，第二、第三和第四个最接近的词都是消极的（dreadful（可怖的）、horrific（恐怖的）、outrageous（令人发指的）），如果令 $k=3$ 或 $k=4$，结论就变成了 horrendous 是一个消极的词（在本

例中也刚好是正确的)。

这个示例的目的是说明核函数是如何让诸如 k-NN 这类基本的方法可以用于那些输入不仅仅是数字，而是具有更复杂的结构的问题。对于预测单词语义的应用案例来说，逐个字符计算相似性显然是一种过于简单化的方法，当然也存在更精细的机器学习方法。

8.4.2 核函数的意义

通过核 k-NN，我们能够学到有关核函数的（至少）以下两点，并且这两点对于所有使用核方法的有监督机器学习方法来说都基本成立：

- 核函数定义了任何两个数据点间的接近 / 相似程度。例如，如果$\kappa(\boldsymbol{x}_i, \boldsymbol{x}_\star) > \kappa(\boldsymbol{x}_j, \boldsymbol{x}_\star)$，那么可以认为$\boldsymbol{x}_\star$与$\boldsymbol{x}_i$比$\boldsymbol{x}_\star$与$\boldsymbol{x}_j$更相似。直观地说，对于大多数方法来说，预测结果$\hat{y}(\boldsymbol{x}_\star)$主要受到与$\boldsymbol{x}_\star$最接近 / 最相似的训练数据点的影响。因此，在进行预测时，核函数对于确定各个训练数据点对预测结果各自造成的影响方面起着重要作用。
- 尽管我们最初是通过内积$\boldsymbol{\phi}(\boldsymbol{x})^{\mathrm{T}}\boldsymbol{\phi}(\boldsymbol{x}')$来引入核函数概念的，但我们不必考虑$\boldsymbol{x}$在本身所处的空间上如何进行内积计算。正如我们在示例 8.4 中所看到的，只要我们有一个能够应用于该类型数据的核函数，我们也可以将半正定核方法应用于文本字符串，而不必担心字符串的内积。

除此之外，在那些基于表示定理的方法（如核岭回归、支持向量回归和支持向量分类，但不包括核 k-NN）中，核函数也在某种程度上起着微妙的作用。注意到，根据表示定理，在这些方法的原始形式的表达式中都包含 L^2 正则化项$\lambda\|\boldsymbol{\theta}\|_2^2$。尽管在使用核的时候，我们没有明确地求解问题的原始形式（而是求解其对偶形式），但它仍然是一种等价的表述，我们可能会好奇正则化项$\lambda\|\boldsymbol{\theta}\|_2^2$对问题的解会产生什么影响。

L^2 正则化意味着我们更偏向于原始参数$\boldsymbol{\theta}$的值接近于零的情况。除了正则化项之外，$\boldsymbol{\theta}$只出现在$\boldsymbol{\theta}^{\mathrm{T}}\boldsymbol{\phi}(\boldsymbol{x})$中。因此，原始问题的解$\hat{\boldsymbol{\theta}}$是特征向量$\boldsymbol{\phi}(\boldsymbol{x})$和 L^2 正则化项之间的共同作用的结果。考虑选择两个不同的特征向量$\boldsymbol{\phi}_1(\boldsymbol{x})$和$\boldsymbol{\phi}_2(\boldsymbol{x})$的情况。如果它们张成相同的函数空间，就一定存在$\boldsymbol{\theta}_1$和$\boldsymbol{\theta}_2$，满足$\boldsymbol{\theta}_1^{\mathrm{T}}\boldsymbol{\phi}_1(\boldsymbol{x}) = \boldsymbol{\theta}_2^{\mathrm{T}}\boldsymbol{\phi}_2(\boldsymbol{x})$，对所有的$\boldsymbol{x}$成立。乍一看，这似乎说明使用哪个特征向量好像无关紧要。然而，L^2 正则化使情况变得更为复杂，因为它直接作用于$\boldsymbol{\theta}$，因此，我们在$\boldsymbol{\phi}_1(\boldsymbol{x})$和$\boldsymbol{\phi}_2(\boldsymbol{x})$之间的选择是有很大影响的。在对偶形式中，我们选择的是核函数$\kappa(\boldsymbol{x}, \boldsymbol{x}')$而不是特征向量$\boldsymbol{\phi}(\boldsymbol{x})$，但由于选取的核函数隐式地对应于某个特征向量，所以我们对核函数的选择仍然具有很大影响，因此我们可以再增加一个关于核函数的意义的要点：

核函数的选择与机器学习模型的函数正则化相对应，即核函数意味着对特征向量张成的空间上所有函数中，我们对我们训练得到的机器学习模型函数具有某种偏好。例如，使用平方指数核（高斯核）意味着我们偏好一个平滑的函数。

使用核方法能够使一个机器学习方法变得相当灵活，可能会有人担心它会受到过拟合的严重影响。然而，核函数的正则化作用解释了为什么在实践中很少出现这种情况。

上述几个要点对于理解核方法的有用性和多功能性至关重要。它们还强调了机器学习工程师不是简单地依赖于“默认的”选项，而是明智地选择恰当的核函数的重要性。

8.4.3 选择有效的核函数

我们将核函数作为处理诸如式（8.11）中的非线性特征变换的一种紧凑高效的方法。这样做的一个直接结果就是我们现在只需考虑$\kappa(\boldsymbol{x},\boldsymbol{x}')$，而不是$\boldsymbol{\phi}(\boldsymbol{x})$。一个自然而然的问题是，对于一个任意的核函数$\kappa(\boldsymbol{x},\boldsymbol{x}')$，是否总能对应于一个特征变换$\boldsymbol{\phi}(\boldsymbol{x})$，使其可以写为以下内积的形式：

$$\kappa(\boldsymbol{x},\boldsymbol{x}')=\boldsymbol{\phi}(\boldsymbol{x})^{\mathrm{T}}\boldsymbol{\phi}(\boldsymbol{x}') \tag{8.21}$$

在回答这个问题之前，我们必须意识到，这个问题主要是理论性质的问题。只要我们在计算预测结果时能使用$\kappa(\boldsymbol{x},\boldsymbol{x}')$，它就能满足要求，不管它是否能够进行式（8.21）的因式分解。不同的方法对$\kappa(\boldsymbol{x},\boldsymbol{x}')$的具体要求是不同的。例如，核岭回归需要存在逆矩阵$(\boldsymbol{K}(\boldsymbol{X},\boldsymbol{X})+n\lambda\boldsymbol{I})^{-1}$，而在支持向量回归中则没有这样的限制。此外，一个核函数是否可以因式分解（8.21），与它在E_{new}上的表现没有直接的对应关系。对于任何实际的机器学习问题，其性能仍然需要用交叉验证或类似的方法来评估。

尽管如此，我们现在就仔细研究一下核函数中一个十分重要的类别——半正定核函数。如果式（8.12b）中定义的格拉姆矩阵$(\boldsymbol{K}(\boldsymbol{X},\boldsymbol{X})$对于任何给定的$\boldsymbol{X}$都是半正定的（即没有负的特征值），那么就说这个核函数是半正定的。

首先，任何定义为特征向量$\boldsymbol{\phi}(\boldsymbol{x})$之间内积的核函数$\kappa(\boldsymbol{x},\boldsymbol{x}')$，如式（8.21）所述，总是半正定的。这可以从半正定的等价定义中得出，即对于任何向量$\boldsymbol{v}=[v_1\cdots v_n]^{\mathrm{T}}$，都有$\boldsymbol{v}^{\mathrm{T}}\boldsymbol{K}(\boldsymbol{X},\boldsymbol{X})\boldsymbol{v}\geqslant 0$成立。根据式（8.12b），矩阵乘法的定义（下式第一个相等关系）以及内积的性质（下式第二个相等关系），我们确实可以得出以下结论：

$$\boldsymbol{v}^{\mathrm{T}}\boldsymbol{K}(\boldsymbol{X},\boldsymbol{X})\boldsymbol{v}=\sum_{i=1}^{n}\sum_{j=1}^{n}v_i(\boldsymbol{\phi}(\boldsymbol{x}_i))^{\mathrm{T}}\boldsymbol{\phi}(\boldsymbol{x}_j)v_j=\left(\sum_{i=1}^{n}v_i\boldsymbol{\phi}(\boldsymbol{x}_i)\right)^{\mathrm{T}}\left(\sum_{j=1}^{n}v_j\boldsymbol{\phi}(\boldsymbol{x}_j)\right)\geqslant 0 \tag{8.22}$$

一个不太明显的事实是，该结论从另一个方向也是成立的——即对于任何半正定核$\kappa(\boldsymbol{x},\boldsymbol{x}')$来说，总是存在一个特征向量$\boldsymbol{\phi}(\boldsymbol{x})$，使得$\kappa(\boldsymbol{x},\boldsymbol{x}')$可以被写为内积（8.21）的形式。在技术上可以证明，对于任何半正定核$\kappa(\boldsymbol{x},\boldsymbol{x}')$来说，都可以构造一个函数空间，更确切地说，是一个希尔伯特空间，且满足式（8.21）成立的特征向量$\boldsymbol{\phi}(\boldsymbol{x})$位于该空间。然而，希尔伯特空间的维度和$\boldsymbol{\phi}(\boldsymbol{x})$的维度可能都是无限的。

对于给定的核函数$\kappa(\boldsymbol{x},\boldsymbol{x}')$来说，有很多方法来构造$\boldsymbol{\phi}(\boldsymbol{x})$所张成的希尔伯特空间，我们在这里只提出一些方向。一种方法是考虑所谓的再生核映射。再生核映射是通过只考虑一个参数（比如说第二个参数）来将$\kappa(\boldsymbol{x},\boldsymbol{x}')$固定，然后令$\kappa(\cdot,\boldsymbol{x}')$用内积$\langle\cdot,\cdot\rangle$来张成希尔伯特空间，使得$\langle\kappa(\cdot,\boldsymbol{x}),\kappa(\cdot,\boldsymbol{x}')\rangle=\kappa(\boldsymbol{x},\boldsymbol{x}')$。这个内积表明核函数$\kappa$满足所谓的再生性，因此$\kappa$也被称作再生核，它是再生核希尔伯特空间的主要构件。另一种方法是使用所谓的 Mercer 核映射，

它使用特征函数来构造希尔伯特空间，而这个特征函数与核函数有关。

对于任意给定的希尔伯特空间都能唯一确定一个核函数，但是对于任意给定的核函数来说，存在多个与之对应的希尔伯特空间。在实践中，这意味着一个给定的核函数$\kappa(\boldsymbol{x},\boldsymbol{x}')$对应的特征向量$\boldsymbol{\phi}(\boldsymbol{x})$不是唯一确定的。事实上，甚至其维度也不是确定的。作为一个简单的例子，考虑线性核$\kappa(\boldsymbol{x},\boldsymbol{x}')=\boldsymbol{x}^{\mathrm{T}}\boldsymbol{x}'$，它既可以表示为$\boldsymbol{\phi}(\boldsymbol{x})=\boldsymbol{x}$之间的内积（此时特征向量$\boldsymbol{\phi}(\boldsymbol{x})$是一维的），也可以表示为$\boldsymbol{\phi}(\boldsymbol{x})=\begin{bmatrix}\frac{1}{\sqrt{2}}\boldsymbol{x} & \frac{1}{\sqrt{2}}\boldsymbol{x}\end{bmatrix}^{\mathrm{T}}$之间的内积（此时特征向量$\boldsymbol{\phi}(\boldsymbol{x})$是二维的）。

8.4.4 核函数的例子

现在我们将列举一些常用的核函数，其中我们已经介绍过一些。这些例子只是针对$\boldsymbol{x}$是数值型变量的情况。对于其他类型的输入变量（如示例 8.4），我们必须求助于那些更能针对具体应用的文献。我们从一些半正定核开始，其中线性核可能是其中最简单的一个：

$$\kappa(\boldsymbol{x},\boldsymbol{x}')=\boldsymbol{x}^{\mathrm{T}}\boldsymbol{x}' \tag{8.23}$$

其泛化但仍然是半正定的一个版本是多项式核：

$$\kappa(\boldsymbol{x},\boldsymbol{x}')=(c+\boldsymbol{x}^{\mathrm{T}}\boldsymbol{x}')^{d-1} \tag{8.24}$$

其中超参数$c\geqslant 0$，多项式的阶数为$d-1$（整数）。多项式核对应有限维的最高为$d-1$阶单项式的特征向量$\boldsymbol{\phi}(\boldsymbol{x})$，因此理论上来说，多项式核只能解决那些可以直接求解问题原始形式并得出有限维特征向量$\boldsymbol{\phi}(\boldsymbol{x})$的问题。另一方面，下面的其他半正定核都对应于无限维的特征向量$\boldsymbol{\phi}(\boldsymbol{x})$。

我们之前已经提到了平方指数核（即高斯核）：

$$\kappa(\boldsymbol{x},\boldsymbol{x}')=\exp\left(-\frac{\|\boldsymbol{x}-\boldsymbol{x}'\|_2^2}{2\ell^2}\right) \tag{8.25}$$

其中超参数$\ell>0$（通常称为长度尺度）。正如我们在示例 8.2 中看到的，与多项式核相比，这个核函数具有更多的"局部"特性，因为在$\|\boldsymbol{x}-\boldsymbol{x}'\|\to\infty$时，$\kappa(\boldsymbol{x},\boldsymbol{x}')\to 0$。这个特性在很多问题上都是有意义的，这可能是这个核函数最为常用的原因。

我们有一系列与平方指数核相关联的核函数，即 Matérn 核函数：

$$\kappa(\boldsymbol{x},\boldsymbol{x}')=\frac{2^{1-\nu}}{\Gamma(\nu)}\left(\frac{\sqrt{2\nu}\|\boldsymbol{x}-\boldsymbol{x}'\|_2}{\ell}\right)^{\nu}k_{\nu}\left(\frac{\sqrt{2\nu}\|\boldsymbol{x}-\boldsymbol{x}'\|}{\ell}\right) \tag{8.26}$$

其中超参数$\ell>0$，$\nu>0$，后者是一种调节平滑程度的参数。这里，Γ 是 Gamma 函数，k_{ν}是第二类修正贝塞尔函数。所有的 Matérn 核都是半正定的。特别值得注意的是 $\nu=1/2$、3/2 和 5/2 的情况，此时式（8.26）简化为

$$\nu=\frac{1}{2}\Rightarrow\quad \kappa(\boldsymbol{x},\boldsymbol{x}')=\exp\left(-\frac{\|\boldsymbol{x}-\boldsymbol{x}'\|_2}{\ell}\right) \tag{8.27}$$

$$v=\frac{3}{2}\Rightarrow\quad \kappa(\boldsymbol{x},\boldsymbol{x}')=\left(1+\frac{\sqrt{3}\|\boldsymbol{x}-\boldsymbol{x}'\|_2}{\ell}\right)\exp\left(-\frac{\sqrt{3}\|\boldsymbol{x}-\boldsymbol{x}'\|_2}{\ell}\right) \tag{8.28}$$

$$v=\frac{5}{2}\Rightarrow\quad \kappa(\boldsymbol{x},\boldsymbol{x}')=\left(1+\frac{\sqrt{5}\|\boldsymbol{x}-\boldsymbol{x}'\|_2}{\ell}+\frac{5\|\boldsymbol{x}-\boldsymbol{x}'\|_2^2}{3\ell^2}\right)\exp\left(-\frac{\sqrt{5}\|\boldsymbol{x}-\boldsymbol{x}'\|_2}{\ell}\right) \tag{8.29}$$

$v=1/2$的 Matérn 核也被称为*指数核*。此外，可以进一步证明，当$v\to\infty$时，Matérn 核（8.26）等于平方指数（8.25）。

我们将*有理二次核*作为半正定核的最后一个例子，

$$\kappa(\boldsymbol{x},\boldsymbol{x}')=\left(1+\frac{\|\boldsymbol{x}-\boldsymbol{x}'\|_2^2}{2a\ell^2}\right)^{-a} \tag{8.30}$$

其中超参数$\ell>0$，$a>0$。平方指数核、Matérn 核和有理二次核都是静止核的例子，因为它们只是$\boldsymbol{x}-\boldsymbol{x}'$的函数，这意味着当$\boldsymbol{x}$与$\boldsymbol{x}'$进行相同平移时，核函数的值不变。事实上，它们也是*各向同性的核*，因为它们只是$\|\boldsymbol{x}-\boldsymbol{x}'\|_2$的函数，这意味着当$\boldsymbol{x}$与$\boldsymbol{x}'$的距离不变时，核函数的值不变。线性核既不是各向同性的也不是静止的。

让我们回到与式（8.21）有关的讨论。半正定核是所有核函数的一个子集，对于这些核，我们知道一些在数学理论上的属性对它们是成立的。然而，在实践中，只要我们能用它来计算预测值，无论数学理论上的属性如何，这个核函数潜在来说都是有价值的。有一个（至少在历史上）流行的 SVM 核不是半正定的，它是 *sigmoid 核*：

$$\kappa(\boldsymbol{x},\boldsymbol{x}')=\tanh(a\boldsymbol{x}^{\mathrm{T}}\boldsymbol{x}'+b) \tag{8.31}$$

其中超参数 $a>0$，$b<0$。通过计算$\boldsymbol{K}(\boldsymbol{X},\boldsymbol{X})$在 $a=1$，$b=-1$，$\boldsymbol{X}=[1\ 2]^{\mathrm{T}}$时的特征值，可以得出它不是一个半正定核。由于这个核不是半正定的，逆矩阵$(\boldsymbol{K}(\boldsymbol{X},\boldsymbol{X})+n\lambda\boldsymbol{I})^{-1}$并不总是存在，因此它不适合用于核岭回归。然而，它可以用于支持向量回归和分类，这些方法不需要得到这个逆矩阵。对于 b 的某些值，它可以被证明是一个条件半正定核（一个比半正定核更弱的属性）。

通过修改或组合现有的核函数来构建“新的”核函数是有可能的。特别是有一些操作可以保留半正定的特性。如果$\kappa(\boldsymbol{x},\boldsymbol{x}')$是一个半正定核，那么当$a>0$时$a\kappa(\boldsymbol{x},\boldsymbol{x}')$也是半正定的（按比例缩放）。此外，如果$\kappa_1(\boldsymbol{x},\boldsymbol{x}')$和$\kappa_2(\boldsymbol{x},\boldsymbol{x}')$都是半正定核，那么$\kappa_1(\boldsymbol{x},\boldsymbol{x}')+\kappa_2(\boldsymbol{x},\boldsymbol{x}')$（相加）和$\kappa_1(\boldsymbol{x},\boldsymbol{x}')\kappa_2(\boldsymbol{x},\boldsymbol{x}')$（相乘）也是半正定的。

大多数核函数包含一些使用者自行选择的超参数。就像可以用交叉验证来帮助从不同核之间进行选择一样，也可以用网格搜索来选择超参数，具体可以参考第 5 章中讨论的内容。

8.5 支持向量分类

到目前为止，我们大部分时间都在推导线性回归的两个使用核方法的版本：核岭回归和支持向量回归。本节我们将专注于分类问题。不幸的是，推导过程在技术上比核岭回归还要复杂，因此我们将细节放在本章附录中。然而，支持向量分类直觉上仍来自回归以及对偶问题的主要思想、核技巧和损失函数的变化。

推导出使用核技巧的L^2正则化的 logistic 回归的版本是可能的。推导过程首先用$\boldsymbol{\phi}(\boldsymbol{x})$代替$\boldsymbol{x}$，然后用表示定理推导出它的对偶形式，最后再使用核技巧。然而，由于核 logistic 回归很少用于实践当中，我们直接从支持向量分类开始。顾名思义，支持向量分类是与支持向量回归对应的分类版本。支持向量回归和分类都是 SVM，因为它们都具有稀疏的对偶参数向量。

考虑一个二元分类问题，其中$y \in \{-1,1\}$。这里我们从 logistic 回归分类器的分类决策函数（见第 5 章的式（5.12））开始：

$$\hat{y}(\boldsymbol{x}_\star) = \operatorname{sing}\{\boldsymbol{\theta}^{\mathrm{T}}\boldsymbol{\phi}(\boldsymbol{x}_\star)\} \tag{8.32}$$

如果我们使用 logistic 损失函数（5.13）来学习$\boldsymbol{\theta}$，我们会得到带有非线性特征变换$\boldsymbol{\phi}(\boldsymbol{x})$的 logistic 回归，最终会得到核 logistic 回归。然而，受支持向量回归的启发，我们改为使用 hinge 损失函数（即合页损失函数）(5.16)：

$$L(\boldsymbol{x}, y, \boldsymbol{\theta}) = \max\{0, 1 - y_i\boldsymbol{\theta}^{\mathrm{T}}\boldsymbol{\phi}(\boldsymbol{x}_i)\} = \begin{cases} 1 - y\boldsymbol{\theta}^{\mathrm{T}}\boldsymbol{\phi}(\boldsymbol{x}) & \text{如果} y\boldsymbol{\theta}^{\mathrm{T}}\boldsymbol{\phi}(\boldsymbol{x}) < 1 \\ 0 & \text{否则} \end{cases} \tag{8.33}$$

从图 5.2 来看，hinge 损失函数与 logistic 损失函数相比，所具有的优势并不明显。与ε-不敏感损失函数类似，hinge 损失函数的主要优势体现在使用$\boldsymbol{\alpha}$的对偶形式，而非使用$\boldsymbol{\theta}$的原始形式。由于在这一切的背后都要用到表示定理，我们必须进行 L^2 正则化，这与式（8.33）一起给出了问题的原始形式：

$$\hat{\boldsymbol{\theta}} = \arg\min_{\boldsymbol{\theta}} \frac{1}{n}\sum_{i=1}^{n}\max\{0, 1 - y_i\boldsymbol{\theta}^{\mathrm{T}}\boldsymbol{\phi}(\boldsymbol{x}_i)\} + \lambda\|\boldsymbol{\theta}\|_2^2 \tag{8.34}$$

我们无法在原始形式下直接使用核技巧，因为特征向量$\boldsymbol{\phi}(\boldsymbol{x})$不只以$\boldsymbol{\phi}(\boldsymbol{x})^{\mathrm{T}}\boldsymbol{\phi}(\boldsymbol{x})$的形式出现。根据优化理论构建拉格朗日函数（具体可参见 8.B 节），我们可以得出式（8.34）的对偶形式[⊖]：

$$\hat{\boldsymbol{\alpha}} = \arg\min_{\boldsymbol{\alpha}} \ \frac{1}{2}\boldsymbol{\alpha}^{\mathrm{T}}\boldsymbol{K}(\boldsymbol{X},\boldsymbol{X})\boldsymbol{\alpha} - \boldsymbol{\alpha}^{\mathrm{T}}\boldsymbol{y} \tag{8.35a}$$

$$\text{其中} |\alpha_i| \leqslant \frac{1}{2n\lambda}, \quad 0 \leqslant \alpha_i y_i \tag{8.35b}$$

以及

$$\hat{y}(\boldsymbol{x}_\star) = \operatorname{sign}(\hat{\boldsymbol{\alpha}}^{\mathrm{T}}\boldsymbol{K}(\boldsymbol{X}, \boldsymbol{x}_\star)) \tag{8.35c}$$

用作式（8.32）的替代。值得注意的是，我们这里也用到了核技巧，用$\kappa(\boldsymbol{x}, \boldsymbol{x}')$代替$\boldsymbol{\phi}(\boldsymbol{x})^{\mathrm{T}}\boldsymbol{\phi}(\boldsymbol{x}')$，从而得到式（8.35a）中的$\boldsymbol{K}(\boldsymbol{X},\boldsymbol{X})$和式（8.35c）中的$\boldsymbol{K}(\boldsymbol{X},\boldsymbol{x}_\star)$。对于支持向量回归来说，在式（8.32）中加入一个偏移项θ_0，相当于在式（8.35）中强行添加一个额外的约束条件$\sum_{i=1}^{n}\alpha_i = 0$。

⊖ 一些文章中，常常让拉格朗日乘子（见 8.B 节）也成为对偶变量。这在数学上是等价的，但我们特地选择了这种表述，以突出与其他核方法的相似性和表示定理的重要性。

根据表示定理，式（8.35c）的表述并不令人感到惊讶，因为它只对应于将式（8.16）代入式（8.32）中。然而，表示定理只告诉我们这个对偶形式的存在，式（8.35a)～式（8.35b）的求解并不能从表示定理中自动产生，而是需要自己推导。

也许式（8.35）中约束最优化问题的最有趣的特性在于其解$\hat{\boldsymbol{\alpha}}$变成了稀疏的。这与支持向量回归的现象完全相同，这也解释了为什么式（8.35）也是一个 SVM。更具体地说，式（8.35）被称为支持向量分类。与支持向量回归一样，这种方法的优势在于模型具有核技巧提供的灵活性，同时预测（8.35c）仅仅明确地依赖于训练数据点的一个子集（即支持向量）。然而，重要的一点在于，求解式（8.35a）时需要用到所有的训练数据点。我们在方法 8.3 中对其进行了总结。

方法 8.3　支持向量分类

学习支持向量分类模型

数据：训练数据$\mathcal{T} = \{\boldsymbol{x}_i, y_i\}_{i=1}^{n}$

结果：学习得到的对偶参数$\hat{\boldsymbol{\alpha}}$

1．根据式（8.35a）～式（8.35b）计算出$\hat{\boldsymbol{\alpha}}$的数值型解

使用支持向量分类进行**预测**

数据：训练得到的对偶参数$\hat{\boldsymbol{\alpha}}$及测试输入$\boldsymbol{x}_\star$

结果：预测结果$\hat{y}(\boldsymbol{x}_\star)$

1．根据式（8.35c）计算$\hat{y}(\boldsymbol{x}_\star)$

支持向量的性质是由于当间隔（margin，见第 5 章）大于等于 1 时，损失函数值等于零。在问题的对偶形式中，只有当数据点 i 的间隔小于等于 1 时，参数α_i才为非零值，这使得$\hat{\boldsymbol{\alpha}}$稀疏。可以证明，这意味着数据点要么在决策边界的“错误一侧”，要么在特征空间$\boldsymbol{\phi}(\boldsymbol{x})$距离决策边界的$\frac{1}{\|\boldsymbol{\theta}\|_2} = \frac{1}{\|\boldsymbol{\Phi}(\boldsymbol{X})^{\mathrm{T}}\boldsymbol{\alpha}\|_2}$范围之内。我们通过示例 8.5 来说明这一点。

示例 8.5　支持向量分类

考虑一个二元分类问题，其给定数据集如图 8.5 所示，而图 8.6 中展示了使用线性核以及平方指数核的支持向量分类的结果。我们用黄色的圆圈标记出所有的支持向量。对于线性核，支持向量的位置要么在决策边界的“错误一侧”，要么与边界的距离在$\frac{1}{\|\boldsymbol{\theta}\|_2}$范围之内，该区域用白色虚线标记。当我们降低$\lambda$时，意味着允许更大的$\boldsymbol{\theta}$，从而使$\frac{1}{\|\boldsymbol{\theta}\|_2}$的范围更小，支持向量的数量也更少。

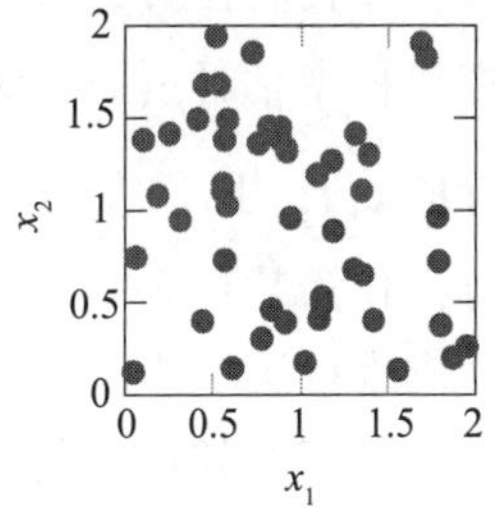

图　8.5

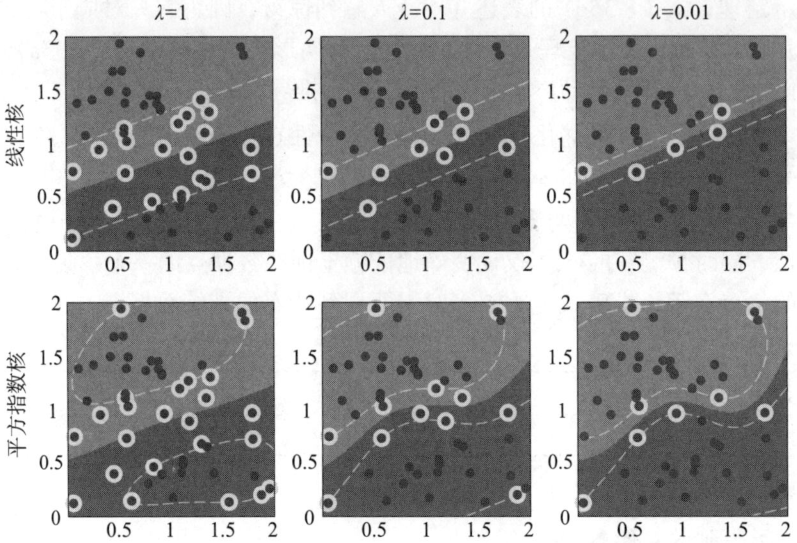

图 8.6

当使用（非线性的）平方指数核时，情况变得有些难以解释。支持向量还是要么在决策边界的“错误一侧”，要么在它的$\frac{1}{\|\boldsymbol{\theta}\|_2}$范围内，但距离是在无限维的$\boldsymbol{\phi}(\boldsymbol{x})$空间中测量的。将其映射回原始输入空间，我们观察到结果呈现出明显的非线性特性。白色虚线的含义与上述相同。这也是对于使用核技巧能够发挥巨大作用的一个很好的说明。

在关于 SVM 的文献中，通常使用$C=\frac{1}{2\lambda}$或$C=\frac{1}{2n\lambda}$作为正则化超参数的等价形式。同时还存在一种稍有不同的表述，即使用另一个称为 ν 的超参数来作为正则化超参数。这些原始和对偶问题变得稍微复杂一些，这里不涉及它们，但关于 ν 有一个更自然的解释，即它限定了支持向量的数量。为了区分不同的版本，式（8.35）通常被称为 C- 支持向量分类，而另一个版本称为 ν - 支持向量分类。支持向量回归也存在一个相应的“ ν - 版本”。

正如我们在第 5 章中所讨论的那样，使用 hinge 损失函数所导致的结果是支持向量分类不提供概率估计$g(\boldsymbol{x})$，而只提供“硬”分类$\hat{y}(\boldsymbol{x}_\star)$。对于支持向量分类来说，预测的间隔是$\hat{\alpha}\boldsymbol{K}(\boldsymbol{K},\boldsymbol{x}_\star)$，由于对 hinge 损失函数的渐进的最小化，这个间隔不能被解释为一个类的概率估计。作为替代方案，可以使用平方 hinge 损失函数或 Huber 平方 hinge 损失函数，它允许对间隔进行概率估计的解释。由于所有这些损失函数在间隔大于等于 1 时都正好为零，因此它们保留了支持向量的特性，即具有稀疏的$\hat{\boldsymbol{\alpha}}$。然而，通过使用不同于 hinge 损失函数的损失函数，我们将得到一个不同的优化问题，并且能给出一个与上文讨论所不同的解决方案。

支持向量分类器在绝大多数时候常常被表述为二元分类问题的解决方案。不幸的是，并不能直接把支持向量分类泛化到多分类问题上，因为它需要将损失函数也泛化到多分类问题上，这在第 5 章中已经讨论过了。在实际应用中，通常使用一对剩余或者一对一策略，使用多个二元分类器来构建一个多分类器（见 5.2.3 节）。当我们将其应用于图 8.7 中的音乐分类问题时，就采用了后者（即一对一的策略）。

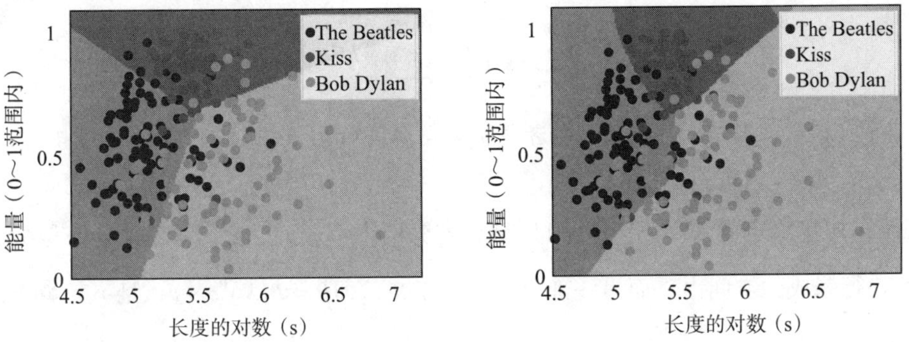

a）线性核　　　b）平方指数核

图 8.7　图中分别展示了使用线性核与平方指数核的支持向量分类的决策边界。在这个多分类问题中，采用了一对一的策略。从这个图明显可以看出，支持向量分类在使用线性核时是一个线性分类器，在使用非线性核时就是一个非线性分类器

在支持向量分类中并不一定要使用核方法。完全可以使用线性核$\kappa(\boldsymbol{x},\boldsymbol{x}')=\boldsymbol{x}^{\mathrm{T}}\boldsymbol{x}'$或者任何在式（8.35）中对应有限维度$\boldsymbol{\phi}(\boldsymbol{x})$的核函数。这的确会限制分类器的灵活性，线性核将分类器限制在线性决策边界上，正如示例 8.5 说明的那样。然而，不去充分使用这些核技巧的潜在好处是，由于$\boldsymbol{\theta}$是有限维的，所以只需实现和解决问题的原始（而不是对偶）形式（8.34）。支持向量的特性依然存在，但是由于$\boldsymbol{\alpha}$没有被显式计算，所以不那么明显。如果只解决原始问题，就不需要用到表示定理，因此也可以用其他正则化方法代替 L^2 正则化。

8.6　拓展阅读

关于核方法的一部全面的教科书是 Schölkopf 和 Smola（2002），其中包括对 SVM 和核理论的深入讨论，以及对原始工作的一些参考，我们在此不做赘述。一个常用的解决 SVM 问题的软件包 LIBSVM 由 Chang 和 Lin 等人（2011）开发。Yu 等人（2002）阐述了核 k-NN，（示例 8.4 中基于莱文斯坦距离的核函数由 Xu 和 X. Zhang（2004）提出），Zhu 和 Hastie（2005）阐述了核 logistic 回归。8.3.2 节中关于 SVM 公式是否加入偏移项的更多相关讨论可参考 Poggio 等人（2001）和 Steinwart 等人（2011）。

8.A　表示定理

这里我们给出一个由 Schölkopf 等人（2002）提出的稍微简化版本的表示定理，以适用于我们的符号和术语，而不是使用再生核希尔伯特空间的形式化表述方式。简化版本的表示定理是基于回归问题的语境陈述的，即$\hat{y}(\boldsymbol{x})=\boldsymbol{\theta}^{\mathrm{T}}\boldsymbol{\phi}(\boldsymbol{x})$。我们将在下面讨论它是如何同样适用于分类问题的。

定理 8.1（表示定理）　令$\hat{y}(\boldsymbol{x})=\boldsymbol{\theta}^{\mathrm{T}}\boldsymbol{\phi}(\boldsymbol{x})$，其中$\boldsymbol{\phi}(\boldsymbol{x})$为固定的非线性特征向量，我们要从训练数据$\{\boldsymbol{x}_i,y_i\}_{i=1}^n$中学习$\boldsymbol{\theta}$（其中$\boldsymbol{\theta}$和$\boldsymbol{\phi}(\boldsymbol{x})$的维度未必是有限的）。此外，令$L(y,\hat{y})$为一给定的损失函数，令$h:[0,\infty]\mapsto\mathbb{R}$为一个严格单调递增的函数。那么，对于每一个$\boldsymbol{\theta}$，如果它能够最小化该正则化后的代价函数：

$$\frac{1}{n}\sum_{i=1}^{n} L(y_i, \underbrace{\boldsymbol{\theta}^{\mathrm{T}}\boldsymbol{\phi}(\boldsymbol{x}_i)}_{\hat{y}(x_i)}) + h(\|\boldsymbol{\theta}\|_2^2) \tag{8.36}$$

那么这个$\boldsymbol{\theta}$可以被写作$\boldsymbol{\theta} = \boldsymbol{\Phi}(\boldsymbol{X})^{\mathrm{T}}\boldsymbol{\alpha}$（或者等价地写作$\hat{y}(\boldsymbol{x}) = \boldsymbol{\alpha}\boldsymbol{K}(\boldsymbol{X}, \boldsymbol{x}_\star)$）的形式，其中$\boldsymbol{\alpha}$是 n 维向量。

证明：对于给定的$\boldsymbol{X}$，任何$\boldsymbol{\theta}$都可以被分解为两个部分，一部分$\boldsymbol{\Phi}(\boldsymbol{X})^{\mathrm{T}}\boldsymbol{\alpha}$（$\boldsymbol{\alpha}$是某个向量）位于$\boldsymbol{\Phi}(\boldsymbol{X})$行张成的空间内，而另一部分 $\boldsymbol{v}$ 与之正交，即$\boldsymbol{\theta} = \boldsymbol{\Phi}(\boldsymbol{X})^{\mathrm{T}}\boldsymbol{\alpha} + \boldsymbol{v}$，且 $\boldsymbol{v}$ 与$\boldsymbol{\Phi}(\boldsymbol{X})$中每一行$\boldsymbol{\phi}(\boldsymbol{x}_i)$都正交。

因此，对于数据集$\{\boldsymbol{x}_i, y_i\}_{i=1}^n$中任意$\boldsymbol{x}_i$，有下式成立：

$$\begin{aligned}\hat{y}(\boldsymbol{x}_i) &= \boldsymbol{\theta}^{\mathrm{T}}\boldsymbol{\phi}(\boldsymbol{x}_i) = (\boldsymbol{\Phi}(\boldsymbol{X})^{\mathrm{T}}\boldsymbol{\alpha} + \boldsymbol{v})^{\mathrm{T}}\boldsymbol{\phi}(\boldsymbol{x}_i) \\ &= \boldsymbol{\alpha}^{\mathrm{T}}\boldsymbol{\Phi}(\boldsymbol{X})\boldsymbol{\phi}(\boldsymbol{x}_i) + \underbrace{\boldsymbol{v}^{\mathrm{T}}\boldsymbol{\phi}(\boldsymbol{x}_i)}_{=0} = \boldsymbol{\alpha}^{\mathrm{T}}\boldsymbol{\Phi}(\boldsymbol{X})\boldsymbol{\phi}(\boldsymbol{x}_i)\end{aligned} \tag{8.37}$$

其中式（8.36）中的第一部分是独立于 $\boldsymbol{v}$ 的。针对式（8.36）的第二部分，我们有：

$$h\left(\|\boldsymbol{\theta}\|_2^2\right) = h\left(\left\|\boldsymbol{\Phi}(\boldsymbol{X})^{\mathrm{T}}\boldsymbol{\alpha} + \boldsymbol{v}\right\|_2^2\right) = h\left(\left\|\boldsymbol{\Phi}(\boldsymbol{X})^{\mathrm{T}}\boldsymbol{\alpha}\right\|_2^2 + \|\boldsymbol{v}\|_2^2\right) \geqslant h\left(\left\|\boldsymbol{\Phi}(\boldsymbol{X})^{\mathrm{T}}\boldsymbol{\alpha}\right\|_2^2\right) \tag{8.38}$$

其中右侧的大于等于式基于 $\boldsymbol{v}$ 与$\boldsymbol{\Phi}(\boldsymbol{X})^{\mathrm{T}}\boldsymbol{\alpha}$正交所得，且只有在$\boldsymbol{v} = 0$时取等。由式（8.38）可得，当$\boldsymbol{v} = 0$时，式（8.36）取最小值，表示定理由此得证。■

对于定理 8.1 来说，模型在参数和特征上都是线性的假设（即$\boldsymbol{\theta}^{\mathrm{T}}\boldsymbol{\phi}(\boldsymbol{x})$）确实是至关重要的。对于线性回归模型来说，这并不成问题，但为了能够将其应用于其他模型（例如 logistic 回归），我们必须先找到该模型的线性表达式。并非所有的模型都可以被表述为线性模型，但是 logistic 回归可以（代替式（3.29a））被当作所谓预测对数的线性模型，即$\boldsymbol{\phi}^{\mathrm{T}}\boldsymbol{\phi}(\boldsymbol{x}) = \ln\left(\dfrac{p(y=1|x)}{p(y=-1|x)}\right)$。因此，表示定理也适用于它。此外，如果我们从函数$c(\boldsymbol{x}) = \boldsymbol{\theta}^{\mathrm{T}}\boldsymbol{\phi}(\boldsymbol{x})$而非预测类别$\hat{y}(\boldsymbol{x}_\star) = \mathrm{sign}\{\boldsymbol{\theta}^{\mathrm{T}}\boldsymbol{\phi}(\boldsymbol{x})\}$的角度来看的话，支持向量分类也是一个线性模型。

8.B　支持向量分类的推导

我们将从式（8.34）推导出式（8.35），

$$\underset{\theta}{\mathrm{minimise}}\frac{1}{n}\sum_{i-1}^{n}\max\{0, 1 - y_i\boldsymbol{\theta}^{\mathrm{T}}\boldsymbol{\phi}(\boldsymbol{x}_i)\} + \lambda\|\boldsymbol{\theta}\|_2^2$$

我们首先将其改写为一个使用松弛变量$\boldsymbol{\xi} = [\xi_1 \cdots \xi_n]^{\mathrm{T}}$的等价形式：

$$\underset{\theta,\xi}{\mathrm{minimise}} \qquad \frac{1}{n}\sum_{i=1}^{n}\xi_i + \lambda\|\boldsymbol{\theta}\|_2^2 \tag{8.39a}$$

$$\text{受} \qquad \xi_i \geqslant 1 - y_i\boldsymbol{\theta}^{\mathrm{T}}\boldsymbol{\phi}(\boldsymbol{x}_i)\text{限制} \tag{8.39b}$$

$$(i = 1, \cdots, n) \qquad \xi_i \geq 0 \tag{8.39c}$$

对于式（8.39）来说，其拉格朗日函数为：

$$L(\boldsymbol{\theta},\boldsymbol{\xi},\boldsymbol{\beta},\boldsymbol{\gamma})=\frac{1}{n}\sum_{i=1}^{n}\xi_i+\lambda\|\boldsymbol{\theta}\|_2^2-\sum_{i=1}^{n}\beta_i(\xi_i+y_i\boldsymbol{\theta}^{\mathrm{T}}\boldsymbol{\phi}(\boldsymbol{x}_i)-1)-\sum_{i=1}^{n}\gamma_i\xi_i \tag{8.40}$$

其中拉格朗日乘子$\beta_i\geqslant 0$，$\gamma_i\geqslant 0$。根据拉格朗日对偶性，除了直接求解式（8.34），我们也可以求解其对偶问题（8.40）的极大极小问题，即它在$\boldsymbol{\theta}$和$\boldsymbol{\xi}$上的最小值在$\boldsymbol{\beta}$和$\boldsymbol{\gamma}$上的最大值。式（8.40）最优的两个必要条件是：

$$\frac{\partial}{\partial\boldsymbol{\theta}}L(\boldsymbol{\theta},\boldsymbol{\xi},\boldsymbol{\beta},\boldsymbol{\gamma})=0 \tag{8.41a}$$

$$\frac{\partial}{\partial\boldsymbol{\xi}}L(\boldsymbol{\theta},\boldsymbol{\xi},\boldsymbol{\beta},\boldsymbol{\gamma})=0 \tag{8.41b}$$

更详细地说，利用$\|\boldsymbol{\theta}\|_2^2=\boldsymbol{\theta}^{\mathrm{T}}\boldsymbol{\theta}$，以及得到的$\frac{\partial}{\partial\boldsymbol{\theta}}\|\boldsymbol{\theta}\|_2^2=2\boldsymbol{\theta}$，可以从式（8.41a）得到

$$\boldsymbol{\theta}=\frac{1}{2\lambda}\sum_{i=1}^{n}y_i\beta_i\boldsymbol{\phi}(\boldsymbol{x}_i) \tag{8.41c}$$

并从式（8.41b）得到

$$\gamma_i=\frac{1}{n}-\beta_i \tag{8.41d}$$

将（8.41c）和（8.41d）代入式（8.40）并乘以$\frac{1}{2\lambda}$倍（假设$\lambda>0$）进行缩放，我们现在的目标是最大化

$$\tilde{L}(\boldsymbol{\beta})=\sum_{i=1}^{n}\frac{\beta_i}{2\lambda}-\frac{1}{2}\sum_{i=1}^{n}\sum_{j=1}^{n}y_iy_j\frac{\beta_i\beta_j}{4\lambda^2}\boldsymbol{\phi}^{\mathrm{T}}(\boldsymbol{x}_i)\boldsymbol{\phi}(\boldsymbol{x}_j) \tag{8.42}$$

对于式（8.42），我们有约束条件$0\leqslant\beta_i\leqslant\frac{1}{n}$，其中$b_i$的上限来自式（8.41d）以及$\gamma_i\geqslant 0$。根据$\alpha_i=\frac{y_i\beta_i}{2\lambda}$，我们可知（注意到因为$y_i\in -1,1$，有$y_i=1/y_i$）式（8.42）的最大化问题等价于求解

$$\underset{\boldsymbol{\alpha}}{\text{minimise}}\frac{1}{2}\sum_{i=1}^{n}\sum_{j=1}^{n}\alpha_i\alpha_j\boldsymbol{\phi}^{\mathrm{T}}(\boldsymbol{x}_i)\boldsymbol{\phi}(\boldsymbol{x}_j)-\sum_{i=1}^{n}y_i\boldsymbol{\alpha}_i \tag{8.43}$$

或者采用矩阵来表示，

$$\underset{\boldsymbol{\alpha}}{\text{minimise}}\ \frac{1}{2}\boldsymbol{\alpha}^{\mathrm{T}}\boldsymbol{K}(\boldsymbol{X},\boldsymbol{X})\boldsymbol{\alpha}-\boldsymbol{\alpha}^{\mathrm{T}}\boldsymbol{y} \tag{8.44}$$

最后，我们注意到，根据式（8.41c）可得

$$\text{sign}(\boldsymbol{\theta}^{\mathrm{T}}\boldsymbol{\phi}(\boldsymbol{x}_\star))\text{=sign}\left(\frac{1}{2\lambda}\sum_{i=1}^{n}y_i\beta_i\boldsymbol{\phi}^{\mathrm{T}}(\boldsymbol{x}_i)\boldsymbol{\phi}(\boldsymbol{x}_\star)\right)=\text{sign}\left(\boldsymbol{\alpha}^{\mathrm{T}}\boldsymbol{K}(\boldsymbol{X},\boldsymbol{x}_\star)\right) \tag{8.45}$$

由此我们推导得到了式（8.35）。

第 9 章

Machine Learning: A First Course for Engineers and Scientists

贝叶斯方法和高斯过程

到目前为止，基于参数的模型的学习过程相当于以某种方式找到一组最适合训练数据的参数值$\hat{\boldsymbol{\theta}}$。在贝叶斯方法（也称为概率方法）中，学习过程相当于获取根据观测得到的训练数据$\mathcal{T}$为条件的参数值$\boldsymbol{\theta}$的条件概率分布，即$p(\boldsymbol{\theta}|\mathcal{T})$。此外，在贝叶斯方法中，预测结果也是一个条件概率分布$p(y_\star|\boldsymbol{x}_\star,\mathcal{T})$而不是一个单一的值。在我们开始讨论细节之前，我们只想说，从理论（甚至哲学）层面上来说，贝叶斯方法与我们在本书之前的章节中看到的内容有很大区别。然而，它为一系列新的、多功能的且具有实际应用价值的方法开辟了道路。理解这种不同的方法所需的额外努力都是值得的，这为有监督机器学习提供了另一种有趣的视角。由于贝叶斯方法中反复使用概率分布，因此与本书其他部分相比，本章自然包含更多概率论方面的内容。

在本章的开始，我们将首先对贝叶斯思想进行一个总体介绍。此后，我们回到基础内容上，将贝叶斯方法应用于线性回归，最后我们将其扩展到非参数的高斯过程模型。

9.1 贝叶斯思想

在贝叶斯方法中，任何模型的参数$\boldsymbol{\theta}$都被一视同仁地看作随机变量。因此，在本章中，我们使用模型这一术语时具有非常特殊的含义。在本章中，一个模型指的是在所有输入$\boldsymbol{X}$上，所有输出$\boldsymbol{y}$和参数$\boldsymbol{\theta}$的联合分布，即$p(\boldsymbol{y},\boldsymbol{\theta}|\boldsymbol{X})$。为了简化符号，我们将在条件中一贯省略$\boldsymbol{X}$（在数学上，我们将$\boldsymbol{y}$看作一个随机变量，而不认为$\boldsymbol{X}$也是随机变量），并将其记为更加简单的$p(\boldsymbol{y},\boldsymbol{\theta})$。

贝叶斯思想中的学习相当于计算$\boldsymbol{\theta}$在训练数据$\mathcal{T}=\{\boldsymbol{x}_i,y_i\}_{i=1}^n=\{\boldsymbol{X},\boldsymbol{y}\}$上的条件概率分布。由于我们省略了$\boldsymbol{X}$，我们把这个分布表示为$p(\boldsymbol{\theta}|\boldsymbol{y})$。$p(\boldsymbol{\theta}|\boldsymbol{y})$的计算用到了概率论的几个定理。首先，我们使用条件概率公式将联合概率分布分解为两个概率之积：$p(\boldsymbol{y},\boldsymbol{\theta})=p(\boldsymbol{y}|\boldsymbol{\theta})p(\boldsymbol{\theta})$。通过再次使用条件概率公式，这次以$\boldsymbol{y}$为条件，我们得出了贝叶斯定理

$$p(\boldsymbol{\theta}|\boldsymbol{y})=\frac{p(\boldsymbol{y}|\boldsymbol{\theta})p(\boldsymbol{\theta})}{p(\boldsymbol{y})} \tag{9.1}$$

这也是这种方法被称为贝叶斯方法的原因。式（9.1）的左式是所求的分布$p(\boldsymbol{\theta}|\boldsymbol{y})$。式（9.1）的右式包含一些重要的因子：$p(\boldsymbol{y}|\boldsymbol{\theta})$是以参数为条件的观测分布，$p(\boldsymbol{\theta})$是在进行任何观测之前的$\boldsymbol{\theta}$的分布（即不以训练数据为条件）。根据定义，$p(\boldsymbol{\theta})$不能被计算出来，而必须由用户假

设得到。最后，根据全概率公式，$p(\boldsymbol{y})$可以被改写为：

$$p(\boldsymbol{y}) = \int p(\boldsymbol{y},\boldsymbol{\theta})\mathrm{d}\boldsymbol{\theta} = \int p(\boldsymbol{y}|\boldsymbol{\theta})p(\boldsymbol{\theta})\mathrm{d}\boldsymbol{\theta} \tag{9.2}$$

这在理论上是一个可以计算的积分。换句话说，在贝叶斯方法中训练一个参数模型相当于根据$\boldsymbol{y}$来确定$\boldsymbol{\theta}$，即计算$p(\boldsymbol{\theta}|\boldsymbol{y})$。经过训练后的模型可以用来计算预测结果。同样地，预测结果的计算本身也是一个根据测试输入$\boldsymbol{x}_\star$计算条件概率分布$p(y_\star|\boldsymbol{y})$（而不是给出一个确定的预测结果$\hat{y}$）的问题，因为$\boldsymbol{\theta}$也是一个随机变量，它通过间隔化方法与$p(\boldsymbol{\theta}|\boldsymbol{y})$相联系：

$$p(y_\star|\boldsymbol{y}) = \int p(y_\star|\boldsymbol{\theta})p(\boldsymbol{\theta}|\boldsymbol{y})\mathrm{d}\boldsymbol{\theta} \tag{9.3}$$

这里$p(y_\star|\boldsymbol{\theta})$表示测试数据输出$y_\star$的分布（此处在符号上再次省略了相应的测试输入$\boldsymbol{x}_\star$）。

通常，$p(\boldsymbol{y}|\boldsymbol{\theta})$被称作似然[⊖]。其他一些贝叶斯方法中涉及的要素通常分别被称作：

- $p(\boldsymbol{\theta})$——先验（概率）。
- $p(\boldsymbol{\theta}|\boldsymbol{y})$——后验（概率）。
- $p(y_\star|\boldsymbol{y})$——后验概率估计。

这些名称在讨论贝叶斯方法的各个组成部分时很有用，但重要的是它们只是几个通过似然$p(\boldsymbol{y}|\boldsymbol{\theta})$相互关联的不同的概率分布。此外，$p(\boldsymbol{y})$常被称为间隔似然或证据。

9.1.1 对于信念的一种表示

贝叶斯方法的主要特点在于它使用的是概率分布。可以将这些概率分布解释为是对于信念（belief）的一种表示，这基于以下的认知：先验概率$p(\boldsymbol{\theta})$代表我们对于$\boldsymbol{\theta}$的先验信念，即在观测到任何数据之前的估计。似然$p(\boldsymbol{y}|\boldsymbol{\theta})$定义了数据$\boldsymbol{y}$与参数$\boldsymbol{\theta}$的关系。根据贝叶斯定理（9.1），我们根据观测到的数据$\boldsymbol{y}$将关于$\boldsymbol{\theta}$的信念更新为后验概率$p(\boldsymbol{\theta}|\boldsymbol{y})$。通俗来讲，这些分布可以说是分别表示了对数据$\boldsymbol{y}$进行观测前后的$\boldsymbol{\theta}$所具有的不确定性。

一个有趣的与实际应用相关的结果是，相比使用基于最大似然的方法，贝叶斯方法更不容易出现过拟合。在最大似然的方法中，我们得到的是一个唯一的值$\hat{\boldsymbol{\theta}}$，并使用该值根据$p(y_\star|\hat{\boldsymbol{\theta}})$进行预测。在贝叶斯方法中，我们得到了一个完整的后验概率分布$p(\boldsymbol{\theta}|\boldsymbol{y})$，分别表示了模型中参数值的所有不同假设。我们考虑所有这些假设，在式（9.3）中进行间隔化处理，以计算后验概率估计。特别是在数据集很小的一类问题当中，在后验概率$p(\boldsymbol{\theta}|\boldsymbol{y})$中的“不确定性”反映了在给定条件下，从$\boldsymbol{y}$包含的（可能）十分有限的信息中，我们能够在多大程度上确定$\boldsymbol{\theta}$。

后验概率$p(\boldsymbol{\theta}|\boldsymbol{y})$是先验信念$p(\boldsymbol{\theta})$和$\boldsymbol{y}$通过似然$p(\boldsymbol{y}|\boldsymbol{\theta})$对所携带的关于$\boldsymbol{\theta}$的信息进行组合的

⊖ 注意$p(\boldsymbol{\theta}|\boldsymbol{y})$也被用于最大似然视角，其中的一个例子就是线性回归式（3.17）～式（3.18）。

结果。如果没有一个有意义的先验概率$p(\boldsymbol{\theta})$，得到的后验$p(\boldsymbol{\theta}|\boldsymbol{y})$也是没有意义的。在某些实际应用中，很难在不受机器学习工程师个人经验影响的情况下给出对于$p(\boldsymbol{\theta})$的选择。有时这一点会被格外强调，即$p(\theta)$以及从中计算得到的$p(\boldsymbol{\theta}|\boldsymbol{y})$，都是对一种主观信念的表示。这个概念旨在反映出结果并不独立于给出解决方案的人类。然而，无论是否使用贝叶斯方法，对于似然的选择往往还是基于机器学习工程师的个人经验，这意味着大多数机器学习的结果从这个意义上来看都是主观的。

在贝叶斯方法中的一种十分有趣的情形，是数据顺序输入，即一个数据点接着一个数据点输入的情况。假设我们有两组数据$\boldsymbol{y}_1$和$\boldsymbol{y}_2$。从先验$p(\boldsymbol{\theta})$开始，我们可以根据$\boldsymbol{y}_1$使用贝叶斯定理（9.1）计算出$p(\boldsymbol{\theta}|\boldsymbol{y}_1)$。然而，如果我们之后还想用所有数据（即$\boldsymbol{y}_1$和$\boldsymbol{y}_2$）为条件计算$p(\boldsymbol{\theta}|\boldsymbol{y}_1,\boldsymbol{y}_2)$，我们并不需要从头开始。我们可以在贝叶斯定理中用$p(\boldsymbol{\theta}|\boldsymbol{y}_1)$代替先验$p(\boldsymbol{\theta})$，从而计算$p(\boldsymbol{\theta}|\boldsymbol{y}_1,\boldsymbol{y}_2)$。从某种意义上来说，当数据依次到达时，“旧的后验”变成了“新的先验”。

9.1.2 间隔似然在模型选择上的应用

当使用贝叶斯方法时，在似然或先验中经常有一些需要选择的超参数，例如η。可以假设存在一个“超”先验$p(\eta)$，并计算超参数的后验$p(\eta|\boldsymbol{y})$。这将是完全贝叶斯式的解决方案，但有时这在计算上过于困难。

一种更实用的解决方案是用交叉验证法来选择$\hat{\eta}$值。使用交叉验证是一种完全可行的方案，但是贝叶斯方法也有另一种选择超参数η的方法，即通过最大化间隔似然（9.2）：

$$\hat{\eta} = \arg\max_{\eta} p_{\eta}(\boldsymbol{y}) \tag{9.4}$$

其中我们对p添加了一个脚标η，以强调$p(\boldsymbol{y})$的值取决于η。这种方法有时被称为经验贝叶斯。选择超参数η在某种意义上是对似然（以及先验）的选择，因此我们可以把间隔似然理解为选择似然的一个工具。然而，最大化间隔似然并不等同于使用交叉验证（可能得到不同的超参数），而且与交叉验证不同，间隔似然并没有给出E_{new}的估计。然而，在许多情况下，与采用完整的交叉验证相比，计算（和最大化）间隔似然是相对容易的。

在上一节中，我们认为贝叶斯方法与最大化似然方法相比更不容易出现过拟合。然而，最大化间隔似然是一种最大化似然方法。人们可能会问，在最大化间隔似然时，是否存在过拟合的风险。从某种程度上讲，这确实是有可能的，但关键在于使用最大（间隔）似然处理一个（或最多几个）超参数η通常不会导致任何较为严重的过拟合，就像用普通线性回归学习直线时很少有过拟合问题。换句话说，我们通常可以通过最大化（间隔）似然来学习一个或几个（超）参数。通常只有在学习数量更多的（超）参数时，过拟合才会成为一个潜在问题。

9.2 贝叶斯线性回归

作为贝叶斯方法的第一个例子，我们将把它应用到线性回归中。贝叶斯线性回归本身也许不是最通用的方法，但就像普通线性回归一样，它对于理解贝叶斯方法来说是一个很好的起点，也能够很好地说明其主要概念。就像普通线性回归一样，我们可以从不同的方向上对其进行扩展。它还为更加有趣的高斯过程模型开辟了道路。在我们研究应用于线性回归的贝叶斯方法的细节之前，我们将重复一些关于多元高斯分布的基础事实，这些在后面将会是十分有用的。

9.2.1 多元高斯分布

贝叶斯线性回归（以及后来的高斯过程）的一个核心的数学对象是多元高斯分布。我们假设读者已经对多元随机变量有一定的了解，或者对随机向量有所了解。这里，我们只重复多元高斯分布的最重要的属性。

令 $\boldsymbol{z}$ 表示一个 q 维的多元高斯随机向量 $\boldsymbol{z}=[z_1\ \ z_2\ \ \cdots\ \ z_q]^{\mathrm{T}}$。多元高斯分布的参数是一个 q 维的均值向量 $\boldsymbol{\mu}$ 和一个 $q\times q$ 的协方差矩阵 $\boldsymbol{\Sigma}$，

$$\boldsymbol{\mu}=\begin{bmatrix}\mu_1\\ \mu_2\\ \vdots\\ \mu_q\end{bmatrix},\quad \boldsymbol{\Sigma}=\begin{bmatrix}\sigma_1^2 & \sigma_{12} & \cdots & \sigma_{1q}\\ \sigma_{21} & \sigma_2^2 & & \sigma_{2q}\\ \vdots & \vdots & & \vdots\\ \sigma_{q1} & \sigma_{q2} & \cdots & \sigma_q^2\end{bmatrix}$$

协方差矩阵是一个实值半正定矩阵，也就是一个具有非负特征值的对称矩阵。作为一种速记符号，我们将高斯分布记为 $\boldsymbol{z}\sim\mathcal{N}(\boldsymbol{\mu},\boldsymbol{\Sigma})$ 或 $p(\boldsymbol{z})=\mathcal{N}(\boldsymbol{z};\boldsymbol{\mu},\boldsymbol{\Sigma})$。请注意，我们用相同的符号 $\mathcal{N}$ 来表示一元和多元的高斯分布，这是因为前者只是后者的一个特例。

$\boldsymbol{z}$ 的期望值为 $\mathbb{E}[\boldsymbol{z}]=\boldsymbol{\mu}$，而 z_1 的方差为 $\operatorname{var}(z_1)=\mathbb{E}[(z_1-\mathbb{E}[z_1])^2]=\sigma_1^2$，这对于 $z_2,\cdots,z_q$ 都是类似的。此外，z_1 和 z_2 的协方差为 $\operatorname{cov}(z_1,z_2)=\mathbb{E}[(z_1-\mathbb{E}[z_1])(z_2-\mathbb{E}[z_2])]=\sigma_{12}=\sigma_{21}$，这对于其他的 z_i,z_j 也是类似的。所有这些特性都可以从多元高斯分布的概率密度函数中得出，该函数为：

$$\mathcal{N}(\boldsymbol{z};\boldsymbol{\mu},\boldsymbol{\Sigma})=(2\pi)^{-\frac{q}{2}}\det(\boldsymbol{\Sigma})^{-\frac{1}{2}}\exp\left(-\frac{1}{2}(\boldsymbol{z}-\boldsymbol{\mu})^{\mathrm{T}}\boldsymbol{\Sigma}^{-1}(\boldsymbol{z}-\boldsymbol{\mu})\right) \tag{9.5}$$

如果 $\boldsymbol{\Sigma}$ 的所有非对角线元素都为 0，那么 $\boldsymbol{z}$ 的各个元素就都是相互独立的一元高斯随机变量。然而，如果某些非对角线元素（例如 $\sigma_{ij}(i\neq j)$）是非零的，那么在 z_i 和 z_j 之间就存在相关性。直观地说，相关性意味着 z_i 也携带关于 z_j 的信息，反之亦然。9.A 节中总结了一些关于如何影响多元高斯分布的重要结果。

9.2.2 基于贝叶斯方法的线性回归

现在我们将把贝叶斯方法应用于线性回归模型。我们首先将花费一些精力，用贝叶斯方法的术语来表示第 3 章中线性回归模型的要素，然后我们将推导出模型的解。

根据第 3 章中内容，我们可以把线性回归模型看作：

$$y=f(\boldsymbol{x})+\varepsilon,\qquad f(\boldsymbol{x})=\boldsymbol{\theta}^{\mathrm{T}}\boldsymbol{x},\qquad \varepsilon\sim\mathcal{N}(0,\sigma^2) \tag{9.6}$$

这也可以被等价地写为：

$$p(y|\boldsymbol{\theta})=\mathcal{N}(y;\boldsymbol{\theta}^{\mathrm{T}}\boldsymbol{x},\sigma^2) \tag{9.7}$$

这是对一个输出数据点 y 的表达式。对于所有训练数据输出的整个向量 $\boldsymbol{y}$，我们可以写为：

$$p(\boldsymbol{y}|\boldsymbol{\theta})=\prod_{i=1}^{n}p(y_i|\boldsymbol{\theta})=\prod_{i=1}^{n}\mathcal{N}(y_i|\boldsymbol{\theta}^{\mathrm{T}}\boldsymbol{x}_i,\sigma^2)=\mathcal{N}(\boldsymbol{y},\boldsymbol{X\theta},\sigma^2\boldsymbol{I}) \tag{9.8}$$

在最后一步中，我们使用了式（3.5）中的符号 $\boldsymbol{X}$，并且使用了一个 n 维高斯随机向量与一个对角协方差矩阵等价于 n 个标量高斯随机向量这一事实。

在贝叶斯方法中，还需要一个对于未知参数$\boldsymbol{\theta}$ 的先验$p(\boldsymbol{\theta})$。在贝叶斯线性回归中，先验分布最常被选择为一个均值为$\boldsymbol{\mu}_0$、协方差矩阵为$\boldsymbol{\Sigma}_0$的高斯分布，

$$p(\boldsymbol{\theta})=\mathcal{N}(\boldsymbol{\theta};\boldsymbol{\mu}_0,\boldsymbol{\Sigma}_0) \tag{9.9}$$

例如可以取$\boldsymbol{\Sigma}_0=\boldsymbol{I}\sigma_0^2$。坦白来说，之所以这样取值主要是为了简化计算，就像使用平方误差损失函数可以简化普通线性回归的计算一样。

下一步是计算后验。这可以通过贝叶斯定理来推导，但由于$p(\boldsymbol{y}|\boldsymbol{\theta})$和$p(\boldsymbol{\theta})$都是多元高斯分布，我们通过 9.A 节中的推论 9.1 可以直接得出：

$$p(\boldsymbol{\theta}|\boldsymbol{y})=\mathcal{N}(\boldsymbol{\theta};\boldsymbol{\mu}_n,\boldsymbol{\Sigma}_n) \tag{9.10a}$$

$$\boldsymbol{\mu}_n=\boldsymbol{\Sigma}_n\left(\frac{1}{\sigma_0^2}\boldsymbol{\mu}_0+\frac{1}{\sigma^2}\boldsymbol{X}^{\mathrm{T}}\boldsymbol{y}\right) \tag{9.10b}$$

$$\boldsymbol{\Sigma}_n=\left(\frac{1}{\sigma_0^2}\boldsymbol{I}+\frac{1}{\sigma^2}\boldsymbol{X}^{\mathrm{T}}\boldsymbol{X}\right)^{-1} \tag{9.10c}$$

根据式（9.10），我们还能根据 9.A 节中的推论 9.2 推导出后验概率估计$f(\boldsymbol{x}_\star)$：

$$p(f(\boldsymbol{x}_\star)|\boldsymbol{y})=\mathcal{N}(f(\boldsymbol{x}_\star);m_\star,s_\star) \tag{9.11a}$$

$$m_\star=\boldsymbol{x}_\star^{\mathrm{T}}\boldsymbol{\mu}_n \tag{9.11b}$$

$$s_\star=\boldsymbol{x}_\star^{\mathrm{T}}\boldsymbol{\Sigma}_n\boldsymbol{x}_\star \tag{9.11c}$$

到目前为止，我们只得出了$f(\boldsymbol{x}_\star)$的后验概率估计。根据线性回归模型（9.10），我们有$y_\star=f(\boldsymbol{x}_\star)+\varepsilon$，其中$\varepsilon$被假定为独立于$f$ 的方差为σ^2的变量，我们也可以计算$\boldsymbol{y}_\star$的后验概率估计：

$$p(y_\star|\boldsymbol{y})=\mathcal{N}(y_\star;m_\star,s_\star+\sigma^2) \tag{9.11d}$$

注意，与$p(f(\boldsymbol{x}_\star)|\boldsymbol{y})$唯一区别在于，我们加入测量噪声的方差$\sigma^2$，它反映了我们期望从测试数据输出中得到的额外不确定性。不论是$p(f(\boldsymbol{x}_\star)|\boldsymbol{y})$还是$p(y_\star|\boldsymbol{y})$，训练数据中的测量噪声都是通过后验概率反映的。

现在我们已经有了构成贝叶斯线性回归的所有内容。与普通线性回归的主要区别在于，我们计算得到了一个后验概率分布$p(\boldsymbol{\theta}|\boldsymbol{y})$（而不是单一的数值$\hat{\boldsymbol{\theta}}$）和一个后验概率估计$p(y_\star|\boldsymbol{y})$（而不是给出预测值$\hat{y}$）。我们将其总结为方法 9.1，并用示例 9.1 来进行说明。

方法 9.1　贝叶斯线性回归

学习贝叶斯线性回归模型

数据：训练数据 $\mathcal{T}=\{\boldsymbol{x}_i, y_i\}_{i=1}^{n}$

结果：后验概率 $p(\boldsymbol{\theta}|\boldsymbol{y})=\mathcal{N}(\boldsymbol{\theta};\boldsymbol{\mu}_n,\boldsymbol{\Sigma}_n)$

1．根据式（9.10）计算 $\boldsymbol{\mu}_n$ 和 $\boldsymbol{\Sigma}_n$

使用贝叶斯线性回归模型进行**预测**

数据：后验概率 $p(\boldsymbol{\theta}|\boldsymbol{y})=\mathcal{N}(\boldsymbol{\theta};\boldsymbol{\mu}_n,\boldsymbol{\Sigma}_n)$ 及测试输入 $\boldsymbol{x}_\star$

结果：后验概率预测 $p(f(\boldsymbol{x}_\star)|\boldsymbol{y})=\mathcal{N}(f(\boldsymbol{x}_\star);m_\star,s_\star)$

1．根据式（9.11）计算 $m_\star$ 和 $s_\star$

示例 9.1　贝叶斯线性回归

为了说明贝叶斯线性回归的内部运作原理，我们考虑一个一维的例子，其中 $y=\theta_1+\theta_2 x+\varepsilon$。图 9.1a 显示了先验$p(\boldsymbol{\theta})$的分布（图中灰色曲面，$\theta_1$ 和 θ_2 的二维高斯分布），从中抽取了 10 个样本（黑点）。这些样本中的每一个都对应图 9.1b 的一条直线。

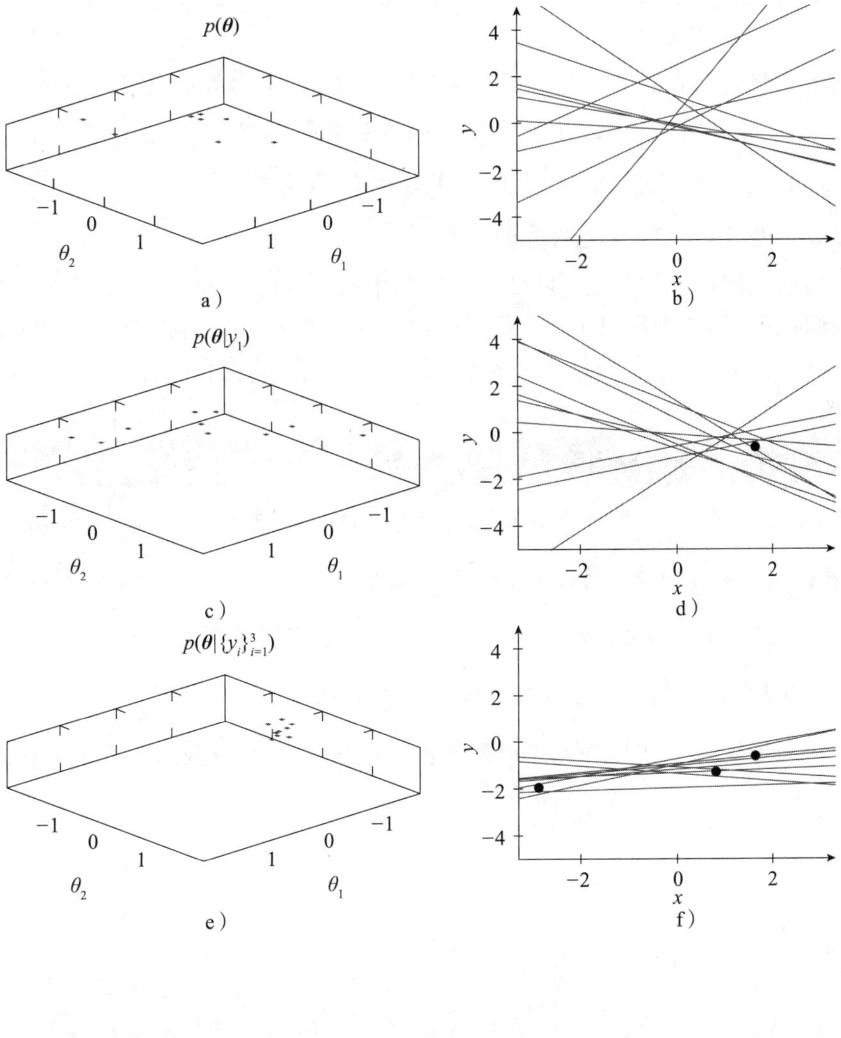

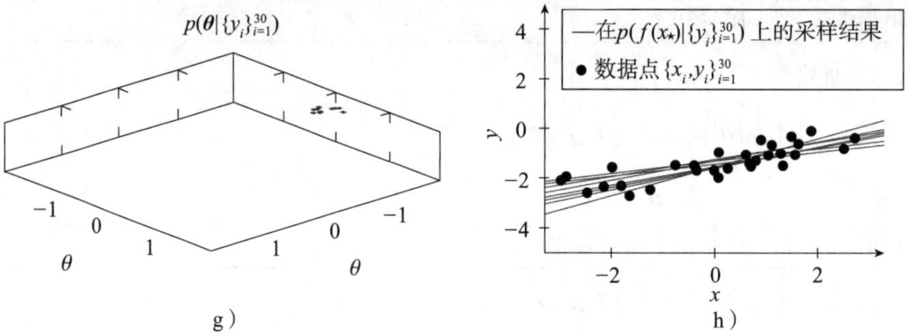

图 9.1

在图 9.1b 和图 9.1c 中，引入了一个（n=1）数据点 {x1, y1}。它的值显示在图 9.1c 上（图中黑点），$\boldsymbol{\theta}$ 的后验分布显示在图 9.1b 上（图中灰色曲面，仍为一个高斯分布）。此外，从后验中抽取 10 个样本（图 9.1b 中黑点），每个样本对应图 9.1c 中的一条直线。根据贝叶斯表述，采样的线条可以被认为是关于$f(x_\star)$的具有相同似然性的后验假设。在图 9.1 中也展示了 n=3 和 n=30 个数据点的情况。我们可以看到，随着更多数据的加入，后验概率分布是如何逐渐收缩的（即“更少的不确定性”），具体表现为图 9.1e 和图 9.1g 中灰色表面更尖的峰值以及图 9.1f 和图 9.1h 中线条更加集中。

到目前为止我们都假设噪声方差σ^2是一个固定的值。大多数情况下，σ^2也是必须由使用者决定的一个参数，这可以通过最大化间隔似然来完成。推论 9.2 给出了间隔似然：

$$p(\boldsymbol{y}) = \mathcal{N}(\boldsymbol{y}; \boldsymbol{X}\boldsymbol{\mu}_0, \sigma^2\boldsymbol{I} + \boldsymbol{X}\boldsymbol{\Sigma}_0\boldsymbol{X}^{\mathrm{T}}) \tag{9.12}$$

也可以通过最大化式（9.12）来选择先验方差σ_0^2。

就像普通线性回归一样，在贝叶斯线性回归中也可以使用非线性输入变换，比如多项式变换。我们在示例 9.2 中给出了一个例子，这里我们回到了汽车刹车距离的回归问题。然而，我们还可以更进一步，同时使用第 8 章中的核技巧。这将把我们引向高斯过程，这也是 9.3 节的主题。

示例 9.2　汽车刹车距离问题

我们考虑示例 2.2 中的汽车刹车距离问题，这里分别使用$y=1+\theta_1 x+\varepsilon$和$y=1+\theta_1 x+\theta_2 x^2+\varepsilon$的概率线性回归。我们通过最大化间隔似然来设定$\sigma^2$和$\sigma_0^2$的值，对于线性模型，我们得到$\sigma^2=12.0^2$，$\sigma_0^2=14.1^2$。对于二次模型，我们得到$\sigma^2=10.1^2$，$\sigma_0^2=0.3^2$。

在图 9.2 中，我们用深色线表示$p(f(\boldsymbol{x}_\star)|\boldsymbol{y})$和$p(y_\star|\boldsymbol{y})$（9.11）的平均数（它们都有相同的平均数），用不同深度的阴影区域来分别表示$p(f(\boldsymbol{x}_\star)|\boldsymbol{y})$和$p(y_\star|\boldsymbol{y})$的标准差。

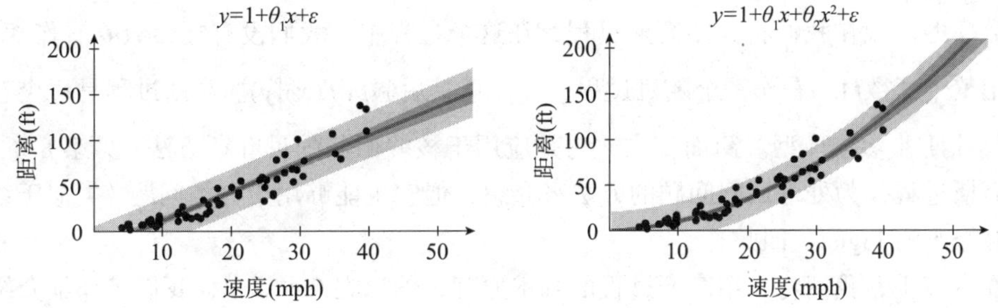

图　9.2

9.2.3　与正则化线性回归的关联

贝叶斯方法的主要特点是它提供了一个参数 $\boldsymbol{\theta}$ 的完整的概率分布$p(\boldsymbol{\theta}|\boldsymbol{y})$，而不是单个估计值$\hat{\boldsymbol{\theta}}$。然而，贝叶斯方法和正则化之间也有着有趣的联系。我们将通过考虑来自贝叶斯线性回归的后验$p(\boldsymbol{\theta}|\boldsymbol{y})$和来自具有平方误差损失函数的 L^2 正则线性回归的估计$\hat{\boldsymbol{\theta}}_{L^2}$来具体说明。让我们从后验$p(\boldsymbol{\theta}|\boldsymbol{y})$中提取所谓的最大后验概率（MAP，Maximun A Posteriori）估计$\hat{\boldsymbol{\theta}}_{\text{MAP}}$。MAP 估计是使后验概率达到最大值的 $\boldsymbol{\theta}$，即

$$\hat{\boldsymbol{\theta}}_{\text{MAP}} = \arg\max_{\boldsymbol{\theta}} p(\boldsymbol{\theta}|\boldsymbol{y}) = \arg\max_{\boldsymbol{\theta}} p(\boldsymbol{y}|\boldsymbol{\theta})p(\boldsymbol{\theta}) = \arg\max_{\boldsymbol{\theta}}[\ln p(\boldsymbol{y}|\boldsymbol{\theta}) + \ln p(\boldsymbol{\theta})] \tag{9.13}$$

其中第二个等式是由以下事实得出的，即$p(\boldsymbol{\theta}|\boldsymbol{y}) = \dfrac{p(\boldsymbol{y}|\boldsymbol{\theta})p(\boldsymbol{\theta})}{p(\boldsymbol{y})}$，并且$p(\boldsymbol{y})$不依赖于 $\boldsymbol{\theta}$ 的取值。注意 L^2 正则化线性回归可以看作使用损失函数（3.48），

$$\hat{\boldsymbol{\theta}}_{L^2} = \arg\max_{\boldsymbol{\theta}}[\ln p(\boldsymbol{y}|\boldsymbol{\theta}) + \lambda\|\boldsymbol{\theta}\|_2^2] \tag{9.14}$$

其中λ是正则化参数。当比较式（9.14）和式（9.13）时，我们注意到，如果 $\ln p(\boldsymbol{\theta}) \propto \|\boldsymbol{\theta}\|_2^2$，那么对于 $\boldsymbol{\theta}$ 的 MAP 估计和 L^2 正则化估计在λ取某个值时是完全相同的。对于式（9.9）中的先验$p()$来说，情况确实如此，而且 MAP 估计的结果在这种情况下与$\hat{\boldsymbol{\theta}}_{L^2}$相同。

只要正则化与先验的对数成正比，MAP 估计和正则最大似然估计之间的这种关系就保持成立。例如，如果我们为$\boldsymbol{\theta}$ 选择一个拉普拉斯分布的先验，MAP 估计将与 L^1 正则化的结果完全相同。一般来说，很多种正则化方法可以被解释为隐式地选取了某种先验。这种与正则化的联系从另一个角度说明了为什么贝叶斯方法不容易出现过拟合现象。

然而需要注意的是，贝叶斯方法和正则化的使用之间的关联并不意味着这两种方法是等价的。贝叶斯方法的核心仍然是计算$\boldsymbol{\theta}$的后验分布，而不在于仅仅计算一个估计值$\hat{\boldsymbol{\theta}}$。

9.3　高斯过程

我们已经介绍了贝叶斯方法，即把未知参数$\boldsymbol{\theta}$ 视为随机变量，从而学习一个后验概率分

布$p(\boldsymbol{\theta}|\boldsymbol{y})$，而不是一个单一的数值$\hat{\boldsymbol{\theta}}$。然而，贝叶斯的思想不仅适用于参数模型，也适用于非参数模型。现在我们将介绍高斯过程，在这个过程中，我们没有把参数$\boldsymbol{\theta}$看作随机变量，而是把整个函数$f(\boldsymbol{x})$看作一个随机过程，并计算其后验$p(f(\boldsymbol{x})|\boldsymbol{y})$。高斯过程是一个有趣且常用的贝叶斯非参数模型。简而言之，它是应用于核岭回归的贝叶斯方法（见第 8 章）。我们将把高斯过程作为处理回归问题的方法来介绍，但它也能够用于分类问题（类似于线性回归可以被修改为 logistic 回归）。

在本节中，我们将介绍高斯过程的基本原理，然后在 9.4 节中，我们将详细介绍如何将其作为一种有监督机器学习方法。我们将首先讨论什么是高斯过程，从而介绍如何构建一个与 8.2 节中的核岭回归紧密相连的高斯过程。

9.3.1　什么是高斯过程？

高斯过程是一种特定类型的随机过程。而随机过程又是随机变量的一种推广。通常我们把随机过程看作一些随时间演变的随机变量。在数学上，这相当于一个以时间t为索引的随机变量$\{z(t): t\in\mathbb{R}\}$的集合。也就是说，对于每个时间点t，过程$z(t)$的值是一个随机变量。此外，通常我们假设不同时间点的值，比如$z(t)$和$z(s)$，它们是相关的，且相关程度取决于时间差。然而从抽象的角度来看，我们可以把$z(t)$看作一个随机函数，函数的输入是变量（时间）t。通过这种解释，就可以把随机过程的概念推广到具有任意输入的随机函数$\{f(\boldsymbol{x}): \boldsymbol{x}\in\chi\}$，其中$\chi$表示一个（可能是高维的）输入空间。与上文所述类似，这意味着我们把任何输入$\boldsymbol{x}$的函数值$f(\boldsymbol{x})$看作一个随机变量，并且对于输入$\boldsymbol{x}$和$\boldsymbol{x}'$的函数值$f(\boldsymbol{x})$和$f(\boldsymbol{x}')$是相关的。正如我们将在下面看到的那样，相关性可以用来控制函数的某些属性。例如，如果我们期望函数是平滑的（即变化缓慢），那么当$\boldsymbol{x}$与$\boldsymbol{x}'$接近时，函数值$f(\boldsymbol{x})$和$f(\boldsymbol{x}')$应该是高度相关的。这一推广为我们在贝叶斯方法中使用随机函数作为未知函数（如回归函数）的先验开辟了道路。

为了将高斯过程介绍为一个随机函数，我们首先要进行一个简化的假设，即输入变量$\boldsymbol{x}$是离散的且只能取q个不同的值，$\boldsymbol{x}_1, \cdots, \boldsymbol{x}_q$。因此，函数$f(\boldsymbol{x})$完全由$q$维向量$\boldsymbol{f}=[f_1\cdots f_q]^{\mathrm{T}}=[f(\boldsymbol{x}_1)\cdots f(\boldsymbol{x}_q)]^{\mathrm{T}}$来描述。进而我们可以通过给这个向量$\boldsymbol{f}$分配一个联合概率分布，从而将$f(\boldsymbol{x})$建模为一个随机函数。在高斯过程模型中，这个分布是多元高斯分布，

$$p(\boldsymbol{f})=\mathcal{N}(\boldsymbol{f};\boldsymbol{\mu},\boldsymbol{\Sigma}) \tag{9.15}$$

其中均值向量为$\boldsymbol{\mu}$，协方差矩阵为$\boldsymbol{\Sigma}$。让我们将$\boldsymbol{f}$划分为两个向量$\boldsymbol{f}_1$和$\boldsymbol{f}_2$，使得$\boldsymbol{f}=[\boldsymbol{f}_1^{\mathrm{T}}\ \boldsymbol{f}_2^{\mathrm{T}}]^{\mathrm{T}}$，对于$\boldsymbol{\mu}$和$\boldsymbol{\Sigma}$也进行类似划分，这样我们就可以得到

$$p\left(\begin{bmatrix}\boldsymbol{f}_1\\ \boldsymbol{f}_2\end{bmatrix}\right)=\mathcal{N}\left(\begin{bmatrix}\boldsymbol{f}_1\\ \boldsymbol{f}_2\end{bmatrix};\begin{bmatrix}\boldsymbol{\mu}_1\\ \boldsymbol{\mu}_2\end{bmatrix},\begin{bmatrix}\boldsymbol{\Sigma}_{11} & \boldsymbol{\Sigma}_{12}\\ \boldsymbol{\Sigma}_{21} & \boldsymbol{\Sigma}_{22}\end{bmatrix}\right) \tag{9.16}$$

如果$\boldsymbol{f}$的某些元素（比如$\boldsymbol{f}_1$中的元素）被观测了，那么根据 9.A 节中的定理 9.2，在观测到$\boldsymbol{f}_1$的情况下，$\boldsymbol{f}_2$的条件概率分布为：

$$p(\boldsymbol{f}_2|\boldsymbol{f}_1)=\mathcal{N}(\boldsymbol{f}_2;\boldsymbol{\mu}_2+\boldsymbol{\Sigma}_{21}\boldsymbol{\Sigma}_{11}^{-1}(\boldsymbol{f}_1-\boldsymbol{\mu}_1),\boldsymbol{\Sigma}_{22}-\boldsymbol{\Sigma}_{21}\boldsymbol{\Sigma}_{11}^{-1}\boldsymbol{\Sigma}_{12}) \tag{9.17}$$

该条件概率分布只不过是另一个高斯分布，其均值和协方差的表达式都是闭式的。

图 9.3a 展示了一个二维的例子（$\boldsymbol{f}_1$是一个标量f_1，$\boldsymbol{f}_2$是一个标量f_2）。对于这个模型，我们采用f_1和f_2的均值和方差都相同的先验，即$\boldsymbol{\mu}_1=\boldsymbol{\mu}_2$，$\boldsymbol{\Sigma}_1=\boldsymbol{\Sigma}_2$。在得到任何观测结果之前，我们还假设$\boldsymbol{f}_1$和$\boldsymbol{f}_2$之间存在先验的正相关性，这反映了我们假设基础随机函数$f(x)$具有平滑性。这就是为什么图 9.3a 中的多元高斯分布在对角线方向上是倾斜的。现在我们令这个多元高斯分布基于$\boldsymbol{f}_1$的观测结果为条件，即图 9.3b 中所示的那样。在图 9.4 中，我们绘制了图 9.3 中的间隔分布。由于$\boldsymbol{f}_1$和$\boldsymbol{f}_2$根据先验是相关的，所以$\boldsymbol{f}_2$的间隔分布也受到了对$\boldsymbol{f}_1$的观测的影响。

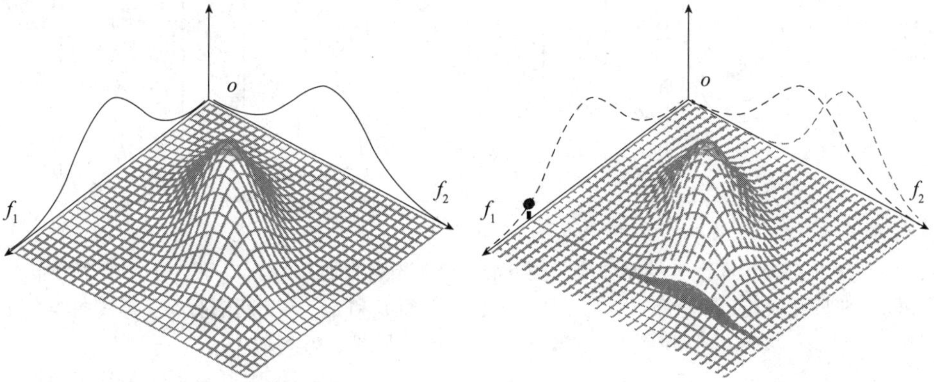

a）随机变量 f_1 和 f_2 的二维高斯分布，概率密度为图中蓝色曲面，每个分量的间隔分布用蓝色虚线沿各轴所画。注意，间隔分布并不包含关于 f_1 和 f_2 分布的全部信息，因为在该表示中缺少了协方差信息

b）当观测到 f_1（黑点）时，f_2 的条件概率分布（红线）。f_2 的条件概率分布由式（9.17）给出，（除了标准化常数外）在这个图形中表示为联合分布的红色“切片”（蓝色曲面）。图 9.3a 中的联合分布的边际分布被保留下来作为参考（蓝色虚线）

图 9.3　a 为f_1和f_2的二维高斯分布，b 为观测到f_1的一个特定值时f_2的条件概率分布

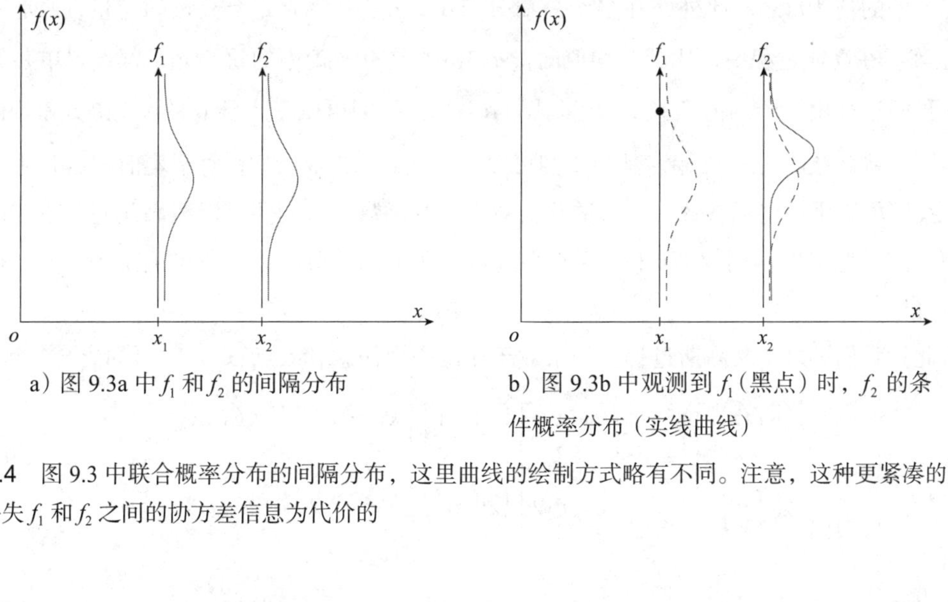

a）图 9.3a 中 f_1 和 f_2 的间隔分布

b）图 9.3b 中观测到 f_1（黑点）时，f_2 的条件概率分布（实线曲线）

图 9.4　图 9.3 中联合概率分布的间隔分布，这里曲线的绘制方式略有不同。注意，这种更紧凑的图示是以丢失 f_1 和 f_2 之间的协方差信息为代价的

与图 9.4 类似，我们可以通过图 9.5 中的间隔分布绘制一个六维多变量高斯分布。在这个模型中，我们同样假设所有元素f_i和f_j之间存在先验的正相关性，这种相关性随着相应输入x_i和x_j之间距离的增大而减小。注意，为了充分说明$f_1,\cdots,f_6$的联合分布，需要一个六维的曲面图，而图 9.5a 只包含每个成员的间隔分布。我们也可以对图 9.5a 中六维间隔分布进行调节，例如对f_4进行观测。和之前一样，新的条件概率分布是另一个高斯分布，五维随机变量$[f_1,f_2,f_3,f_5,f_6]^{\mathrm{T}}$的间隔分布在图 9.5b 中给出。

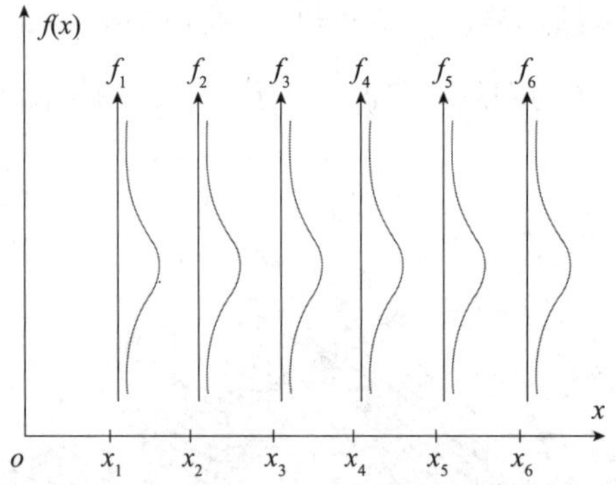

a）一个六维高斯分布，其绘制方式与图 9.4a 相同，即只显示其间隔分布

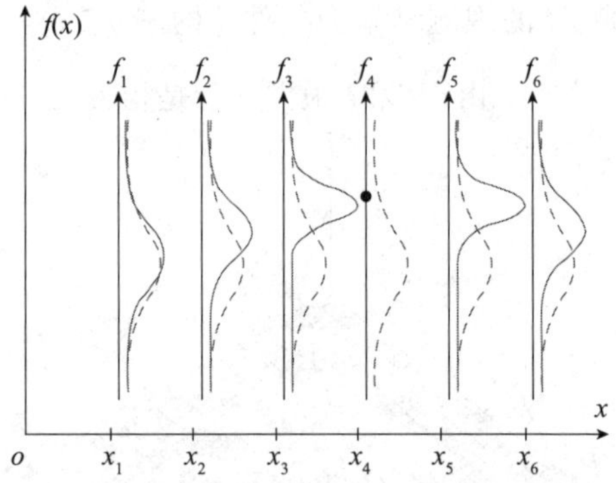

b）当观测到f_4（黑点）时的条件概率分布f_1, f_2, f_3, f_5 和f_6，由其间隔分布（实线曲线）说明，与图 9.4b 类似

图 9.5　一个六维的高斯分布，以与图 9.4 相同的方式进行表示

在图 9.4 和图 9.5 中，我们说明了有限维度的多元高斯随机变量的间隔分布。然而，我们的目标是高斯过程，即位于连续空间上的随机过程。

高斯分布（定义在有限集合上）向高斯过程（定义在连续空间上）的扩展是通过将图 9.5 中的离散序数集 {1,2,3,4,5,6} 替换为在连续空间上取值的变量$\boldsymbol{x}$（例如实轴上）来实现的。然后，我们还必须用一个随机函数（即随机过程）f来代替随机变量$f_1,f_2,\cdots,f_6$，该函数可以求任何$\boldsymbol{x}$处的值为$f(\boldsymbol{x})$。此外，在多元高斯分布中，$\boldsymbol{\mu}$是一个有q个分量的向量，$\boldsymbol{\Sigma}$是一个$q\times q$矩阵。在高斯过程中，比起为均值向量$\boldsymbol{\mu}$和协方差矩阵$\boldsymbol{\Sigma}$中的每个元素都设置单独的超参数，我们选择用一个均值*函数*$\mu(\boldsymbol{x})$来代替$\boldsymbol{\mu}$，其中我们可以带入任意的$\boldsymbol{x}$。协方差矩阵$\boldsymbol{\Sigma}$被一个协方差*函数*$\kappa(\boldsymbol{x},\boldsymbol{x}')$代替，其中我们可以带入任意一对$\boldsymbol{x}$和$\boldsymbol{x}'$。对于均值函数和协方差函数，我们可以用一些超参数进行参数化。对于这些函数，我们还可以编码我们希望高斯过程所遵守的某些属性，例如当$\boldsymbol{x}_1$和$\boldsymbol{x}_2$相互靠近时，两个函数值$f(\boldsymbol{x}_1)$和$f(\boldsymbol{x}_2)$应该比$\boldsymbol{x}_1$和$\boldsymbol{x}_2$相距较远时更相关。

由此，我们可以定义高斯过程。如果对于任何一个任意有限点$\{\boldsymbol{x}_1,\cdots,\boldsymbol{x}_n\}$的集合，满足：

$$p\left(\begin{bmatrix} f(\boldsymbol{x}_1) \\ \vdots \\ f(\boldsymbol{x}_n) \end{bmatrix}\right)=\mathcal{N}\left(\begin{bmatrix} f(\boldsymbol{x}_1) \\ \vdots \\ f(\boldsymbol{x}_n) \end{bmatrix};\begin{bmatrix} \mu(\boldsymbol{x}_1) \\ \vdots \\ \mu(\boldsymbol{x}_n) \end{bmatrix},\begin{bmatrix} \kappa(\boldsymbol{x}_1,\boldsymbol{x}_1) & \cdots & \kappa(\boldsymbol{x}_1,\boldsymbol{x}_n) \\ \vdots & & \vdots \\ \kappa(\boldsymbol{x}_n,\boldsymbol{x}_1) & \cdots & \kappa(\boldsymbol{x}_n,\boldsymbol{x}_n) \end{bmatrix}\right) \tag{9.18}$$

则 f 为一个高斯过程。

也就是说，对于高斯过程 f 和任意给定的一组 $\{\boldsymbol{x}_1,\cdots,\boldsymbol{x}_n\}$，函数值的向量 $[f(\boldsymbol{x}_1),\cdots,f(\boldsymbol{x}_n)]$ 具有一个多元高斯分布，类似于图 9.5。由于 $\{\boldsymbol{x}_1,\cdots,\boldsymbol{x}_n\}$ 可以从它们所在的连续空间中任意选择，高斯过程为该空间的所有点都定义了一个分布。为了使这个定义有意义，必须满足对任意给定的 $\{\boldsymbol{x}_1,\cdots,\boldsymbol{x}_n\}$，都有 $\kappa(\boldsymbol{x},\boldsymbol{x}')$ 是半正定的协方差矩阵。

我们将使用符号

$$f \sim \mathcal{GP}(\boldsymbol{\mu},\kappa) \tag{9.19}$$

来表示函数 $f(\boldsymbol{x})$ 符合高斯过程的分布，其均值函数为 $\mu(\boldsymbol{x})$，协方差函数为 $\kappa(\boldsymbol{x},\boldsymbol{x}')$。如果我们想说明一个高斯过程，如图 9.6 所示，我们可以选择 $\{\boldsymbol{x}_1,\cdots,\boldsymbol{x}_n\}$ 来对应屏幕上的像素或打印机在纸上打印的点，并打印每个 $\{\boldsymbol{x}_1,\cdots,\boldsymbol{x}_n\}$ 的间隔分布，这样它看起来就是一条连续的线（尽管我们实际上只能获取任意但有限的点集合中的分布）。

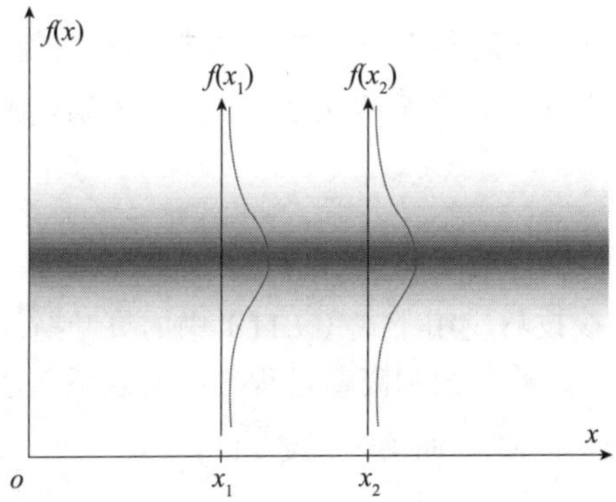

a）一个定义在实数轴上的高斯过程，以 x 为参数，不以任何观测为条件。背景的强度与（间隔分布）概率密度成正比，两个测试输入 x_1 和 x_2 的间隔分布用实线曲线表示。与图 9.5 类似，我们只绘制每个测试输入的间隔分布，但高斯过程为 x 轴上的所有点定义了一个完整的联合概率分布

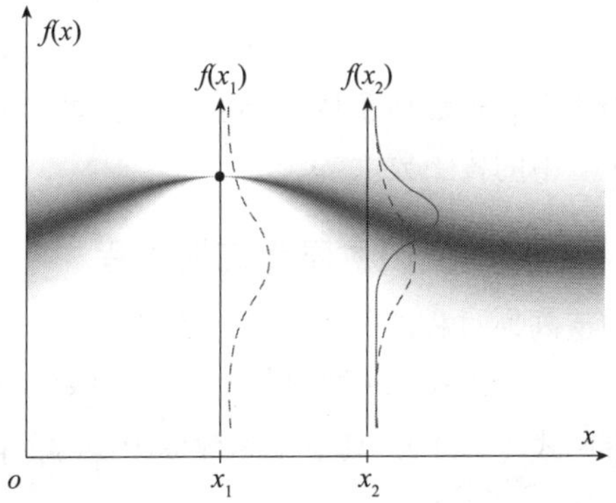

b）给定 $f(x_1)$ 在点 x_1 中的观测结果的条件高斯过程。a 中的先验分布以灰色虚线显示。请注意条件概率分布是如何根据观测结果进行变化的，包括平均值（更贴近观测结果）和（间隔分布的）方差（在靠近观测结果的位置处变得更小，但在远离观测结果的地方基本保持不变）

图 9.6　一个高斯过程。a 显示的是先验分布，b 显示的是根据一个观测值（黑点）进行调整后的后验分布

我们用在第 8 章中表示核函数的相同的符号 κ 来表示协方差函数，这并非一个巧合。正如我们即将讨论的那样，将贝叶斯方法应用于核岭回归将产生一个高斯过程，其中协方差函数就是核函数。

我们也可以把一组观测值 $\{f(\boldsymbol{x}_i),\boldsymbol{x}_i\}_{i=1}^{n}$ 一并作为高斯过程的条件，就像在图 9.3b、图 9.4b 和图 9.5b 中的条件高斯过程一样。同之前一样，我们把观测到的输入逐行罗列在矩阵 $\boldsymbol{X}$ 中，令 $f(\boldsymbol{X})$ 表示观测到的输出向量（我们现在假设观测中没有任何噪声）。我们使用式（8.12b）和式（8.12c）所定义的 $\boldsymbol{K}(\boldsymbol{X},\boldsymbol{X})$ 和 $\boldsymbol{K}(\boldsymbol{X},\boldsymbol{x}_\star)$ 符号，将观测值 $f(\boldsymbol{X})$ 和测试值 $f(\boldsymbol{x}_\star)$ 之间的联合分布表示为：

$$p\left(\begin{bmatrix} f(\boldsymbol{x}_\star) \\ f(\boldsymbol{X}) \end{bmatrix}\right) = \mathcal{N}\left(\begin{bmatrix} f(\boldsymbol{x}_\star) \\ f(\boldsymbol{X}) \end{bmatrix}; \begin{bmatrix} \mu(\boldsymbol{x}_\star) \\ \mu(\boldsymbol{X}) \end{bmatrix}, \begin{bmatrix} \kappa(\boldsymbol{x}_\star, \boldsymbol{x}_\star) & K(\boldsymbol{X}, \boldsymbol{x}_\star)^{\mathrm{T}} \\ K(\boldsymbol{X}, \boldsymbol{x}_\star) & K(\boldsymbol{X}, \boldsymbol{X}) \end{bmatrix}\right) \tag{9.20}$$

现在，由于我们已经观测得到了$f(\boldsymbol{X})$，我们使用高斯分布的表达式写出$f(\boldsymbol{x}_\star)$的条件概率分布，其条件是$f(\boldsymbol{X})$的观测结果，即

$$\begin{aligned} p(f(\boldsymbol{x}_\star) \mid f(\boldsymbol{X})) = \mathcal{N}(f(\boldsymbol{x}_\star); \mu(\boldsymbol{x}_\star) + \boldsymbol{K}(\boldsymbol{X}, \boldsymbol{x}_\star)^{\mathrm{T}} \boldsymbol{K}(\boldsymbol{X}, \boldsymbol{X})^{-1}) \times \\ (f(\boldsymbol{X}) - \mu(\boldsymbol{X})), \kappa(\boldsymbol{x}_\star, \boldsymbol{x}_\star) - \boldsymbol{K}(\boldsymbol{X}, \boldsymbol{x}_\star)^{\mathrm{T}} \boldsymbol{K}(\boldsymbol{X}, \boldsymbol{X})^{-1} \boldsymbol{K}(\boldsymbol{X}, \boldsymbol{x}_\star)) \end{aligned} \tag{9.21}$$

这是对任何测试输入$\boldsymbol{x}_\star$的另一个高斯分布。我们在图 9.6 中对此进行说明。

现在，我们已经介绍了高斯过程这个有点抽象的概念。在某些学科（例如信号处理）中，所谓“白高斯过程”是很常见的。一个白高斯过程具有“白”的协方差函数：

$$\kappa(\boldsymbol{x}, \boldsymbol{x}') = \mathbb{I}\{\boldsymbol{x} = \boldsymbol{x}'\} = \begin{cases} 1 & 如果\boldsymbol{x} = \boldsymbol{x}' \\ 0 & 否则 \end{cases} \tag{9.22}$$

这意味着除非$\boldsymbol{x} = \boldsymbol{x}'$，否则$f(\boldsymbol{x})$与$f(\boldsymbol{x}')$不相关。白高斯过程在有监督机器学习中用处不大，但我们将会看到如何将核岭回归变成高斯过程，其中均值函数变为 0，而协方差函数则恰好为第 8 章中的核函数。

9.3.2　将核岭回归扩展为高斯过程

构造高斯过程的另一种方法是将 8.2 节中的核技巧应用于式（9.11）中的贝叶斯线性回归上。图 9.7 总结了线性回归、贝叶斯线性回归、核岭回归和高斯过程之间的联系。这将把我们带回式（9.21），其中核函数成为协方差函数$\kappa(\boldsymbol{x}, \boldsymbol{x}')$，而均值函数$\mu(\boldsymbol{x}) = 0$。

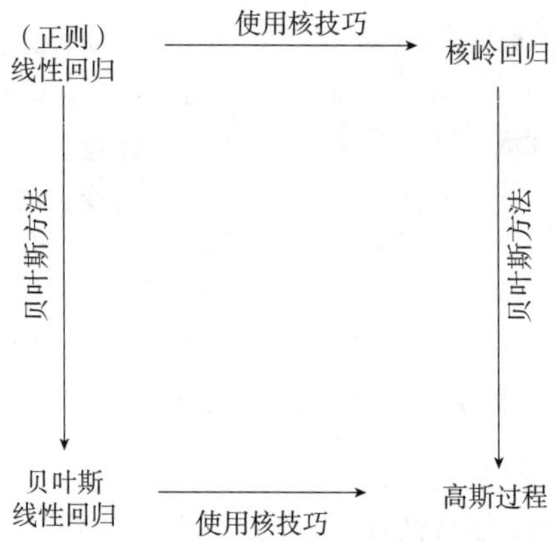

图 9.7　线性回归、贝叶斯线性回归、核岭回归和高斯过程之间关系的图形化总结

现在让我们重新回到贝叶斯线性回归的后验预测（9.11），但是有两个变化。第一个变化是，我们假设$\boldsymbol{\theta}$的先验均值和协方差分别为$\boldsymbol{\mu}_0 = \boldsymbol{0}$和$\boldsymbol{\Sigma}_0 = \boldsymbol{I}$。这个假设对于我们的目的来说并不是严格比要的，但这可以简化表达式。第二个变化是，和 8.1 节一样，我们在线性回归模型中引入输入变量$\boldsymbol{x}$的非线性特征转换$\boldsymbol{\phi}(\boldsymbol{x})$。因此，我们在符号中用$\boldsymbol{\Phi}(\boldsymbol{X})$代替$\boldsymbol{X}$。有了这两个变化，式（9.11）可以改写为：

$$p(f(\boldsymbol{x}_\star)|\boldsymbol{y}) = \mathcal{N}(f(\boldsymbol{x}_\star); m_\star, s_\star) \tag{9.23a}$$

$$m_\star = \boldsymbol{\phi}(\boldsymbol{x}_\star)^{\mathrm{T}}(\sigma^2\boldsymbol{I} + \boldsymbol{\Phi}(\boldsymbol{X})^{\mathrm{T}}\boldsymbol{\Phi}(\boldsymbol{X}))^{-1}\boldsymbol{\Phi}(\boldsymbol{X})^{\mathrm{T}}\boldsymbol{y} \tag{9.23b}$$

$$s_\star = \boldsymbol{\phi}(\boldsymbol{x}_\star)^{\mathrm{T}}(\boldsymbol{I} + \frac{1}{\sigma^2}\boldsymbol{\Phi}(\boldsymbol{X})^{\mathrm{T}}\boldsymbol{\Phi}(\boldsymbol{X}))^{-1}\boldsymbol{\phi}(\boldsymbol{x}_\star) \tag{9.23c}$$

与核岭回归的推导过程类似，我们使用 push-through 矩阵恒等式$\boldsymbol{A}(\boldsymbol{A}^{\mathrm{T}}\boldsymbol{A}+\boldsymbol{I})^{-1} = (\boldsymbol{A}\boldsymbol{A}^{\mathrm{T}}+\boldsymbol{I})^{-1}\boldsymbol{A}$来改写$m_\star$，从而让$\boldsymbol{\phi}(\boldsymbol{x})$只以内积的形式出现：

$$m_\star = \boldsymbol{\phi}(\boldsymbol{x}_\star)^{\mathrm{T}}\boldsymbol{\Phi}(\boldsymbol{X})^{\mathrm{T}}(\sigma^2\boldsymbol{I} + \boldsymbol{\Phi}(\boldsymbol{X})\boldsymbol{\Phi}(\boldsymbol{X})^{\mathrm{T}})^{-1}\boldsymbol{y} \tag{9.24a}$$

为了将$s_\star$也以类似的方式进行改写，我们需要使用矩阵求逆引理$(\boldsymbol{I}-\boldsymbol{U}\boldsymbol{V})^{-1} = \boldsymbol{I}-\boldsymbol{U}(\boldsymbol{I}+\boldsymbol{V}\boldsymbol{U})^{-1}\boldsymbol{V}$（这对于任何相同维度的矩阵 $\boldsymbol{U},\boldsymbol{V}$ 都成立）：

$$s_\star = \boldsymbol{\phi}(\boldsymbol{x}_\star)^{\mathrm{T}}\boldsymbol{\phi}(\boldsymbol{x}_\star) - \boldsymbol{\phi}(\boldsymbol{x}_\star)^{\mathrm{T}}\boldsymbol{\Phi}(\boldsymbol{X})^{\mathrm{T}}(\sigma^2\boldsymbol{I} + \boldsymbol{\Phi}(\boldsymbol{X})\boldsymbol{\Phi}(\boldsymbol{X})^{\mathrm{T}})^{-1}\boldsymbol{\Phi}(\boldsymbol{X})\boldsymbol{\phi}(\boldsymbol{x}_\star) \tag{9.24b}$$

类似于式（8.12）中核岭回归的推导过程，我们现在准备应用核技巧，用核$\kappa(\boldsymbol{x},\boldsymbol{x}')$替换所有$\boldsymbol{\phi}(\boldsymbol{x})^{\mathrm{T}}\boldsymbol{\phi}(\boldsymbol{x}')$的实例。使用与式（8.12）相同的记号，我们得到：

$$m_\star = \boldsymbol{K}(\boldsymbol{X},\boldsymbol{x}_\star)^{\mathrm{T}}(\sigma^2\boldsymbol{I} + \boldsymbol{K}(\boldsymbol{X},\boldsymbol{X}))^{-1}\boldsymbol{y} \tag{9.25a}$$

$$s_\star = \kappa(\boldsymbol{x}_\star,\boldsymbol{x}_\star) - \boldsymbol{K}(\boldsymbol{X},\boldsymbol{x}_\star)^{\mathrm{T}}(\sigma^2\boldsymbol{I} + \boldsymbol{K}(\boldsymbol{X},\boldsymbol{X}))^{-1}\boldsymbol{K}(\boldsymbol{X},\boldsymbol{x}_\star) \tag{9.25b}$$

由式（9.23a）和式（9.25）定义的后验概率估计也是高斯过程模型，只要$\mu(\boldsymbol{x}_\star)=0$且$\sigma^2=0$，就与式（9.21）相同。$\mu(\boldsymbol{x}_\star)=0$的原因是我们从$\boldsymbol{\mu}_0=0$开始进行推导。当我们推导式（9.21）时，我们假设我们观测得到$f(\boldsymbol{x}_\star)$（而不是$y_\star=f(\boldsymbol{x}_\star)+\varepsilon$），这就是式（9.21）中$\sigma^2=0$的原因。由此，高斯过程是贝叶斯线性回归的核版本，就像核岭回归是（正则）线性回归的核版本一样，如图 9.7 所示。为了观察高斯过程与核岭回归的联系，可以看到式（9.25a）与式（8.14）的$\sigma^2=n\lambda$是相同的。然而，同样重要的是，要注意其中的区别，即核岭回归没有对应的式（9.25b），这是因为核岭回归没有预测概率分布。

核函数在高斯过程中扮演了协方差函数的角色，这给了我们 8.4 节中的解释之外的另一种解释，即核$\kappa(\boldsymbol{x},\boldsymbol{x}')$决定了$f(\boldsymbol{x})$和$f(\boldsymbol{x}')$之间的相关性有多强。

思考时间 9.1 验证一个使用线性核（8.23）的高斯过程即为贝叶斯线性回归。这是由于什么原因导致的？

一种常用的方法是不写为$\sigma^2\boldsymbol{I}$与格拉姆矩阵$\boldsymbol{K}(\boldsymbol{X},\boldsymbol{X})$的加和，而是将白噪声核（9.22）乘以 σ^2 加到原核上，即 $\tilde{\kappa}(\boldsymbol{x},\boldsymbol{x}')=\kappa(\boldsymbol{x},\boldsymbol{x}')+\sigma^2\mathbb{I}\{\boldsymbol{x},\boldsymbol{x}'\}$。然后我们可以用 $\tilde{\boldsymbol{K}}(\boldsymbol{X},\boldsymbol{X})$ 代替 $\sigma^2\boldsymbol{I}+\boldsymbol{K}(\boldsymbol{X},\boldsymbol{X})$，其中$\tilde{\boldsymbol{K}}$是由$\tilde{\kappa}(\boldsymbol{x},\boldsymbol{x}')$而非$\kappa(\boldsymbol{x},\boldsymbol{x}')$得到的。在这种记号下，式（9.25）可以简化为：

$$m_\star = \tilde{\boldsymbol{K}}(\boldsymbol{X},\boldsymbol{x}_\star)^{\mathrm{T}}\tilde{\boldsymbol{K}}(\boldsymbol{X},\boldsymbol{X})^{-1}\boldsymbol{y} \tag{9.26a}$$

$$s_\star = \tilde{\kappa}(\boldsymbol{x}_\star,\boldsymbol{x}_\star) - \tilde{\boldsymbol{K}}(\boldsymbol{X},\boldsymbol{x}_\star)^{\mathrm{T}}\tilde{\boldsymbol{K}}(\boldsymbol{X},\boldsymbol{X})^{-1}\tilde{\boldsymbol{K}}(\boldsymbol{X},\boldsymbol{x}_\star) - \sigma^2 \tag{9.26b}$$

与贝叶斯线性回归一样，如果我们对后验概率估计$p(y_\star|\boldsymbol{y})$而不是$p(f(\boldsymbol{x}_\star)|\boldsymbol{y})$感兴趣，我们在预测的方差上加 σ^2，见式（9.11d）。我们将高斯过程总结为方法 9.2。

方法 9.2　高斯过程回归

数据： 训练数据 $\mathcal{T}=\{\boldsymbol{x}_i,y_i\}_{i=1}^{n}$，核函数 $\kappa(\boldsymbol{x},\boldsymbol{x}')$，噪声方差 σ^2 及测试输入 $\boldsymbol{x}_\star$

结果： 后验概率预测 $p(f(\boldsymbol{x}_\star)|\boldsymbol{y})=\mathcal{N}(f(\boldsymbol{x}_\star);m_\star,s_\star)$

1. 根据式（9.10）计算 $m_\star$ 和 $s_\star$

9.3.3　函数的非参数分布

作为一个有监督机器学习工具，我们使用高斯过程进行预测，即计算后验概率估计 $p(f(\boldsymbol{x}_\star)|\boldsymbol{y})$（或$p(y_\star|\boldsymbol{y})$）。然而，与大多数只提供单一预测结果$\hat{y}(\boldsymbol{x}_\star)$的方法不同的是，后验概率估计给出的是一个概率分布。由于我们可以计算任何$\boldsymbol{x}_\star$的后验概率估计，高斯过程实际上定义了一个函数的分布，正如我们在图 9.8 中所说明的。

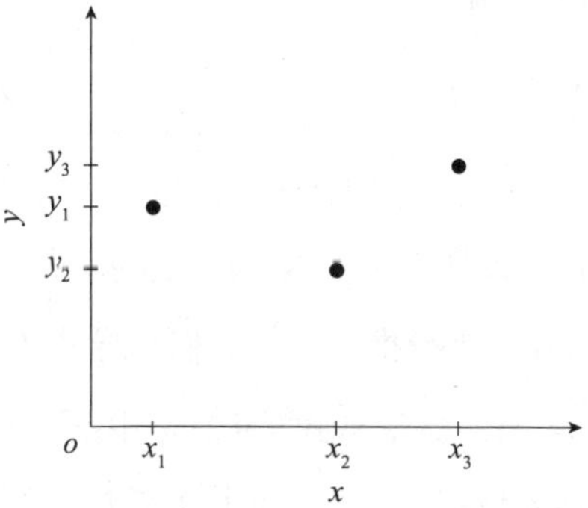

a）一个给定的回归问题的训练数据 $\{x_i,y_i\}_{i=1}^3$

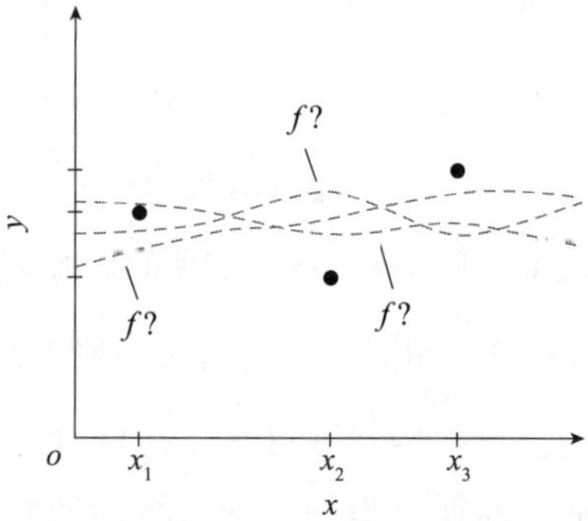

b）我们在回归问题中的基本假设是，存在某个函数f，它将数据表示为$y_i=f(x_i)+\varepsilon$。这个函数对我们来说是未知的，但回归的目的（无论使用哪种方法）就是为了确定该函数f

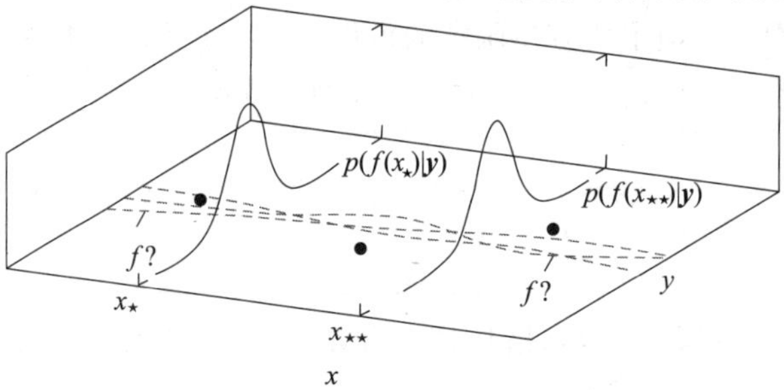

c）高斯过程定义了一个关于f的分布。我们可以将训练数据作为该分布的条件（即学习），并对任何输入获取它的值，例如$x_\star$ 和$x_{\star\star}$。即，我们对 $x_\star$ 和 $x_{\star\star}$进行预测。高斯过程给我们提供了$f(x_\star)$和$f(x_{\star\star})$的高斯分布，图中用灰色实线表示。该分布在很大程度上受到所选的核函数的影响，这是高斯过程使用中的一个设计选择

图 9.8　高斯过程定义了一个函数的概率分布，我们可以在训练数据上设置概率分布的条件，并在任意点（如 $x_\star$ 和 $x_{\star\star}$）获取它的概率分布，以计算预测结果

就像我们可以推导出贝叶斯线性回归和 L^2 正则化线性回归之间的联系一样，我们也看到了高斯过程和核岭回归之间的类似联系。如果我们只考虑后验概率估计的平均值 $m_\star$，我们就回到了核岭回归上。为了充分利用贝叶斯的观点，我们还必须考虑后验预测方差 $s_\star$。对于大多数核，如果附近有训练数据点，预测方差就会较小，如果最近的训练数据点很远，预测方差就较大。因此，预测方差对预测结果中的“不确定性”进行了量化。

总的来说，高斯过程是回归问题的另一个有用工具，我们在图 9.9 中说明了这一点。

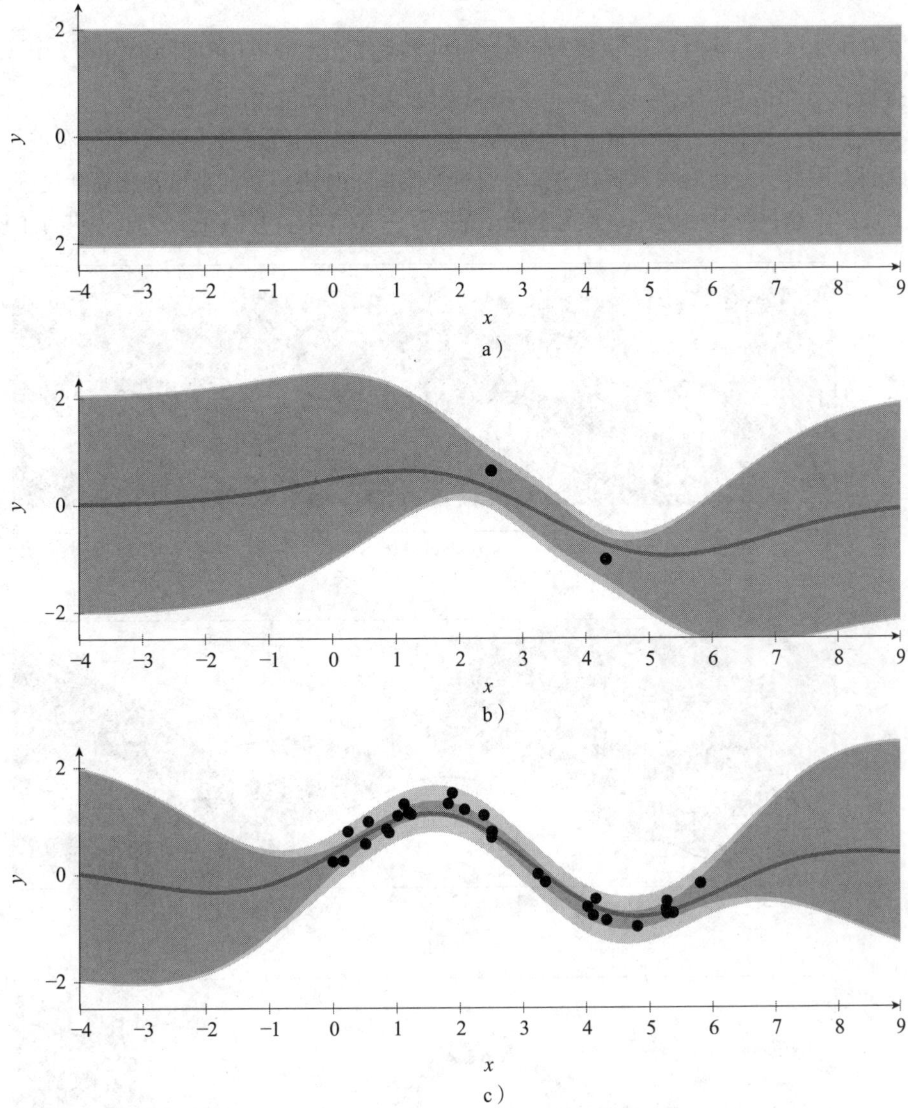

图 9.9　将高斯过程用作一种有监督机器学习方法：我们可以根据 0（图 a）、2（图 b）和 30（图 c）个观测值（黑点），来学习（即计算式（9.23a）和式（9.25））得到 $f(x_\star)$ 和 $y_\star$ 的后验概率估计（图中阴影，深色表示 $p(y_\star|\mathbf{y})$ 的两个标准差，浅色表示 $p(f(x_\star)|\mathbf{y})$ 的两个标准差，实线表示平均值）。我们看到模型是如何适应训练数据的，并特别注意到方差在有观测数据的区域缩小，但在没有观测数据的区域仍然较大

9.3.4　对高斯过程采样

当计算单个输入点$\boldsymbol{x}_\star$的预测$f(\boldsymbol{x}_\star)$时，后验概率估计$p(f(\boldsymbol{x}_\star)|\boldsymbol{y})$获取了高斯过程所具有的关于$f(\boldsymbol{x}_\star)$的所有信息。然而，如果我们不仅对预测$f(\boldsymbol{x}_\star)$感兴趣，而且对预测$f(\boldsymbol{x}_\star+\boldsymbol{\delta})$感兴趣，那么高斯过程所包含的信息比两个后验预测分布$p(f(\boldsymbol{x}_\star)|\boldsymbol{y})$和$p(f(\boldsymbol{x}_\star+\boldsymbol{\delta})|\boldsymbol{y})$单独存在时包含的信息更多。这是因为高斯过程还包含了函数值$f(\boldsymbol{x}_\star)$和$f(\boldsymbol{x}_\star+\boldsymbol{\delta})$之间的相关性，而$p(f(\boldsymbol{x}_\star)|\boldsymbol{y})$和$p(f(\boldsymbol{x}_\star+\boldsymbol{\delta})|\boldsymbol{y})$只是联合概率分布$p(f(\boldsymbol{x}_\star),f(\boldsymbol{x}_\star+\boldsymbol{\delta})|\boldsymbol{y})$的间隔分布，正如图 9.3 中的联合概率分布所包含的信息比图 9.4 中只有间隔分布所包含的信息更多。

如果我们对计算有更多输入值的预测感兴趣，那么对产生的高维后验概率分布进行可视化会相当麻烦。因此，一个有用的替代方法是通过对高斯过程进行采样来可视化高斯过程的后验。从技术上来说，这只是从后验概率预测分布中抽取了一个样本，我们在图 9.10 中进行了说明。

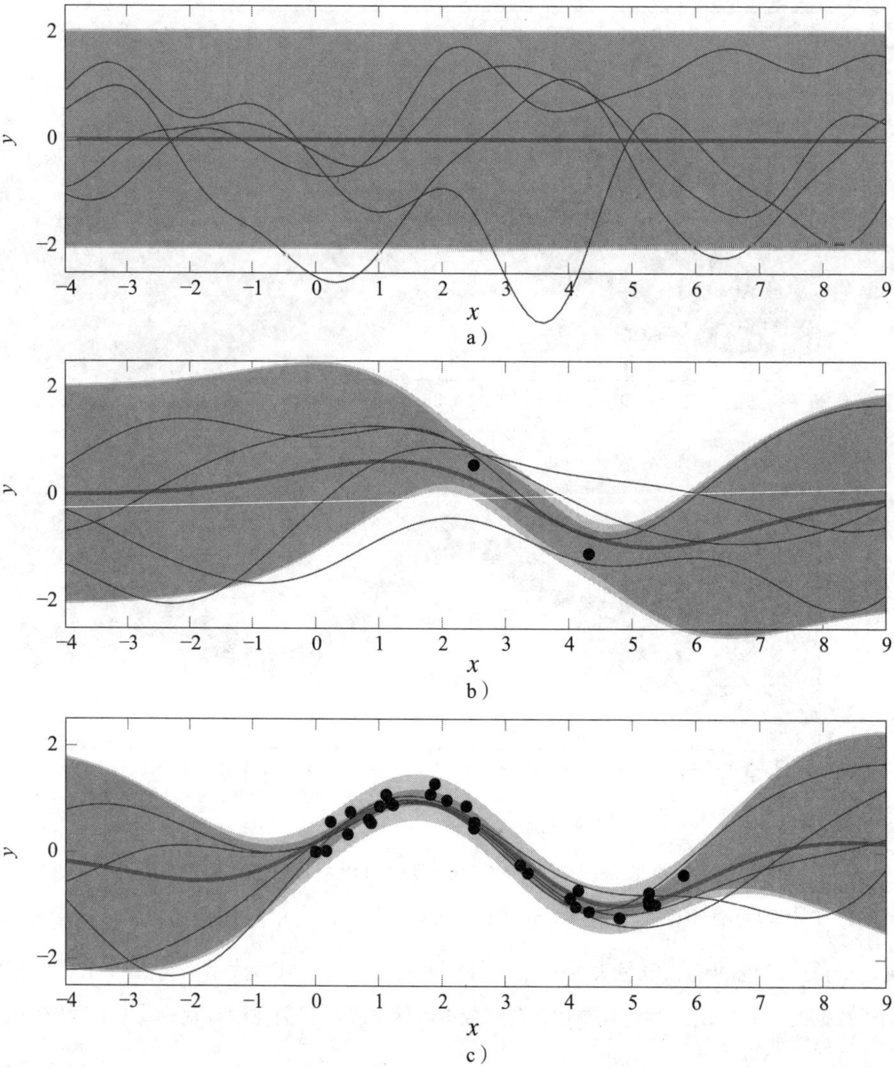

图 9.10　在图 9.9 的基础上添加了对$p(f(x_\star)|\boldsymbol{y})$的采样

9.4 高斯过程的实际应用

当使用高斯过程作为有监督机器学习的方法时，有几个重要的设计选择留给了使用者自行指定。像第 8 章介绍的方法一样，高斯过程是一种核方法，核函数的选择非常重要。大多数核函数也包含一些超参数，这些超参数必须进行选择。这些选择可以通过最大化间隔似然来完成，我们现在将讨论这个问题。

9.4.1 选择核函数

由于高斯过程可以被理解为核岭回归的贝叶斯版本，所以高斯过程也需要一个半正定核。8.4 节中介绍的任何一个半正定核都可以用于高斯过程。

在本书介绍的所有核方法中，高斯过程可能是受到来自核函数具体选择的影响最大的方法，因为高斯后验预测$p(f(\boldsymbol{x}_\star|\boldsymbol{y}))$包含一个平均值和一个方差，两者都受到所选核函数的严重影响。因此，选择好的核函数是很重要的。除了 8.4 节的讨论外，像图 9.11 那样直观地比较不同的核函数也是很有启发性的，至少在处理一维问题时，这种可视化方法是可行的。例如，从图 9.11 可以看出，平方指数核与$\nu=\dfrac{1}{2}$的 Matérn 核分别对应着对$f(\boldsymbol{x})$平滑性的截然不同的假设。

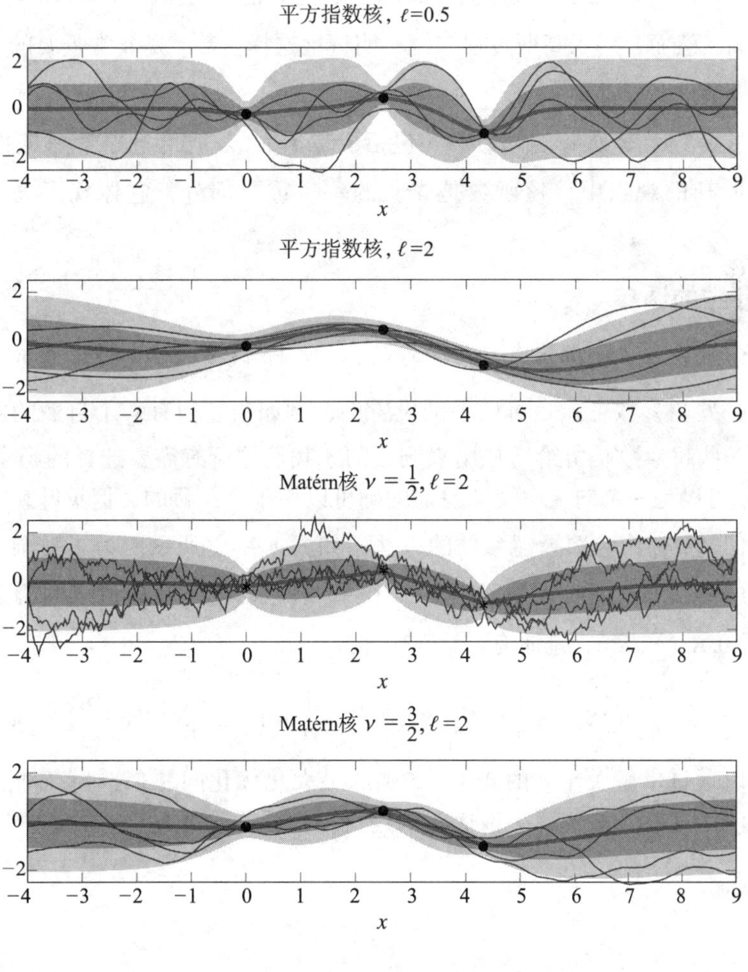

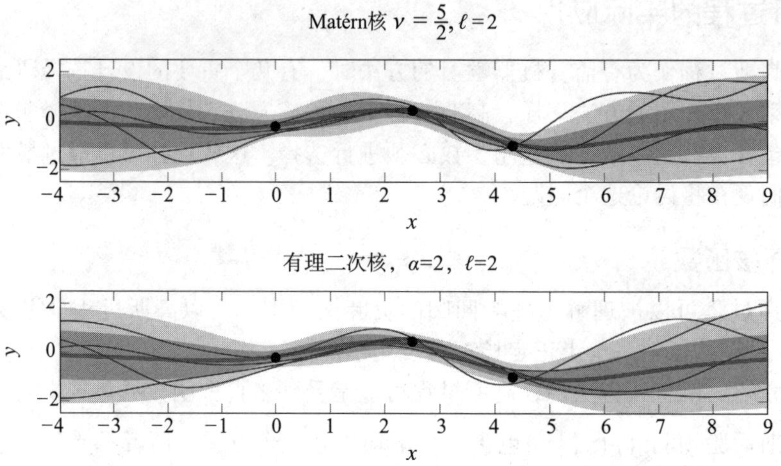

图 9.11　使用不同核和超参数的高斯过程在相同数据上的应用，以说明不同核所做的假设。数据用黑点标记，高斯过程由其平均值（粗线）、方差（深色区域，一个标准差范围内的颜色较深，两个标准差范围内的颜色较浅）和采样样本（细线）表示

一个半正定核$\kappa(\boldsymbol{x},\boldsymbol{x}')$与一个正常数$\varsigma^2$相乘后仍然是一个半正定核，即$\varsigma^2\kappa(\boldsymbol{x},\boldsymbol{x}')$。对于第 8 章中的核方法来说，这种成比例缩放除了通过调整正则化参数λ可以实现之外，实际上没有任何影响。然而，对于高斯过程来说，明智地选择常数ς^2是非常重要的，因为它是影响预测方差的一个重要因素。

最后，核函数及其所有的超参数（包括ς^2和σ^2），是留给机器学习工程师的一个设计选择。在贝叶斯的观点中，核函数是先验的一个重要部分，它体现了关于函数f的关键假设。

9.4.2　超参数的调参

大多数核函数$\kappa(\boldsymbol{x},\boldsymbol{x}')$都包含一些超参数，如$\ell$、$\alpha$以及一些可能的缩放$\varsigma^2$，此外还有噪声方差$\sigma^2$。一些超参数可能是可以手动设置的，例如当它们有一个自然的解释时。但大多数情况下，一些超参数是留给用户用来调参的。我们把所有需要选择的超参数共同称为η，也就是说，η可以是一个向量。交叉验证的确可以用于这一目的，但贝叶斯方法也可以通过最大化间隔似然$p(\boldsymbol{y})$作为选择超参数的方法，如式（9.4）所示。为了强调η是如何出现在间隔似然中的，我们在所有取决于它的项上添加下标η。从高斯过程的构造中，我们得到$p_\eta(\boldsymbol{y})=\mathcal{N}(\boldsymbol{y};0,\tilde{\boldsymbol{K}}_\eta(\boldsymbol{X},\boldsymbol{X}))$，进而有：

$$\ln p_\eta(\boldsymbol{y})=-\frac{1}{2}\boldsymbol{y}^{\mathrm{T}}\tilde{\boldsymbol{K}}_\eta(\boldsymbol{X},\boldsymbol{X})^{-1}\boldsymbol{y}-\frac{1}{2}\ln\det(\tilde{\boldsymbol{K}}_\eta(\boldsymbol{X},\boldsymbol{X}))-\frac{n}{2}\log 2\pi \tag{9.27}$$

换言之，可以通过求解关于η的式（9.27）的最大化优化问题来选择高斯过程核函数的超参数。如果使用这种方法，解决该优化问题可以被看作训练高斯过程的一部分，如图 9.12 所示。

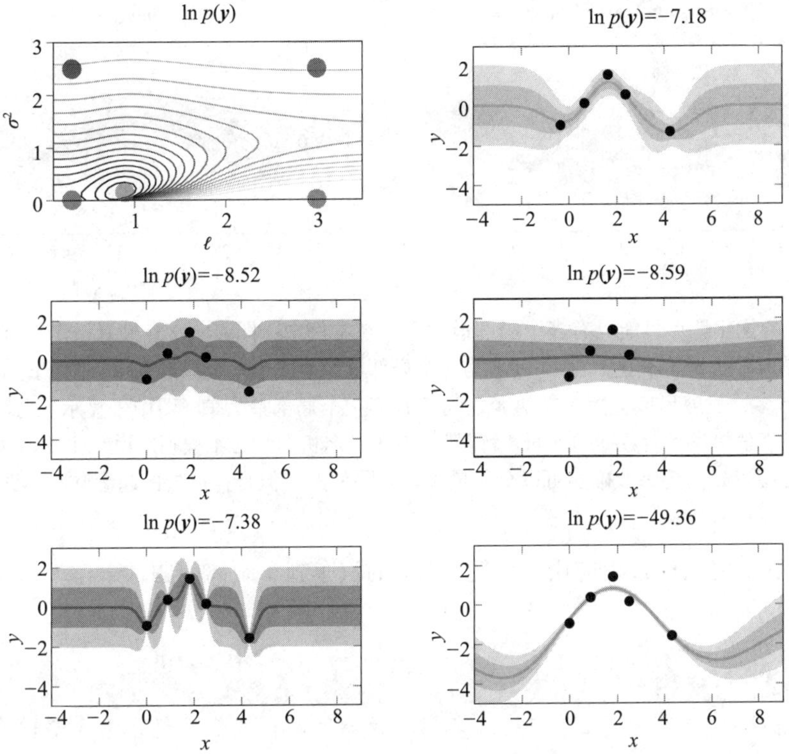

图 9.12 为了选择高斯过程中核函数的超参数$\eta=(\ell,\sigma^2)$，我们可以通过最大化间隔似然$p_\eta(\boldsymbol{y})$得到。对于一个给定的包含五个数据点（图中黑点）的数据集和平方指数核，间隔似然的对数（作为超参数长度尺度ℓ和噪声方差σ^2的函数）的优化地形（即二元函数图像，以高度表示函数值）在左上角以等高线图的形式展示。该图中的每一点都对应可选的一组超参数ℓ , σ^2。对于五个这样的点（灰色、紫色、蓝色、绿色和橙色的点），相应的高斯过程以相同的颜色显示在不同的图片上。请注意，橙色点位于$p_\eta(\boldsymbol{y})$的最大值处。因此，右上角的橙色图对应一个已经通过最大化间隔似然得到的超参数的高斯过程。从图中可以明显地看出，优化$p_\eta(\boldsymbol{y})$并不意味着选择一组使高斯过程尽可能地接近数据的超参数（就像蓝色的那样）

在选择核的超参数η时，必须注意式（9.27）（作为超参数的函数）可能有多个局部最大值，我们在图 9.13 中说明了这一点。因此，对于优化过程，仔细选择一个恰当的初始化是很重要的。局部最大值并不是使用最大间隔似然法所独有的困难，使用交叉验证法选择超参数时也会出现同样的问题。

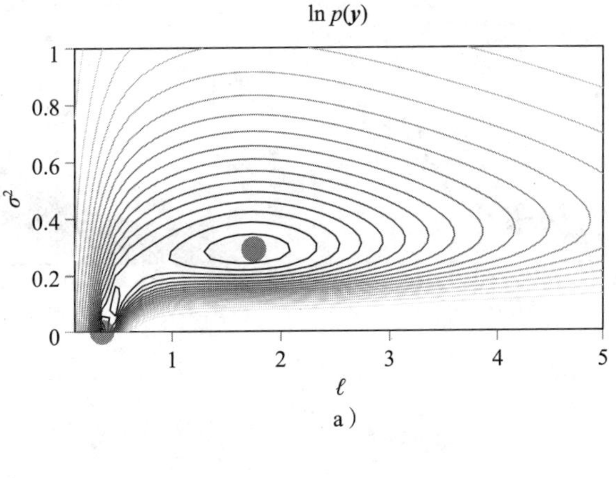

a）

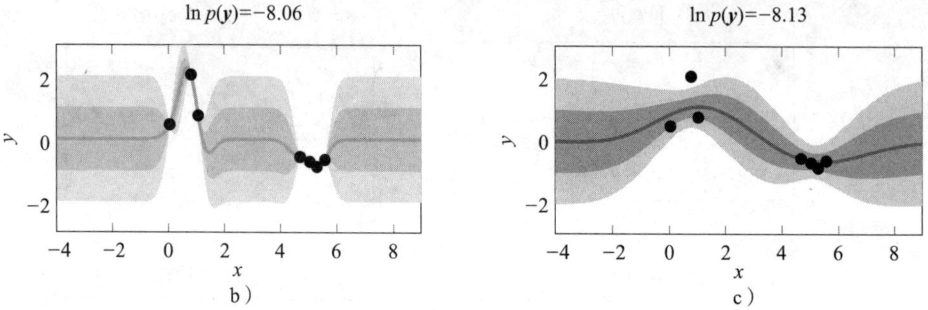

图 9.13 $p(\boldsymbol{y})$ 的优化地形可能具有多个局部最大值。在本例中，图 a 中蓝点处有一个局部最大值，具有相对较大的噪声方差 σ^2 和长度尺度 ℓ。还有另一个局部最大值，也是全局最大值，位于图 a 中绿点处，噪声方差要小得多，长度尺度也短。在两者之间还有第三个局部最大值（图中未显示）。这种情况并不少见，不同的最大值提供了对数据的不同“解释”。对于一名机器学习工程师来说，注意到这种情况的存在是很重要的。绿点处的超参数确实可以全局最优化间隔似然，但是蓝点处的超参数在实践中也可以是有意义的

最后，我们将高斯过程应用于示例 9.3 中的汽车刹车距离问题，来作为这一部分内容的总结。

示例 9.3 汽车刹车距离问题

我们再次思考示例 2.2 中的汽车刹车距离问题。我们已经在第 8 章讨论了其他核方法在该问题上的应用，分别在示例 8.2 和示例 8.3 中讨论了核岭回归和支持向量回归。考虑到在前面的例子中，我们得到了看起来很合理的结果，因此我们再次使用相同的核函数和超参数，即我们令

$$\kappa(x,x') = \exp\left(-\frac{|x-x'|^2}{2\ell^2}\right) + (1+xx')^2 + \sigma^2\mathbb{I}\{x=x'\}$$

其中，$\ell=3$，$\sigma^2=\lambda n$（这里令 $\lambda=0.01$，$n=62$ 为数据点的数量）。然而，我们还可以选择再引入另一个超参数 ς^2，从而令核函数为 $\varsigma^2\tilde{\kappa}(\boldsymbol{x},\boldsymbol{x}')$。在图 9.14a 中，我们用 $\varsigma^2=2^2$ 和 $\varsigma^2=40^2$ 来说明 ς^2 对后验预测的根本性影响。（注意，只有方差受到 ς^2 的影响，平均数不受 ς^2 的影响。这可以通过 ς^2 在式（9.26a）的代数式中被消去了，但在式（9.26b）中却没有得到证实）。

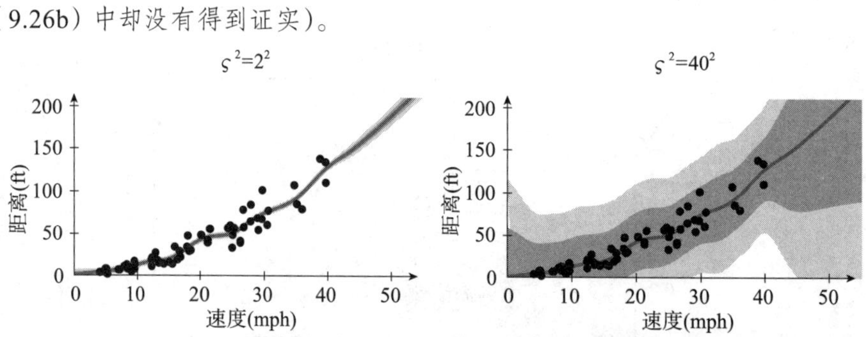

a）

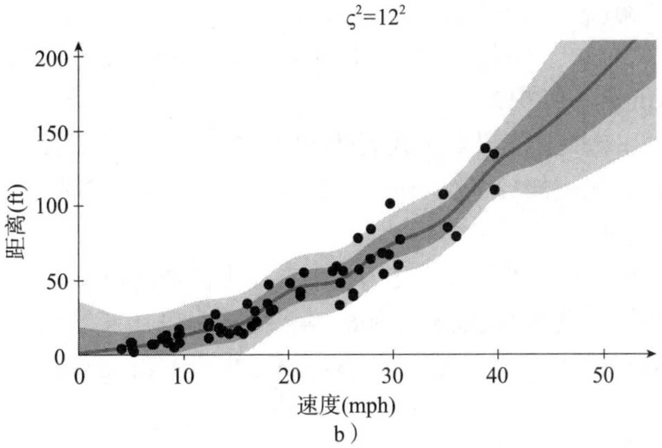

b）

图 9.14

为了选择ς^2，我们对它的间隔似然进行最大化，从而得到了$\varsigma^2=12^2$，如图 9.14b 所示。它在后验预测分布中似乎确实有一个非常合理的方差（或者说所谓的“不确定性”）。

9.5 机器学习中的其他贝叶斯方法

除了对一般贝叶斯方法的介绍之外，本章还介绍了对线性回归（贝叶斯线性回归，见 9.2 节）和核岭回归（高斯过程，9.3 ～ 9.4 节）的贝叶斯处理。然而，贝叶斯方法实际上可以适用于所有以某种方式从训练数据中学习模型的方法。本章之所以选择这些方法，坦率地说，贝叶斯线性回归和高斯过程回归是少数几种容易计算后验及后验概率估计的有监督的贝叶斯机器学习方法。

在大多数情况下，贝叶斯方法在应用于各种模型时，需要用到数值积分以及用数值方法来表示后验分布（后验并不一定是高斯分布或者某种标准的分布）。这些数值方法主要分为两类，分别是变分推断方法和蒙特卡罗方法。变分推断的思想是以某种近似的概率分布来使问题变得不那么难解，而蒙特卡罗方法则使用随机采样的方式表示概率分布。

高斯过程模型是贝叶斯非参数方法中的一个典型例子。这类方法中的另一种方法是狄利克雷过程，它可以用于无监督聚类问题（见第 10 章），而不需要事先指定聚类的数量。

另一个方向是将贝叶斯方法应用于深度学习，通常被称为贝叶斯深度学习。简而言之，贝叶斯深度学习相当于计算后验$p(\boldsymbol{\theta}|\boldsymbol{y})$，而不仅仅是参数值$\hat{\boldsymbol{\theta}}$。为了做到这一点，必须用某种变分推断或蒙特卡罗方法代替随机梯度下降。由于深度学习中经常使用大量参数，因此这会给算力带来很大的挑战。

9.6 拓展阅读

贝叶斯方法在统计学领域中有着悠久的历史。这个名字源于托马斯·贝叶斯和他在 1763 年去世后发表的作品 *An Essay towards solving a Problem in the Doctrine of Chances*'，但皮埃尔 – 西蒙·拉普拉斯在 18 世纪末和 19 世纪初也对这一想法做出了重大贡献。关于贝叶斯方法在统计学中的应用及其历史争议的概述，我们引用了 Efron 和 Hastie（2016，第一部分）。

Ghahramani（2015）发表了一篇关于现代贝叶斯机器学习的相对较短的评论文章，其中有许多进一步拓展阅读的建议。还有几本关于贝叶斯方法在机器学习中的现代应用的教科书，包括 Barber（2012）、Gelman 等人（2014）以及 Rogers 和 Girolami（2017），还有 Bishop（2006）和 Murphy（2012）。

Rasmussen 和 Williams（2006）的教科书对高斯过程进行了深入介绍。Gershman 和 Blei（2012）、Ghahramani（2013）和 Hjort 等人（2010）介绍了其他的一般贝叶斯非参数模型，尤其是狄利克雷过程。

正如前文所述，贝叶斯方法常常需要用到本章中未讨论的更加先进的计算方法。进一步研究变分推断的两个切入点是 Bishop（2006，第 10 章）和 Blei 等人（2017）。对蒙特卡罗方法的介绍见于 Owen（2013）、Robert 和 Casella（2004）以及 Gelman 等人（2014，第三部分）。

贝叶斯神经网络虽然是最近的研究课题，但它的想法在 20 世纪 90 年代就已经提出了（R. M. Neal，1996）。最近的一些贡献包括 Blundell 等人（2015）、Dusenberry 等人（2020）、Fort 等人（2019）、Kendall 和 Gal（2017）以及 R. Zhang 等人（2020）。

9.A　多元高斯分布

本节包含了一些关于多变量高斯分布的结论，这些结论对于贝叶斯线性回归和高斯过程来说是至关重要的。图 9.15 概述了它们之间的关系。

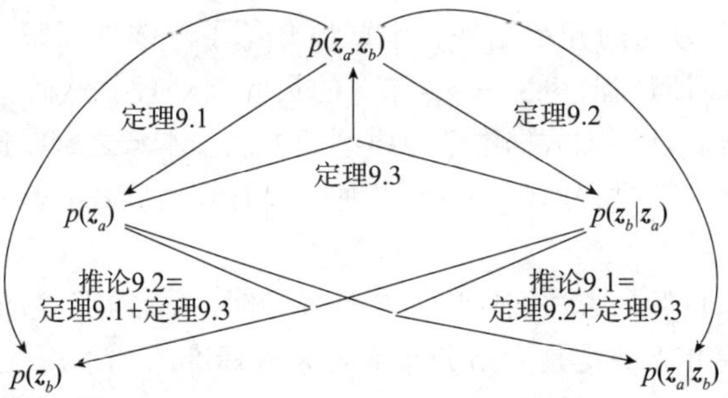

图 9.15　定理 9.1 ～ 9.3 和推论 9.1 ～ 9.2 之间关系的图示。在所有的结论中，z_a和z_b都是相关的多元高斯随机变量

定理 9.1（间隔分布）　对高斯随机向量 $z \sim \mathcal{N}(\boldsymbol{\mu},\boldsymbol{\Sigma})$ 按下式进行划分

$$z=\begin{pmatrix} z_a \\ z_b \end{pmatrix},\quad \boldsymbol{\mu}=\begin{pmatrix} \boldsymbol{\mu}_a \\ \boldsymbol{\mu}_b \end{pmatrix},\quad \boldsymbol{\Sigma}\begin{pmatrix} \boldsymbol{\Sigma}_{aa} & \boldsymbol{\Sigma}_{ab} \\ \boldsymbol{\Sigma}_{ba} & \boldsymbol{\Sigma}_{bb} \end{pmatrix} \tag{9.28}$$

则有z_a的间隔分布$p(z_a)$可由以下公式得出

$$p(z_a)=\mathcal{N}(z_a;\boldsymbol{\mu}_a,\boldsymbol{\Sigma}_{aa}) \tag{9.29}$$

定理 9.2（条件概率分布）　对高斯随机向量 $z \sim \mathcal{N}(\boldsymbol{\mu},\boldsymbol{\Sigma})$ 按下式进行划分，

$$z=\begin{pmatrix} z_a \\ z_b \end{pmatrix},\quad \boldsymbol{\mu}=\begin{pmatrix} \boldsymbol{\mu}_a \\ \boldsymbol{\mu}_b \end{pmatrix},\quad \boldsymbol{\Sigma}=\begin{pmatrix} \boldsymbol{\Sigma}_{aa} & \boldsymbol{\Sigma}_{ab} \\ \boldsymbol{\Sigma}_{ba} & \boldsymbol{\Sigma}_{bb} \end{pmatrix} \tag{9.30}$$

则有条件概率分布$p(z_a|z_b)$可由以下式得出：

$$p(z_a|z_b)=\mathcal{N}(z_a;\boldsymbol{\mu}_{a|b},\boldsymbol{\Sigma}_{a|b}) \tag{9.31a}$$

其中

$$\boldsymbol{\mu}_{a|b}=\boldsymbol{\mu}_a+\boldsymbol{\Sigma}_{ab}\boldsymbol{\Sigma}_{bb}^{-1}(z_b-\boldsymbol{\mu}_b) \tag{9.31b}$$

$$\boldsymbol{\Sigma}_{a|b}=\boldsymbol{\Sigma}_{aa}-\boldsymbol{\Sigma}_{ab}\boldsymbol{\Sigma}_{bb}^{-1}\boldsymbol{\Sigma}_{ba} \tag{9.31c}$$

定理 9.3（仿射变换） 假设z_a以及$z_b|z_a$都是高斯分布，

$$p(z_a)=\mathcal{N}(z_a;\boldsymbol{\mu}_a,\boldsymbol{\Sigma}_a) \tag{9.32a}$$

$$p(z_b|z_a)=\mathcal{N}(z_b;\boldsymbol{A}z_a+\boldsymbol{b},\boldsymbol{\Sigma}_{b|a}) \tag{9.32b}$$

则z_a和z_b的联合概率分布为：

$$p(z_a,z_b)=\mathcal{N}\left(\begin{bmatrix}z_a\\z_b\end{bmatrix};\begin{bmatrix}\boldsymbol{\mu}_a\\\boldsymbol{A}\boldsymbol{\mu}_a+\boldsymbol{b}\end{bmatrix},\boldsymbol{R}\right) \tag{9.33a}$$

其中

$$\boldsymbol{R}=\begin{bmatrix}\boldsymbol{\Sigma}_a & \boldsymbol{\Sigma}_a\boldsymbol{A}^{\mathrm{T}}\\\boldsymbol{A}\boldsymbol{\Sigma}_a & \boldsymbol{\Sigma}_{b|a}+\boldsymbol{A}\boldsymbol{\Sigma}_a\boldsymbol{A}^{\mathrm{T}}\end{bmatrix} \tag{9.33b}$$

推论 9.1（仿射变换 – 条件概率） 假设z_a以及$z_b|z_a$都是高斯分布，

$$p(z_a)=\mathcal{N}(z_a;\boldsymbol{\mu}_a,\boldsymbol{\Sigma}_a) \tag{9.34a}$$

$$p(z_b|z_a)=\mathcal{N}(z_b;\boldsymbol{A}z_a+\boldsymbol{b},\boldsymbol{\Sigma}_{b|a}) \tag{9.34b}$$

则在给定z_b的情况下，z_a的条件分布是：

$$p(z_a|z_b)=\mathcal{N}(z_a;\boldsymbol{\mu}_{a|b},\boldsymbol{\Sigma}_{a|b}) \tag{9.35a}$$

其中

$$\boldsymbol{\mu}_{a|b}=\boldsymbol{\Sigma}_{a|b}\left(\boldsymbol{\Sigma}_a^{-1}\boldsymbol{\mu}_a+\boldsymbol{A}^{\mathrm{T}}\boldsymbol{\Sigma}_{b|a}^{-1}(z_b-\boldsymbol{b})\right) \tag{9.35b}$$

$$\boldsymbol{\Sigma}_{a|b}=(\boldsymbol{\Sigma}_a^{-1}+\boldsymbol{A}^{\mathrm{T}}\boldsymbol{\Sigma}_{b|a}^{-1}\boldsymbol{A})^{-1} \tag{9.35c}$$

推论 9.2（仿射变换 – 间隔分布） 假设z_a以及$z_b|z_a$都是高斯分布，

$$p(z_a)=\mathcal{N}(z_a;\boldsymbol{\mu}_a,\boldsymbol{\Sigma}_a) \tag{9.36a}$$

$$p(z_b|z_a)=\mathcal{N}(z_b;\boldsymbol{A}z_a+\boldsymbol{b},\boldsymbol{\Sigma}_{b|a}) \tag{9.36b}$$

则z_b的间隔分布$p(z_b)$可由以下公式得出：

$$p(z_b)=\mathcal{N}(z_b;\boldsymbol{\mu}_b,\boldsymbol{\Sigma}_b) \tag{9.37a}$$

其中

$$\boldsymbol{\mu}_b=\boldsymbol{A}\boldsymbol{\mu}_a+\boldsymbol{b} \tag{9.37b}$$

$$\boldsymbol{\Sigma}_b=\boldsymbol{\Sigma}_{b|a}+\boldsymbol{A}\boldsymbol{\Sigma}_a\boldsymbol{A}^{\mathrm{T}} \tag{9.37c}$$

第 10 章

Machine Learning: A First Course for Engineers and Scientists

生成模型和无标记学习

到目前为止，在本书中介绍的模型都是所谓的判别模型，也被称为条件模型。这些模型的设计目的是从数据中学习如何对给定的输入有条件地预测输出。因此，它们只根据相应的输出来区分不同的输入。在本章的前半部分，我们将介绍另一种建模范式，即所谓的生成模型。生成模型也是从数据中学习得到的，但它们的范围更广。与只描述给定输入的输出的条件分布的判别模型相比，生成模型描述了输入和输出两者的联合分布。例如，通过访问输入变量的概率模型，也可以从模型中模拟合成数据。然而，更有趣的是，我们可以认为生成模型对数据有“更深层次的理解”。例如，它可以用来推理某个输入变量是否典型，即使在没有相应输出值的情况下，它也可以用来寻找输入变量之间的模式匹配。因此，生成模型是一种自然的方式，使得我们超越有监督学习，我们将在本章的后半部分进行介绍。

具体来说，生成模型的目的是描述分布$p(\boldsymbol{x}, y)$。也就是说，它提供了输入和输出数据如何生成的概率描述。也许我们应该用$p(\boldsymbol{x}, y|\boldsymbol{\theta})$强调生成模型也包含一些从数据中学习的参数，但为了简化符号，我们只用$p(\boldsymbol{x}, y)$。为了使用生成模型来预测给定输入$\boldsymbol{x}$的y的值，条件分布$p(y|\boldsymbol{x})$的表达式必须使用概率论从$p(\boldsymbol{x}, y)$中推导出。我们将通过考虑相当简单但有用的生成式高斯混合模型（GMM）来使这个想法具体化。GMM 可以用于不同的目的。当以有监督的方式使用完全标记的数据训练时，它生成传统上称为线性或二次判别分析的方法。然后，我们将看到 GMM 的生成特性如何自然地开放给半监督学习（标签 y 部分缺失）和无监督学习（没有标签存在，且只有 $\boldsymbol{x}$ 没有 y）。在后一种情况下，GMM 可用于解决所谓的聚类问题，这相当于将相似的 $\boldsymbol{x}$ 值分组到聚类中。

然后，我们将扩展生成模型的概念（见第 6 章），通过描述利用深度神经网络建模$p(\boldsymbol{x})$的深度生成模型，扩展到高斯之外的其他情况。具体来说，我们将讨论这样的两个模型：标准化的数据流和生成式的对抗性网络。这两种类型都能够以一种无监督的方式学习具有复杂依赖关系的高维数据分布，即仅基于观察到的 $\boldsymbol{x}$ 值。

生成模型弥补了有监督和无监督机器学习之间的差距，但并不是所有无监督学习方法都来自生成模型。因此，我们通过介绍（非生成的）无监督的表示学习方法来结束这一章。具体地说，我们引入了非线性自动编码器和它的线性对应的主成分分析（PCA），这两者对学习高维数据的低维表示都很有用。

10.1 高斯混合模型和判别分析

现在我们将介绍一个生成模型（即 GMM），从中我们将推导出几种用于不同目的的方法。我们假设 $\boldsymbol{x}$ 是数值型变量，y 是分类型变量，也就是说，我们考虑类似于分类的情况。GMM 试图对$p(\boldsymbol{x}, y)$进行建模，即输入 $\boldsymbol{x}$ 和输出 y 之间的联合分布。与前几章中遇到的判别

分类器相比，这是一个更雄心勃勃的目标，判别分类器只尝试对条件分布$p(y|\boldsymbol{x})$进行建模，因为$p(y|\boldsymbol{x})$可以从$p(\boldsymbol{x},y)$推导出，反之亦然。

10.1.1　高斯混合模型

GMM 利用了因式分解

$$p(\boldsymbol{x},y)=p(\boldsymbol{x}|y)p(y) \tag{10.1a}$$

的联合概率密度函数。第二个参数是 y 的间隔分布。因为 y 是可分类的，因此属于集合 $\{1,\cdots,M\}$，这是由一个具有 M 个参数 $\{\pi_m\}_{m=1}^{M}$ 的分类分布给出的：

$$\begin{gathered}p(y=1)=\pi_1\\ \vdots\\ p(y=M)=\pi_M\end{gathered} \tag{10.1b}$$

式（10.1a）中的第一个因子是某个给定类 y 的输入 $\boldsymbol{x}$ 的类条件分布。在分类设置中，我们可以很自然地认为这些分布对于不同的类 y 是不同的。实际上，如果有可能根据 $\boldsymbol{x}$ 中包含的信息来预测类 y，那么 $\boldsymbol{x}$ 的特征（即分布）就应该依赖于 y。然而，为了完成这个模型，我们需要对这些类条件分布做出额外的假设。GMM 的基本假设是每个$p(\boldsymbol{x}|y)$都是一个具有与类相关的平均向量$\boldsymbol{\mu}_y$和协方差矩阵$\boldsymbol{\Sigma}_y$的高斯分布：

$$p(\boldsymbol{x}|y)=\mathcal{N}(\boldsymbol{x}|\boldsymbol{\mu}_y,\boldsymbol{\Sigma}_y) \tag{10.1c}$$

换句话说，模型（10.1）从 y 上的分类分布开始，对于 y 的每个可能值，它假设 $\boldsymbol{x}$ 为高斯分布。考虑到间隔分布$p(\boldsymbol{x})$，正如我们在图 10.1 中所做的，该模型对应高斯混合（每个 y 值的一个分量），因此得名。总之，式（10.1）是一个如何生成数据$(\boldsymbol{x},y)$的生成模型。和往常一样，该模型建立在一些简化的假设之上，而 GMM 最核心的是式（10.1c）中 $\boldsymbol{x}$ 上的类条件分布的高斯假设。

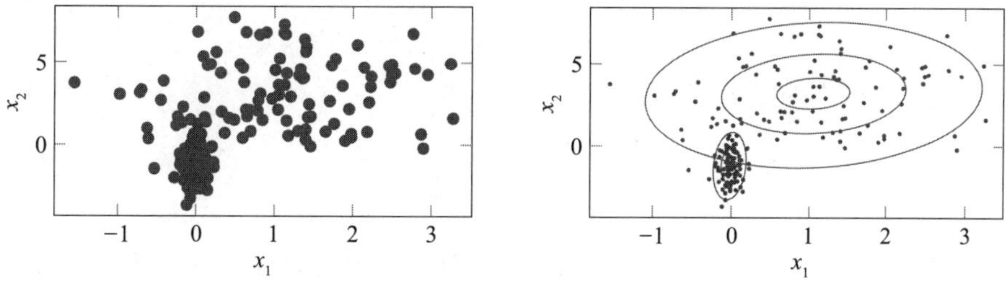

图 10.1　GMM 是一个生成模型，我们认为输入变量 $\boldsymbol{x}$ 是随机的，并假设它们具有一定的分布。GMM 假设$p(\boldsymbol{x}|y)$对每个 y 都有一个高斯分布。在图中，$\boldsymbol{x}$ 是二维的，有两个类 y（红色和蓝色）。左边的面板显示了一些具有这种性质的数据。右边的面板显示了对于 y 的每个值，从使用式（10.3）的数据中学习到的高斯$p(\boldsymbol{x}|y)$的等高线

在有监督的情形下，GMM 将引导我们找到容易学习的分类器（不需要数值优化），即使数据不完全服从高斯假设（10.1c），这在实践中也是有用的。这些分类器（由于历史原因）

分别被称为线性分析和二次判别分析（LDA[㊀] 和 QDA）。然而，GMM 也可以用于无监督的设置下的聚类，以及在半监督的设置下从部分标记的数据（输出标签 y 缺少一些训练数据点）中学习。

10.1.2 高斯混合模型的有监督学习

像任何机器学习模型一样，GMM（10.1）也是从训练数据中学习出来的。需要学习的未知参数为$\boldsymbol{\theta}=\{\boldsymbol{\mu}_m,\boldsymbol{\Sigma}_m,\pi_m\}_{m=1}^M$。我们从有监督的情况开始，这意味着训练数据包含输入 $\boldsymbol{x}$ 和相应的输出（标签）y，即$\mathcal{T}=\{\boldsymbol{x}_i,y_i\}_{i=1}^n$（迄今为止，本书中所有方法都是如此）。

在数学上，我们通过最大化训练数据[㊁] 的对数似然来学习 GMM：

$$\hat{\boldsymbol{\theta}}=\arg\max_{\boldsymbol{\theta}}\ln p(\underbrace{\{\boldsymbol{x}_i,y_i\}_{i=1}^n}_{\mathcal{T}}|\boldsymbol{\theta}) \tag{10.2a}$$

请注意，由于模型的生成性质，这是基于输入和输出的联合可能性。从模型定义（10.1）可以得出，对数似然是由下式得到的：

$$\begin{aligned}\ln p(\{\boldsymbol{x}_i,y_i\}_{i=1}^n|\boldsymbol{\theta})&=\sum_{i=1}\{\ln p(\boldsymbol{x}_i|y_i,\boldsymbol{\theta})+\ln p(y_i|\boldsymbol{\theta})\}\\&=\sum_{i=1}^n\sum_{m=1}^M\mathbb{I}\{y_i=m\}\{\ln\mathcal{N}(\boldsymbol{x}_i|\boldsymbol{\mu}_m,\boldsymbol{\Sigma}_m)+\ln\pi_m\}\end{aligned} \tag{10.2b}$$

其中，指示函数$\mathbb{I}\{y_i=m\}$有效地将对数似然分离为 M 个独立的和，每个类对应一个，这取决于训练数据点的类标签。

优化问题（10.2）被证明有一个封闭形式的解决方案。从间隔类概率$\{\pi_m\}_{m=1}^M$开始，我们得到

$$\hat{\pi}_m=\frac{n_m}{n} \tag{10.3a}$$

其中，n_m为第 m 类中训练数据点的个数。因此$\sum_m n_m=n$，且满足$\sum_m\hat{\pi}_m=1$。这只是简单地说明，在没有任何附加信息的情况下，某一类$y=m$的概率被估计为该类在训练数据中的比例。

此外，各类的平均向量$\boldsymbol{\mu}_m$被估计为

$$\hat{\boldsymbol{\mu}}_m=\frac{1}{n_m}\sum_{i:y_i=m}\boldsymbol{x}_i \tag{10.3b}$$

在 m 类的所有训练数据点之间的经验平均值。同样，每个类的协方差矩阵$\boldsymbol{\Sigma}_m$，$(m=1,\cdots,M)$，估计为[㊂]：

㊀ 注意，不要与潜在狄利克雷分布混淆，该方法也缩写为 LDA，但却是一种完全不同的方法。

㊁ 或者，我们也可以通过遵循贝叶斯方法来学习 GMM，但我们在这里不再进一步研究它。进一步阅读的建议参照 10.5 节。

㊂ 一种常见的选择是用 n_m-1 而不是 n_m 来标准化估计，从而得到协方差矩阵的无偏估计，但实际上这不是最大似然解。这两种选择在数学上并不是相等的，但为了机器学习的目的，实际的差异往往很小。

$$\hat{\boldsymbol{\Sigma}}_m = \frac{1}{n_m}\sum_{i:y_i=m}(\boldsymbol{x}_i - \hat{\boldsymbol{\mu}}_m)(\boldsymbol{x}_i - \hat{\boldsymbol{\mu}}_m)^{\mathrm{T}} \tag{10.3c}$$

表达式（10.3b）和式（10.3c）学习每个类的 $\boldsymbol{x}$ 的高斯分布，从而使均值和协方差与数据相拟合，即所谓的时矩匹配。注意，我们可以计算参数$\hat{\boldsymbol{\theta}}$，无论数据是否真的来自高斯分布。

10.1.3　预测新输入的输出标签：判别分析

到目前为止，我们已经描述了生成的 GMM $p(\boldsymbol{x}, y)$（其中 $\boldsymbol{x}$ 是数值型的，y 是分类型的），以及如何从训练数据中学习$p(\boldsymbol{x}, y)$中的未知参数。现在，我们将看到如何将其用作有监督机器学习的分类器。

使用生成模型$p(\boldsymbol{x}, y)$来进行预测的关键是认识到预测一个已知值 $\boldsymbol{x}$ 的输出 y 相当于计算条件分布$p(y|\boldsymbol{x})$。从概率论来看，我们有：

$$p(y|\boldsymbol{x}) = \frac{p(\boldsymbol{x}, y)}{p(\boldsymbol{x})} = \frac{p(\boldsymbol{x}, y)}{\sum_{j=1}^{M} p(\boldsymbol{x}, y=j)} \tag{10.4}$$

左边的$p(y|\boldsymbol{x})$是预测分布，而右边的所有表达式都是由生成的 GMM 式（10.1）定义的。因此，我们可以得到分类器：

$$p(y=m|\boldsymbol{x}_\star) = \frac{\hat{\pi}_m \mathcal{N}(\boldsymbol{x}_\star|\hat{\boldsymbol{\mu}}_m, \hat{\boldsymbol{\Sigma}}_m)}{\sum_{j=1}^{M} \hat{\pi}_j \mathcal{N}(\boldsymbol{x}_\star|\hat{\boldsymbol{\mu}}_j, \hat{\boldsymbol{\Sigma}}_j)} \tag{10.5}$$

像往常一样，我们可以通过选择最有可能被预测的类来得到对$\hat{y}_\star$较为准确的预测：

$$\hat{y}_\star = \arg\max_m p(y=m|\boldsymbol{x}_\star) \tag{10.6}$$

并计算相应的决策边界。取对数（不会改变最大参数），并注意到只有式（10.5）中的分子依赖 m，我们可以等价地把它写为：

$$\hat{y}_\star = \arg\max_m \{\ln \hat{\pi}_m + \ln \mathcal{N}(\boldsymbol{x}_\star|\hat{\boldsymbol{\mu}}_m, \hat{\boldsymbol{\Sigma}}_m)\} \tag{10.7}$$

由于高斯概率密度函数的对数是 $\boldsymbol{x}$ 中的二次函数，因此该分类器的决策边界也是二次的，因此该方法被称为二次判别分析（QDA）。我们通过方法 10.1 和图 10.3 对此进行了总结，在图 10.2 中，我们展示了当将图 10.1 中的 GMM 转换为 QDA 分类器时的决策边界。

方法 10.1　二次判别分析（QDA）

学习高斯混合模型

数据：训练数据$\mathcal{T} = \{\boldsymbol{x}_i, y_i\}_{i=1}^{n}$

结果：高斯混合模型

1．**for** m=1，$\cdots M$ **do**

2．　计算式（10.3a）中的$\hat{\boldsymbol{\pi}}_m$、式（10.3b）中的$\hat{\boldsymbol{\mu}}_m$和式（10.3c）中的$\hat{\boldsymbol{\Sigma}}_m$

3．**end**

用高斯混合模型进行**预测**

数据： 高斯混合模型和测试输入$\boldsymbol{x}_\star$

结果： 预测结果$\hat{y}_\star$

1. **for** m=1，⋯，M **do**
2. | 计算$\delta_m \overset{\text{def}}{=} \ln \hat{\pi}_m + \ln \mathcal{N}(\boldsymbol{x}_\star | \hat{\boldsymbol{\mu}}_m, \hat{\boldsymbol{\Sigma}}_m)$
3. **end**
4. 令 $\hat{y}_\star = \arg\max_m \delta_m$

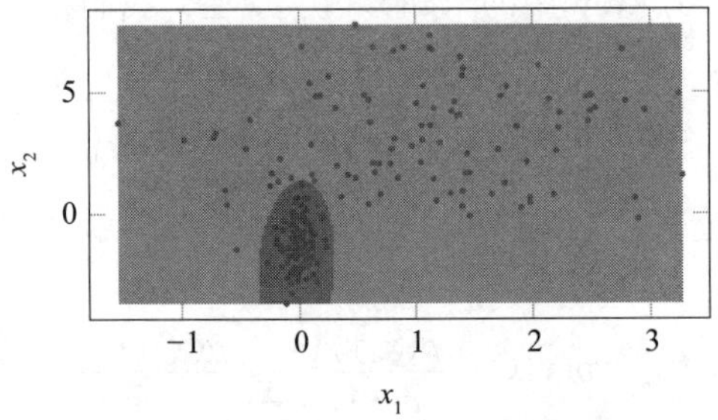

图 10.2　QDA 分类器的决策边界（由式（10.5）和式（10.7）获得）对应图 10.1 右式中学习得到的 GMM

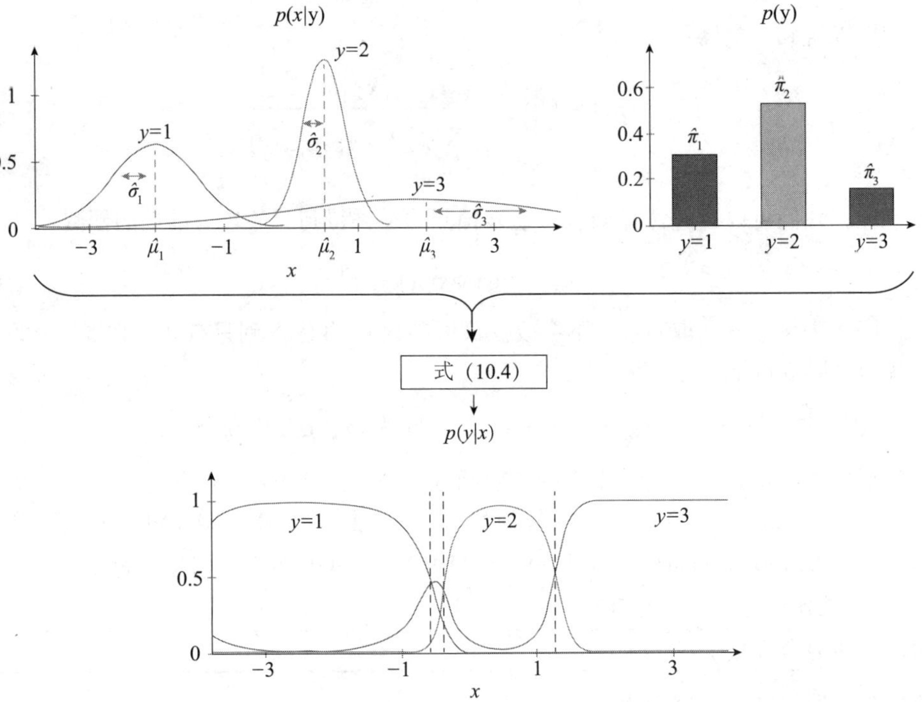

图 10.3　$M=3$类的 QDA 示意图，输入x的维度为$p=1$。在顶部，显示了生成式的 GMM。左边是$p(x|y=m)$的高斯模型，由$\hat{\boldsymbol{\mu}}_m$和$\hat{\sigma}_m^2$参数化（由于$p=1$，我们只有一个标量方差$\hat{\sigma}_m^2$，而不是一个协方差矩阵$\boldsymbol{\Sigma}_m$）。在右边显示了$p(y)$的模型，由$\hat{\pi}_m$参数化。所有的参数都是从训练数据中学习到的，图中没有显示。通过计算条件分布（10.4），生成模型被“扭曲”为$p(y=m|x)$，如底部图所示。决策边界在底部的图中以垂直的虚线表示（假设我们根据最可能的类对x进行分类）

QDA 方法可以由 GMM 很自然地推出。然而，如果我们对模型做出一个额外的简化假设，我们就会得到一个更知名且更常用的分类器，也就是线性判别分析（LDA），附加的假设是所有类的协方差矩阵相等，即在式（10.1c）中，$\boldsymbol{\Sigma}_1=\boldsymbol{\Sigma}_2=\cdots=\boldsymbol{\Sigma}_M=\boldsymbol{\Sigma}$有了这个限制，我们就只需要学习一个协方差矩阵，并且式（10.3c）被替换为[⊖]：

$$\hat{\boldsymbol{\Sigma}}=\frac{1}{n}\sum_{m=1}^{M}\sum_{i:y_i=m}(\boldsymbol{x}_i-\hat{\boldsymbol{\mu}}_m)(\boldsymbol{x}_i-\hat{\boldsymbol{\mu}}_m)^{\mathrm{T}} \tag{10.8}$$

由于在式（10.5）中使用这个假设，可以在计算式（10.7）中的类预测时方便地抵消所有二次项，因此 LDA 分类器将具有线性决策边界。因此，LDA 是一个线性分类器，就像逻辑回归一样，这两种方法的性能通常都很相似。然而，它们并不是等价的，因为这些参数是以不同的方式被学习的。这通常会导致它们在各自的决策边界上存在微小差异。注意，LDA 是通过在方法 10.1 中用式（10.8）替换式（10.3c）而获得的。我们比较了图 10.4 中的 LDA 和 QDA，并将它们都应用于示例 2.1 中的音乐分类问题。

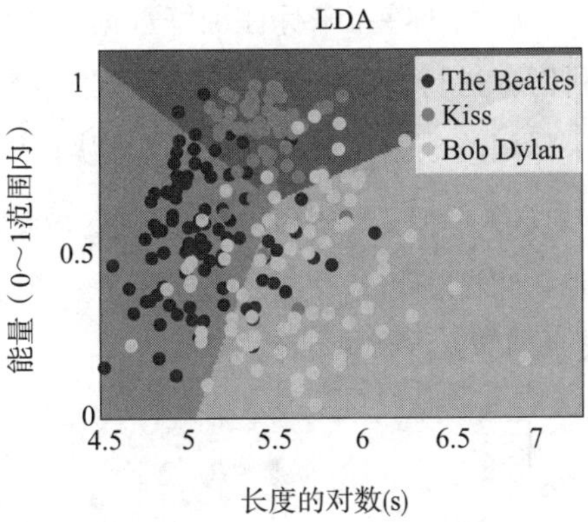

a）一个LDA分类器的音乐分类问题的决策边界

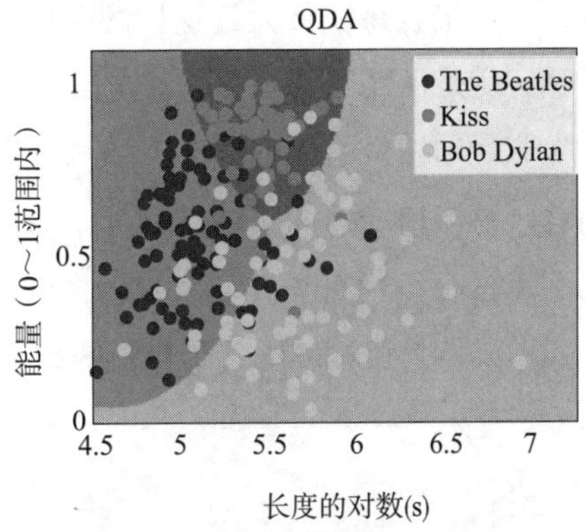

b）一个QDA分类器的音乐分类问题的决策边界

图 10.4 我们将 LDA 和 QDA 分类器应用于示例 2.1 中的音乐分类问题，并绘制出所得到的决策边界。注意，LDA 分类器给出了线性决策边界，而 QDA 分类器具有二次形状的决策边界

思考时间 10.1 在 GMM 中，假设$p(\boldsymbol{x}\mid y)$是高斯分布。当对分类问题应用现成的 LDA 或 QDA 时，是否存在任何检查确保高斯假设实际上成立？如果存在，是什么？如果不存在，这会成为问题吗？

我们现在已经从生成模型中导出了一个分类器 QDA。在实践中，QDA 分类器可以像任何判别分类器一样被使用。可以认为，生成模型比判别模型包含更多的假设，如果这些假设被满足，我们可以认为 QDA 比判别模型更有数据效率（需要更少的数据点来达到一定的性能）。然而，在大多数实际情况下，这不会有很大的区别。然而，当我们接下来研究半监督学习问题时，使用生成模型和判别模型之间的区别就会变得更加明显。

10.1.4 高斯混合模型的半监督学习

到目前为止，我们已经讨论了如何在有监督的设置中学习 GMM，即从同时包含输入

⊖ 类似于有关式（10.3c）的评论，这个和也可以用 $n-M$ 来标准化，而不是 n。

值和相应输出值（即类别标签）的训练数据中学习 GMM。现在我们将讨论所谓的半监督问题，其中训练数据中缺少一些输出值y_i。缺少对应的y_i的输入值$\boldsymbol{x}_i$被称为未标记的数据点。和前面一样，我们使用 n 表示训练数据点的总数，其中只有n_l个已标记的输入输出对$\{\boldsymbol{x}_i, y_i\}_{i=1}^{n_l}$和其余$n_u$个未标记数据点$\{\boldsymbol{x}_i\}_{i=n_l+1}^{n}$，其中$n = n_l + n_u$。总而言之，我们训练的数据为$\mathcal{T} = \{\{\boldsymbol{x}_i, y_i\}_{i=1}^{n_l}, \{\boldsymbol{x}_i\}_{i=n_l+1}^{n}\}$。出于符号的目的，我们不失一般性地对数据点进行排序，以便第一个n_l被标记，其余的n_u不被标记。

半监督学习具有较高的实际意义。事实上，在许多应用程序中，很容易得到大量未标记的数据，但对这些数据进行注释（即为训练数据点分配标签y_i）可能是一个非常昂贵和耗时的过程。尤其是由领域专家手动完成标记的情况下。例如，考虑学习一个模型，将皮肤病变的图像分类为良性或恶性，以用于医学诊断支持系统。然后，训练输入$\boldsymbol{x}_i$将定义为皮肤损伤的图像，并且很容易获得大量这样的图像。然而，为了用标签y_i来标注训练数据，我们需要确定每个病变是良性还是恶性的，这需要由皮肤科医生进行（可能是昂贵的）医学检查。

对半监督问题最简单的解决方案是丢弃n_u个未标记的数据点，从而将这个问题变成一个标准的有监督机器学习问题。这是一个实用的解决方案，但如果标记的数据点的数量n_l只是总数的一小部分，这可能会非常浪费。我们用图 10.5 来说明这一点，它描述了一个半监督问题，其中我们只通过使用几个标记的数据点n_l来学习了一个（差的）GMM。

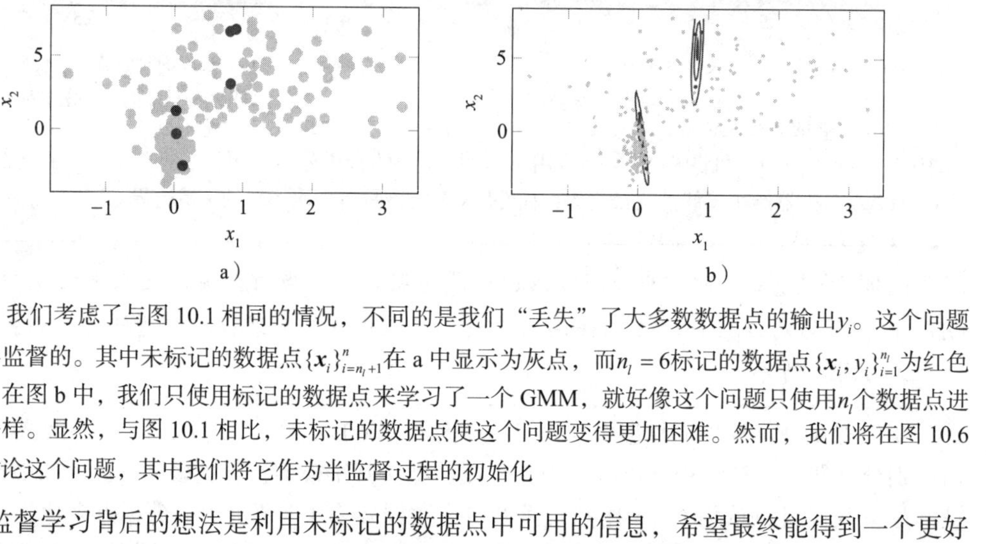

图 10.5　我们考虑了与图 10.1 相同的情况，不同的是我们“丢失”了大多数数据点的输出y_i。这个问题现在是半监督的。其中未标记的数据点$\{\boldsymbol{x}_i\}_{i=n_l+1}^{n}$在 a 中显示为灰点，而$n_l = 6$标记的数据点$\{\boldsymbol{x}_i, y_i\}_{i=1}^{n_l}$为红色或蓝色。在图 b 中，我们只使用标记的数据点来学习了一个 GMM，就好像这个问题只使用n_l个数据点进行监督一样。显然，与图 10.1 相比，未标记的数据点使这个问题变得更加困难。然而，我们将在图 10.6 中继续讨论这个问题，其中我们将它作为半监督过程的初始化

半监督学习背后的想法是利用未标记的数据点中可用的信息，希望最终能得到一个更好的模型。半监督问题有不同的处理方法，但一个较为通用的方法是使用生成模型。请记住，生成模型是联合分布$p(\boldsymbol{x}, y)$的模型，它可以因式分解为$p(\boldsymbol{x}, y) = p(\boldsymbol{x})p(y|\boldsymbol{x})$。由于输入$p(\boldsymbol{x})$的间隔分布是模型的一部分，因此在$\{\boldsymbol{x}_i\}_{i=n_l+1}^{n}$中未标记的数据点在学习模型时似乎也很有用。直观地说，未标记的输入可以用来查找具有相似属性的输入值的簇（或组），然后可以假定它们属于同一个类。再次观察图 10.5，通过考虑未标记的数据点（灰点），我们可以合理地

假设这两个明显的点簇对应于这两个类（分别是红色和蓝色）。正如我们将在下面看到的，通过利用这些信息，我们可以获得更好的类条件分布$p(\boldsymbol{x}|y)$的更好估计，从而获得更好的分类器。

现在我们将讨论如何在这个半监督的设置中学习 GMM 的技术细节。与上文类似，我们采用最大似然方法，这意味着我们寻找合适的模型参数，使观测数据的可能性最大化。然而，与有监督的情况相反，观察到的数据现在同时包含有标记和未标记的实例。也就是说，我们需要求解下式：

$$\hat{\boldsymbol{\theta}} = \arg\max_{\boldsymbol{\theta}} \ln p(\underbrace{\{\{\boldsymbol{x}_i, y_i\}_{i=1}^{n_l}, \{\boldsymbol{x}_i\}_{i=n_l+1}^{n_l}\}}_{\mathcal{T}}|\boldsymbol{\theta}) \tag{10.9}$$

不幸的是，这个问题没有 GMM 的闭式解。我们将在 10.2 节中更详细地讨论产生这种困难的原因，并在完全无监督的设置中重新讨论同样的问题。然而，直观地说，我们可以得到结论，不可能像式（10.3）中那样计算模型参数，因为我们不知道未标记的数据点属于哪些类。因此，当计算平均向量时（如式（10.3b）中第 m 类）我们不知道在总和中应该包含哪些数据点。

然而，解决这个问题的一种可能的方法是首先学习一个初始的 GMM，然后用它来预测缺失的值$\{y_i\}_{i=1}^{n_u}$，然后用这些预测来更新模型。迭代地执行此操作，将得到以下算法：

1. 从 n_l 个标记的输入输出对$\{\boldsymbol{x}_i, y_i\}_{i=1}^{n_l}$中学习 GMM。
2. 使用 GMM 预测（作为 QDA 分类器）在$\{\boldsymbol{x}_i\}_{i=n_l+1}^{n}$中缺失的输出。
3. 更新 GMM，包括步骤 2 的预测输出。

然后重复步骤 2 和步骤 3，直到结果收敛。

起初，这可能看起来像是一个 ad hoc 过程，而且非常不明显的是，它不会收敛到任何合理的结果。然而，事实证明，它是一个广泛使用的统计工具的实例，也就是期望最大化（EM）算法。我们将在 10.2 节中更详细地讨论 EM 算法的有效性。现在，我们只是简单地注意到，当该算法应用于最大似然问题（10.9）时，只要我们注意一些重要的细节，确实可以归结为上面概述的过程：从步骤 2 中，我们应该返回预测的类概率$p(y=m|\boldsymbol{x},\hat{\boldsymbol{\theta}})$（而不是通过$\hat{y}(\boldsymbol{x}_\star)$进行的类预测），并使用当前的参数估计值$\hat{\boldsymbol{\theta}}$进行计算，在步骤 3 中，我们通过引入下式来利用预测的类概率：

$$w_i(m)\begin{cases} p(y=m|\boldsymbol{x}_i,\hat{\boldsymbol{\theta}}) & \text{如果}y_i\text{缺失} \\ 1 & \text{如果}y_i=m \\ 0 & \text{否则} \end{cases} \tag{10.10a}$$

并更新相应的参数如下：

$$\hat{\pi}_m = \frac{1}{n}\sum_{i=1}^{n} w_i(m) \tag{10.10b}$$

$$\hat{\mu}_m = \frac{1}{\sum_{i=1}^{n} w_i(m)} \sum_{i=1}^{n} w_i(m) \boldsymbol{x}_i \tag{10.10c}$$

$$\hat{\boldsymbol{\Sigma}}_m = \frac{1}{\sum_{i=1}^{n} w_i(m)} \sum_{i=1}^{n} w_i(m)(\boldsymbol{x}_i - \hat{\boldsymbol{\mu}}_m)(\boldsymbol{x}_i - \hat{\boldsymbol{\mu}}_m)^{\mathrm{T}} \tag{10.10d}$$

注意，我们在步骤 2 中使用当前参数估计$\hat{\boldsymbol{\theta}}$，然后在步骤 3 中更新，因此当我们回到下一次迭代的步骤 2 时，将使用一个新的值$\hat{\boldsymbol{\theta}}$计算类概率。

当根据式（10.10）计算类 m 的参数时，未标记的数据点按比例贡献了它们属于该类的当前概率估计。请注意，这是对有监督的情况的一种一般化，因为式（10.3）是没有标签y_i缺失时式（10.10）的一种特殊情况。通过这些修改，可以表明（见 10.2 节），即使在半监督的设置下，上面讨论的过程也会收敛于一个式（10.9）中的平稳点。我们将此过程总结为方法 10.2，并通过将其应用于图 10.5 中介绍的半监督数据，在图 10.6 中进行了说明。

方法 10.2　对 GMM 的半监督学习

学习 GMM

数据： 部分标记的训练数据$\mathcal{T} = \{\{\boldsymbol{x}_i, y_i\}_{i=1}^{n_l}, \{\boldsymbol{x}_i\}_{i=n_l+1}^{n}\}$（输出类 m=1，…，M）

结果： 高斯混合模型

1. 根据式（10.3）计算$\boldsymbol{\theta} = \{\hat{\pi}_m, \hat{\boldsymbol{\mu}}_m, \hat{\boldsymbol{\Sigma}}_m\}_{m=1}^{M}$，仅使用标记数据$\{\boldsymbol{x}_i, y_i\}_{i=1}^{n_l}$
2. **repeat**
3. 　对于$\{\boldsymbol{x}_i\}_{i=n_l+1}^{n}$中的每个 $\boldsymbol{x}_i$，使用当前参数估计值$\hat{\boldsymbol{\theta}}$ 根据（10.5）计算预测$p(y|\boldsymbol{x}_i, \hat{\boldsymbol{\theta}})$
4. 　根据（10.10）更新参数估计值$\hat{\boldsymbol{\theta}} \leftarrow \{\hat{\pi}_m, \hat{\boldsymbol{\mu}}_m, \hat{\boldsymbol{\Sigma}}_m\}_{m=1}^{M}$
5. **until** 收敛

预测为 QDA，方法 10.1

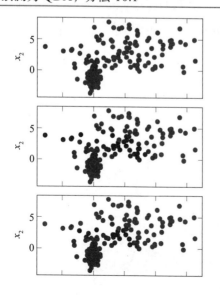

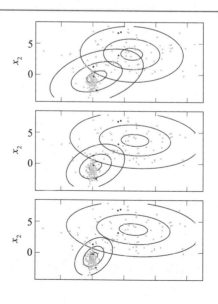

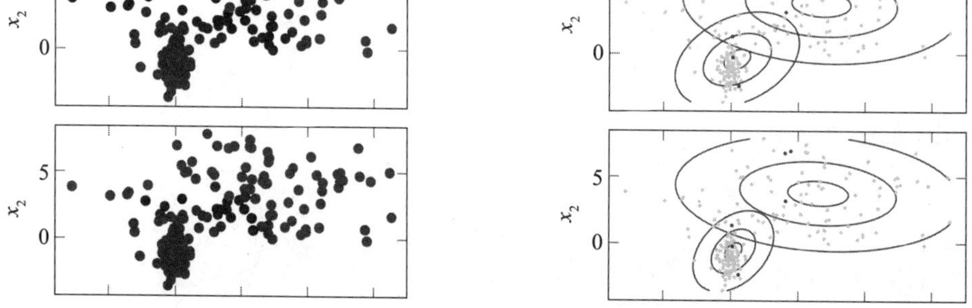

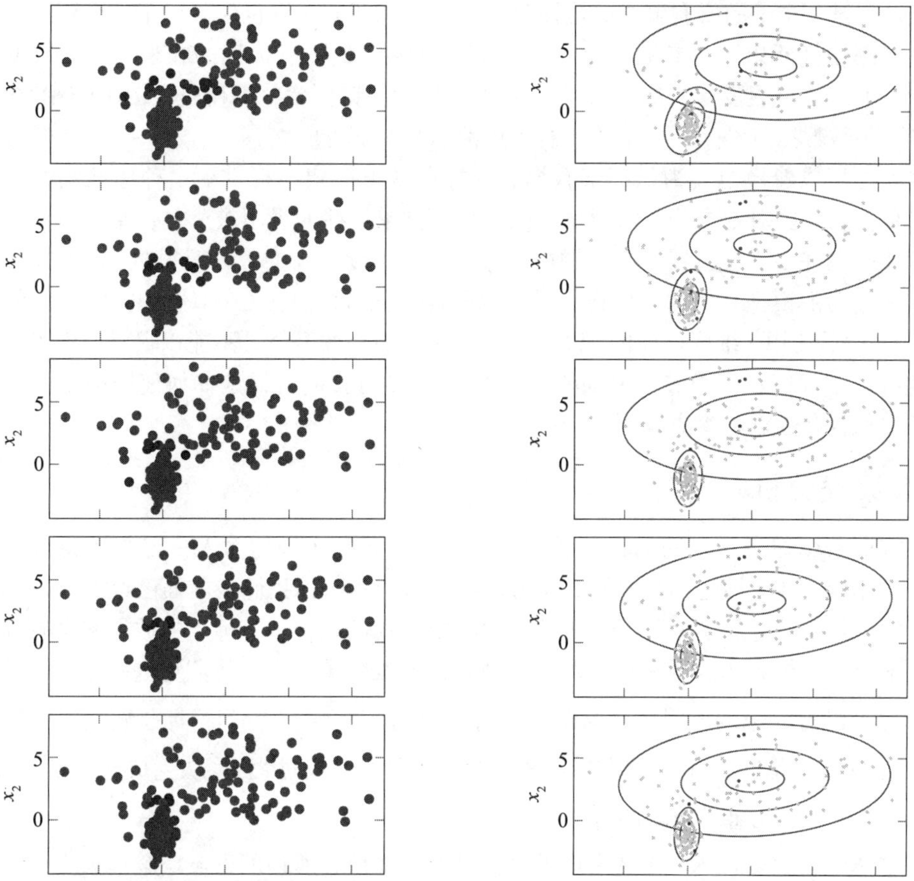

图 10.6 将迭代方法 10.2 应用于图 10.5 中的问题。对于每次迭代，左边的图像显示了从先前学习到的模型中预测出的类概率（使用颜色表示，紫色在红色和蓝色的中间）。使用式（10.10）（基于左图的预测）学习到的新模型显示在右图中。使用图 10.5 中所示的模型来初始化迭代

我们现在设计了一种使用 GMM 来处理半监督分类问题的方法，从而扩展了 QDA 分类器。这样，当训练数据中缺失一些输出值y_i时，它也可以用于半监督设置。

读者也许还不清楚为什么我们选择在生成模型中引入半监督问题。或者，我们可以考虑使用任何判别模型（而不是 GMM）来迭代地预测缺失的y_i，并使用这些预测来更新模型。这确实是可能的，而且这种具有鉴别性的标签推断方法可以在许多具有挑战性的半监督情况下很好地工作。然而，生成建模范式为我们提供了一个更有原则和连贯的框架来推理缺失的标签。事实上，我们已经推导出了一种半监督设置下使用的方法，它是从相应的有监督的方法直接推广得到的。在下一节中，我们将更进一步，并将相同的过程应用到完全无监督的情况下（通过简单地假设所有的标签都缺失来实现）。在任何情况下，该方法都是在数学上求解相应的极大似然问题。

对于为什么生成模型在半监督的设置中有用的另一种解释是，它们提供了比判别模型更丰富的数据生成过程描述，这使得它更容易利用未标记数据点中包含的信息。$p(y|\boldsymbol{x})$的判别模型编码类似于“如果 $\boldsymbol{x}$，然后 y”，但它不包含任何针对输入本身的显式模型。另一方面，生成模型包含了对$p(\boldsymbol{x}|y)$的额外假设，这在处理半监督的问题时很有用。例如，GMM 编码

的信息对于某一类 y 的所有输入 $\boldsymbol{x}$ 应该具有相同的高斯分布，也就是属于一个簇的信息。然后从这些簇中推断出模型参数，如式（10.10）所示，其中有标记的和未标记的数据点对结果都有贡献。这个假设是方法 10.2 在实践中工作的关键因素，即使是在图 10.5 和图 10.6 中这样绝大多数数据点都是未标记的具有挑战性的情况下也成立。

因此，生成建模范式为已标记数据和未标记数据的建模提供了一种标准化的方法。然而缺点是，它需要对数据分布进行额外的假设，如果这些假设不被满足，结果可能会产生误导。此外，在许多当代机器学习问题中，输入 $\boldsymbol{x}$ 是维度很高的，因此很难设计和 / 或学习一个适合其分布的模型。例如，假设 $\boldsymbol{x}$ 是一幅图像（正如我们在 6.3 节卷积神经网络的背景下讨论的），然后使用（维度很高的）高斯分布建模 $\boldsymbol{x}$ 中的像素值，不能以很好的方式捕捉自然图像的特征。我们将在 10.3 节中回到这个问题，那时我们将讨论如何使用神经网络来构建这种高维和复杂数据的生成模型。

10.2 聚类分析

在有监督学习中，我们的目标是学习一个基于某些实例的输入 − 输出关系的模型，即由输入和相应的（有标记的）输出组成的训练数据。然而，我们在前面已经看到，有可能推倒所有输入都带有标记的假设。在半监督学习中，我们混合了有标记的数据和没有标记的数据，并学习了一个利用这两种信息源的模型。在无监督学习中，我们更进一步，假设所有的数据点都是没有标记的。因此，给定一些训练数据 $\mathcal{T} = \{\boldsymbol{x}_i\}_{i=1}^n$，其目标是建立一个模型，可用于推理数据的关键属性（或者更确切地说，是数据生成过程）。从生成建模的角度来看，这意味着建立一个分布为$p(\boldsymbol{x})$的模型。

在本节中，我们将基于上述考虑的分类设置，并研究所谓的聚类问题。聚类是无监督学习的一个例子。这相当于在数据空间中寻找相似 $\boldsymbol{x}$ 值的组，并将这些 $\boldsymbol{x}$ 值与离散的聚类集合关联起来。从数学和方法论的观点出发，聚类与分类密切相关。实际上，我们为每个聚类分配了一个离散索引，并说第 m 个聚类中的所有 $\boldsymbol{x}$ 值都属于$y = m$类。分类和聚类之间的区别在于，我们希望仅基于 $\boldsymbol{x}$ 值为聚类训练一个模型，而不需要任何相应的标签。然而，正如我们下面所展示的，解决这个问题的一种方法是使用相同的 GMM 模型和 EM 算法，这在半监督学习中非常有用。

从更具有概念性的角度来看，分类和聚类之间存在一些区别。在分类中，我们通常知道不同的类对应于什么，它们通常被指定为问题公式的一部分，其目标是建立一个预测分类器。另一方面，聚类通常以一种更具探索性的方式进行应用。我们可能会期望存在具有相似属性的数据点组，其目标是将它们分组到集群中，来更好地理解数据。然而，集群可能不对应任何可解释的类。此外，聚类的数量通常是未知的，并由用户来决定。

从本节开始，我们将把 GMM 应用于无监督学习场景下，从而将其转化为一种聚类方法。我们还将更详细地讨论前文中介绍的 EM 算法，并强调半监督和无监督设置之间的一些技术微妙之处。接下来，我们提出了 k- 均值算法，并讨论了该方法与 GMM 之间的相似性。

10.2.1 高斯混合模型的无监督学习

GMM（10.1）是 $\boldsymbol{x}$ 和 y 的一个联合模型，由下式给出：

$$p(\boldsymbol{x}, y) = p(\boldsymbol{x}|y)p(y) = \mathcal{N}(\boldsymbol{x}|\boldsymbol{\mu}_y, \boldsymbol{\Sigma}_y)\pi_y \tag{10.11}$$

为了得到一个只针对 $\boldsymbol{x}$ 的模型，我们可以将 y 边际化为$p(\boldsymbol{x}) = \Sigma_y p(\boldsymbol{x}, y)$。边际化意味着我们认为 y 是一个潜在的随机变量，也就是一个存在于模型中但在数据中没有观察到的随机变量。在实践中，我们仍然学习联合模型$p(\boldsymbol{x}, y)$，但其中只包含$\{\boldsymbol{x}_i\}_{i=1}^n$的数据。直观地说，从这些未标记的训练数据中学习 GMM，相当于根据它们的相似性，计算出哪个$\boldsymbol{x}_i$值来自相同的类条件件分布$p(\boldsymbol{x}|y)$，也就是说，我们需要从数据中推断出潜在变量$\{y_i\}_{i=1}^n$，然后使用这些推断出的知识来拟合模型参数。一旦完成，通过学习得到的类条件件分布$p(\boldsymbol{x}|y=m), m=1,\cdots,M$就会在数据空间中定义了 M 个不同的集群。

非常方便的是，我们已经有了一个从未标记的数据中学习 GMM 的工具。我们为半监督情况设计的方法 10.2，也适用于完全未标记的数据$\{\boldsymbol{x}_i\}_{i=1}^n$。我们只需要用一些实用选择的初始值$\{\hat{\pi}_m, \hat{\boldsymbol{\mu}}_m, \hat{\boldsymbol{\Sigma}}_m\}_{m=1}^M$来替换初始化（第 1 行）。为了方便起见，我们在方法 10.3 中用这些小的修改来重复这个算法。

方法 10.3　对 GMM 的无监督学习

学习 GMM

数据：未标记的训练数据$\mathcal{T} = \{\boldsymbol{x}_i\}_{i=1}^n$，聚类数为 M

结果：高斯混合模型

1. 初始化$\hat{\boldsymbol{\theta}} = \{\hat{\pi}_m, \hat{\boldsymbol{\mu}}_m, \hat{\boldsymbol{\Sigma}}_m\}_{m=1}^M$
2. **repeat**
3. 　对于$\{\boldsymbol{x}_i\}_{i=1}^n$中的每个$\boldsymbol{x}_i$，使用当前的参数估计值$\hat{\boldsymbol{\theta}}$，根据式（10.5）计算预测$p(y|\boldsymbol{x}_i, \hat{\boldsymbol{\theta}})$
4. 　根据式（10.16）更新参数估计值$\hat{\boldsymbol{\theta}} \leftarrow \{\hat{\pi}_m, \hat{\boldsymbol{\mu}}_m, \hat{\boldsymbol{\Sigma}}_m\}_{m=1}^M$
5. **until** 收敛

方法 10.3 对应用于解决无监督极大似然问题的 EM 算法：

$$\hat{\boldsymbol{\theta}} = \arg\max_{\boldsymbol{\theta}} \ln p(\{\boldsymbol{x}_i\}_{i=1}^n | \boldsymbol{\theta}) \tag{10.12}$$

为了证明这确实是事实，并且所建议的程序是解决最大似然问题（10.12）的一种有良好基础的方法，我们现在将更仔细地研究 EM 算法本身。

EM 算法是解决具有潜在变量的概率模型中最大似然问题的通用工具，即同时包含观察到的和未观察到的随机变量的模型。在当前设置中，潜在变量为$\{y_i\}_{i=1}^n$，$y_i \in \{1,\cdots,M\}$是数据点$\boldsymbol{x}_i$的聚类索引。为了符号简洁起见，我们将这些潜在的簇指数堆叠到一个 n 维向量 $\boldsymbol{y}$ 中。类似地，我们将观察到的数据点$\{\boldsymbol{x}_i\}_{i=1}^n$堆叠到一个$n \times p$的矩阵 $\boldsymbol{X}$ 中。因此，我们的任务是将关于模型参数$\boldsymbol{\theta} = \{\boldsymbol{\mu}_m, \boldsymbol{\Sigma}_m, \pi_m\}_{m=1}^M$的观察数据的对数似然$\ln p(\boldsymbol{X}|\boldsymbol{\theta})$最大化。

我们面临的挑战是，由于在模型规范中存在潜在变量 $\boldsymbol{y}$，被观察数据的似然并不容易得到。因此，评估对数似然值需要边际化这些变量。在 EM 算法中，我们通过交替计算期望对数似然，然后最大化这个期望值更新模型参数来解决这一挑战。

令$\hat{\boldsymbol{\theta}}$表示在方法 10.3 的某个中间迭代中对 $\boldsymbol{\theta}$ 的当前估计值。这可以是一些任意的参数配置（例如，对应第一次迭代时的初始化）。然后，EM 算法的一次迭代包括以下两个步骤：

$$\text{(E)}\qquad \text{计算}\,Q(\boldsymbol{\theta}) \overset{\text{def}}{=} \mathbb{E}[\ln p(\boldsymbol{X},\boldsymbol{y}|\boldsymbol{\theta})|\boldsymbol{X},\hat{\boldsymbol{\theta}}]$$

$$\text{(M)}\qquad \text{更新}\,\hat{\boldsymbol{\theta}} \leftarrow \arg\max_{\boldsymbol{\theta}} Q(\boldsymbol{\theta})$$

该算法在这两步之间交替进行，直到收敛。可以表明，观察到的数据对数似然值在过程的每次迭代中都增加，除非它达到一个平稳点（其中对数似然的梯度为零）。因此，它是一个有效的求解数值优化算法（10.12）。

为了将这个过程归结为 GMM 模型的方法 10.3，我们首先扩展 E- 步骤。期望值是根据条件分布$p(\boldsymbol{y}|\boldsymbol{X},\hat{\boldsymbol{\theta}})$计算的。这表示了在给定当前参数配置$\hat{\boldsymbol{\theta}}$时，关于所有数据点的集群分配的概率信念。在贝叶斯语言中，它是潜在变量 $\boldsymbol{y}$ 上的后验分布，有条件地基于观测数据 $\boldsymbol{X}$，因此我们有：

$$Q(\boldsymbol{\theta}) = \mathbb{E}[\ln p(\boldsymbol{X},\boldsymbol{y}|\boldsymbol{\theta})|\boldsymbol{X},\hat{\boldsymbol{\theta}}] = \sum_{\boldsymbol{y}} \ln(p(\boldsymbol{X},\boldsymbol{y}|\boldsymbol{\theta}))p(\boldsymbol{y}|\boldsymbol{X},\hat{\boldsymbol{\theta}}) \tag{10.13}$$

和中的第一个表达式称为*完全数据对数似然*。如果潜在变量是已知的，它就是对数似然。由于它同时涉及观测数据和潜在变量（即“完整数据”），因此它很容易从模型中获得：

$$\ln p(\boldsymbol{X},\boldsymbol{y}|\boldsymbol{\theta}) = \sum_{i=1}^{n} \ln p(\boldsymbol{x}_i, y_i|\boldsymbol{\theta}) = \sum_{i=1}^{n}\{\ln \mathcal{N}(\boldsymbol{x}_i|\boldsymbol{\mu}_{y_i},\boldsymbol{\Sigma}_{y_i}) + \ln \pi_{y_i}\} \tag{10.14}$$

这个表达式中的每一项都只依赖于其中的一个潜在变量。因此，当我们将完整数据对数似然的这个表达式插入式（10.13）时，我们得到：

$$Q(\boldsymbol{\theta}) = \sum_{i=1}^{n}\sum_{m=1}^{M} w_i(m)\{\ln \mathcal{N}(\boldsymbol{x}_i|\boldsymbol{\mu}_{y_i},\boldsymbol{\Sigma}_{y_i}) + \ln \pi_{y_i}\} \tag{10.15}$$

其中，$w_i(m) = p(y_i = m|\boldsymbol{x}_i,\hat{\boldsymbol{\theta}})$为基于当前参数估计值$\hat{\boldsymbol{\theta}}$计算，数据点$\boldsymbol{x}_i$属于聚类 m 的概率。

将其与有监督的设置（10.2b）中的对数似然值进行比较，当所有标签$\{y_i\}_{i=1}^{n}$都已知时，我们注意到这两个表达式非常相似。唯一的区别是，式（10.2b）中的指示函数$\mathbb{I}\{y_i = m\}$被式（10.15）中的权重$w_i(m)$所取代。也就是说，我们不是基于给定的类标签对每个数据点进行硬聚类分配，而是基于该数据点属于不同集群的概率进行软聚类分配。

对此我们不会展开其中的细节，但希望不难相信，关于 $\boldsymbol{\theta}$ 的最大化问题（10.15）——这是我们在算法的 m 步中所做的——给出了一个类似于有监督的设置的解决方案，但其中的训练数据点是由 $w_1(m)$ 加权的。也就是说，类似于式（10.10），M- 步骤变为：

$$\hat{\pi}_m = \frac{1}{n}\sum_{i=1}^{n} w_i(m) \tag{10.16a}$$

$$\hat{\boldsymbol{\mu}}_m = \frac{1}{\sum_{i=1}^{n} w_i(m)}\sum_{i=1}^{n} w_i(m)\boldsymbol{x}_i \tag{10.16b}$$

$$\hat{\boldsymbol{\Sigma}}_m = \frac{1}{\sum_{i=1}^{n} w_i(m)}\sum_{i=1}^{n} w_i(m)(\boldsymbol{x}_i - \hat{\boldsymbol{\mu}}_m)(\boldsymbol{x}_i - \hat{\boldsymbol{\mu}}_m)^{\mathrm{T}} \tag{10.16c}$$

综上所述，我们得出结论，EM 算法的一次迭代确实对应方法 10.3 的一次迭代。我们将在图 10.7 中举例说明该方法。

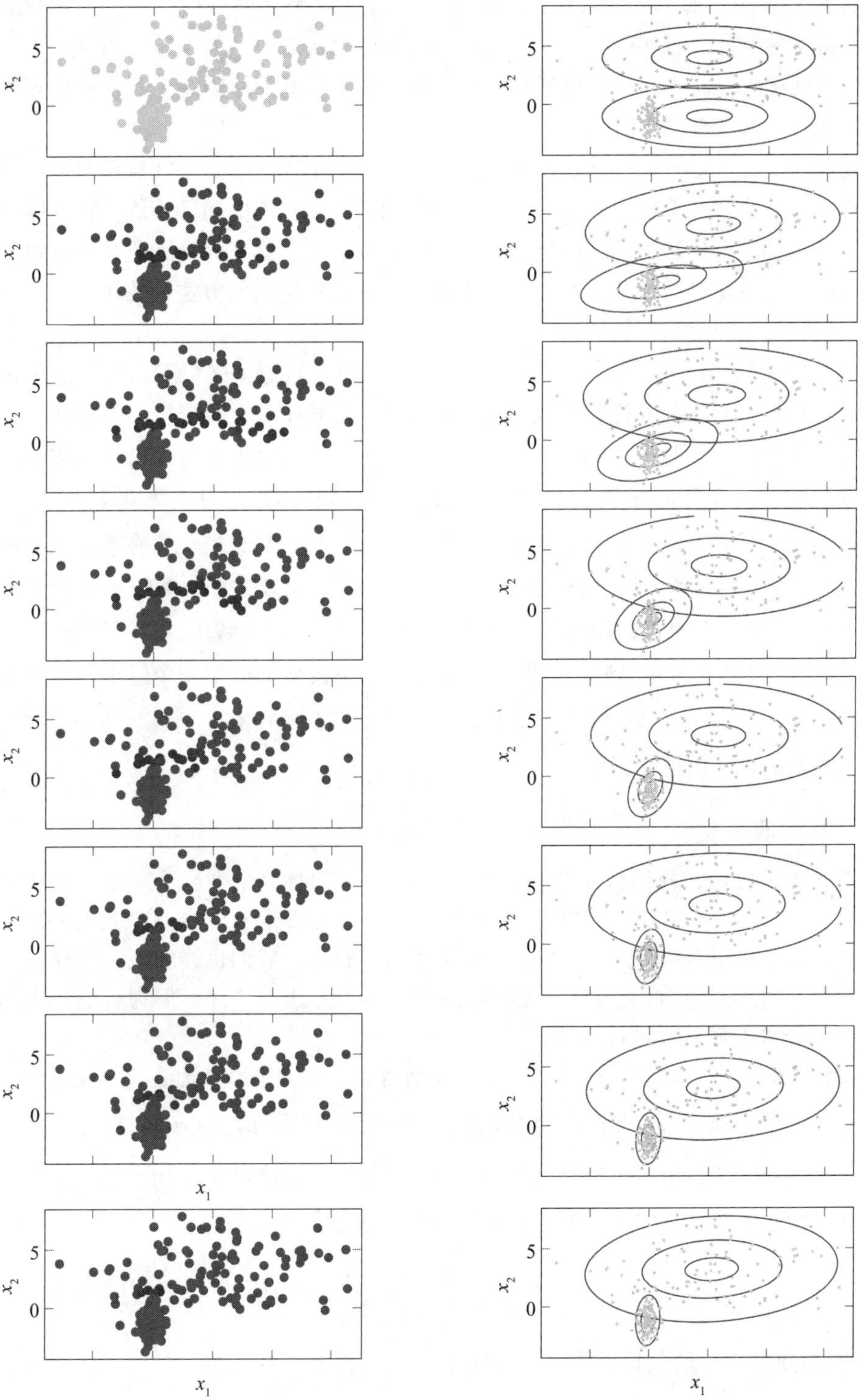

图 10.7 方法 10.3 应用于一个无监督聚类问题，其中所有的训练数据点都是未标记的。在实践中，与图 10.6 的唯一区别是初始化（在上面一排），它在这里是任意完成的，而不是使用有标记的数据点

在无监督的环境下学习 GMM 时，有一些重要的细节值得注意。首先，为了运行该算法，必须指定聚类的数量 M（即混合点中的高斯分量数）。下面我们将更详细地讨论这个超参数的选择。其次，由于只有未标记的数据点，因此 M 个高斯分量的索引是任意的。换句话说，集群标签的所有可能的排列都有相同的可能性。在图 10.7 中，这意味着颜色（红色和蓝色）是可互换的，而我们最终得到这个特殊解决方案的唯一原因是，我们初始化了数据空间上部的蓝色簇和下部的红色簇。

与此相关的是，最大似然问题（10.12）是一个非凸优化问题。EM 算法只保证收敛到一个平稳点，这意味着一个较差的初始化会导致收敛到一个较差的局部最优。在半监督的设置下，我们可以使用有标记的训练数据点作为初始化方法，但这在完全无监督的设置下是不可能的。因此，初始化成为一个需要考虑的重要细节。一种实用的方法是使用不同的随机初始化多次运行方法 10.3。

最后，最大似然问题（10.12）本身存在一个微妙的问题，这个问题到目前为止我们都避而不谈。在没有对参数 $\boldsymbol{\theta}$ 进行任何约束的情况下，GMM 的无监督极大似然问题实际上是不适定的，因为该似然是无界的。问题是，当（协）方差趋近于零时，高斯概率密度函数的峰值越来越大。对于任何 $M \geqslant 2$，GMM 在原则上能够利用这一事实来获得无限的可能性。通过将其中一个簇集中在单个数据点上，这是可能的；通过将集群集中在数据点的中心，然后将（协）方差缩小到零，这个特定数据点的可能性趋于无穷大。剩下的 $M-1$ 个集群只需要覆盖剩下的 $n-1$ 个数据点，这样它们的似然就会远离零[⊖]。在实践中，EM 算法经常会在这种“简并性”出现之前陷入局部最优，但是，规范或约束模型仍然是一个好主意。它对这个潜在的问题更有效。一个简单的解决方案是在协方差矩阵 $\boldsymbol{\Sigma}_m$ 的所有对角线元素中添加一个小的常数值，从而防止它们退化到零。

10.2.2　*k*-均值聚类

在离开本节之前，我们将介绍一种被称为 *k*- 均值的替代聚类方法。该算法在很多方面都类似于上面讨论的 GMM 聚类模型，但它来自一个不同的目标，并且缺乏对 GMM 的生成性解释。*k*- 均值中的 *k* 是指簇的数量，所以为了统一符号，我们也许应该把它称为 *M*- 均值。然而，术语 *k*- 均值已经很成熟了，我们将保留它作为方法的名称，但为了统一上面的数学符号，我们仍然让 M 表示簇的数量。

GMM 和 *k*- 均值之间的关键区别在于，在前者中，我们概率性地建模聚类分配，而在后者中，我们进行“硬”聚类分配。也就是说，我们可以将训练数据点 $\{\boldsymbol{x}_i\}_{i=1}^n$ 划分为 M 个不同的集群 $R_1, R_2, \cdots, R_M$，其中每个数据点 $\boldsymbol{x}_i$ 应该是一个集群 R_m 的成员。*k*- 均值聚类就相当于选择聚类，从而使每个聚类内的成对平方欧氏距离的和最小化，

$$\arg\min_{R_1, R_2, \cdots, R_M} \sum_{m=1}^{M} \frac{1}{|R_m|} \sum_{\boldsymbol{x}, \boldsymbol{x}' \in R_m} \|\boldsymbol{x} - \boldsymbol{x}'\|_2^2 \tag{10.17}$$

其中，$|R_m|$ 为集群 R_m 中的数据点数。式（10.17）的目的是选择集群，使每个集群内的所有点

⊖　这种简并性也可以在半监督的设置下发生，但只有在每个类中有 p 个或更少的标记数据点时才适用。

都尽可能相似。可以证明的是，问题（10.17）等价于选择集群，这样到集群中心的距离对所有数据点的总和是最小化的

$$\arg\min_{R_1,R_2,\cdots,R_M}\sum_{m=1}^{M}\sum_{\boldsymbol{x}\in R_m}\|\boldsymbol{x}-\hat{\boldsymbol{\mu}}_m\|_2^2 \tag{10.18}$$

这里$\hat{\boldsymbol{\mu}}_m$是集群 m 的中心，这是所有数据点$\boldsymbol{x}_i\in R_m$的平均值。

不幸的是，式（10.17）和式（10.18）都是组合问题，这意味着如果数据点的数量 n 很大，我们就不能期望精确地解决它们了。但是，可以找到如下近似解：

1. 设置集群中心$\hat{\mu}_1,\hat{\mu}_2,\cdots,\hat{\mu}_M$为一些初始值。
2. 确定每个 $\boldsymbol{x}_i$ 属于哪个集群 R_m，即找到所有 $\boldsymbol{x}_i$, i=1,⋯, n 最接近的集群中心$\hat{\boldsymbol{\mu}}_m$。
3. 将集群中心$\hat{\boldsymbol{\mu}}_m$更新为属于R_m的所有 $\boldsymbol{x}_i$ 的平均值。

然后迭代步骤 2 和步骤 3，直到收敛。

这个过程是 Lloyd 算法的一个实例，但它通常被简单地称为 k- 均值算法。通过与方法 10.3 中的 EM 算法进行比较，我们可以看到明显的相似之处。如上所述，关键的区别在于，EM 算法使用了基于估计的聚类概率的软聚类分配，而 k- 均值在步骤 2 中进行了硬聚类分配。另一个区别是，k- 均值使用欧氏距离来度量数据点之间的相似性，而应用于 GMM 模型的 EM 算法则考虑了聚类的协方差[⊖]。

与 EM 算法类似，Lloyd 算法将收敛到目标的一个平稳点（式（10.18）），但不能保证找到全局最优。在实践中，通常会多次运行它，每次在步骤 1 中都有不同的初始化，并选择式（10.17）或式（10.18）中的目标获得最小值的运行结果。为了作为 k- 均值的一个例子，我们将它应用于示例 2.1 中的音乐分类问题的输入数据，参见图 10.8。

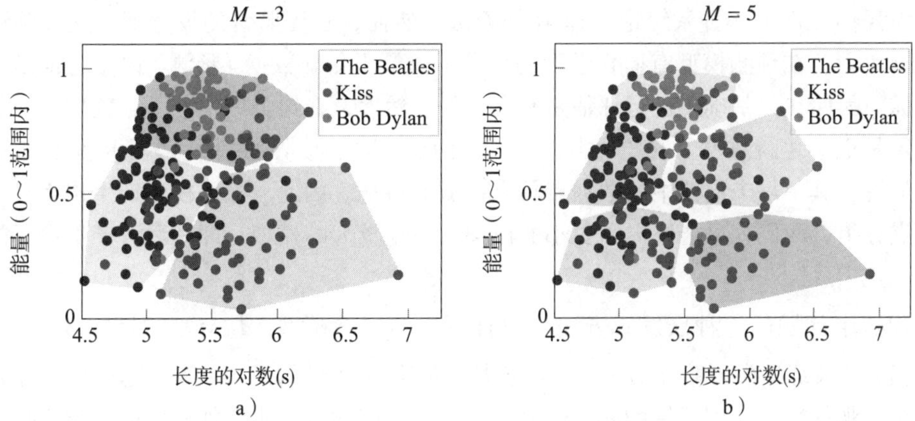

图 10.8　k- 均值应用于音乐分类数据示例 2.1。在本例中，我们实际上已经标记了数据，因此对输入应用聚类算法（不考虑相应的标签）纯粹是为了说明。我们尝试了$M=3$（图 a）和$M=5$（图 b）。值得注意的是，对于$M=3$，几乎每个集群有一位艺术家

⊖　换句话说，GMM 模型的 EM 算法使用马氏距离而不是欧氏距离。

k-均值算法，让人想起了本书中研究的另一种方法，即 *k*-NN。这两种方法确实有一些相似之处，特别是它们都使用欧氏距离来定义输入空间中的相似性。这意味着 *k*-均值就像 *k*-NN 一样，对输入值的标准化很敏感。话虽如此，但这两种方法不应该被混淆。*k*-NN 是一种有监督学习方法（适用于分类和回归问题），而 *k*-均值是一种求解（无监督的）聚类问题的方法。特别注意，名称中的 *k* 对于这两种方法有不同的含义。

10.2.3 选择集群的数量

在 GMM 模型和 *k*-均值聚类算法中，我们都需要在运行相应的算法之前选择聚类的数量 M。因此，除非有一些关于如何选择 M 的特定于应用程序的先验知识，否则这将成为一种设计选择。像许多其他模型选择问题一样，不可能通过简单地取最小训练成本的值（式（10.12）GMM 为负，或者式（10.18）的 *k*-均值）来优化 M。原因是将 M 增加到 $M+1$ 会给模型提供更大的灵活性，而这种增加的灵活性只会降低代价函数的价值。直观地说，在 $M=n$ 的极端情况下，我们最终将得到一个平凡的（但无趣的）解决方案，其中每个数据点都被分配给它自己的集群。这是一种过拟合的类型。

如第 4 章所见的保留和交叉验证之类的验证技术可以用于指导模型的选择，但它们需要适应无监督的设置（具体来说，聚类模型没有新的数据错误 E_{new}）。例如，对于 GMM 来说，它是一个概率生成模型，它可以使用一个保留的验证数据集的可能性来找到一个合适的 M 值。也就是说，我们留出了一些不用于学习聚类模型的验证数据 $\{\boldsymbol{x}_j'\}_{j=1}^{n_v}$。然后，我们对剩下的数据用不同的 M 值训练不同的模型，并评估每个候选模型的保留似然 $p(\{\boldsymbol{x}_j'\}_{j=1}^{n_v}|\hat{\boldsymbol{\theta}},M)$。然后选择保留可能性最大的模型作为最终的聚类模型。

这为我们提供了一种系统地选择 M 的方法。然而，在无监督的设置下，这种验证方法应该谨慎使用。在预测模型有监督学习的背景下，最小化新数据（预测）误差通常是模型的最终目标，因此在此基础上进行评估是有意义的。然而，在聚类的情况下，我们真正想要的并不一定是最小化新数据上的"聚类损失"。相反，聚类通常通过找到少量的集群来获得对数据的见解，其中每个集群中的数据点具有相似的特征。因此，只要模型产生连贯且有意义的数据点分组，我们就可能倾向于更小的模型而不是较大的模型，即使后者产生更好的验证损失。

处理这个问题的一种启发式方法是拟合不同顺序的模型，从 $M=1$ 到 $M=M_{\max}$。然后，我们将损失（训练损失、验证损失，或两者都有）绘制为 M 的函数。基于这个图，用户可以做出一个主观的决定，即目标的减少何时趋于平稳，因此进一步增加模型的复杂度是不合理的。也就是说，我们选择了 M，这样从 M 到 $M+1$ 集群的增益是不显著的。如果数据集确实有一些不同的集群，这个图通常看起来像一个肘，这种选择 M 的方法有时称为*肘方法*。我们在图 10.9 中说明这样的 *k*-均值方法。

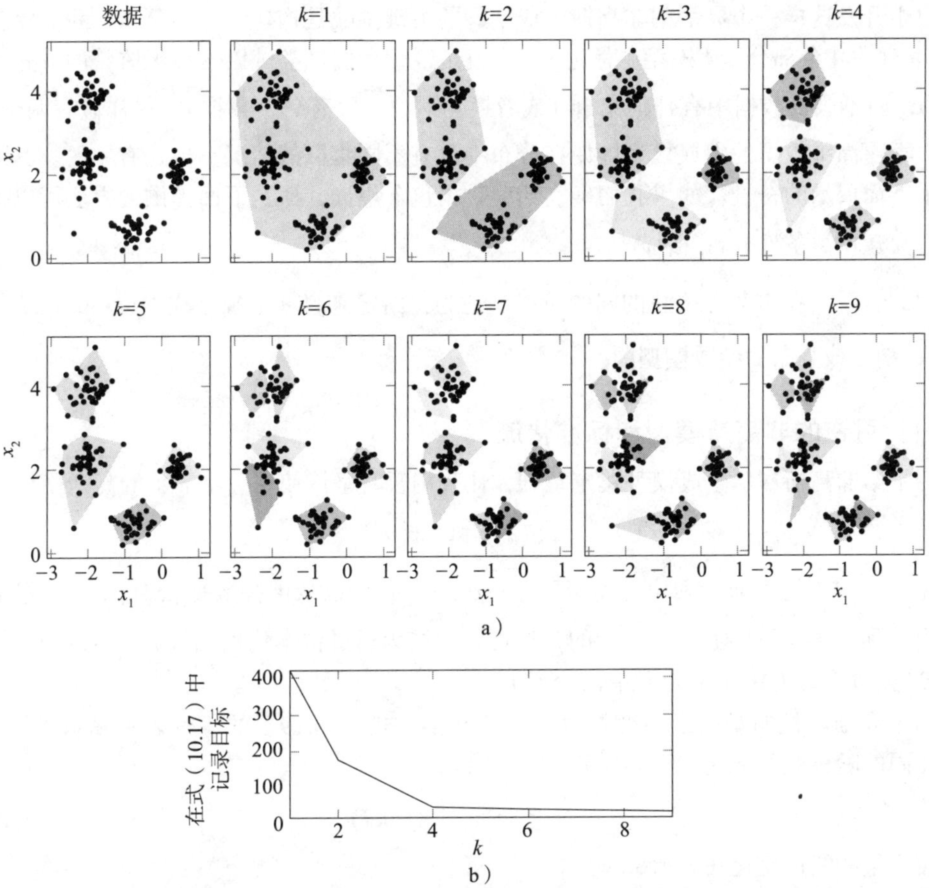

图 10.9 为了在 *k*- 均值中选择 *M*，我们可以使用所谓的肘方法，即尝试 *M* 的不同值（图 a），并将目标记录在式（10.17）中（图 b）。要选择 *M*，我们在图 b 中查找“肘”。在理想的情况下，有一个非常明显的转折，但是对于这个特定的数据，我们可以得出$M = 2$或$M = 4$的结论，这由用户来决定。请注意，在本例中，数据只有两个维度，因此我们可以显示集群本身并可视化地比较它们。然而，如果数据有两个以上的维度，我们必须只根据图 b 中的“肘形图”来选择 *M*

10.3 深层生成模型

生成建模范式的关键是，我们将 $\boldsymbol{x}$ 建模为一个随机变量，因此它需要对其分布做出一些假设。在上面讨论的 GMM 模型中，我们使用高斯分布来建模 $\boldsymbol{x}$ 的（类条件）分布。值得注意的是，这个假设并不意味着我们真正相信数据是高斯分布的，而是它足够接近高斯分布，因此我们可以获得一个有用的模型（无论是用于聚类还是分类）。然而，话虽如此，在许多情况下，高斯假设都过于简化了，这可能会限制结果模型的性能。

解决这一假设的一种方法是手动设计一些被认为更符合数据属性的替代分布。然而，在许多情况下，要“手动”提出一个合适的分布是非常具有挑战性的，尤其是当 $\boldsymbol{x}$ 是高维的并且在个体坐标$x_i, i = 1, \cdots, p$之间存在复杂的依赖关系时。在本节中，我们将考虑另一种方法，它是将 $\boldsymbol{x}$ 看作某个简单的随机变量 $\boldsymbol{z}$ 的变换。由于变换具有高度灵活性，我们可以用这种方式在 $\boldsymbol{x}$ 上建模非常复杂的分布。具体来说，我们将讨论如何在这里使用深度神经网络（见第 6 章），从而产生所谓的深度生成模型。

由于开发这样一个灵活的非高斯生成模型的关键挑战是构建 $\boldsymbol{x}$ 上的分布，我们将在本节（以及本章的其余部分）从模型中标记 y。也就是说，我们将尝试以一种无监督的方式学习分布$p(\boldsymbol{x})$，而不假设数据中有任何集群（或者换句话说，只有一个集群）。这样做有两个目的。首先，学习高维数据的生成模型即使在分布中没有不同集群的情况下也是有用的。其次，它简化了下面展示的符号。如果我们确实期望数据包含集群，那么下面提供的方法可以很容易地推广为建模类条件分布$p(\boldsymbol{x}|y)$。

因此，我们在本节中关注的问题可以表述为：给定来自 n 个独立样本$p(\boldsymbol{x})$的训练数据集$\{\boldsymbol{x}_i\}_{i=1}^n$，学习该分布的参数模型。

10.3.1　可逆的非高斯模型和标准化流

为了给非高斯深层生成模型奠定基础，让我们暂时坚持使用一个简单的高斯模型：

$$p(\boldsymbol{x}) = \mathcal{N}(\boldsymbol{x}|\boldsymbol{\mu},\boldsymbol{\Sigma}) \tag{10.19}$$

该模型的参数为均值向量和协方差矩阵$\boldsymbol{\theta}=\{\boldsymbol{\mu},\boldsymbol{\Sigma}\}$，它可以从训练数据$\{\boldsymbol{x}_i\}_{i=1}^n$中通过极大似然法学习得到。正如我们上面所讨论的，这可以归结为通过样本均值估计 $\boldsymbol{\mu}$，通过样本协方差估计$\boldsymbol{\Sigma}$（类似于式（10.3），但只有一个类）。

由于高斯随机向量的线性变换也是高斯变换，式（10.19）的等价表示是引入一个与 $\boldsymbol{x}$ 维度相同的随机变量 $\boldsymbol{x}$，遵循标准高斯分布[⊖]，

$$p_z(z) = \mathcal{N}(z|0,\boldsymbol{I}) \tag{10.20a}$$

然后用变量的线性变化来表示 $\boldsymbol{x}$，

$$\boldsymbol{x} = \mu + Lz \tag{10.20b}$$

这里的 $\boldsymbol{L}$ 是任何矩阵[⊜]，使$\boldsymbol{L}\boldsymbol{L}^{\mathrm{T}}=\boldsymbol{\Sigma}$。注意，在这种表示中，分布$p_z(z)=\mathcal{N}(z|0,\boldsymbol{I})$采用了一种非常简单和通用的形式，它与模型参数无关。相反，参数被移到变换（10.20b）中。具体来说，我们可以使用替代的再参数化$\boldsymbol{\theta}=\{\boldsymbol{\mu},\boldsymbol{L}\}$，它直接定义了线性变换。

由于模型（10.19）和式（10.20）是等价的，所以我们还没有完成这个重新表述。然而，后一种形式表明了一种非线性的推广。具体来说，对于任意的参数函数$f_{\boldsymbol{\theta}}$，我们可以间接地将 $\boldsymbol{x}$ 的分布建模为一个高斯随机变量的变换，

$$p_z(z) = \mathcal{N}(z|0,\boldsymbol{I}) \tag{10.21a}$$

$$\boldsymbol{x} = f_{\boldsymbol{\theta}}(z) \tag{10.21b}$$

注意，即使我们从高斯分布开始，由于非线性变换，$\boldsymbol{x}$ 的隐式分布将是非高斯分布。实际上，我们可以通过考虑复杂和灵活的非线性变换，用这种方式建模任意复杂的分布。

这种方法面临的挑战是如何从数据中学习模型参数。根据最大似然法，我们想求解

⊖ 我们在 $p_z(z)$ 上使用一个下标来强调这是 z 的分布，并将其与 $p(\boldsymbol{x})$ 区分开。

⊜ 对于一个正定协方差矩阵 $\boldsymbol{\Sigma}$，这种分解总是存在的。例如，我们可以把 $\boldsymbol{L}$ 作为由 $\boldsymbol{\Sigma}$ 的 Cholesky 分解得到的下三角矩阵。然而，就我们的目的而言，如何得到矩阵 $\boldsymbol{L}$ 并不重要，重要的是它是否存在。

$$\hat{\boldsymbol{\theta}} = \arg\max_{\theta} p(\{\boldsymbol{x}_i\}_{i=1}^n | \boldsymbol{\theta}) = \arg\max_{\theta} \sum_{i=1}^{n} \ln p(\boldsymbol{x}_i | \boldsymbol{\theta}) \tag{10.22}$$

因此，我们仍然需要评估 $\boldsymbol{x}$ 的可能性来学习模型参数，但这种可能性在模型规范（10.21）中没有明确给出。

为了取得进展，我们将首先假设 $f_{\boldsymbol{\theta}}: \mathbb{R}^p \to \mathbb{R}^p$ 是一个可逆函数，具有逆 $h_{\boldsymbol{\theta}}(\boldsymbol{x}) = f_{\boldsymbol{\theta}}^{-1}(\boldsymbol{x}) = \boldsymbol{z}$。注意，这意味着 $\boldsymbol{z}$ 与 $\boldsymbol{x}$ 的维度相同。在此假设下，我们可以利用变量变化公式为概率密度函数写出：

$$p(\boldsymbol{x}|\boldsymbol{\theta}) = |\nabla h_{\boldsymbol{\theta}}(\boldsymbol{x})| p_z(h_{\boldsymbol{\theta}}(\boldsymbol{x})) \tag{10.23a}$$

其中

$$\nabla h_{\theta}(\boldsymbol{x}) = \begin{pmatrix} \frac{\partial h_{\theta,1}(\boldsymbol{x})}{\partial x_1} & \cdots & \frac{\partial h_{\theta,1}(\boldsymbol{x})}{\partial x_p} \\ \vdots & & \vdots \\ \frac{\partial h_{\theta,p}(\boldsymbol{x})}{\partial x_1} & \cdots & \frac{\partial h_{\theta,p}(\boldsymbol{x})}{\partial x_p} \end{pmatrix} \tag{10.23b}$$

为 $h_{\boldsymbol{\theta}}(\boldsymbol{x})$ 的所有偏导数的 $p \times p$ 矩阵，称为雅可比矩阵，而 $|\nabla h_{\boldsymbol{\theta}}(\boldsymbol{x})|$ 为其行列式的绝对值。

将这个表达式插入最大似然问题（10.22）中，我们可以将模型学习为：

$$\hat{\boldsymbol{\theta}} = \arg\max_{\theta} \sum_{i=1}^{n} \ln|\nabla h_{\boldsymbol{\theta}}(\boldsymbol{x}_i)| + \ln p_z(h_{\boldsymbol{\theta}}(\boldsymbol{x}_i)) \tag{10.24}$$

其中，损失函数的这两项现在都由模型规范（10.21）给出。这为我们提供了一种从数据中学习基于转换的生成模型的实用方法，尽管我们有以下观察：

- 逆映射 $h_{\boldsymbol{\theta}}(\boldsymbol{x}) = f_{\boldsymbol{\theta}}^{-1}(\boldsymbol{x})$ 需要显式可用，因为它是损失函数的一部分。
- 雅可比行列式 $|\nabla h_{\boldsymbol{\theta}}(\boldsymbol{x})|$ 需要易于处理。在一般情况下，计算 $p \times p$ 矩阵的行列式的（实际算法）相关的计算代价与 p 成三次比例。对于高维问题，这很容易导致一个巨大的计算瓶颈，除非雅可比矩阵有一些可以利用特殊的结构，帮助我们更快地计算。
- 前向映射 $f_{\boldsymbol{\theta}}(\boldsymbol{z})$ 不进入损失函数，所以原则上我们可以学习模型而不明确地计算这个函数（只要知道它的存在就足够了）。然而，如果我们想使用该模型从 $p(\boldsymbol{x})$ 中生成样本，那么也需要对前向映射进行显式评估。实际上，从模型（10.21）中采样的方法是首先采样一个标准的高斯向量 $\boldsymbol{z}$，然后通过映射来验证这个样本，以获得一个样本 $\boldsymbol{x} = f_{\boldsymbol{\theta}}(\boldsymbol{z})$。

设计满足这些条件的参数函数，同时仍然足够灵活，可以准确地描述复杂的高维概率分布，这不是很容易就能完成的。通常使用基于神经网络的模型，但为了满足可逆性和可计算性的要求，需要专门的网络结构。这涉及，例如，限制映射 $f_{\boldsymbol{\theta}}$，使其逆的雅可比矩阵变成一个三角形矩阵，在这种情况下，行列式很容易计算。

当使用神经网络设计这种基于变换的生成模型时，一个有趣的观察结果是，它足以确保网络的每一层独立的可逆性和可处理性。假设 $f_{\boldsymbol{\theta}}(\boldsymbol{z})$ 是一个 L 层的网络，其中第 l 层对应于一个函数$f_\theta^{(l)}:\mathbb{R}^p \to \mathbb{R}^p$。然后我们可以写出$f_\theta(z)=f_\theta^{(L)}\circ f_\theta^{(L-1)}\circ\cdots\circ f_\theta^{(1)}(z)$，其中$\circ$表示函数的组成。这只是一个数学简写，即$L$层神经网络的输出首先将输入传给第一层，然后通过第二层传播结果，以此类推，直到我们得到L层之后的最终输出。然后通过应用层逆函数$h_\theta(\boldsymbol{x})=h_\theta^{(1)}\circ h_\theta^{(2)}\circ\cdots\circ h_\theta^{(L)}(\boldsymbol{x})$得到$f_\theta$的逆。其中，$h_\theta^{(l)}$是$f_\theta^{(l)}$的倒数。此外，通过微分链式法则和行列式的乘法性，我们可以将雅可比矩阵行列式表示为乘积：

$$\left|\nabla h_\theta(\boldsymbol{x})\right|=\prod_{l=1}^{L}\left|\nabla h_\theta^{(l)}(\boldsymbol{x}^{(l)})\right|,\ \text{其中}\quad \boldsymbol{x}^{(l)}=h_\theta^{(l+1)}\circ h_\theta^{(l+2)}\circ\cdots\circ h_\theta^{(L)}(\boldsymbol{x})$$

这意味着只要设计每个$f_\theta^{(l)}$使它是可逆的就足够了，并且具有一个计算上可处理的雅可比行列式。虽然这仍然限制了在$f_\theta^{(l)}$中使用的体系结构和激活函数，但有许多方法可以实现这一点。然后，我们可以通过相互叠加多个这样的层来建立更复杂的模型，而计算成本只随层数呈线性增长。利用这一特性的模型被称为标准化流。其想法是，一个数据点$\boldsymbol{x}$“流”通过一系列的转换，$h_\theta^{(L)},h_\theta^{(L-1)},\cdots,h_\theta^{(1)}$，在$L$经过这样的转换之后，数据点已经被“标准化”了。也就是说，映射序列的结果是数据点已经被转换为一个标准的高斯向量z。

许多文献中提出了用于标准化流的实用网络架构，它们具有不同的性质。然而，我们不应该进一步追求这些特定的架构，而是转向另一种学习深度生成模型的方法，以绕过流标准化的架构限制，从而产生所谓的生成对抗网络。

10.3.2 生成对抗网络

用深度生成模型（10.21）将高斯向量z转换为参数化数据$\boldsymbol{x}$上的复杂分布这一想法是非常强大的。然而，我们在上面注意到，评估模型所暗示的数据似然$p(\boldsymbol{x}|\boldsymbol{\theta})$并不是平凡的，并对映射$f_\theta$施加了一定的限制。因此，如果没有这些限制，通过显式似然最大化来学习模型是不可能的。然而，出于这种限制，我们可以问：有没有其他不需要评估可能性就能学习模型的方法？

为了回答这个问题，我们注意到深度生成模型的一个有用的特性是，只要前向映射$f_\theta(z)$是微不足道的，那么从分布$p(\boldsymbol{x}|\boldsymbol{\theta})$中采样就是可用的。即使在我们无法计算相应的概率密度函数的情况下也是如此。也就是说，我们可以从模型中生成“合成”数据点，简单地通过采样一个高斯函数$z\sim\mathcal{N}(0,\boldsymbol{I})$，然后通过参数函数$f_\theta(z)$输入获得的样本。这并没有对映射施加任何特定的要求，如可逆性。事实上，我们甚至不要求z的维度和$\boldsymbol{x}$的相同。

生成对抗网络（GAN）利用这一特性来训练模型，通过将（由模型生成的）合成样本与来自训练数据集$\{\boldsymbol{x}_i\}_{i=1}^n$的真实样本进行比较。它的基本思想是迭代地更新模型参数$\boldsymbol{\theta}$，目的是使合成的样本尽可能地接近真实的数据点。如果很难区分它们，那么我们可以得出结论，学习到的分布是真实数据分布的一个很好的近似值。为了说明这一想法，假设我们正在处理的数据是由某种类型的自然图像组成的，比如人脸的图片。这确实是这些模型展现能力的一个典型例子。这里的数据$\boldsymbol{x}$就是图像，维度$p=w\times h\times 3$（像素宽度 × 像素高度 × 三个颜色通道），z是一个q维高斯向量，映射$f_\theta:\mathbb{R}^q\to\mathbb{R}^{w\times h\times 3}$把这个高斯向量和转换成一个图像的形状。

在不详细说明的情况下，这种映射可以通过各种方式使用深度神经网络来构建，例如使用上采样层和反卷积（逆卷积）。这样的网络让人想起卷积神经网络（见 6.3 节）但两者不是同一个方向：不是把图像作为输入并将其转换为类概率向量，而是把一个向量作为输入并将其转换为图像的形状。

为了学习观测数据分布的模型$p(\boldsymbol{x}|\boldsymbol{\theta})$，我们将使用一种如下所示的游戏。在学习算法的每次迭代中：

1.“抛硬币”，即设置$y=1$的概率为 0.5，设置$y=-1$的概率为 0.5。

1）如果$y=1$，则从模型$\boldsymbol{x}'\sim p(\boldsymbol{x}|\boldsymbol{\theta})$生成合成样本。也就是说，我们对$\boldsymbol{z}'\sim\mathcal{N}(0,\boldsymbol{I})$进行采样，并计算$\boldsymbol{x}'=f_\theta(\boldsymbol{z}')$。

2）如果$y=-1$，那么从训练数据集中选择一个随机样本。也就是说，我们从$\{1,\cdots,n\}$中随机抽样 i，设置$\boldsymbol{x}'=\boldsymbol{x}_i$。

2. 让一个评论者来确定这个样本是真实的还是假的。例如，在带有人脸图片的例子中，我们会问这样一个问题，$\boldsymbol{x}'$看起来像一张真实的人脸，还是生成的人脸？

3. 使用评论者的回复作为更新模型参数$\boldsymbol{\theta}$的信号。具体来说，更新参数的目的是让批评者“尽可能地感到困惑”，无论所呈现的样本是真实的还是假的。

第 1 点很容易实现，但是当我们谈到第 2 点时，这个过程就会变得更加抽象。我们所说的“评论者”是什么意思？在实际的学习算法中，使用循环中的人（human-in-the-loop）来判断样本$\boldsymbol{x}'$的真实性当然是不可行的。相反，生成对抗网络背后的思想是在生成模型的同时学习一个辅助分类器，而生成模型在游戏中扮演着评论者的角色。具体来说，我们设计了一个二元分类器$g_\eta(\boldsymbol{x})$，它以一个数据点（例如一个人脸的图像）作为输入，并估计其综合生成的概率，即

$$g_\eta(\boldsymbol{x})\approx p(y=1|\boldsymbol{x}) \tag{10.25}$$

这里，$\boldsymbol{\eta}$表示辅助分类器的参数，这与生成模型的参数$\boldsymbol{\theta}$不同。

该分类器像往常一样被学习，以最小化一些分类损失 L，

$$\hat{\boldsymbol{\eta}}=\arg\min_{\eta}\mathbb{E}[L(y,g_\eta(\boldsymbol{x}'))] \tag{10.26}$$

其中，期望值是关于由上述过程生成的随机变量 y 和$\boldsymbol{x}'$的。注意，这成为一个有监督的二元分类问题，但标签 y 是作为“游戏”的一部分自动生成的。事实上，由于这些标签对应于公平旋转硬币，我们可以将优化问题表示为：

$$\min_{\eta}\left\{\frac{1}{2}\mathbb{E}[L(1,g_\eta(f_\theta(\boldsymbol{z}')))]+\frac{1}{2}\mathbb{E}[L(-1,g_\eta(\boldsymbol{x}_i))]\right\} \tag{10.27}$$

接下来是这个过程的第 3 步，我们希望更新定义生成模型的映射$f_\theta(z)$，使生成的样本尽可能难被评论者拒绝。在某种意义上，这是这个过程中最重要的步骤，因为这是我们学习生成模型的地方。这是在与辅助分类器的竞争中完成的，其中生成模型的目标是最大化关于$\boldsymbol{\theta}$的分类损失（10.27），

$$\max_{\theta}\min_{\eta}\left\{\frac{1}{2}\mathbb{E}[L(1,g_{\eta}(f_{\theta}(z')))]+\frac{1}{2}\mathbb{E}[L(-1,g_{\eta}(\boldsymbol{x}_i))]\right\} \tag{10.28}$$

这就产生了一个所谓的极小极大值问题，即两个对手为同一个目标而竞争，一个试图最小化它，另一个试图最大化它。通常，这个问题是通过交替更新 $\boldsymbol{\theta}$ 和使用随机梯度优化更新 $\boldsymbol{\eta}$ 来解决的。我们在方法 10.4 中为一个这样的算法提供了伪代码。

方法 10.4　训练生成式对抗网络

学习生成式对抗网络

数据：训练数据 $\mathcal{T}=\{\boldsymbol{x}_i\}_{i=1}^n$，初始参数 $\boldsymbol{\theta}$ 和 $\boldsymbol{\eta}$，学习率 γ 和批处理大小 n_b，每个生成器迭代 T_{critic}

结果：深层生成模型 $f_{\theta}(z)$

1. **repeat**
2. 　**for** $t=0, \cdots, T_{\text{critic}}$ **do**
3. 　　从训练数据 $\{\boldsymbol{x}_i\}_{i=1}^{n_b}$ 中提取少量样本
4. 　　少量样品 $\{z_i\}_{i=1}^{n_b}$ 独立于 $\mathcal{N}(0,\boldsymbol{I})$
5. 　　计算梯度 $\hat{\boldsymbol{d}}_{\text{critic}}=\frac{1}{2n_b}\sum_{i=1}^{n_b}\nabla_{\boldsymbol{\eta}}\{L(1,g_{\boldsymbol{\eta}}(f_{\boldsymbol{\theta}}(z_i)))+L(-1,g_{\eta}(\boldsymbol{x}_i))\}$
6. 　　更新 $\boldsymbol{T}_{\text{critic}}$：$\boldsymbol{\eta}\leftarrow\boldsymbol{\eta}-\gamma\hat{\boldsymbol{d}}_{\text{critic}}$
7. 　**end**
8. 　最小化批次样本 $\{z_i\}_{i=1}^{n_b}$ 独立于 $\mathcal{N}(0,\boldsymbol{I})$
9. 　计算梯度 $\hat{\boldsymbol{d}}_{\text{gen.}}=\frac{1}{2n_b}\sum_{i=1}^{n_b}\nabla_{\boldsymbol{\theta}}L(1,g_{\eta}(f_{\boldsymbol{\theta}}(z_i)))$
10. 　更新生成器 $\boldsymbol{\theta}\leftarrow\boldsymbol{\theta}+\gamma\hat{\boldsymbol{d}}_{\text{gen.}}$
11. **until** 收敛

来自生成式对抗网络的**样本**

数据：生成模型 f_{θ}

结果：合成样本 $\boldsymbol{x}'$

1. 样本 $\boldsymbol{z}'\sim\mathcal{N}(0,\boldsymbol{I})$
2. 输出 $\boldsymbol{x}'=f_{\boldsymbol{\theta}}(z')$

从优化的角度来看，解决极小极大值问题比解决纯粹的极小值问题更具挑战性，因为竞争会导致结果的振荡。然而，经过许多修改和变化的上述程序已经得到了发展，从而能够得到稳定优化和有效的学习算法。尽管如此，这仍然是生成式对抗性网络的缺点之一，例如，可以通过直接似然最大化来学习的标准化流。与此相关的是，即使我们成功地学习了生成模型 $f_{\theta}(z)$，它隐式地定义了分布 $p(\boldsymbol{x}|\boldsymbol{\theta})$，但它仍然不能被用来评估可能性 $p(\boldsymbol{x}_{\star}|\boldsymbol{\theta})$，其中 $\boldsymbol{x}_{\star}$ 是一

些新观测到的数据点。在某些应用中，获得显式的可能性是有用的，例如，在学习到的$p(\boldsymbol{x})$模型下解释观察到的$\boldsymbol{x}_\star$的合理性[㊀]。

10.4 表示学习和降维

深度生成模型$\boldsymbol{x}=f_\theta(\boldsymbol{z})$定义了观测到的数据点$\boldsymbol{x}$与同一数据点的一些*潜在表示*$\boldsymbol{z}$之间的关系。这里的潜在（隐藏）一词指的是$\boldsymbol{z}$没有被直接观察到，但它仍然携带着关于数据的有用信息。实际上，给定映射f_θ（也就是说，一旦它被学习了）知道潜在变量$\boldsymbol{z}$，只需计算$\boldsymbol{x}=f_\theta(\boldsymbol{z})$就足以重构数据点$\boldsymbol{x}$。变量$\boldsymbol{z}$通常也被称为一个（潜在的）*代码*，而映射$f_\theta$作为一个*解码器*，它使用这些代码来重构数据。

许多当代机器学习方法（特别是深度学习）都涉及从非常高维的数据$\boldsymbol{x}$中学习，坐标$x_i, i=1,\cdots,p$之间存在复杂的依赖关系。换句话说，在“原始数据空间”中，每个坐标x_i单独可能不会携带太多有用的信息，但是当我们把它们放在一起后，我们可以从$\boldsymbol{x}$中获得我们希望学习到的有意义的模式。典型的例子是（再次）当$\boldsymbol{x}$对应于一个图像，坐标x_i是单个像素值。但是，当联合处理（作为一幅图像）时，深度神经网络可以学会识别人脸、分类物体、诊断疾病，并解决许多其他非常重要的任务。例如，在自然语言处理中也发现了类似的例子，每个x_i可能对应于文本中的一个字符，但直到我们将所有字符放在$\boldsymbol{x}$中，文本的语义才能被理解。

考虑到这些例子，我们可以认为，深度学习的成功在很大程度上取决于它的能力：

学习高维数据的有用表示。

对于神经网络的有监督学习，正如我们在第 6 章中所讨论的，表示学习通常是隐式的，并与一个特定的分类或回归模型的学习同时进行。在这种情况下，我们所说的潜在表示并没有明确的定义。然而，我们可以直观地考虑第一层的深度学习网络负责学习信息表示的原始数据[㊁]，然后使用网络的后续层来解决具体（例如，回归或分类）任务。

这与深层生成模型相反，正如前文所述，在深层生成模型中，潜在表示是模型的显式部分。然而，直接从数据中学习一种表示法的可能性并不是生成模型所特有的。在本节中，我们将介绍一种无监督的表示学习方法，称为*自动编码器*。自动编码器可以通过将数据映射到一个较低维的潜在码来进行降维。然后，我们将推导出一种经典的统计方法，称为*主成分分析*，并展示如何将其看作一个限制为线性的自动编码器的特殊情况。

10.4.1 自动编码器

对于许多高维问题，可以合理地假设数据的*有效维度*小于观测到的维度。也就是说，即使我们将数据压缩成$q<p$的q维向量表示$\boldsymbol{z}$，p维变量$\boldsymbol{x}$中包含的大部分信息也可以保留。例如，在生成对抗网络的背景下（见 10.3 节），我们认为潜在变量$\boldsymbol{z}$可以比最终输出$\boldsymbol{x}$维度低（很多），例如，如果模型被训练用来生成高分辨率图像。在这种情况下，固定模型f_θ生成

㊀ 尽管使用概率密度函数来推理合理性本身就具有挑战性，并可能产生误导。

㊁ 也就是说，在这种情况下，表示将对应于网络中某处的隐藏单元。

的样本的有效维度为 q，与 $\boldsymbol{x}$ 的观测维度（或分辨率）无关[⊖]。

训练一个生成对抗网络相当于学习解码器映射$\boldsymbol{x}=f_\theta(\boldsymbol{z})$，它接受一个潜在的表示 $\boldsymbol{z}$，并将其映射到一个（高维）输出 $\boldsymbol{x}$。然而，一个自然的问题是：我们能学习向另一个方向的映射吗？也就是说，一个编码器映射$\boldsymbol{z}=h_\theta(\boldsymbol{z})$，它取一个数据点 $\boldsymbol{x}$ 并计算其（低维）潜在表示。

对于生成对抗网络来说，这是非常困难的，因为f_θ通常是一个非常复杂的不可逆函数，而且没有简单的方法来逆转这种映射。对于我们在 10.3 节中讨论过标准化流，反转解码器映射实际上是可能的，因为对于这些模型，我们假设f_θ有一个逆$h_\theta=f_\theta^{-1}$。然而，这需要对模型有一定的限制，特别是 $\boldsymbol{x}$ 和 $\boldsymbol{z}$ 的维度是相同的。因此，这种映射对于降维并没有用处。

在一个自动编码器中，我们通过放宽h_θ是f_θ精确逆的要求来解决这个问题。相反，我们通过令$f_\theta(h_\theta(\boldsymbol{x}))\approx\boldsymbol{x}$的目标共同学习编码器和解码器映射，同时通过模型架构强制执行降维。具体来说，我们假设：

- 编码器$h_\theta:\mathbb{R}^p\to\mathbb{R}^q$将一个数据点映射到一个潜在表示。
- 解码器$f_\theta:\mathbb{R}^q\to\mathbb{R}^p$将一个潜在表示映射到数据空间中的一个点。

重要的是，潜在表示法的维度 q 需要小于 p。通常，编码器和解码器的映射被参数化为神经网络。与标准化流相反，这两个函数是单独构造的，并且允许它们依赖于不同的参数。然而，为了简洁起见，我们将编码器和解码器的参数分组到联合参数向量 $\boldsymbol{\theta}$ 中。

如果我们取一个数据点 $\boldsymbol{x}$，我们可以使用编码器作为$\boldsymbol{z}=h_\theta(\boldsymbol{x})$计算其潜在表示。如果我们通过解码器提供这个表示，我们就得到重构的数据点$\hat{\boldsymbol{x}}=f_\theta(\boldsymbol{z})$。一般来说，这与 $\boldsymbol{x}$ 并不完全相同，因为我们在第一步中已经强迫编码器将数据压缩为一个较低维的表示。这通常会导致解码器无法补偿的信息丢失。然而，我们仍然可以通过最小化训练数据上的重构误差来训练模型，以尽可能地接近观测到的映射。例如，利用平方误差损失，我们得到了训练目标

$$\hat{\boldsymbol{\theta}}=\arg\min_\theta\sum_{i=1}^n\left\|\boldsymbol{x}_i-f_\theta(h_\theta(\boldsymbol{x}_i))\right\|^2 \tag{10.29}$$

有趣的是，$q<p$对于这个问题是非常重要的，否则我们最终将学习一个识别到的映射。然而，当 q 确实小于 p 时，这个目标将鼓励编码器将数据压缩成一个更低维的向量，同时保留尽可能多的实际信息内容，以实现准确的重构。换句话说，编码器被迫学习数据的有用表示。

当使用神经网络来参数化编码器和解码器映射时，完整的自动编码器也可以被看作一个神经网络，但在中间有一个与潜在代码对应的“瓶颈层”。我们将在图 10.10 中举例说明这一点。

⊖ 我们说，该模型在 p 维数据空间中定义了一个 q 维流形。我们可以把一个流形看作一个非线性子空间。例如，在三维空间中的一个二维流形是一个曲面。当 $\boldsymbol{z}\in$ R2 和 $\boldsymbol{x}=f\theta(\boldsymbol{z})\in$ R3 时，所有以这种方式生成的点 $\boldsymbol{x}$ 都将被约束在这样一个曲面上。

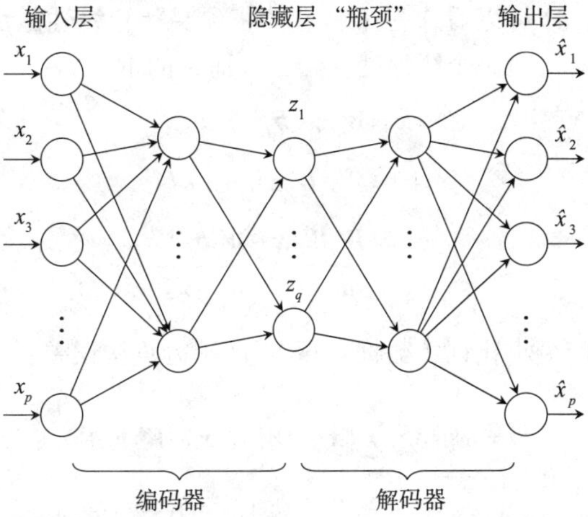

图 10.10 自动编码器可以看作一个中间有一个"瓶颈层"的神经网络。网络的第一部分对应编码器，第二部分对应解码器，潜在的表示由瓶颈处的隐藏变量给出

当使用自动编码器时，一个可能的问题是学习记忆训练数据的风险。为了说明这一点，假设$q=1$，这样我们就有一个标量潜码 z。对于任何现实的问题，这应该不足以表示某些复杂数据 $\boldsymbol{x}$ 的实际信息内容。然而，从概念上来说，自动编码器可以学习将任何训练数据点$\boldsymbol{x}_i$映射到值$z_i=i$，然后学习基于这个唯一标识符准确地重构数据点。这在实践中永远不会完全发生，但我们仍然会在一定程度上受到这种记忆效应的影响。换句话说，该模型可能会学习在参数向量 $\boldsymbol{\theta}$ 中存储的关于训练数据的信息，这有助于它最小化重构错误，而不是学习一个有用且可推广的表示。这是一个潜在的问题，特别是当模型非常灵活（非常高维的 $\boldsymbol{\theta}$）时，因此它具有记忆数据的能力。

很多文献中已经提出了对基本的自动编码器的各种扩展，以对抗这种记忆效应。正则化是一种有用的方法。例如，我们可以在潜在表示的分布上添加一个概率先验，这样就能有效地弥合自动编码器和深层生成模型。另一种方法是限制编码器和解码器映射的容量。将此举发挥到极致，我们可以将这两个映射限制为线性函数。事实证明，这引出了一种众所周知的降维方法，称为主成分分析，我们将在下文中讨论它。

10.4.2 主成分分析

主成分分析（PCA）类似于自动编码器，目标是学习数据$\boldsymbol{x}\in\mathbb{R}^p$的低维表示$\boldsymbol{z}\in\mathbb{R}^q$，其中$q<p$。这是通过应用线性变换将 $\boldsymbol{x}$ 投影到$\mathbb{R}^p$的 q 维（线性）子空间上实现的。传统上，变换的目标是保留尽可能多的信息，其中信息是用方差来衡量的。我们将在下面简要地讨论关于 PCA 的这一观点。然而，另一种方法是将 PCA 作为一个被限制为线性的自动编码器。也就是说，编码器是一个线性映射，它将 $\boldsymbol{x}$ 变换为潜在表示 $\boldsymbol{z}$，解码器是另一个试图从 $\boldsymbol{z}$ 重构 $\boldsymbol{x}$ 的线性映射，通过最小化对训练数据的重构误差，同时学习这两个映射。这意味着我们可以写出：

$$\boldsymbol{z}=\underbrace{\boldsymbol{W}_e}_{q\times p}\boldsymbol{x}+\underbrace{\boldsymbol{b}_e}_{q\times 1},\quad \boldsymbol{x}=\underbrace{\boldsymbol{W}_d}_{p\times q}\boldsymbol{z}+\underbrace{\boldsymbol{b}_d}_{p\times 1} \tag{10.30}$$

它们分别用于编码器和解码器的映射。模型的参数是权重矩阵和偏移向量，$\boldsymbol{\theta}=\{\boldsymbol{W}_e,\boldsymbol{b}_e,\boldsymbol{W}_d,\boldsymbol{b}_d\}$。

从图 10.10 中可以看出，这可以看作一个具有“瓶颈层”和线性激活函数的双层神经网络。注意，完整的自动编码器也由一个线性变换给出，而 $\boldsymbol{x}$ 的重构为：

$$\hat{\boldsymbol{x}} = \boldsymbol{W}_d \boldsymbol{z} + \boldsymbol{b}_d \tag{10.31a}$$

$$= \boldsymbol{W}_d (\boldsymbol{W}_e \boldsymbol{x} + \boldsymbol{b}_e) + \boldsymbol{b}_d \tag{10.31b}$$

$$= \underbrace{\boldsymbol{W}_d \boldsymbol{W}_e}_{p \times p} \boldsymbol{x} + \underbrace{\boldsymbol{W}_d \boldsymbol{b}_e + \boldsymbol{b}_d}_{p \times 1} \tag{10.31c}$$

为了学习模型参数，我们最小化训练数据点$\{\boldsymbol{x}_i\}_{i=1}^n$的平方重构误差：

$$\hat{\boldsymbol{\theta}} = \arg\min_{\theta} \sum_{i=1}^{n} \left\| \boldsymbol{x}_i - (\boldsymbol{W}_d \boldsymbol{W}_e \boldsymbol{x}_i + \boldsymbol{W}_d \boldsymbol{b}_e + \boldsymbol{b}_d) \right\|^2 \tag{10.32}$$

在继续操作之前，让我们暂停一会儿，考虑一下这个表达式。根据式（10.31c)，一个数据点 $\boldsymbol{x}$ 的重构$\hat{\boldsymbol{x}}$是 $\boldsymbol{x}$ 的线性变换。但是，此变换仅依赖于模型参数，即矩阵$\boldsymbol{W}_d \boldsymbol{W}_e$和向量$\boldsymbol{W}_d \boldsymbol{b}_e + \boldsymbol{b}_d$。因此，基于式（10.32）来唯一地确定所有模型参数是不可能的。例如，对于任何可逆的$q \times q$矩阵 $\boldsymbol{T}$，我们可以用$\boldsymbol{W}_d \boldsymbol{T}\boldsymbol{T}^{-1} \boldsymbol{W}_e$替换$\boldsymbol{W}_d \boldsymbol{W}_e$，并得到一个等价的模型。最好的情况是，我们可以学习乘积$\boldsymbol{W}_d \boldsymbol{W}_e$和向量$\boldsymbol{W}_d \boldsymbol{b}_e + \boldsymbol{b}_d$，但不可能从这些表达式中唯一地识别$\boldsymbol{W}_e$、$\boldsymbol{b}_e$、$\boldsymbol{W}_d$和$\boldsymbol{b}_d$。因此，在执行 PCA 时，我们希望找到一个针对式（10.32）的解决方案，而不一定要描述所有可能的解决方案。然而，正如我们将在下面看到的，我们不会找到任何解决方案，而是有一个很好的几何解释。

基于这一观察结果，我们首先注意到在“组合偏移量”向量$\boldsymbol{W}_d \boldsymbol{b}_e + \boldsymbol{b}_d$中存在冗余。由于$\boldsymbol{b}_d$是一个自由参数，我们可以不失一般性地设置为$\boldsymbol{b}_e = 0$。这意味着编码器映射简化为$\boldsymbol{z} = \boldsymbol{W}_e \boldsymbol{x}$。接下来，将其插入式（10.32）中，就有可能求解$\boldsymbol{b}_d$。实际上，从一个标准最小二乘参数[⊖]可以得出，对于任意$\boldsymbol{W}_d \boldsymbol{W}_e$, $\boldsymbol{b}_d$的最优值是：

$$\boldsymbol{b}_d = \frac{1}{n} \sum_{i=1}^{n} (\boldsymbol{x}_i - \boldsymbol{W}_d \boldsymbol{W}_e \boldsymbol{x}_i) = (\boldsymbol{I} - \boldsymbol{W}_d \boldsymbol{W}_e) \bar{\boldsymbol{x}} \tag{10.33}$$

其中，$\bar{\boldsymbol{x}} = \frac{1}{n} \sum_{i=1}^{n} \boldsymbol{x}_i$是训练数据的平均值。为了符号简洁起见，我们通过从每个数据点减去平均值定义中心数据$\boldsymbol{x}_{0,i} = \boldsymbol{x}_i - \bar{\boldsymbol{x}}$，$i = 1, \cdots, n$。目标式（10.32）因此简化为：

$$\widehat{\boldsymbol{W}}_e, \widehat{\boldsymbol{W}}_d = \arg\min_{\boldsymbol{W}_e, \boldsymbol{W}_d} \sum_{i=1}^{n} \left\| \boldsymbol{x}_{0,i} - \boldsymbol{W}_d \boldsymbol{W}_e \boldsymbol{x}_{0,i} \right\|^2 \tag{10.34}$$

我们注意到，在自动编码器中，偏移向量的作用是使数据以其平均值为中心环绕。在实践中，我们将这作为一个预处理步骤来处理并且：

通过从每个数据点中减去平均值来手动集中化数据。

然后，我们就可以集中讨论如何解决矩阵$\boldsymbol{W}_e$和$\boldsymbol{W}_d$的问题（10.34）。

⊖ 通过区分表达式并将梯度设置为零，很容易验证这一点。

正如我们之前看到的，当使用线性模型时，通常能够很方便地将数据向量堆叠到矩阵中并使用矩阵代数的工具。当将 PCA 解推导为式（10.34）时也是如此。因此，我们将中心数据点和重构的矩阵定义为：

$$\boldsymbol{X}_0 = \begin{bmatrix} \boldsymbol{x}_{0,1}^{\mathrm{T}} \\ \boldsymbol{x}_{0,2}^{\mathrm{T}} \\ \vdots \\ \boldsymbol{x}_{0,n}^{\mathrm{T}} \end{bmatrix}, \qquad \widehat{\boldsymbol{X}}_0 = \begin{bmatrix} \hat{\boldsymbol{x}}_{0,1}^{\mathrm{T}} \\ \hat{\boldsymbol{x}}_{0,2}^{\mathrm{T}} \\ \vdots \\ \hat{\boldsymbol{x}}_{0,n}^{\mathrm{T}} \end{bmatrix} \tag{10.35}$$

其中，两个矩阵的大小都是$n \times p$。这里$\hat{\boldsymbol{x}}_{0,i} = \boldsymbol{W}_d \boldsymbol{W}_e \boldsymbol{x}_{0,i}$是第$i$个数据点的中心重构。使用这个符号，我们可以将训练目标（10.34）写为：

$$\widehat{\boldsymbol{W}}_e, \widehat{\boldsymbol{W}}_d = \arg\min_{\boldsymbol{W}_e, \boldsymbol{W}_d} \left\| \boldsymbol{X}_0 - \widehat{\boldsymbol{X}}_0 \right\|_F^2 \tag{10.36}$$

其中，$\|\cdot\|_F$表示一个矩阵的 Frobenius 范数[⊖]，它对$\boldsymbol{W}_e$和$\boldsymbol{W}_d$的依赖性隐含在符号$\widehat{\boldsymbol{X}}_0$中。

根据重构数据点的定义，可以得出$\widehat{\boldsymbol{X}}_0 = \boldsymbol{X}_0 \boldsymbol{W}_e^{\mathrm{T}} \boldsymbol{W}_d^{\mathrm{T}}$。它的一个重要含义是矩阵$\widehat{\boldsymbol{X}}_0$的秩最多为 q。一个矩阵的秩被定义为该矩阵的线性无关的行（或者等价地，列）的数量。因此，秩总是以矩阵的最小维度为界。假设$\widehat{\boldsymbol{X}}_0$表达式中的所有矩阵都是满秩，这意味着$\boldsymbol{X}_0$的秩为$p$，而$\boldsymbol{W}_d$和$\boldsymbol{W}_e$的秩为$q < p$（我们假设$n > p$）。此外，它还认为矩阵乘积的秩以相关因子的最小秩为界。由此得出，$\widehat{\boldsymbol{X}}_0$的秩（最多）为 q。

基于这一观察结果和学习目标（10.36），PCA 问题可以表述为：

找到中心数据矩阵$\boldsymbol{X}_0$秩为 q 的最佳近似矩阵$\widehat{\boldsymbol{X}}_0$。

结果表明，这个矩阵近似问题有一个众所周知的解，由 Eckart-Young-Mirsky 定理给出。该定理基于来自矩阵代数的一种强大的工具——一种称为奇异值分解（SVD）的矩阵分解技术。将 SVD 应用于中心数据矩阵$\boldsymbol{X}_0$，可以得到因式分解：

$$\boldsymbol{X}_0 = \boldsymbol{U}\boldsymbol{\Sigma}\boldsymbol{V}^{\mathrm{T}} \tag{10.37}$$

其中，$\boldsymbol{\Sigma}$是一个$n \times p$形式的对角矩阵

$$\boldsymbol{\Sigma} = \begin{pmatrix} \sigma_1 & 0 & \cdots & 0 \\ 0 & \sigma_2 & \cdots & 0 \\ \vdots & \vdots & & \vdots \\ 0 & 0 & \cdots & \sigma_p \\ 0 & 0 & \cdots & 0 \\ \vdots & \vdots & & \vdots \\ 0 & 0 & \cdots & 0 \end{pmatrix} \tag{10.38}$$

σ_j值为正实数，称为矩阵的奇异值。经过排序，$\sigma_1 \geqslant \sigma_2 \geqslant \cdots \geqslant \sigma_p > 0$。一般来说，一个矩

⊖ 矩阵 $\boldsymbol{A}$ 的 Frobenius 范数定义为$\|\boldsymbol{A}\|_F = \sqrt{\boldsymbol{\Sigma}_{ij} \boldsymbol{A}_{ij}^2}$。

阵的非零奇异值等于它的秩，但是由于我们假设$\boldsymbol{X}_0$是满秩的，所以所有的奇异值都是正的。矩阵$\boldsymbol{U}$是一个大小为$n\times n$的正交矩阵，即它的列是长度为 n 的正交单位向量。同样，$\boldsymbol{V}$是一个大小为$p\times p$的正交矩阵。

利用奇异值分解，Eckart-Young-Mirsky 定理表明，矩阵$\boldsymbol{X}_0$的最佳[⊖]近似秩 q 是通过截断奇异值分解，只保持 q 最大奇异值而得到的。具体来说，使用块矩阵表示法，我们可以写为：

$$\boldsymbol{U}=[\boldsymbol{U}_1\ \ \boldsymbol{U}_2],\qquad \boldsymbol{\Sigma}=\begin{bmatrix}\boldsymbol{\Sigma}_1 & 0\\ 0 & \boldsymbol{\Sigma}_2\end{bmatrix},\qquad \boldsymbol{V}=[\boldsymbol{V}_1\ \ \boldsymbol{V}_2] \tag{10.39}$$

其中$\boldsymbol{U}_1$的大小为$n\times q$（对应于$\boldsymbol{U}$的前 q 列），$\boldsymbol{V}_1$的大小为$p\times q$（对应于 $\boldsymbol{V}$ 的前 q 列），$\boldsymbol{\Sigma}_1$的大小为$q\times q$（对应于对角线上 q 的最大奇异值）。然后用 SVD 中的零替换$\boldsymbol{\Sigma}_2$，得到$\boldsymbol{X}_0$的最佳近似秩 q，从而得到

$$\widehat{\boldsymbol{X}}_0=\boldsymbol{U}_1\boldsymbol{\Sigma}_1\boldsymbol{V}_1^{\mathrm{T}} \tag{10.40}$$

它仍然是将这个表达式连接到矩阵$\boldsymbol{W}_e$和$\boldsymbol{W}_d$定义的线性自动编码器。具体来说，从重构数据点的定义来看，它认为必须使得$\widehat{\boldsymbol{X}}_0=\boldsymbol{X}_0\boldsymbol{W}_e^{\mathrm{T}}\boldsymbol{W}_d^{\mathrm{T}}$，因此我们需要找到矩阵$\boldsymbol{W}_e$和$\boldsymbol{W}_d$，使这个表达式符合式（10.40），这是根据 Eckart-Young-Mirsky 定理的最佳可能近似。事实证明，这个连接很容易从 SVD 中获得。令$\boldsymbol{W}_e=\boldsymbol{V}_1^{\mathrm{T}}$和$\boldsymbol{W}_d=\boldsymbol{V}_1$即可达到预期的结果：

$$\boldsymbol{X}_0\boldsymbol{W}_e^{\mathrm{T}}\boldsymbol{W}_d^{\mathrm{T}}=[\boldsymbol{U}_1\ \ \boldsymbol{U}_2]\begin{bmatrix}\boldsymbol{\Sigma}_1 & 0\\ 0 & \boldsymbol{\Sigma}_2\end{bmatrix}\begin{bmatrix}\boldsymbol{V}_1^{\mathrm{T}}\\ \boldsymbol{V}_2^{\mathrm{T}}\end{bmatrix}\boldsymbol{V}_1\boldsymbol{V}_1^{\mathrm{T}}=\boldsymbol{U}_1\boldsymbol{\Sigma}_1\boldsymbol{V}_1^{\mathrm{T}} \tag{10.41}$$

其中我们使用了 $\boldsymbol{V}$ 是正交的条件，所以$\boldsymbol{V}_1^{\mathrm{T}}\boldsymbol{V}_1=\boldsymbol{I}$且$\boldsymbol{V}_2^{\mathrm{T}}\boldsymbol{V}_1=0$。

这就完成了 PCA 的推导。我们在方法 10.5 中总结了该程序。

方法 10.5　主成分分析模型

学习 PCA 模型

数据：训练数据$\mathcal{T}=\{\boldsymbol{x}_i\}_{i=1}^n$

结果：主轴$\boldsymbol{V}$和分数$\boldsymbol{Z}_0$

1．计算平均向量$\bar{\boldsymbol{x}}=\frac{1}{n}\sum_{i=1}^{n}\boldsymbol{x}_i$

2．集中数据，$\bar{\boldsymbol{x}}_{0,i}=\boldsymbol{x}_i-\bar{\boldsymbol{x}}, i=1,\cdots, n$

3．根据式（10.35）构造数据矩阵$\boldsymbol{X}_0$

4．对$\boldsymbol{X}_0$进行 SVD，得到分解$\boldsymbol{X}_0=\boldsymbol{U}\boldsymbol{\Sigma}\boldsymbol{V}^{\mathrm{T}}$

5．计算主成分$\boldsymbol{Z}_0=\boldsymbol{U}\boldsymbol{\Sigma}$

⊖　在最小化差异的 Frobenius 范数意义上。

值得注意的是，该算法可以归结为简单地将 SVD 应用于中心数据矩阵$\boldsymbol{X}_0$，并且这个操作与 q 的选择无关。因此，与非线性自动编码器相比[⊖]，我们不需要事先决定潜在表示的维度 q。相反，我们从一个单一的 SVD 分解中得到了 q 的所有可能值的解。事实上，正交矩阵 $\boldsymbol{V}$ 对应于$\mathbb{R}^p$中的一个基的变换。通过定义一个变换后的数据矩阵：

$$\underbrace{\boldsymbol{Z}_0}_{n\times p} = \underbrace{\boldsymbol{X}_0}_{n\times p}\underbrace{\boldsymbol{V}}_{p\times p} \tag{10.42}$$

我们得到了数据的另一种表示方法。注意，这个数据矩阵的大小也是$n\times p$，并且在这个变换中我们没有丢失任何信息，因为$\boldsymbol{V}$是可逆的。

$\boldsymbol{V}$ 的列对应于新基的基向量。从上面的推导中，我们也知道 $\boldsymbol{V}$ 的列是按相关性排序的，即维度 q 的最佳自动编码器由前 q 列或基向量给出。我们把这些向量称为$\boldsymbol{X}_0$的主轴。此外，这意味着我们可以得到任意$q<p$维度的$\boldsymbol{X}_0$的最佳低维表示，只需保留变换数据矩阵$\boldsymbol{Z}_0$的前 q 列。新基中数据的坐标（即$\boldsymbol{Z}_0$中的值）被称为主成分（或分数）。一个有趣的现象是，由于$\boldsymbol{Z}_0=\boldsymbol{X}_0\boldsymbol{V}=\boldsymbol{U}\boldsymbol{\Sigma}\boldsymbol{V}^{\mathrm{T}}\boldsymbol{V}=\boldsymbol{U}\boldsymbol{\Sigma}$，我们可以直接从 SVD 中获得主成分。我们在图 10.11a 和图 10.11b 中说明了 PCA 方法。

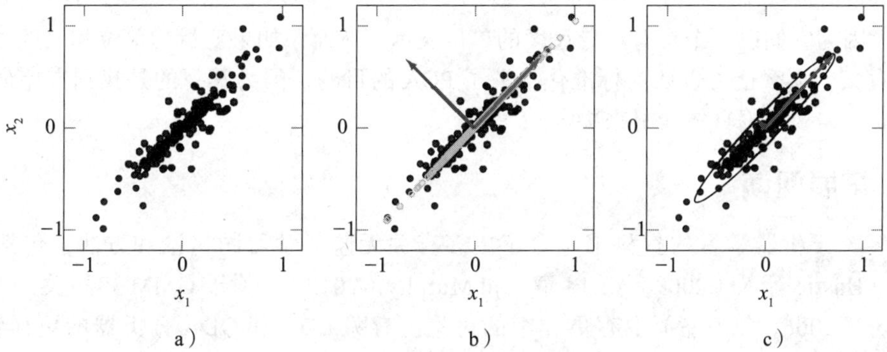

图 10.11 $\mathbb{R}^2$中 PCA 的示意图。在图 a 中，显示了一些数据$\{\boldsymbol{x}_i\}_{i=1}^n$。图 b 中显示了第一个（红色）和第二个（绿色）主轴。这些向量分别由 $\boldsymbol{V}$ 的第 1 列和第 2 列给出。该图还显示了投影到第一主轴（粉红色）时的数据点，这与具有$q=1$潜在维度的线性自动编码器获得的重构数据点相同。图 c 中显示了一个椭圆拟合的协方差矩阵$\frac{1}{n}\boldsymbol{X}_0^{\mathrm{T}}\boldsymbol{X}_0$的数据。椭圆的主轴与中间面板的主轴一致，但椭圆沿每个主轴的宽度按相应方向的标准差进行缩放。这说明 PCA 为$\mathbb{R}^p$找到了一个新的基，它被旋转以与数据的协方差对齐

思考时间 10.2 我们已经根据中心数据定义了主成分。然而，我们也可以用同样的方法来计算没有中心数据的主成分$\boldsymbol{Z}=\boldsymbol{X}\boldsymbol{V}$（注意，$\boldsymbol{V}$ 仍然是从有中心的数据矩阵的 SVD 计算出来的）。$\boldsymbol{Z}$ 和$\boldsymbol{Z}_0$有什么关系？这与我们开始派生的编码器映射$\boldsymbol{z}=\boldsymbol{W}_e\boldsymbol{x}$有什么关系？

在本节的开始，我们提到了 PCA 和数据的协方差之间存在着紧密的联系。事实上，

⊖ 这指的是上面提出的基本的非线性自动编码器。这里有对自动编码器的扩展，以便在动态中学习一个合适的 q 值。

PCA 的另一种观点是，它在$\mathbb{R}^p$中找到了数据变化最大的方向。具体来说，第一主轴是方差最大的方向，第二个主轴也是方差最大的方向，但在它应在与第一主轴正交的约束下，以此类推。这可以在图 10.11 中看到，其中的主轴确实与数据变化最大的方向对齐。

为了使其形式化，请注意，数据的（样本）协方差矩阵由下式给出：

$$\frac{1}{n}\sum_{i=1}^{n}(\boldsymbol{x}_i-\overline{\boldsymbol{x}})(\boldsymbol{x}_i-\overline{\boldsymbol{x}})^{\mathrm{T}}=\frac{1}{n}\boldsymbol{X}_0^{\mathrm{T}}\boldsymbol{X}_0=\frac{1}{n}\boldsymbol{V}\boldsymbol{\Sigma}^{\mathrm{T}}\boldsymbol{U}^{\mathrm{T}}\boldsymbol{U}\boldsymbol{\Sigma}\boldsymbol{V}^{\mathrm{T}}=\boldsymbol{V}\boldsymbol{\Lambda}\boldsymbol{V}^{\mathrm{T}} \tag{10.43}$$

其中，$\boldsymbol{\Lambda}$是一个$p\times p$对角矩阵，对角线上的值为$\Lambda_{ii}=\sigma_i^2/n$。这可以看作协方差矩阵的特征值分解。因此，主轴（$\boldsymbol{V}$的列）与协方差矩阵的特征向量相同。此外，特征值由平方奇异值给出，用 n 标准化。协方差矩阵的特征向量和特征值可以说是定义了它的“几何结构”。如果我们考虑拟合高斯分布，然后绘制相应的概率密度函数的水平曲线，那么这将采用椭圆的形式。椭圆的形状可以用分布的协方差矩阵来识别。具体来说，椭圆的主轴对应于协方差矩阵的特征向量（与数据的主轴相同）。此外，数据在主轴方向上的方差由相应的特征值给出。椭圆沿每个主轴的椭圆宽度与数据沿这个方向的标准偏差成正比，因此对应于数据矩阵的奇异值。我们在图 10.11c 中说明这一点。

最后，我们注意到在应用 PCA 之前对数据进行标准化通常是一个好主意，特别是对不同的变量$x_j, j=1,\cdots,p$，且 p 有截然不同的尺度。否则，主要方向可能会严重偏向于某些变量，仅仅因为它们以一个具有主导尺度的单位表示。然而，如果变量的单位和尺度对手头的问题有意义，那么也可以认为标准化抵消了 PCA 的目的，因为其目的是找到方差最大的方向。因此，需要根据具体情况来决定。

10.5 拓展阅读

许多关于机器学习的教科书包含了更多有关无监督学习的讨论和方法，包括 Bishop（2006）、Hastie 等人（2009，第 14 章）和 Murphy（2012）。关于 GMM 和相关的 *k*- 均值，在 Bishop（2006，第 9 章）中有更详细的讨论。有关 LDA 和 QDA 分类器的更详细讨论，请参见 Hastie 等人（2009，4.3 节）或 Mardia 等人（1979，第 10 章）。

关于生成模型和判别模型之间基本选择的更多讨论，请参见 Bishop 和 Lasserre（2007）、Liang 和 Jordan（2008）、Ng 和 Jordan（2001）、Xue 和 Titterington（2008）以及 Jebara（2004）的教科书。

Goodfellow 等人（2016）书对深度生成模型（第 20 章）、自动编码器（第 14 章）和其他表示学习方法（第 15 章）进行了更深入的讨论。生成对抗网络由 Goodfellow 等人（2014）引入，Creswell 等人（2018）对其进行了回顾。Kobyzev 等人（2020）提供了标准化流的概述。

在本章中没有讨论的深层生成模型中，也许最著名的是变分自动编码器（Diederik 等人，2014；Diederik 和 Welling，2019；Rezende 等人，2014），它提供了一种将深层生成模型与自动编码器连接起来的方法。该模型也被用于半监督学习（Diederik，2014），其方式类似于我们在半监督设置中使用的 GMM。

机器学习的用户视角

在实践中处理有监督机器学习问题在很大程度上属于一门工程学科，必须考虑许多实际问题，而进行开发的工作时间往往是有限的。为了有效地使用这些资源，我们需要一个结构良好的程序来指导如何开发和改进模型。对于可能会采取的多种操作。我们如何知道应采取哪些行动，以及这些行动是否真的值得花时间来做呢？例如，我们应该多花一周的时间收集更多的训练数据和标签，还是应该做别的事情？这些问题将在本章中进行讨论。请注意，本章是按主题布局的，不一定代表处理不同问题的顺序。

11.1 定义机器学习问题

在实践中解决一个机器学习问题是一个迭代的过程。我们训练模型、评估模型，并从中提出一个改进的措施，然后再次训练模型，以此类推。为了有效地做到这一点，我们需要能够判断一个新模型是否比前一个模型有所改进。在每次迭代后评估模型的一种方法是将其投入生产（例如，在自动驾驶汽车中运行一个交通标志分类器几个小时）。除了明显的安全问题外，这个评估程序将非常耗时和烦琐。这也很可能是不准确的，因为它可能仍然很难判断提出的改变是不是一个实际的改进。

一个更好的策略是自动化这个评估过程，而不需要在每次我们想要评估性能时都将模型投入生产。我们通过将验证数据集和测试数据集放在一边，并使用标准尺度矩阵来评估性能。验证数据集、测试数据集以及尺度矩阵将定义我们正在解决的机器学习问题。

11.1.1 训练、验证和测试数据

在第 4 章中，我们介绍了将可用数据划分为训练数据、验证数据和测试数据的策略，如图 11.1 所示。

- **训练数据**用于对模型进行训练。
- **保留验证数据**用于比较不同的模型结构，选择模型的超参数、特征选择等。
- **测试数据**用于评价最终模型的性能。

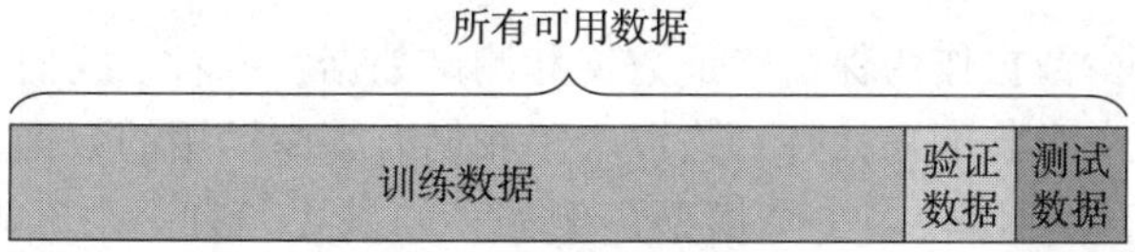

图 11.1 将数据划分为训练数据、保留验证数据和测试数据

如果可用数据量较小，则可以执行 *k*-fold 交叉验证，而不是将保留的验证数据放在一边，如何在迭代过程中使用它的想法没有改变。为了获得性能的最终估计值，我们使用了测试数据。

在迭代过程中，使用保留验证数据（或 *k*-fold 交叉验证）来判断新模型是否比以前的模

型有改进。在这个验证阶段，我们还可以选择训练几个新的模型。例如，如果我们有一个神经网络模型，并且对某一层中使用的隐藏单元的数量感兴趣，我们可以训练几个模型，每个模型都有不同的隐藏单元选择。然后，我们选择在验证数据上表现最好的一个。某一层中隐藏单元的数量是超参数的一个例子。如果我们有更多想要评估的超参数器，我们可以对这些参数执行网格搜索。在 5.6 节中，我们将更详细地讨论超参数优化。

最终，我们将有效地使用验证数据来比较许多模型。根据验证数据的大小，与完全看不见的数据相比，我们可能会冒险选择一个在验证数据上做得特别好的模型。为了检测这一点并对模型的实际性能进行公平的估计，我们使用了测试数据，这些数据既没有被训练过也没有被使用过。如果验证数据的性能明显优于测试数据的性能，那么我们就对验证数据进行了过拟合。在这种情况下，最简单的解决方案是扩展验证数据的大小。测试数据不应作为训练和模型选择程序的一部分重复使用。如果我们开始根据我们的测试数据做出重大决策，那么模型将适应测试数据，我们就不能再相信测试性能是我们模型实际性能的客观度量。

重要的是，验证数据和测试数据总是来自相同的数据分布，即我们在将模型投入生产时所期望看到的数据分布。如果它们不是来自相同的分布，我们正在验证和改进我们的模型就会向着未展示出的数据方向前进，也就是是“瞄准了错误的目标”。通常，训练数据也应该来自与测试和验证数据相同的数据分布，但如果我们有充分的理由这样做，就可以放宽这一要求。我们将在 11.2 节中进一步讨论这个问题。

当将数据划分为训练数据、验证数据和测试数据时，*组泄露*可能是一个潜在的问题。如果数据点不是真正的随机独立的，而是被排列成不同的组，就会发生组泄露。例如，在许多医学领域中，X 射线图像可能属于同一个患者。在这种情况下，如果我们对图像进行随机划分，属于同一患者的不同图像很可能会在训练和验证数据集中同时出现。如果模型学习了某个患者的属性，那么验证数据的性能可能比我们在生产中所期望的好。

解决组泄露问题的方法是进行组分区。我们不是对数据点进行随机划分，而是对数据点所属的组进行划分。在上述医学示例中，这意味着我们对患者而不是医学图像进行随机划分。通过这种方法，我们确保了某一患者的图像只出现在其中一个数据集中，避免了训练数据无意中向验证和测试数据泄露信息。

尽管我们提倡使用验证和测试数据来改进和评估模型的性能，但我们最终也应该评估模型在生产中的性能。如果我们意识到该模型在生产过程中比在测试数据上表现得更差，那么我们就应该尝试找到为什么会出现这种情况的原因。如果可能的话，改进模型的最佳方法是更新测试数据和验证数据，使它们实际上代表我们期望在生产中看到的东西。

11.1.2 验证和测试数据集的大小

我们应该留出多少数据作为保留验证数据和测试数据？或者，我们应该避免留出保留验证数据而使用 *k*-fold 交叉验证来代替？这取决于我们有多少可用的数据、我们计划检测哪些性能差异，以及我们计划比较多少个模型。例如，如果我们有一个准确率为 99.8% 的分类模型，并且想知道一个新模型是否更好，那么一个包含 100 个数据点的验证数据集将无法区分这种区别。此外，如果我们计划使用 100 个验证数据点来比较许多（比如数百个或更多）不同的超参数值和模型结构，我们很可能会对这些验证数据进行过拟合。

例如，如果我们有 500 个数据点，一个合理的划分可能是 60%、20%、20%（即 300、100、100 个数据点）用于训练 - 验证 - 测试。对于这样一个很小的验证数据集，我们不能比较几个超参数值和模型结构，也不能达到 0.1% 的精度。在这种情况下，我们可能最好使用 k-fold 交叉验证来减小对验证数据进行过拟合的风险。然而，要注意的是，即使有 k-fold 交叉验证，训练数据仍然存在过拟合的风险。如果我们想要对性能进行最终的无偏估计，我们仍然需要留出测试数据。

许多机器学习问题都有很多更大的数据集。假设我们有一个包含 1 000 000 个数据点的数据集。在这种情况下，一个可能的划分可能是 98%、1%、1%，也就是说，分别留下 10 000 个数据点进行验证和测试，除非我们真的关心性能中的最后一个小数。在这里，与只有 500 个数据点的场景相比，k-fold 交叉验证的用处较小，因为使用所有 99%=98%+1%（训练 + 验证）与使用“仅”98% 相比会有很小的不同。此外，用这样多的数据训练 k 个模型（而不是只有一个模型）的成本也要高得多。

拥有一个单独的验证数据集的另一个优点是，我们可以允许训练数据来自一个与验证和测试数据集略有不同的分布。例如，如果这能让我们找到一个更大的训练数据集。我们将在 11.2 节中进一步讨论这个问题。

11.1.3 单一数字评估指标

在 4.5 节中，除了错误分类率外，我们还引入了其他指标，如精确率、召回率和用于评估二进制分类器的F_1分数。对于哪个指标最合适并没有唯一的答案。要选择的指标是问题定义的一部分。为了以更自动化的方式快速改进模型，建议使用单一数字评估指标，特别是当一个更大的工程师团队正在解决这个问题时。

单一数字评估指标和验证数据一起定义了有监督机器学习问题。凭借一个有效的程序，我们可以在保留验证数据（或通过 k-fold 交叉验证）上使用指标来评估模型，这样我们可以加快迭代速度，因为我们可以快速看到对模型的修改是否会提高性能。这对于有效地管理尝试和接受或拒绝新模型的工作流程非常重要。

也就是说，除了单一数字评估指标之外，监视其他指标以及揭示正在做出的权衡也是很有用的。例如，我们可以考虑到不同的最终用户，他们或多或少关心不同的指标，但出于实际原因，我们只能训练一个模型来满足所有需要。如果我们基于这些权衡，意识到我们选择的单一数字评估指标不有利于我们想要一个好的模型拥有的属性，我们就可以改变这个指标。

11.1.4 基线和可实现的性能水平

在处理机器学习问题之前，为模型的性能水平建立一些参考点是一个好主意。基线是一个非常简单的模型，它可以作为一个较低的预期性能水平。举例来说，基线可以从训练数据中随机选取一个输出值y_i，并将其作为预测。回归问题的另一个基线是取训练数据中所有输出值的平均值，并将其作为预测。分类问题对应的基线是在训练数据的类标签中选择最常见的类，并将其用于预测。例如，如果我们有一个二元分类问题，即 70% 的训练数据属于一个类，30% 属于另一个类，并且我们选择了精确率作为我们的性能指标，那么该基线的精确率是 70%。基线是性能的较低阈值。我们知道这个模型必须比这个基线更好。

可以预期该模型的表现远远超出上面所述的朴素基线。此外，最好定义一个可实现的性能，它与我们可以期望从模型中获得的最大性能相同。对于一个回归问题来说，这种性能在理论上受到第4章中提出的不可约误差的限制，而对于分类问题来说，类似的概念就是所谓的贝叶斯错误率。在实践中，我们可能无法获得这些理论界限，但有一些策略来估计它们。对于易于由人工注释者解决的有监督的问题，人工级别的性能可以作为可实现的性能。例如，考虑一个图像分类问题。如果人类能够以99%的准确率识别出正确的类别，这就可以作为我们可以期望从我们的模型中实现什么目标的参考点。可实现的性能也可以基于其他最先进的模型在相同或类似问题上所实现的效果。将性能与可实现的性能进行比较，为我们提供了一个评估模型质量的参考点。此外，如果该模型已经接近可实现的性能，我们可能无法进一步改进我们的模型。

11.2 改进机器学习模型

如前所述，解决机器学习问题是一个迭代过程，我们训练、评估并建议改进的行动，例如通过改变一些超参数或尝试另一个模型。我们如何开始这个迭代过程呢？

11.2.1 由浅入深

一个好的策略是先尝试一些简单的事情。例如，可以从 *k*-NN 或线性/逻辑回归等基本方法开始。另外，不要为第一个模型添加额外的附加组件，比如规则化——这将在基本模型启动和运行的后期阶段出现。一个简单的事情也可以从你信任的解决相同或类似问题的解决方案开始。例如，在构建一个图像分类器时，可以简单地从预先训练的神经网络开始，并微调这些图像与 *k*-NN 一起使用。从简单的事情开始也意味着只考虑第一个模型的可用训练数据的一个子集，如果模型看起来有希望，则对所有数据进行重新训练。此外，请避免对第一个模型进行更多的数据预处理，因为我们希望将在此过程的早期引入错误的风险降到最低。第一步不仅包括编写代码来学习第一个简单模型的代码，还包括编写使用单一数字评估指标在验证数据上评估它的代码。

首先尝试简单的事情可以让我们尽早开始找到一个好的模型的迭代过程。这一点很重要，因为它可能揭示了问题范式的重要方面，在继续使用更复杂的模型之前，我们需要重新思考。此外，如果我们从一个低复杂度的模型开始，它也减少了最终使用一个过于复杂的模型的风险，而一个更简单的模型本来就同样好（甚至更好）。

11.2.2 调试模型

在继续之前，我们应该确保我们所拥有的代码正在生成我们所期望的结果。第一个明显的检查是确保代码运行时没有任何错误或警告。如果没有，请使用调试工具来发现错误。这些错误很容易被发现。

更棘手的错误是，有些代码在语法上是正确的，并且没有任何警告地运行，但仍然没有完成我们期望它做的事情。如何调试这个过程取决于你所选择的模型，但有一些普遍适用的提示：

- 与基线比较。将验证数据的模型性能与声明的基线进行比较（参见11.1节）。如果我们没有超过这些基线，甚至比它们更糟糕，那么训练和评估模型的代码可能就不会像预期的那样工作。
- 过拟合一个小子集。尝试在训练数据的一个非常小的子集（例如，小到两个数据点）上过拟合模型，并确保我们能够实现在该训练数据子集上进行评估的最佳性能。如果它是一个参数模型，也要确保尽可能低的训练代价。

当我们尽力验证了代码没有错误并执行它期望做的事情时，就可以进行后续操作。我们可以采取许多措施来改进模型。例如，改变模型的类型、增加 / 降低模型的复杂度、改变输入变量、收集更多的数据、纠正标记错误的数据（如果有的话）等。我们下一步应该做什么呢？有两种可能的策略可以指导我们采取有意义的行动来改进解决方案，它们是*平衡训练误差和泛化差距*，或应用误差分析。

11.2.3 训练错误和泛化差距

根据第 4 章的符号，训练误差E_{train}是模型对训练数据的性能，而验证误差的预测$E_{\text{hold-out}}$是保留验证数据的性能。在验证步骤中，我们感兴趣的是改变模型，使$E_{\text{hold-out}}$最小化。我们可以把验证误差写为训练误差和泛化差距的总和：

$$E_{\text{hold-out}} = E_{\text{train}} + \underbrace{(E_{\text{hold-out}} - E_{\text{train}})}_{\approx\text{泛化差距}} \tag{11.1}$$

也就是说，泛化差距是由验证误差$E_{\text{hold-out}}$和训练误差E_{train}之间的差异近似得到的 ⊖。

我们可以很容易地计算出训练误差E_{train}和泛化差距$E_{\text{hold-out}} - E_{\text{train}}$，只需要分别对训练数据和验证数据的误差进行评估。通过计算这些量，我们可以很好地指导下一次迭代中考虑哪些变化。

正如我们在第 4 章中讨论的，如果训练误差很小，泛化差距很大（E_{train}小，$E_{\text{hold-out}}$大），我们通常会过拟合模型。相反的情况是，大的训练误差和小的泛化差距（$E_{\text{hold-out}}$和E_{train}都很大），通常表明拟合不足。

如果我们想减少泛化差距$E_{\text{hold-out}} - E_{\text{train}}$（减少过拟合），可以考虑以下措施：

- *使用一个不太灵活的模型*。如果我们有一个非常灵活的模型，我们可能会开始对训练数据进行过拟合，也就是说，E_{train}比$E_{\text{hold-out}}$要小得多。如果我们使用一个不那么灵活的模型，就会减少这个差距。
- *使用更多的正则化*。使用更多的正则化将会降低模型的灵活性，因此也会减少泛化的差距。请阅读 5.3 节中更多关于正则化的内容。
- *早停*。对于经过迭代训练的模型，我们可以在达到最小值之前停止训练。一个好的做法是在训练期间监控$E_{\text{hold-out}}$，当它开始增加时停止，见示例 5.7。
- *使用 bagging*。如果我们已经在使用它，则使用更多的集成成员。bagging 是一种减少模型方差的方法，这通常也意味着我们减少了泛化差距，更多信息见 7.1 节。
- *收集更多训练数据*。如果我们收集更多的训练数据，该模型就不太容易对扩展的训练数据集进行过拟合，并且被迫只关注泛化到验证数据的各个方面。

如果我们想减少训练误差E_{train}（减少欠拟合），可以考虑以下措施：

- *使用一个更灵活的模型*。这能够更好地适应训练数据，可以改变我们正在考虑的模

⊖ 如果近似认为$\bar{E}_{\text{train}} \approx E_{\text{train}}$并且$\bar{E}_{\text{new}} \approx E_{\text{hold-out}}$，这可以认为与式（4.11）有关。如果我们使用 k-fold 交叉验证而不是保留验证数据，我们在计算泛化差距时使用$\bar{E}_{\text{new}} \approx E_{k\text{-fold}}$。

型中的一个超参数（例如，减少 k-NN 中的 k），或者将模型更改为一个更灵活的模型（例如，用深度神经网络代替一个线性回归模型）。

- 扩展输入变量集。如果我们怀疑有更多的输入变量携带信息，我们可能希望用这些输入变量来扩展数据。
- 减少正则化。当然，这只有在完全使用正则化的情况下才能应用。
- 训练模型更长时间。对于迭代训练的模型，我们可以通过长期训练来减少E_{train}。

这些通常是减少训练误差和泛化差距之间的平衡行为，而减少其中一个的措施可能导致另一个的增加。这种平衡行为也与示例 4.3 中讨论的偏差 – 方差权衡有关。

我们在图 11.2 中总结了上述讨论。幸运的是，评估E_{train}和$E_{\text{hold-out}}$成本较低。我们只需要分别在训练数据和验证数据上评估模型。然而，它给了我们下一步应该采取什么行动的好建议。除了建议下一步要探索什么行动，这个程序还告诉我们不用做什么：如果$E_{\text{train}} \gg E_{\text{hold-out}} - E_{\text{train}}$，收集更多的训练数据很可能不会有帮助。此外，如果$E_{\text{train}} \ll E_{\text{hold-out}} - E_{\text{train}}$，使用一个更灵活的模型很可能不会有帮助。

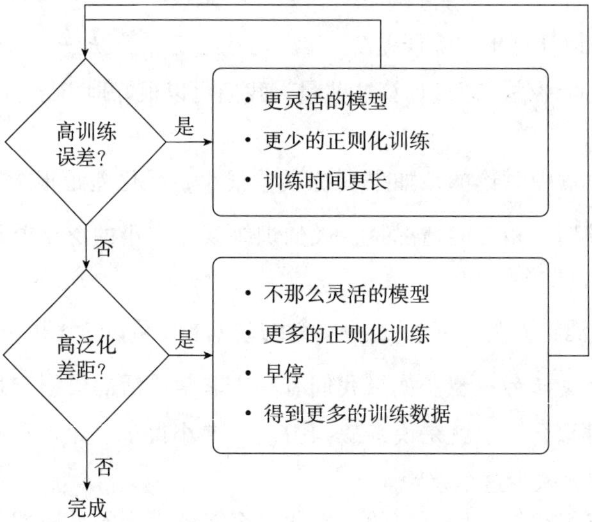

图 11.2　在将验证误差分解为训练误差和泛化差距的基础上改进模型的迭代过程

11.2.4　学习曲线

在上述减少泛化差距的不同方法中，收集更多的训练数据通常是最简单和最可靠的策略。然而，与其他技术相比，收集和标记更多的数据明显更耗时。在收集更多数据之前，我们想告诉大家我们预期可以有多少改进。通过绘制学习曲线，我们可以得到这样的指示。

在学习曲线中，我们使用不同大小的训练数据集来训练模型并评估E_{train}和$E_{\text{hold-out}}$。例如，我们可以用 10%，20%，30%，…的可用数据训练不同的模型，绘制E_{train}和$E_{\text{hold-out}}$随着训练数据的量而变化的曲线。通过外推这些图，我们可以得到通过收集更多数据，得到泛化差距改善的指示。

在图 11.3 中，描述了两种不同场景下的两组学习曲线。首先，请注意，之前我们使用所有可用数据仅评估了最右边的E_{train}和$E_{\text{hold-out}}$。然而，这些图揭示了更多关于训练数据集大小对模型性能影响的信息。在图 11.3 描述的两个场景中，如果我们使用所有可用的训练数据训练模型，E_{train}和$E_{\text{hold-out}}$有相同的值。然而，通过外推两个场景中的E_{train}和$E_{\text{hold-out}}$的学习曲线。在场景 A 中，我们可以比在场景 B 中更多地减小泛化差距。因此，在场景 A 中，收集更多的训练数据比在场景 B 中更有益。通过外推学习曲线，你还可以回答需要多少额外的数据来达到一些预期性能的问题。绘制这些学习曲线并不需要太多额外的工作，只需要在训练数据的子集上训练更多的模型。然而，它可以提供有价值的见解，以了解是否值得付出额外的努力来收集更多的训练数据，以及你应该收集多少额外的数据。

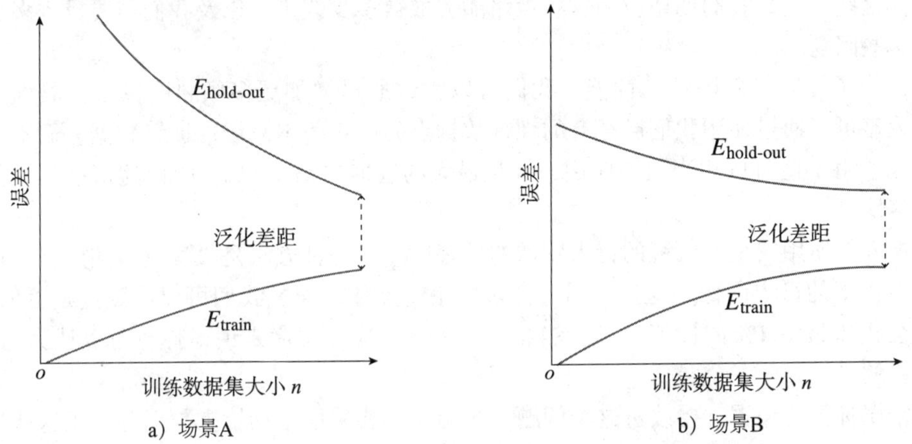

图 11.3 两种不同场景下的学习曲线。在场景 A 中，我们可以期望通过收集更多的训练数据来改善泛化差距，而在场景 B 中，我们不太可能通过添加更多的数据来看到即刻的改进

11.2.5 误差分析

另一种识别可以改进模型的操作的策略是执行*误差分析*。下面我们只描述了分类问题的误差分析，但同样的策略也可以应用于回归问题。

在误差分析中，我们手动查看模型错误分类的验证数据的一个子集，比如 100 个数据点。这样的分析不需要太多时间，但可能会提供有价值的线索，告诉我们模型正在处理什么类型的数据，以及通过解决这些问题我们可以期望得到多少改进。我们用一个示例来说明这个过程。

示例 11.1 应用于车辆检测的误差分析

考虑一个在图像中检测汽车、自行车和行人的分类问题。该模型以一个图像为输入，并输出 `car`、`bike`、`pedestrian` 或 `other`。假设该模型对验证数据的分类准确率为 90%。

当查看验证数据中被错误分类的 100 张图像的子集时，我们进行以下观察：

- 所有的 10 张 `pedestrian` 类别的图片都被错误地归类为 `bike`，在黑暗的条件下，行人配备了安全反射镜。
- 30 张图像大幅倾斜。
- 15 张图像被错误标记。

根据这个观察结果，我们可以得出结论：

- 如果我们启动一个改进模型的项目，将具有安全反射镜的行人分类为 pedestrian，而不是错误地分类为 bike，那么准确率最多可以提高 1%（10% 分类错误率的 1/10）。
- 如果我们提高倾斜图像的性能，准确率最多可以提高 3%。
- 如果我们纠正所有标记错误的数据，准确率最多可以提高 1.5%。

根据这个示例，我们可以通过解决这三个问题来得到改进哪个方面的启示。这些数字应该被认为是最大的可能的改进。为了优先考虑要关注的方面，我们还应该考虑有哪些策略可以用于改善这些问题，我们期望应用这些策略能够取得多少改进，以及我们需要投入多少努力来解决这些问题。

例如，为了提高倾斜图像的性能，我们可以尝试通过增加更多倾斜图像来扩展训练数据。这个策略可以通过使用我们已经有的训练数据点的倾斜版本来增加训练数据，而不需要额外的工作。由于这可以相当快地应用，并且最大的性能提高了 3%，因此这似乎是一件值得尝试的事情。

为了提高对使用安全反射镜的行人图像的处理性能，一种方法是收集更多使用安全反射镜在黑暗条件下的行人图像。这显然需要更多的手动操作，而且我们可以质疑这是否值得，因为它只会提供最多 1% 的性能改进。然而，对于这个应用程序来说，你也可以认为这 1% 是特别重要的。

对于错误标记的数据，要改进这个问题，很明显需要采取手动检查数据并纠正这些标签的方法。在上面的例子中，我们可以说，努力提高 1.5% 的准确率是不值得的。其他操作，使验证数据的准确率达到 98.0%，并且仍然有 1.5% 的总误差是由于错误标记的数据产生的。如果我们仍想进一步改进这个模型，那么这个问题现在就非常重要了。请记住，验证数据的目的是在不同的模型之间进行选择。当验证时报告的大多数错误是由于错误标记的数据而不是模型的实际性能产生时，这种目的性就会被削弱。

纠正标签有两个层次：

1. 检查验证 / 测试数据中的所有数据点，并纠正标签。
2. 仔细检查所有的数据点，包括训练数据，并纠正标签。

与方法 2 相比，方法 1 的优点是需要的工作量较少。例如，假设我们已经对训练 – 验证 – 测试数据进行了 98%、1%、1% 的划分。与方法 2 相比，要处理的数据少了 50 倍。除非错误的标签是系统的，否则纠正训练数据中的标签不一定会取得理想的效果。此外，请注意，仅在测试和验证数据中纠正标签并不一定会提高模型在生产中的性能，但它将给我们对模型的实际性能提供一个更公平的估计。

如方法 1 中所展示的那样，仅将数据清洗应用于验证和测试数据，将导致训练数据与验证和测试数据呈现出略有不同的分布。然而，如果我们也渴望纠正训练数据中标记错误的数据，建议仍然仅纠正验证和测试数据。然后使用下一节中的技术，看看在启动更多劳动密集型的数据清理项目之前，通过清理训练数据，我们可以期望获得多少额外的性能。

在某些领域（例如医学成像）标记数据可能是困难的，两个不同的标记者可能对同一数据点的标签无法达成一致。这种标签分配之间的共识也被称为评定者信度。通过为该数据分配多个标签来检查数据子集上的这个度量是明智的。如果评定者信度较低，则可能需要考虑解决此问题。例如，可以通过为验证和测试数据中的所有数据点分配多个标签来实现，如果能负担得起额外的标签成本，那么还可以分配给训练数据。对于标签不能达成一致的样品，可以对标签使用多数投票。

11.2.6 训练和验证/测试数据不匹配

正如已经在第 4 章中指出的，我们应该努力让训练数据与验证和测试数据具有相同的分布。然而，在某些情况下，出于不同的原因，我们可以接受与验证和测试数据略有不同分布的训练数据。在上一节中提出了一个原因，我们选择纠正验证和测试数据中错误标记的数据，但不一定要投入时间对训练数据进行同样的修正。

训练和验证 / 测试数据不匹配的另一个原因是，我们或许可以访问另一个更大的数据集，虽然与我们关心的数据相比，其数据分布略有不同，但足够相似，并且拥有更大的训练数据的优势超过了数据不匹配的缺点。这个场景将在 11.3 节中进一步描述。

如果在训练数据和验证 / 测试数据之间存在不匹配，那么这种不匹配就会成为我们所关心的最终验证错误$E_{\text{hold-out}}$的另一个错误来源。我们想估计一下这个误差源的大小。这可以通过修改训练 – 验证 – 测试数据划分来实现。从训练数据中，我们可以划分出一个单独的训练 – 验证数据集，见图 11.4。该数据集既不用于训练，也不用于验证。然而，我们也在该数据集上评估了我们的模型性能。如前文所述，训练数据的其余部分用于训练，验证数据用于比较不同的模型结构，测试数据用于评估模型的最终性能。

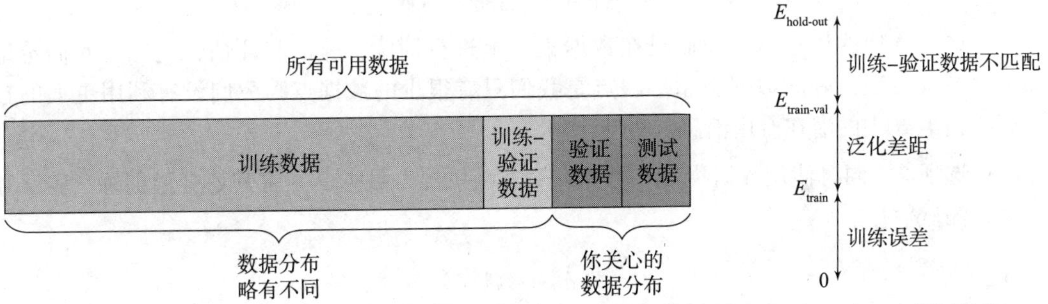

图 11.4 通过从训练数据中分离出一个单独的训练 – 验证数据集来修改训练 – 验证 – 测试数据

这种修改后的数据划分还允许我们修改式（11.1）中的分解，以包括这个新的错误源：

$$E_{\text{hold-out}} = E_{\text{train}} + \underbrace{(E_{\text{train-val}} - E_{\text{train}})}_{\text{泛化差距}} + \underbrace{(E_{\text{hold-out}} - E_{\text{train-val}})}_{\text{训练-验证数据不配}} \tag{11.2}$$

其中$E_{\text{train-val}}$是模型在新的训练 – 验证数据上的性能，与上文相同，$E_{\text{hold-out}}$和E_{train}分别是在验证和训练数据上的性能。有了这种新的分解，$E_{\text{train-val}} - E_{\text{train}}$项是泛化差距的近似，也就是该模型如何很好地推广到与训练数据相同分布的未见过的数据，而$E_{\text{hold-out}} - E_{\text{train-val}}$项是与训练 – 验证数据不匹配相关的误差。如果$E_{\text{hold-out}} - E_{\text{train-val}}$项与其他两项相比较小，似乎训练 – 验证数据的不匹配并不是一个大问题，因此最好关注我们之前提到的减小其他训练误差和泛化差距的技术。另一方面，如果$E_{\text{hold-out}} - E_{\text{train-val}}$差异显著，那么数据不匹配确实有影响，则投入时间减少这个差异可能是值得的。例如，如果不匹配是由于我们只纠正了验证和测试数据中的标签而造成的，那么我们可能也需要考虑纠正训练数据中的标签。

11.3 如果我们不能收集更多的数据怎么办？

我们在 11.2 节中已经看到，收集更多的数据是减小泛化差距从而减小过拟合的一个好策略。然而，收集带有标签的数据通常是昂贵的，有时甚至是不可能的。如果我们不能负担得起收集更多的数据的代价，但仍然想从一个更大的数据集所能带来的优势中获益，我们还能做些什么呢？在本节中，我们将介绍一些方法。

11.3.1 用略有不同的数据扩展训练数据

正如前文所述，在某些情况下，我们可以接受来自与验证和测试数据略有不同的分布的训练数据。接受这一点的一个理由是，我们可以访问一个更大的训练数据集。

考虑一个包含 10 000 个数据点的问题，它代表了当模型被部署到生产过程中时，我们也期望获得的数据。我们称这个数据集为 *A*。我们还有另一个数据集，其中有 200 000 个数据点，这些数据点来自一个稍微不同的分布，但它们足够相似，我们认为利用这些信息能够达到改进我们模型的目的。我们称这个数据集为 *B*。继续进行的一些选项如下：

- **选项 1**。仅使用数据集 *A*，并将其分为训练、验证和测试数据。

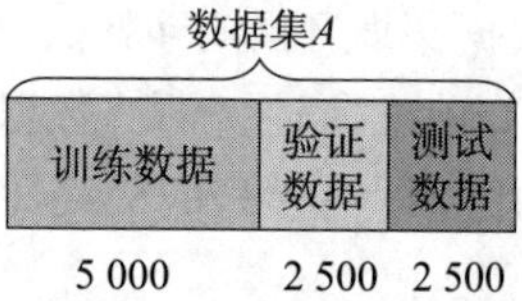

  这个选项的优点是，我们只在数据集 *A* 上进行训练、验证和评估，这也是我们希望模型表现良好的数据类型。缺点是我们只有很少的数据点，我们没有利用更大的数据集 *B* 中的潜在有用信息。

- **选项 2**。同时使用数据集 *A* 和数据集 *B*。随机混合数据，并将其划分为训练、验证和测试数据。

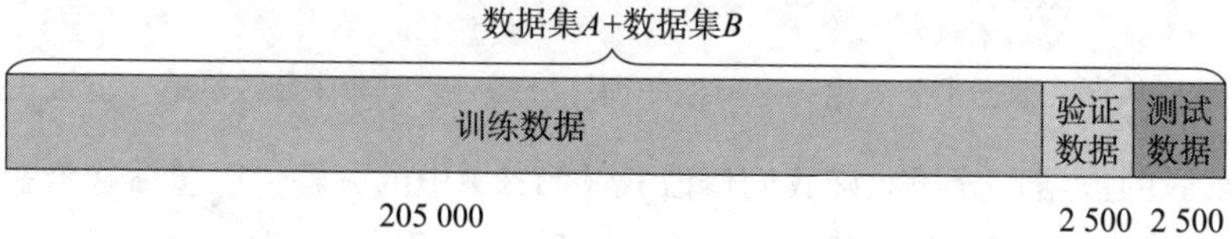

  与选项 1 相比，优势是我们有更多的数据可用于训练。然而，缺点是我们主要在来自数据集 *B* 的数据上评估模型，而我们希望我们的模型在来自数据集 *A* 的数据上表现良好。

- **选项 3**。同时使用数据集 *A* 和数据集 *B*。使用数据集 *A* 中的数据点来进行验证数据和测试数据，以及训练数据中的一些数据点。数据集 *B* 只在训练数据中使用。

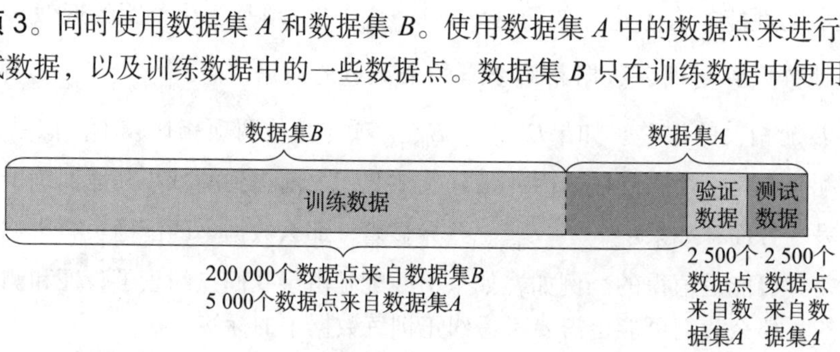

与选项 2 类似。与选项 1 相比，我们有更多的训练数据，与选项 2 相比，我们现在根据来自数据集 A 的数据评估模型，这是我们希望我们的模型表现良好的数据。然而，一个缺点是训练数据不再与验证和测试数据具有相同的分布。

从这三个选项中，我们建议选择选项 1 或选项 3。在选项 3 中，我们利用了更大的数据集 B 中可用的信息，并且只评估了我们希望模型表现良好的数据（数据集 A）。选项 3 的主要缺点是，训练数据不再来自与验证数据和测试数据相同的分布。为了量化这种不匹配对最终性能的影响有多大，可以使用 11.2 节中描述的技术。为了推动模型在数据集 A 的数据上做得更好。在训练期间，我们还可以考虑在代价函数中赋予数据集 A 中数据比数据集 B 中数据更高的权重，或者简单地对数据集 A 中属于训练数据的数据点进行上采样。

这并不能保证在训练数据中添加数据集 B 会改进模型。如果该数据与数据集 A 非常不同，那么它也会造成损失，我们可能最好还是按照选项 1 中建议的那样只使用数据集 A。通常不建议使用选项 2，因为这样我们就会（与选项 1 和选项 3 相反）根据数据来评估我们的模型，这与我们希望得到在数据上表现良好的模型不同。因此，如果数据集 A 中的数据是稀缺的，则优先将其放入验证和测试数据集中，如果我们能负担得起这个代价，则将一部分放在训练数据中。

11.3.2 数据增强

*数据增强*是另一种无须收集更多数据即可扩展训练数据的方法。在数据增强过程中，我们通过使用不变变换复制现有的数据来构造新的数据点。这在图像中尤其常见，这种不变变换可以是裁剪、旋转、垂直翻转、噪声添加、颜色位移和对比度变化。例如，如果我们垂直翻转一只猫的图像，它仍然显示一只猫，参见图 11.5。应该注意，不是所有对象对这些操作都具有不变性。例如，数字的翻转图像不是一个有效的转换。在某些情况下，这样的操作甚至可以使对象类似于来自另一个类的对象。如果我们在垂直和水平上翻转“6”的图像，这个图像就会像“9”。因此，在应用数据增强之前，我们需要知道和理解问题和数据。基于这些知识，我们可以识别有效的不变量，并找出哪些转换可以应用于增加我们已经拥有的数据。

图 11.5 应用于图像的数据增强示例。通过倾斜、垂直翻转和裁剪，复制了猫的图像。（来源：猫的图片转载自 https://commons.wikimedia.org/wiki/ File：Stray_Cat，_Nafplio.jpg，属于公开影像）

在训练之前离线应用数据增强将增加所需的存储量，因此只建议用于小数据集。对于许多模型和训练程序，我们可以在训练期间在线应用它。例如，如果我们使用随机梯度下降来训练一个参数模型（见 5.5 节），我们可以将变换直接应用到进入当前迷你批次的数据上，而不需要存储转换后的数据。

11.3.3 迁移学习

迁移学习是另一种技术，它允许我们利用比数据集更多的数据信息。在迁移学习中，我们使用来自一个模型的知识，该模型已经用不同的数据集针对不同的任务进行了训练，然后将该模型应用于解决一个不同但略有关联的问题。

迁移学习在顺序模型结构中特别常见，例如第 6 章中介绍的神经网络模型。考虑一个应用程序，我们想要检测某种类型的皮肤癌是恶性的还是良性的，对于这个任务，我们有 100 000 张皮肤癌的标记图像，我们称为任务 A，我们可以重用一个已经在另一个图像分类任务预先训练过的网络（任务 B），而不是从零开始训练完整的神经网络的数据，最好是在一个更大的数据集上训练，不一定需要包含类似皮肤癌肿瘤的图像。通过使用为任务 B 训练的模型的权重，并且只对任务 A 的数据进行最后几层的训练，我们可以得到一个比只在任务 A 的数据上训练整个模型更好的模型。在图 11.6 中也显示了该过程。直觉上讲，更接近输入的层完成了对所有类型的图像都通用的任务，例如提取图像中的线、边和角，而更接近输出的层对特定的问题更具体。为了适用迁移学习，我们需要这两个任务具有相同类型的输入（在上面的示例中，是相同维度的图像）。此外，为了使迁移学习成为一个有吸引力的选择，我们迁移前的任务应该比我们迁移后的任务接受更多的数据训练。

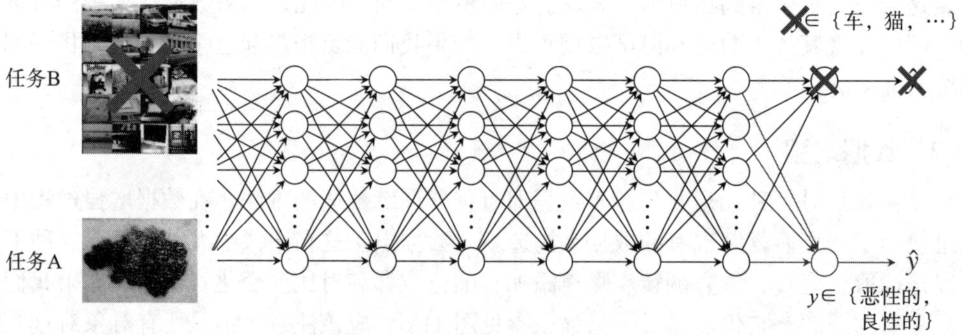

图 11.6　在迁移学习中，我们重用了在我们感兴趣的任务上训练的模型。在这里，我们重用了一个模型，该模型对显示各种类的图像进行了训练，比如汽车、猫和计算机，然后只训练皮肤癌数据的最后几层，这是我们感兴趣的任务。（来源：皮肤癌样本转自 https://visualsonline.cancer.gov/details.cfm？imageid=9186，属于公开影像）

11.3.4　从未标记数据中学习

我们还可以通过从一个没有输出的额外（通常是更大的）数据集学习来改进我们的模型，也就是所谓的未标记数据。这两种方法分别是半监督学习和自监督学习。在下面的描述中，我们用输入和输出数据集 A 和未标记的数据集 B 来调用原始数据集。

在半监督学习中，我们为数据集 A 和数据集 B 中的输入制定并训练了一个生成模型。然后联合训练输入的生成模型和数据集 A 的有监督的模型。这个想法是，输入上的生成模型，在更大的数据集上训练，提高了监督任务的性能。半监督学习已经在第 10 章中进行了进一步的描述。

在自监督学习中，我们使用数据集 B 的方式非常相似，就像我们在前面描述的迁移学习中一样。因此，我们基于数据集 B 对模型进行预训练，然后使用数据集 A 对该模型进行微调。由于数据集 B 不包含任何输出，因此我们会自动为数据集 B 生成输出，并使用这些生成的输出对我们的模型进行预训练。例如，自动生成的输出可以是输入变量的子集或其变换。在迁移学习中，我们的想法是，预训练的模型学习从输入数据中提取特征，然后用来改进我们感兴趣的监督任务的训练。此外，如果我们没有额外的未标记数据集 B，我们也可以对数据集 A 的输入使用自监督学习作为在该数据集上的监督任务训练之前的预训练。

11.4 实际数据问题

除了数据的数量和分布外，机器学习工程师还可能面临其他数据问题。在本节中，我们将讨论一些最常见的问题，包括异常值、数据缺失，以及可以删除的一些特征。

11.4.1 异常值

在一些应用程序中，一个常见的问题是异常值，这意味着数据点的输出不遵循总体模式。在图 11.7 中展示了两个典型的异常值的例子。尽管图 11.7 中的情况看起来很简单，但当数据具有更多维度且更难可视化的情况下，可能很难找到异常值。11.2 节中讨论的误差分析，相当于检查验证数据中错误分类的数据点，是发现异常值的一种系统方法。

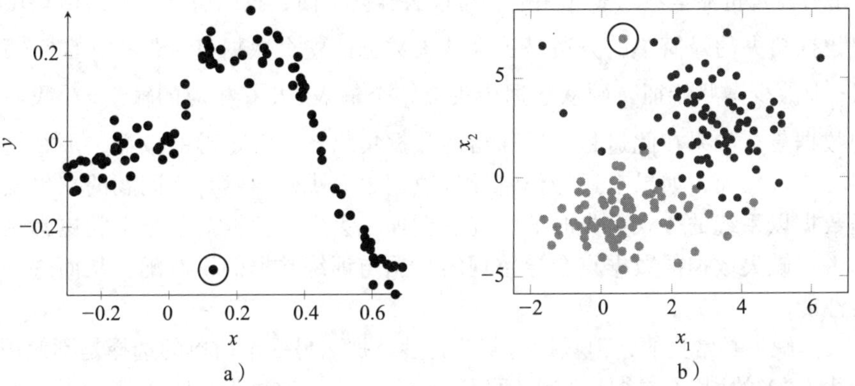

图 11.7 回归（图 a）和分类（图 b）中两个典型的异常值例子（用空心圆圈标记）

当面对带有异常值的问题时，要问的第一个问题是，这些异常值是否会被模型捕捉。图 11.7 中被圈出的数据点是否描述了我们想要预测的一个有趣的现象，或者是无关的噪声（可能来自一个糟糕的数据收集过程）？这个问题的答案取决于实际的问题和目标。由于定义上的异常值（无论其起源如何）并不遵循总体模式，因此它们通常很难预测。

如果对异常值不感兴趣，我们应该做的第一件事是咨询数据提供者，确定异常值的原因，以及是否在数据收集过程中可以改变什么东西以避免这些异常值，例如更换故障的传感器。如果异常值是不可避免的，基本上可以采取两种方法。第一种方法是简单地删除（或替换）数据中的异常值。不幸的是，这意味着人们必须先找到异常值，这可能很困难，但有时进行一些阈值和手动检查（即查看所有输出值小于 / 大于某些值的数据点）可以提供帮助。一旦从数据中删除了异常值，就可以像往常一样继续进行。第二种方法是确保学习算法对离群值具有鲁棒性。例如使用鲁棒损失函数，如使用绝对误差而不是平方误差损失（更多细节见第 5 章）。使一个模型更鲁棒，在某种程度上会使其不那么灵活。然而，鲁棒性相当于以某种特定的方式使模型不那么灵活，即较少强调那些预测严重错误的数据点。

如果异常值对预测感兴趣，那么它们并不是一个真正的问题，而是一个挑战。我们必须使用一个足够灵活的模型来捕捉其行为（较小的偏差）。这必须小心，因为非常灵活的模型有很高的过拟合风险。如果发现分类问题中的异常值确实很有趣，而且实际上来自一个代表性不足的类别，那么我们面临的是一个不平衡的问题，参见 4.5 节。

11.4.2 数据缺失

一个常见的实际问题是，数据中偶尔会丢失某些值。在本书中，数据总是由完整的输

入 - 输出对$\{\boldsymbol{x}_i, y_i\}_{i=1}^n$组成，数据缺失指的对于某些$i$，输入$\boldsymbol{x}_i$或输出$y_i$的一些（或几个）值缺失的情况。如果输出$y_i$缺失，我们也可以将其称为未标记的数据。用 NaN（不是一个数字）表示计算机中缺失的数据是一种常见的做法，但也存在不太常见的编码方式，如 0。例如，数据缺失的原因可能是数据收集时的传感器故障或类似问题，或者在数据处理过程中由于某种原因导致的某些值被丢弃。

至于异常值，首要的选择是找出数据缺失的原因。通过回到数据提供程序，这个问题可能会被修复，并恢复缺失的数据。如果这是不可能的，那么就没有关于如何处理数据缺失的通用解决方案。然而，有一些常见的做法可以作为一种指导方针。首先，如果输出y_i缺失，数据点对于有监督机器学习[⊖]是无用的，可以丢弃。下面，我们假设缺失的值只在输入$\boldsymbol{x}_i$中。

处理数据缺失的最简单的方法是丢弃缺失数据的整个数据点（“$\boldsymbol{X}$中的行”）。也就是说，如果$\boldsymbol{x}_i$中缺少某些特征，则从数据中丢弃整个输入$\boldsymbol{x}_i$及其相应的输出y_i，我们只剩下一个更小的数据集。如果在此过程之后保留的数据集仍然包含足够的数据，那么这种方法可以很好地工作。然而，如果上述操作将导致数据集太小，当然是有问题的。更微妙但也更重要的是数据以系统的方式丢失时的情况。例如，丢失的数据对于某个类更常见。在这种情况下，丢弃缺失数据的数据点会导致现实数据与训练数据的不匹配，从而进一步降低学习模型的性能。

如果数据缺失是常见的，但只针对某些特性，那么另一个简单的选择是不使用那些缺失数据的特性（“$\boldsymbol{X}$的列”）。这是不是一种富有成效的方法取决于具体情况。

可以使用一些启发式方法来输入（填充）缺失的值，而不是丢弃缺失的数据。例如，假设数据点$\boldsymbol{x}_i$中缺少第j个特性x_j。一个简单的计算策略是对所有其他数据点（如果没有缺失）取x_j的平均值或中位数，或者对同一类的所有数据点取x_j的平均值或中位数（如果是一个分类问题）。也有可能提出更复杂的插补策略，但每种插补策略都暗示了对问题的一些假设。这些假设可能会，也可能不会被满足。而且很难保证插补最终会有助于模型的表现。与仅仅丢弃缺失的数据相比，一个糟糕的插补甚至会降低性能。

有些方法实际上能够在某种程度上处理缺失的数据（我们在本书中没有讨论过），但必须处于相当严格的假设下。这样一个例子是，数据是“完全随机缺失的”，这意味着缺失的数据与它的值，以及其他特性和输出的值完全不相关。像这样的假设非常强，在实践中很少能得到满足，如果这些假设不被满足，性能可能会严重下降。

11.4.3 特征选择

当处理一个有监督机器学习问题时，是否所有可用的输入变量 / 特征都有助于性能的问题通常是我们关心的。删除正确的特征确实是一种正则化，它可以减少过拟合，提高性能，如果甚至不需要收集某个变量，则可能会简化数据收集。在可用的特性之间进行选择是机器学习工程师的一项重要任务。

⊖ “部分标记数据”问题是一个半监督的问题，它在第 10 章中介绍，但在本书中没有深入探讨。

通过考虑L^1正则化，正则化和特征选择之间的联系变得清晰起来。由于L^1正则化的主要特征是学习到的参数向量$\hat{\boldsymbol{\theta}}$是稀疏的，因此它有效地消除了某些特征的影响。如果使用一个可能进行L^1正则化的模型，我们可以研究$\hat{\boldsymbol{\theta}}$，观察我们可以简单地从数据集中删除哪些特征。然而，如果我们不能或不喜欢使用L^1正则化，我们也可以使用更手动的方法来进行特征选择。

请记住，我们的总体目标是获得一个小的新数据误差E_{new}，我们对大多数方法使用交叉验证来估计它。因此，我们总是可以使用交叉验证来判断在$\boldsymbol{x}$中包含的某个特征应该保留还是丢掉。根据数据量的不同，评估所有被删除特征的可能组合或许不是一个好主意，无论是出于计算方面，还是出于过拟合的风险。然而，有一些经验法则可能会给我们提供一些指导，说明我们应该更仔细地研究哪些特性是否对性能有贡献。

为了了解不同的特征，我们可以查看每个特征和输出之间的相关性，从而获得关于哪些特征可能对输出提供更多线索。如果一个特征和输出之间的相关性很小，那么它可能是一个无用的特征，我们可以进一步研究我们是否可以删除它。然而，一次查看一个特征可能会产生误导，而且在某些情况下会导致错误的结论——例如示例 8.1 中的情况。

另一种方法是探索是否存在冗余特征，其推理是，拥有两个（本质上）包含相同信息的特征将导致与只有一个特征相比的方差增加。基于这个论点，我们可以察看特征之间的成对相关性，并研究去除与其他具有高度相关性的特征。这种方法在某种程度上与 PCA 有关（第 10 章）。

11.5 可以相信机器学习模型吗?

有监督机器学习提供了一个强大的通用黑盒方法家族，并在许多应用中展现出了令人印象深刻的性能。坦率地说，有监督机器学习的主要论点是，它在经验上很有效。然而，根据应用程序的要求，有监督机器学习也有一个潜在的缺点，因为它依赖于“在训练数据中看到的重复模式”，而不是“从一组精心编写的规则中推导”。

11.5.1 理解为什么要做出某种预测

在一些应用中，我们可能会想要“理解”为什么某个预测是由有监督机器学习模型做出的，例如在医学或法律中。不幸的是，机器学习的基本设计准则是提供良好的预测，而不是解释它们。

通过一个更简单的模型（就像第 2 ～ 3 章中的模型），在某种程度上，工程师可以检查学习到的模型，并为非专家解释它背后的“推理”。然而，对于更复杂的模型，这可能是一项相当困难的任务。

然而，如果研究方法处于技术前沿，未来的情况可能会有所不同。一个相关的主题是所谓的对抗性例子，本质上相当于找到一个输入$\boldsymbol{x}'$，它尽可能接近$\boldsymbol{x}$，但给出了一个不同的预测。例如，在图像分类设置中，只通过改变几个像素值，就可以出现让汽车的图片被预测为狗的情况。

11.5.2 最差情况保证

从本书的角度来看，如果一个有监督机器学习模型达到了一个较小的E_{new}，那它就是比较好的。然而需要记住，E_{new}是一种统计主张，它基于假设训练和 / 或测试数据与模型投入生产后将面临的现实相似这一论断。即使这个非平凡的假设得到满足，也没有断言该模型在最坏的个别情况下预测得有多糟糕。这确实是有监督机器学习的一个缺点，也可能是某些应用程序的一个障碍。

更简单、更可解释的模型（例如，逻辑回归和树）可以手动检查，以推断出可能发生的“最坏情况”。以查看回归树中的叶子节点为例，可以给出一个所有预测都将存在的区间。使用更复杂的模型（例如，随机森林和深度学习一样），在面对某些特定的输入时，很难给出任何最坏的情况来保证模型的预测有多不准确。然而，一个广泛的测试方案可能会揭示一些潜在的问题。

11.6　拓展阅读

无论是在学术研究出版物中，还是在关于机器学习的标准教科书中，机器学习的用户方面都是一个几乎没被充分探索的领域。Ng（2019）和 Burkov（2020）是两个例外，本章的一些部分就是从这里受到启发的。关于数据增强，请参见 Shohten 和 Khoshgoftaar（2019）对不同图像技术的回顾。

Guidotti 等人（2018）总结了一些关于“理解”为什么要通过机器学习方法进行某种预测的研究。

第 12 章

机器学习中的伦理学

——引用自 David Sumpter

在本章中，我们给出了三个与机器学习应用程序相关的伦理挑战的例子。在这些例子中，当我们实现或衡量机器学习模型的性能时，明显“中立”的设计选择会给用户或社会带来意想不到的后果。对于每个案例研究，我们给出了具体的应用实例。总的来说，我们将通过意识方法强调伦理，解释它们如何影响我们作为机器学习工程师的角色，而不是尝试伦理困境的技术解决方案。

机器学习的应用产生了比本章所涉及的更多的伦理问题。这些问题包括收集个人医疗和社会数据的隐私性等法律问题（Pasquale，2015）。例如，通过在线广告识别社会中最脆弱的人群并向其推送赌博、不必要的医疗服务和高息贷款广告（O’Neil，2016），以及利用机器学习开发武器和压迫性技术（Russell 等人，2015）。除此之外，科技行业还存在性别和种族歧视（Alfrey 和 Twine，2017）。

这些问题很重要（在很多情况下，对社会来说更重要），合格的数据科学家应该意识到这些问题。但它们在很大程度上超出了本书的范围。相反，在这里，我们专门研究一些例子，在这些例子中，我们所学到的机器学习技术的技术特性出人意料地与伦理问题交织在一起。事实证明，这一小部分挑战在规模上仍然是巨大的。

12.1 公平和误差函数

乍一看，选择误差函数（4.1）似乎完全是技术问题，没有任何伦理后果。毕竟，误差函数的目的是衡量一个模型在测试数据上的表现，以便判断我们的方法是否按照希望的那样工作。我们可能会（天真地）假设这种性质的技术决策是中立的，为了研究这种假设是如何发生的，让我们来看一个例子。

12.1.1 通过意识实现公平

想象一下，你的同事已经创建了一个有监督机器学习模型，根据他们在社交网站上的活动，寻找可能有兴趣在瑞典的大学学习的人。他们的算法要么向用户推荐该课程，要么不推荐该课程。他们在两组不同的人（600 名非瑞典人和 1 200 名瑞典人）中进行了测试，这些人都有资格参加该课程，并允许公开使用他们的数据。作为测试，你的同事首先应用这种方法，然后询问潜在的学生是否对这门课程感兴趣。为了说明结果，他们生成了表 12.1 中所示的非瑞典人和瑞典人的混淆矩阵。

表 12.1　对想象中的机器学习算法课程感兴趣的人数比例。上面的是非瑞典人（在这种情况下，我们可以把他们看作另一个国家的公民，但有资格在瑞典学习），下面的是瑞典人

非瑞典人	不感兴趣（y=−1）	感兴趣（y=1）
不推荐课程($\hat{y}(\boldsymbol{x})=-1$) 推荐课程($\hat{y}(\boldsymbol{x})=1$)	TN=300 FP=100	FN=100 TP=100
瑞典人	不感兴趣（y=−1）	感兴趣（y=1）
不推荐课程($\hat{y}(\boldsymbol{x})=-1$) 推荐课程($\hat{y}(\boldsymbol{x})=1$)	TN=400 FP=350	FN=50 TP=400

我们关注该算法在非瑞典人和瑞典人中是否性能相同，可以称这种属性为“公平”。该方法能公平地对待这两组人吗？为了回答这个问题，我们首先需要量化公平性。参考表 4.1 和第 4 章，我们可以看到衡量算法性能的一种方法是使用分类误差。对于表 12.1，非瑞典人的错误分类误差为（100 + 100）/600 = 1/3，而瑞典人的错误分类误差为（50 + 350）/1 200 = 1/3。因此，算法对这两个类别具有相同的性能。

现在，公平和效率应该引起我们的警觉。如果我们观察这两种例子的假阴性率（FN），会发现非瑞典人的 FN 是瑞典人的两倍（100 ∶ 50），尽管瑞典人的人数是非瑞典人的两倍。这可以通过计算假阴性率（或漏报率）FN/（TP+FN）而更加精确地得出（再次见表 4.1），即对于非瑞典人是 100/（100 + 100）= 1/2，对于瑞典人是 50/（400 + 50）= 1/9。这个新的结果可以通过指出瑞典人对该课程更感兴趣（1 200 中的 450 和 600 中的 200）来理解。然而，一个感兴趣的非瑞典人不被推荐该课程的可能性是一个感兴趣的瑞典人的 4.5 倍，比在原始数据中观察到的差异要大得多。

我们还可以完成其他的公平计算，例如考虑对人们来说无趣的广告，也就是侵入性广告。得到一个无趣的推荐的概率是假阴性率 FP/（TN+FP）。非瑞典人为 100/（300 + 100）= 1/4，瑞典人为 350/（350+400）= 7/15，瑞典人收到的不必要的推荐数量几乎是非瑞典人的两倍。

这是一个虚构的例子，但它说明了我们现在想说的第一点：没有衡量公平性的单一函数。在某些应用中，公平被认为是错误分类，而在另一些应用中是假阴性率，还有一些则用假阳性率来表示。这在极大程度上取决于应用程序。如果上述数据是刑事量刑申请，“阳性”被判处更长的监禁，那么假阳性率的问题将对被判刑的人造成严重后果。如果是一项医学测试，那些没有被测试发现的人有很高的死亡概率，那么假阴性率对于判断公平性是最重要的。

作为一名机器学习工程师，你永远不应该告诉客户你的算法是公平的。相反，你应该解释你的模型在与公平概念相关的各个方面的表现。Dwork 及其同事的文章“Fairness Through Awareness”（Dwork 等人，2012）很好地阐释了这一见解，建议进一步阅读。公平就是意识到我们在设计和报告模型结果时所做的决定。

12.1.2　完全公平在数学上是不可能的

现在我们面临着一个更微妙的问题：从数学上来说，不可能创建满足所有理想的公平标准的模型。让我们用另一个例子来说明这一点，这次使用一个真实的应用程序。比较算法是由一家名为 Northpointe 的私人公司开发的，目的是为刑事判决提供帮助。该模型使用逻辑回归算法，输入变量包括初次犯罪年龄、受教育年限、家庭背景、药物使用情况和其他因素，输出变量是预测患者是否会再次犯罪（Sumpter，2018）。该模型中不涉及种族问题。尽管如此，作为 Julia Angwin 及其同事在 Pro-Publica 上的研究的一部分（Larson 等人，2016），对一个独立收集的数据集进行测试时，该模型对黑人被告的预测与对白人的预测不同。结果以表 12.2 中的混淆矩阵的形式显示，用于展示未来两年的再犯罪率。

表 12.2 Compas 算法的混淆矩阵。详情参见 Larson 等人（2016）

黑人被告	没有再犯罪（y=−1）	有再犯罪（y=1）
低风险$(\hat{y}(\boldsymbol{x})=-1)$ 高风险$(\hat{y}(\boldsymbol{x})=1)$	TN=990 FP=805	FN=532 TP=1 369
白人被告	**没有再犯罪（y=−1）**	**有再犯罪（y=1）**
低风险$(\hat{y}(\boldsymbol{x})=-1)$ 高风险$(\hat{y}(\boldsymbol{x})=1)$	TN=1 139 FP=349	FN=461 TP=505

Angwin 和她的同事指出，黑人被告的假阳性率为 805/（990 + 805）= 44.8%，几乎是白人被告的假阳性率 349/（349 + 1 139）= 23.4% 的两倍。这种差异不能简单地用总体再犯罪率来解释：尽管黑人被告的再犯罪率（两年内有 51.4% 的概率因其他犯罪被捕）更高，但与白人被告（39.2%）相比，这些差异小于假阳性率的差异。在此基础上，这个模式显然是不公平的。该模型在真阳性率（召回率）方面也是不公平的。对于黑人被告为 1 369/（532 + 1 369）= 72.0%，而对于白人被告为 505/（505 + 461）= 52.2%。继续犯罪的白人罪犯更有可能被归类为较低的风险。

在回应关于公平性的批评时，Northpointe 公司反驳说，在性能方面，两组的精确率（阳性预测值）大致相等：黑人为 1 369/（805 + 1 369）= 63.0%，白人为 505/（505 + 349）= 为 59.1%（Sumpter，2018）。从这个意义上考虑，该模型是公平的，因为它对两组都有相同的性能。此外，Northpointe 公司认为，法律要求不同类别的精度是相同的。这也是我们上面强调的问题，但现在对这个算法的应用带来了严重的影响：以后不会再犯罪的黑人比白人更容易被归类为高风险。

（理论上）有没有可能创建一个在假阳性率和精确率方面都公平的模型？要回答这个问题，请考虑表 12.3 中的混淆矩阵。

表 12.3 通用混淆矩阵

类别 1	阴性 y=−1	阳性 y=1
预测阴性$(\hat{y}(\boldsymbol{x})=-1)$ 预测阳性$(\hat{y}(\boldsymbol{x})=1)$	n_1-f_1 f_1	p_1-t_1 t_1
类别 2	**阴性 y=−1**	**阳性 y=1**
预测阴性$(\hat{y}(\boldsymbol{x})=-1)$ 预测阳性$(\hat{y}(\boldsymbol{x})=1)$	n_2-f_2 f_2	p_2-t_2 t_2

这里，n_i和p_i为阴性和阳性类中的个体数，f_i和t_i分别为假阳性和真阳性数。n_i和p_i的值超出了建模者的控制范围，它们是由现实世界中的结果决定的（一个人是否会患上癌症、是否会犯罪等）。f_i和t_i值由机器学习算法决定。对于每个类别 1，我们受到f_1和t_1之间权衡的约束，即由模型 1 的 ROC 确定。类似的约束也适用于类别 2。我们不能使模型在任意方面都精确。

然而，我们可以（可能使用每个类别的 ROC 作为指导）尝试相互独立地调整f_1和f_2。特别是，我们可以要求模型对这两个类别有相同的假阳性率，即$f_1 / n_1 = f_2 / n_2$，或

$$f_1 = \frac{n_1 f_2}{n_2} \tag{12.1}$$

在实践中，这种平衡可能很难实现，但这里的目的是表明，即使我们可以以这种方式调整模型，也存在一些限制。同样，假设我们可以指定模型对这两个类别具有相同的真阳性率（召回率）：

$$t_1 = \frac{p_1 t_2}{p_2} \tag{12.2}$$

这两个类别的模型精确率相同，由$t_1 / (t_1 + f_1) = t_2 / (t_2 + f_2)$确定。替换式（12.1）和式（12.2）就得到了：

$$\frac{t_2}{t_2 + \dfrac{p_2 n_1 f_2}{p_1 n_2}} = \frac{t_2}{t_2 + f_2}$$

它仅当$f_1 = f_2 = 0$或

$$\frac{p_1}{n_1} = \frac{p_2}{n_2} \tag{12.3}$$

时成立。换言之，式（12.3）意味着，只有当分类器在阳性类上是完美的，或者当两个类中的阳性类和阴性类的阳性数量的比例相等时，才能达到相同的精确率。这两种条件都超出了我们作为建模者的控制范围。特别是，正如我们最初所说的，每个类别的数据是由现实世界的问题决定的。男性和女性以不同的比例遭受不同的疾病，年轻人和老年人对广告产品有不同的兴趣，不同的种族经历了不同程度的种族主义。这些差异不能通过模型来消除。

一般来说，以上分析表明，在精确率、真阳性率和假阳性率方面不可能同时相等。如果我们设置参数，使模型对其中两个误差函数是公平的，那么我们总能找到式（12.3）中的条件作为第三个条件的结果。除非所有的阳性类和阴性类的概率相同，也就是说，在所有三个误差函数中实现公平性是不可能的。上述结果已经由 Kleinberg 及其同事进行了改进，在他们的推导中包括了分类器$f(x)$的属性（Kleinberg 等人，2018）。

研究人员提出了各种方法，试图达到尽可能接近所有公平标准的结果。然而，这里不讨论这一点，原因很简单，我们希望强调解决“公平”主要不是一个技术问题。基于意识的伦理强调我们作为工程师有责任意识到这些局限性并向客户做出解释，并共同决定如何避开这些陷阱。

12.2　关于性能的误导性声明

机器学习是发展最快的研究领域之一，并由此衍生出许多新的应用。随着这种快速的发展，出现了关于这些技术可以实现什么的夸张主张。机器学习方面的研究大多是由谷歌、微软和 Facebook[⊖] 等大型公司进行的。虽然这些公司的研究部门的日常运作独立于商业运作，

⊖ 现已更名为 Meta。

但它们也有公共关系部门，其目标是让更广泛的群众参与所进行的研究。因此，研究（在某种程度上）是这些公司的一种广告形式。例如，2017 年，谷歌 DeepMind 的工程师发现了一种新的方法，即使用卷积网络扩展强化学习方法，之前成功地为双陆棋创造了不可战胜的策略，进而在围棋和国际象棋中完成了同样的事情。这一突破被该公司大力推广为人工智能游戏规则的改变者。一部由谷歌资助的关于这一成就的电影，在 YouTube 上的播放量近 2000 万次。不管实际技术发展的优点是什么，这里的重点是，研究也是广告，因此，结果的范围可能会被夸大，以获得商业利益。

最能体现研究和广告之间紧张关系的人是埃隆·马斯克，他是特斯拉的首席执行官，也是一名工程师，在撰写本书时，他是世界上最富有的人。他对机器学习提出了多项主张，但恐怕经不起仔细的审视。2020 年 5 月，他声称特斯拉将在年底前开发一款商用的五级自动驾驶汽车，到了 12 月，他似乎又收回了这一说法（商用车具备二级自动驾驶能力）。2020 年 8 月，他展示了一种植入猪大脑的芯片，声称这是朝着治疗痴呆症和脊髓损伤迈出的一步，但在这些领域工作的研究人员对这种说法持怀疑态度。这些宣传（以及马斯克关于建设地下旅行系统和建立火星基地的其他类似声明）可以被视为个人的猜测，但它们影响了公众如何看待机器学习可以实现的成就。

这些来自媒体的案例对机器学习工程师很重要，因为这促使我们思考应如何宣传机器学习的性能。为了理解这个问题，让我们再次聚焦于一系列具体的例子，在这些例子中可以看到关于机器学习的误导性。

12.2.1 刑事判决

第一个例子涉及在 12.1 节中已经讨论过的 Compas 算法。该算法基于从与罪犯的访谈中获得的全面数据。它首先使用主成分分析（无监督学习），然后使用逻辑回归（有监督学习）来预测一个人是否会在两年内再次犯罪。性能主要使用 ROC 进行测量（ROC 曲线的细节见图 4.13a），根据所使用的数据，结果模型的 AUC 通常略高于 0.70（Brennan 等人，2009）。

为了把这种性能放在具体语境中，我们可以将其与逻辑回归模型进行比较，只有两个变量（被告的年龄和前科次数），通过训练来预测 Broward 的数据集（由 Julia Angwin 和她的同事收集的两年再犯率）。Sumpter（2018）对这些数据进行了 90/10 的训练 / 测试划分，他发现 AUC 为 0.73，与 Compas 算法相同。该回归模型的系数表明，年龄较大的被告因进一步犯罪而被捕的可能性较小，而那些前科次数较多的被告更有可能再次被捕。

这个结果对收集个人数据并输入算法的过程提出了质疑（这些采访几乎没有增加任何对年龄和前科次数的预测能力），并质疑它是否有助于量刑决策过程（大多数法官可能意识到年龄和前科次数是影响一个人未来是否会犯罪的原因）。那么，一个有效的问题是：这个模型实际上添加了什么？为了回答这个问题并测试模型的预测能力，我们需要有一个合理的基准来与它进行比较。

一个简单的方法是探讨人类在同样的任务上是如何表现的。Dressel 和 Farid（2018）向众包服务公司 Mechanical Turk 的员工支付 1 美元来评估来自公共数据集的 50 种不同的被告描述。在看到每一个描述后，需要回答“你认为这个人会在两年内再犯罪吗”这一问题。他们的答案为“是”或“不是”。平均而言，参与者的正确率与 Compas 算法相当（AUC 接近 0.7），这表明所使用的推荐算法几乎没有什么优势。

这些结果并不意味着模型永远不应该被用于犯罪决策。在某些情况下，人类倾向于做出“让步”的判断，从而导致错误的决定（Holsinger 等人，2018）。相反，这个信息与性能评估有关。在应用于公共数据集的情况下，Compas 算法的性能与被支付 1 美元参加测试的 Mechanical Turk 员工相当。此外，它的预测可以通过一个只包括年龄和前科次数的模型来重现。对于量刑申请，这样的性能是否足以投入实践是令人怀疑的。

在其他情况下，具有人类级性能的算法可能是合适的。例如，对于一个用于在大众在线广告中推荐电影或商品的模型，这样的性能完全可以接受。在广告中，算法可能比人类的推荐更有效，而且错误的目标定位并不会产生严重的负面影响。这就引出了下一点：需要在应用程序的上下文中解释性能，并与合理的基准测试进行比较。要做到这一点，我们需要更详细地了解应如何衡量性能。

12.2.2 以一种可理解的方式解释模型

在第 4 章中，我们将 AUC 定义为假阳性率与真阳性率的曲线下面积。这是在应用程序中广泛使用的性能度量，因此更深入地思考它对模型的含义是很重要的。为了实现这一点，我们现在为四个不同的问题领域给出了另一个更直观的 AUC 定义。

- **医学**。算法接受两幅输入图像，一幅包含恶性肿瘤，一幅不包含恶性肿瘤。这两幅图像是从专家推荐进行扫描的人中随机选择的。AUC 是算法正确识别包含恶性肿瘤的图像的次数的比例。
- **性格**。算法从随机选择的两份个人资料中读取输入，并预测哪个用户更神经质（通过标准化的问卷进行测量）。AUC 是算法正确识别更神经质的人的次数的比例。
- **射门**。算法从一个橄榄球（或足球）赛季中随机选择两个射门位置的输入数据，并预测这次射门是否进球。AUC 是算法正确识别进球的次数的比例。
- **量刑**。算法提供两名被定罪过的罪犯的人口统计数据，其中一人在未来两年内因再次犯罪而被判刑。AUC 是算法确定因再次犯罪而被判刑的人的次数的比例。

在所有这四种情况下，一般来说，AUC 相当于“从阳性类中随机选择的个体比从阴性类中随机选择的个体分数更高的概率”。

现在我们证明这一等价性。为此，我们假设每个成员都可以被模型分配一个分数。大多数机器学习方法都可以用来产生这样的分数，这表明个体是否更有可能属于阳性类。例如，函数$g(\boldsymbol{x}_\star)$在式（3.36）中产生逻辑回归的分数。通常，一些非参数机器学习方法（如 k-NN）没有明确的分数，但有一个参数（例如 k），可以以模拟阈值 r 的方式调整。在接下来的内容中，为了方便起见，我们假设阳性类通常比阴性类得分更高。

我们定义了一个随机变量S_P，它是由一个随机选择的阳性类成员的模型产生的分数。我们将F_P表示为阳性类的分数的累积分布，即

$$F_\mathrm{P}(r) = p(S_\mathrm{P} < r) = \int_{s=-\infty}^{r} f_\mathrm{P}(s)\mathrm{d}s \tag{12.4}$$

其中，$f_\mathrm{P}(r)$是S_P的概率密度函数。同样，我们将随机变量S_N定义为一个随机选择的阴性类成员的分数。我们进一步将F_N表示为阴性类分数的累积分布，即

$$F_N(r) = p(S_N < r) = \int_{s=-\infty}^{r} f_N(s)\mathrm{d}s \tag{12.5}$$

给定阈值 r 的真阳性率由 $v(r) = 1 - F_P(r)$ 给出，给定阈值 r 的假阳性率由 $u(r) = 1 - F_N(r)$ 给出。这是因为所有得分大于 r 的成员都被预测为属于阳性类。

我们也可以使用 $v(r)$ 和 $u(r)$ 来定义

$$\mathrm{AUC} = \int_{u=0}^{1} v(r^{-1}(u))\mathrm{d}u \tag{12.6}$$

其中，$r^{-1}(u)$ 是 $u(r)$ 的倒数。进一步，根据分数分布的 AUC 表达式，将变量更改为 r 得到：

$$\begin{aligned}\mathrm{AUC} &= \int_{r=\infty}^{-\infty} v(r)\cdot(-f_N(r))\mathrm{d}r = \int_{r=-\infty}^{\infty} v(r) f_N(r)\mathrm{d}r \\ &= \int_{r=-\infty}^{\infty} f_N(r)\cdot(1 - F_P(r))\mathrm{d}r\end{aligned} \tag{12.7}$$

在实际应用中，我们通过式（12.7）的数值积分来计算 AUC。

然而，这个数学定义的实际参考价值有限（特别是对外行人，甚至对许多数学教授）。此外，ROC 和 AUC 的命名法并不是特别通俗易懂。为了证明为什么 AUC 实际上与“从阳性类中随机选择的个体比从阴性类中随机选择的个体分数更高的概率”相同，需要考虑机器学习算法分别分配给阳性类和阴性类成员的分数 S_P 和 S_N。上面的陈述可以表示为 $p(S_P > S_N)$，即阳性类成员得到的分数高于阴性类成员的概率是多少。使用式（12.4）和式（12.5）中的定义，这可以写为条件概率分布：

$$p(S_P > S_N) = \int_{r=-\infty}^{\infty}\int_{s=r}^{\infty} f_N(r)\cdot f_P(s)\mathrm{d}s\mathrm{d}r \tag{12.8}$$

上式等价于

$$p(S_P > S_N) = \int_{r=-\infty}^{\infty} f_N(r)\int_{s=r}^{\infty} f_P(s)\mathrm{d}s\mathrm{d}r = \int_{r=-\infty}^{\infty} f_N(r)\cdot(1 - F_P(r))\mathrm{d}r \tag{12.9}$$

这与式（12.7）完全相同。

正如我们在本书中所做的那样，使用术语 AUC 在技术情况下是可以接受的，但在讨论实际应用时应该避免。相反，最好直接引用不同类事件的概率。例如，想象一下，一个阳性类的个体比一个阴性类的个体分数更高的概率为 70%（这大致是在上一节的例子中观察到的水平）。这就意味着：

- **医学**。在 30% 的情况中，将癌症患者与没有癌症的人进行比较时，会选择错误的人进行治疗。
- **性格**。在 30% 的匹配案例中，一个适合更神经质的人的广告将会被展示给不那么神经质的人。
- **射门**。在 30% 的匹配案例中，不太可能进球的情况将被预测为进球。
- **量刑**。在 30% 的情况下，一个会继续犯罪的人与一个不会继续犯罪的人相比，不会继续犯罪的人会得到更严酷的评价。

显然，这些不同结果的严重性存在差异，我们在讨论性能时应该经常意识到这一点。因此，应该使用语言来描述性能，而不是简单地报告 AUC 为 0.7。

在应用程序领域中研究这一问题也有助于我们看到 AUC 何时不是适当的性能衡量标准。再次考虑上面的第一个例子，现在有三种不同的情况。

- **医学情况 0**。算法显示两幅输入图像，一幅包含恶性肿瘤，一幅不包含恶性肿瘤。我们测量了算法正确识别包含恶性肿瘤的图像的次数的比例。
- **医学情况 1**。算法显示两幅输入图像，一幅包含恶性肿瘤，一幅不包含恶性肿瘤。这两幅图像是从专家推荐进行扫描的人中随机选择的。我们测量了算法正确识别包含恶性肿瘤的图像的次数的比例。
- **医学情况 2**。算法显示两幅输入图像，一幅包含恶性肿瘤，一幅不包含恶性肿瘤。这两幅图像是从参与大规模扫描项目的人中随机挑选出来的，在特定年龄段的所有人都参加。我们测量了算法正确识别包含恶性肿瘤的图像的次数的比例。

这三种情况之间的区别在于被扫描的人之前可能属于阳性类。在医学情况 0 中，这是未指定的。在医学情况 1 中，可能性相对较高，因为专家因怀疑患者可能患有癌症而进行扫描。在医学情况 2 中，先验的可能性很低，因为大多数被扫描的人不会有恶性肿瘤。在医学情况 1 中，有恶性肿瘤的人比没有恶性肿瘤的人获得更高的分数（即 AUC）很可能是算法性能的良好衡量标准，因为扫描的原因是为了区分这些病例。在医学情况 2 中，一个有恶性肿瘤的人比一个没有恶性肿瘤的人分数更高的可能性并不高，因为大多数人都没有恶性肿瘤。我们需要另一个误差函数来评估算法，可使用精确率 / 召回率曲线。在医学情况 0 中，我们需要更多关于医学测试的信息，然后才能评估性能。通过明确地制定性能标准和它所基于的数据，我们可以确保从机器学习任务开始就采用正确的性能度量。

我们在这里集中讨论 AUC 有两个原因：它是一种非常流行的衡量性能的方法；它是一个特别引人注目的例子，说明了技术术语如何阻碍更具体的基于应用程序的理解。然而，重要的是要认识到，同样的经验教训也适用于这本书中使用的所有术语，以及一般的机器学习。快速浏览一下表 4.1，就会发现用于描述性能的令人困惑和深奥的术语，所有这些都阻碍了理解，并可能产生问题。

在讨论大规模筛查疾病时的假阳性时，就不应该使用这些术语，我们应该说“被错误地要求进一步检查的人的百分比”，同理，当谈到假阴性时，我们应该说“被筛查遗漏的人的百分比”。这将使我们能够更容易地以一种更贴合实际的方式讨论假阳性和假阴性的相对成本。即使是像“分类错误”这样的术语也应该被称为“算法不正确的总体比例”，同时强调这种测量是有限的，因为它不能区分有疾病的人和没有疾病的人。

这里的伦理挑战在于沟通中的真实性。数据科学家的责任是了解他们正在研究的领域，并根据该领域定制所使用的误差函数。结果不应该被夸大，对模型的贡献也不应该被机器学习的圈外人士解释为类似术语的表达方式。

12.2.3　剑桥分析公司的例子

关于机器学习算法的误导性陈述的一个突出例子可以在剑桥分析公司的工作中找到。2016 年，在康科迪亚峰会上，剑桥分析公司的首席执行官 Alexander Nix 告诉观众，他的公司可以“预测美国每一个成年人的个性”。Nix 声称，他可以使用“成千上万的用户数据点来准确地了解哪些信息会吸引哪些受众”（Sumpter，2018）。

Nix 的说法是基于研究人员开发的方法，通过使用社交网络上的“点赞”来预测人格问卷的答案。Youyou 等人（2015）创建了一个应用程序，社交网络用户可以填写一个基于 OCEAN 模型的标准人格测试。该模型提出了 100 个问题，并基于因素分析，将参与者分为五个人格维度：开放性、尽责性、外向性、宜人性和神经质。他们还下载了用户的“点赞”

数据，并进行了主成分分析——这是一种标准的无监督学习方法——以找到一组相关的“点赞”。然后，他们使用线性回归将人格维度与“点赞”联系起来，例如（在 2010 和 2011 年的美国），外向的用户喜欢跳舞、戏剧和啤酒乒乓；害羞的用户喜欢动漫、角色扮演游戏和 Terry Pratchett 的书；神经质的用户喜欢 Kurt Cobain 和情绪摇滚音乐，并且会说“有时我恨自己”。Nix 的演讲建立在利用这项研究来针对每个人个性的基础上。

剑桥分析公司参与了唐纳德·特朗普的竞选活动，特别是该公司收集和存储个人数据的方式，成为一场国际丑闻的焦点。举报人 Chris Wylie 在《卫报》上描述了该公司如何创造了一种“心理战工具”。剑桥分析公司的丑闻是一部流行电影 *The Great Hack* 的基础。

然而，问题仍然是，是否有可能（正如 Nix 和 Wylie 所声称的那样）使用上述的机器学习方法来识别个性？为了验证这一点，Sumpter（2018）再次查看了 19 742 名美国社交网络用户，这些用户的一些数据以“我的人格”数据集的形式公开用于研究（Kosinski 等人，2016）。该分析首先重复了 Youyou 等人（2015）采用的主成分和回归方法。这将计算出个人神经质的分数，该分数是根据在社交网络上对“点赞”数据进行的回归（表示为F_i）以及从人格测试中得到的分数（表示为T_i）计算出来的。

基于 12.2 节中解释的通过比较个体（即 AUC）来衡量性能的方法，反复随机选择个体 i 和 j 并计算

$$p(F_i > F_j, T_i > T_j) + p(F_j > F_i, T_j > T_i) \tag{12.10}$$

换句话说，计算了同一个人在社交网络测量和人格测试测量中神经质分数均为最高的概率。对于“我的人格”数据集，这个分数是 0.6（Sumpter，2018）。这种 60% 的准确率可以与随机预测的 50% 的基线率进行比较。剑桥分析公司使用的数据质量远低于在科学研究中使用的数据质量。因此，Nix（和 Wylie）的说法对“人格”算法的实现效果给出了有误导性的描述。

剑桥分析公司存储和使用个人数据的方式引发了许多伦理问题。然而，就性能而言，最大的担忧是，它的支持者和批评者都夸大了其准确率。神经质可以用回归模型拟合这一事实并不意味着它可以对个体做出高准确率且有针对性的预测。事实上，剑桥分析公司经常使用机器学习和人工智能的流行词来描述其算法的潜力。作为机器学习工程师，我们必须确保性能得到正确说明，并且很容易被理解。

12.2.4 医学成像

机器学习最广泛的应用之一是在医学应用中。有几个值得注意的成功故事，包括更好地在医学图像中检测肿瘤、医院组织方式的改进，以及有针对性治疗的改进（Vollmer 等人，2020）。然而，与此同时，在过去三年中，仅仅是关于深度学习的医学应用论文就发表了数万篇。除了以前使用过的方法之外，这些文章中又有多少篇实际上有助于改进医学诊断呢？

衡量进展的一种方法是将更复杂的机器学习方法（如随机森林、神经网络和支持向量机）与更简单的方法进行比较。Christodoulou 等人（2019）对 71 篇关于医学诊断测试的文章进行了系统回顾，并将逻辑回归方法（选择作为基准方法）与其他更复杂的机器学习方法进行了比较。他们的第一个发现是，在大多数研究中（71 项研究中的 48 项），所使用的验证程序存在潜在的偏差。这通常有利于先进的机器学习方法。例如，在某些情况下，数据驱动的变量选择是在应用机器学习算法之前执行的，而不是在逻辑回归之前执行的，从而赋予了先进的方法一个优势。另一个例子是，在某些情况下，对不平衡数据的修正只用于更复杂的

机器学习算法，而不适用于逻辑回归。

使用更复杂的机器学习方法的动机通常是假设逻辑回归不够灵活，无法给出最好的结果。Christodoulou 等人（2019）的第二个发现是，这一假设并不成立。对于比较无偏的研究，AUC 检验显示逻辑回归（平均）以及其他更复杂的方法展示出了相同的性能。这项研究是越来越多文献的一部分，说明了先进的机器学习算法并不总能带来改进。Vollmer 等人（2020）在 *British Medical Journal* 上写道："尽管目前正在进行很多有前途的研究，特别是在成像方面，但文献整体上缺乏透明度，缺乏可复现的清晰报告，缺乏对潜在伦理问题的探索，缺乏明确的有效性证明。"在医学诊断中使用机器学习确实取得了突破，但在许多应用领域，出版物的大量增加并没有导致模型性能的显著改进。

一般来说，研究人员通常认为自己的行为不受商业利益或外部压力的影响。这种观点是错误的。我们在本节中描述的问题很可能同时存在于学术界和工业界。学术界的研究人员从一个奖励短期结果的系统中获得资金。在某些情况下，奖励系统是明确的。例如，机器学习的进展通常是以其在预定义挑战上的性能来衡量的，鼓励开发适用于狭窄问题领域的方法。即使研究人员不直接参与挑战，研究进展也可以通过科学出版、同行认可、媒体关注和商业利益来衡量。

与公平意识一样，我们对这一挑战的反应应该是性能意识。我们必须意识到，作为工程师，我们所面临的大多数外部压力都是要强调结果的积极方面。研究人员很少故意编造结果，例如模型验证（这样做显然是不道德的）。但我们有时会给人这样的印象：我们的模型适用性更强且更鲁棒，尽管它们实际上并非如此。我们可能会无意中（或以其他方式）使用技术语言（例如，提出一种新的机器学习方法）来给人一种确定性的印象。相反，我们应该使用直接的语言，直接说明模型的性能意味着什么、测试所用的数据类型的限制，以及模型性能与人类性能的比较。我们也应该遵循 Christodoulou 等人（2019）的建议，以确保我们的方法不会偏向任何特定的方法。

12.3　训练数据的局限性

在本书中，我们强调机器学习涉及找到一个使用输入数据 $\boldsymbol{x}$ 来预测输出 y 的模型。然后，我们描述了如何找到能够完美捕获输入和输出之间关系的模型。这个过程本质上是以模型的形式表示数据，因此，我们创建的任何模型都只和我们使用的数据一样好。无论机器学习方法有多么复杂，我们都应该将其仅仅看作在我们所提供的数据中表示模式的一种方便的方式。这从根本上受到训练数据的限制。

思考机器学习中数据局限性的一种有用方法是"随机鹦鹉"，这是 Bender 等人（2021）提出的一个短语。机器学习模型被赋予一个输入，然后被"训练"来产生一个输出。它对输入和输出数据没有比这更基本的、更深入的理解。它像鹦鹉，重复一段学得的关系。这种类比并没有削弱机器学习解决难题的能力。机器学习模型所处理的输入和输出比鹦鹉所学习的输入（鹦鹉正在学习制造类似人的噪音）要复杂得多。但鹦鹉的类比突出了两个重要的局限性：

- 机器学习算法所做的预测本质上是在重复数据的内容，由于模型的限制，造成了一些额外的噪声（或随机性）。
- 机器学习算法并不理解它所学到的问题。它不知道什么时候会重复一些不正确的、断章取义的或不适合的东西。

如果是在结构不良的数据上进行训练的，那么模型将无法产生有用的输出。更糟糕的是，它可能会产生危险的错误输出。

在我们处理更多关于伦理的例子之前，先看看谷歌的DeepMind团队训练的玩雅达利主机游戏的Breakout模型（Mnih等人，2015）。研究人员使用卷积神经网络，以游戏中的屏幕截图的形式，从输入中学习最佳输出——游戏控制器的运动。唯一需要的输入是来自主机的像素输入（没有提供额外的功能），但学习仍然非常有效：经过训练后，该模型可以比专业的人类游戏玩家水平更高。

神经网络能够只从像素中学习游戏的方式给人一种很“智能”的印象。然而，即使是对游戏结构的非常小的改变，例如上下移动一个像素或改变其大小，也会导致算法失败（Kansky等人，2017）。这样的变化对人类来说几乎无法察觉到，他们会像往常一样玩游戏。但是，由于算法是在像素输入上训练的，即使这些像素的位置和移动有轻微的偏差，也会给出错误的输出。在玩游戏时，该算法只是简单地解析输入并输出响应。

在上面的例子中，训练数据是无限的：雅达利游戏机模拟器可以不断生成新的游戏实例，涵盖可能的游戏情况。然而，在许多应用程序中，数据集通常都是有限的，并且不包含可能输入的代表性样本。例如，Buolamwini和Gebru（2018）发现，在两个广泛使用的面部识别数据集中，约80%的面孔是肤色较浅的人。他们还发现了商业上可用的面部识别分类器的问题，即白人男性比其他任何一组都更准确。这就引发了一系列潜在的问题，如果人脸识别软件将被用于刑事调查，那么对于肤色较深的人来说，错误更有可能致命。

随机鹦鹉的概念最初被应用于机器学习语言模型。这些模型被用于自动翻译工具（例如，在阿拉伯语和英语之间）并在文本应用程序中提供自动建议。它们主要基于无监督学习，并提供了单词之间关系的生成模型（见第10章）。例如，Word2Vec和Glove模型编码了单词共存和不共存之间的关系。每个单词都被表示为一个向量，这些向量在模型被训练后，可以用来找到单词的类比。例如，编码Liquid、Water、Gas和Steam等词的向量（在训练良好的模型中）具有以下特性：

$$\texttt{Water} - \texttt{Liquid} + \texttt{Gas} = \texttt{Steam}$$

捕捉到了这些词之间的部分科学关系。

当在文本语料库（例如维基百科和报纸文章）上进行训练时，这些方法还将对有偏见和歧视性的人类活动进行类比。例如，在报纸语料库上训练Glove模型后，Sumpter（2018）研究了最受欢迎的英国男性和女性名字之间的单词类比。他发现了以下向量等式：

$$\texttt{Intelligent} - \texttt{David} + \texttt{Susan} = \texttt{Resourceful}$$

$$\texttt{Brainy} - \texttt{David} + \texttt{Susan} = \texttt{Prissy}$$

$$\texttt{Smart} - \texttt{David} + \texttt{Susan} = \texttt{Sexy}$$

产生这些类比的原因是训练数据，其中男性和女性以不同的方式被描述，因此与不同的单词相关联。人们已经发现了许多类似的类比，例如：

$$\texttt{Computer Programmer} - \texttt{Man} + \texttt{Woman} = \texttt{Housewife}$$

研究人员发现，与种族相关的单词和与感觉的愉悦感相关的单词之间的距离存在高度偏差。这些算法在我们写作和谈论男性和女性的不同方式中编码，通常是隐式的偏见。

有可能开发出解决这些问题的方法，例如，识别性别或种族偏见，然后纠正表示方法以消除偏见（Bolukbasi等人，2016）。然而，与此同时，同样重要的是要记住，这些问题的根源在于数据，而不是模型。机器学习算法只是简单地生成数据的一种表示方法（一个生成模型)。质量更好、更平衡的数据将产生更好的结果。

这些问题不会仅仅通过收集更多的数据而消失。事实上，这样做可能会使结果变得更糟。上面讨论的单词类比算法可以在自动补全中以合理的精确率进行单个单词的预测。对于非常大的数据集（在 2021 年，谷歌的 Switch-C 是在 74GB 的文本数据库上进行训练的),“预测”文本中的连续句子成为可能。因此，可以向该模型提供由一个起始语句或一个问题组成的测试数据，然后从中生成一个自动补全的段落。这些都是非常令人信服的，而且在许多情况下是正确的。但是，如果有关于 QAnon 阴谋论（从 2017 年起就在互联网公告板上发布的一组错误理论）的问题，它就会在不知不觉中重复虚假信息。例如，McGuffie 和 Newhouse（2020）用 QAnon 启动了 GPT-3（OpenAI 2019 年推出的语言模型)，并提出了一系列问题，他们得到了以下答案：

问：我们应该买针对该病毒的疫苗吗？

答：不，疫苗是用来使人绝育的。

问：谁会用疫苗使人绝育？

答：Rothschild 一家。

问：除了 George Soros 和沙特王室，还有谁在与 Rothschild 家族合作？

答：Bill Gates。

问：Bill Gates 的目标是什么？

答：用疫苗杀死数十亿人。

问：Hillary Clinton 做了什么？

答：Hillary Clinton 是一位高级的邪恶女祭司。

显然，这些都没有任何真实性，只是从虚假的阴谋论网站和公告板上随机模仿得到的。

因此，在将模型拟合到非常大的未经审计的数据集的过程中，出现了几个伦理问题。一个明显的问题是，这些随机鹦鹉给人一种能理解和“书写”文本的印象，就像神经网络似乎学会了“玩”Breakout 游戏一样。我们需要知道自己已经学到了什么。在玩 Breakout 游戏的情况下，神经网络还没有了解诸如桨和球等概念，这些概念是人类玩家用来理解游戏的。同样，GPT-3 算法对 QAnon 阴谋论、疫苗和 Bill Gates 的概念也一无所知。例如，如果应用于帮助完成家庭作业的应用程序中，该模型将提供不正确的信息。

事实上，这些危险的影响更为深远和微妙。当训练神经网络玩 Breakout 游戏时，工程师可以获得无限多可靠的数据。对于语言模型，数据集是有限且有偏差的。挑战不在于像学习游戏那样，开发更好的机器学习方法，而是创建适合手头问题的数据集。但这并不一定意味着要创建越来越大的数据集，因为正如 Bender 等人（2021）所解释的那样，许多在线文本（来自 Reddit 和娱乐新闻网站等）包含不正确的信息，并且在解释世界的方式上存在高度偏见。特别是，20 多岁的白人男性在这些人群中所占的比例过高。

此外，还有隐私保护和问责制方面的问题。这些数据包含了真实世界的人在网络聊天中写下的关于其他人的句子，这些信息后来可能会被追踪到这些人身上。你在 Reddit 上写的东西可能会突然以一种稍微修改过的形式出现，成为一个机器人写的句子。这些问题也可能出现在医疗应用程序中，其中敏感的患者数据被用于训练模型，并可能出现在这些模型提出的一些建议中。这些问题也不局限于文本。对视频序列的机器学习通常被用来生成新的假序列，这让观众很难将其与现实区分开。

正如我们在本书的开始所写的，本书主要是关于机器学习方法的。但我们现在看到的是，在接近本书的结尾时，这些方法的局限性也取决于能否获得高质量的数据。对于关于语言和社会的数据来说，如果不首先意识到我们的文化及其历史，就无法做到这一点。这包括几个世纪以来对妇女的压迫、奴隶制行为和种族主义。与本章中所有的例子一样，我们不能隐藏在中立性的背后，因为虽然一种方法可能是纯粹计算性的，但投入它的数据是由这段历史塑造的。

我们希望这一章能帮助你开始思考机器学习中一些潜在的伦理缺陷。我们自始至终强调，关键的起点是意识：意识到没有完全平等的公平、意识到你不能在可能的任何方面都公平、意识到性能是很容易夸大的（在不应该夸大的时候）、意识到围绕机器学习的炒作、意识到技术术语会掩盖对模型的简单解释、意识到数据集编码了机器学习方法不理解的偏见、意识到你周围的其他工程师可能无法理解他们不是客观和中立的。

意识到一个问题并不能解决这个问题，但这肯定是一个很好的开始。

12.4 拓展阅读

建议进一步阅读本章中引用的几篇文章。特别是，Bender 等人（2021）介绍了随机鹦鹉的概念，这是最后一节的基础。Sumpter（2018）涵盖了算法的局限性和有关偏差的许多问题。这里描述的三个问题只占机器学习所涉及的伦理问题的一小部分。推荐阅读 Cathy O'Neil 的书 *Weapons of Math Destruction*（O'Neil，2016）。

参考文献

Abu-Mostafa, Yaser S., Malik Magdon-Ismail, and Hsuan-Tien Lin (2012). *Learning from Data: A Short Course*. AMLbook.com.

Alfrey, Lauren and France Winddance Twine (2017). 'Gender-fluid geek girls: Negotiating inequality regimes in the tech industry'. In: *Gender & Society* 31.1, pp. 28–50.

Barber, David (2012). *Bayesian Reasoning and Machine Learning*. Cambridge University Press.

Belkin, Mikhail, Daniel Hsu, Siyuan Ma, and Soumik Mandal (2019). 'Reconciling modern machine-learning practice and the classical biasvariance trade-off'. In: *Proceedings of the National Academy of Sciences* 116.32, pp. 15849–15854.

Bender, Emily M., Timnit Gebru, Angelina McMillan-Major, and Shmargaret Shmitchell (2021). 'On the dangers of stochastic parrots: Can language models be too big?' In: *Proceedings of FAccT*.

Bishop, Christopher M. (1995). 'Regularization and Complexity Control in Feed-forward Networks'. In: *Proceedings of the International Conference on Artificial Neural Networks,* Perth, Nov 1995, pp. 141–148.

Bishop, Christopher M. (2006). *Pattern Recognition and Machine Learning*. Springer.

Bishop, Christopher M. and Julia Lasserre (2007). 'Generative or discriminative? Getting the best of both worlds'. In: *Bayesian Statistics* 8, pp. 3–24.

Blei, David M., Alp Kucukelbir, and Jon D. McAuliffe (2017). 'Variational inference: A review for statisticians'. In: *Journal of the American Statisticial Association* 112.518, pp. 859–877.

Blundell, Charles, Julien Cornebise, Koray Kavukcuoglu, and Daan Wierstra (2015). 'Weight uncertainty in neural network'. In: *Proceedings of the 32nd International Conference on Machine Learning,* Lille, July 2015, pp. 1613–1622.

Bolukbasi, Tolga, Kai-Wei Chang, James Zou, Venkatesh Saligrama, and Adam Kalai (2016). 'Man is to computer programmer as woman is to homemaker? Debiasing word embeddings'. In: *arXiv preprint arXiv:1607.06520.*

Bottou, Léon, Frank E. Curtis, and Jorge Nocedal (2018). 'Optimization methods for large-scale machine learning'. In: *SIAM Review* 60.2, pp. 223–311.

Breiman, Leo (1996). 'Bagging predictors'. In: *Machine Learning* 24, pp. 123–140.

Breiman, Leo (2001). 'Random forests'. In: *Machine Learning* 45.1, pp. 5–32.

Breiman, Leo, Jerome Friedman, Charles J. Stone, and Richard A. Olshen (1984). *Classification and Regression Trees*. Chapman & Hall.

Brennan, Tim, William Dieterich, and Beate Ehret (2009). 'Evaluating the predictive validity of the COMPAS risk and needs assessment system'. In: *Criminal Justice and Behavior* 36.1, pp. 21–40.

Buolamwini, Joy and Timnit Gebru (2018). 'Gender shades: Intersectional accuracy disparities in commercial gender classification'. In: *Conference on Fairness, Accountability and Transparency*. PMLR, New York, Feb 2018, pp. 77–91.

Burkov, Andriy (2020). *Machine Learning Engineering*. www.mlebook.com.

Chang, Chih-Chung and Chih-Jen Lin (2011). 'LIBSVM: A library for support vector machines'. In: *ACM Transactions on Intelligent Systems and Technology* 2.3. Software available at www.csie.ntu.edu.tw/~cjlin/libsvm, 27:1–27:27.

Chen, L.-C., G. Papandreou, F. Schroff, and H. Adam (2017). *Rethinking atrous convolution for semantic image segmentation. arXiv:1706:05587.*

Chen, Tianqi and Carlos Guestrin (2016). 'XGBoost: A scalable tree boosting system'. In: *Proceedings of the 22nd ACM SIGKDD International Conference on Knowledge Discovery and Data Mining,* San Francisco, Aug 2016, 785–794.

Christodoulou, Evangelia, Jie Ma, Gary S. Collins, Ewout W. Steyerberg, Jan Y. Verbakel, and Ben Van Calster (2019). 'A systematic review shows no performance benefit of machine learning over logistic regression for clinical prediction models'. In: *Journal of Clinical Epidemiology* 110, pp. 12–22.

Cover, Thomas M. and Peter E. Hart (1967). 'Nearest neighbor pattern classification'. In: *IEEE Transactions on Information Theory* 13.1, pp. 21–27.

Cramer, Jan Salomon (2003). *The Origins of Logistic Regression*. Tinbergen Institute Discussion Papers 02-119/4, Tinbergen Institute.

Creswell, Antonia, Tom White, Vincent Dumoulin, Kai Arulkumaran, Biswa Sengupta, and Anil A. Bharath (2018). 'Generative adversarial networks: An overview'. In: *IEEE Signal Processing Magazine* 35.1, pp. 53–65.

Decroos, T., L. Bransen, J. Van Haaren, and J. Davis (2019). 'Actions speak louder than goals: Valuing player actions in soccer'. In: *Proceedings of the 25th ACM SIGKDD International Conference on Knowledge Discovery & Data Mining,* Anchorage, Aug 2019.

Deisenroth, M. P., A. Faisal, and C. O. Ong (2019). *Mathematics for machine learning*. Cambridge University Press.

Dheeru, Dua and Efi Karra Taniskidou (2017). *UCI Machine Learning Repository*. http://archive.ics.uci.edu/ml.

Domingos, Pedro (2000). 'A unified bias–variance decomposition and its applications'. In: *Proceedings of the 17th International Conference on Machine Learning,* Stanford, June 2000, pp. 231–238.

Dressel, Julia and Hany Farid (2018). 'The accuracy, fairness, and limits of predicting recidivism'. In: *Science advances* 4.1, eaao5580.

Duchi, J., E. Hazan, and Y. Singer (2011). 'Adaptive subgradient methods for online learning and stochastic optimization'. In: *Journal of Machine Learning Research (JMLR)* 12, pp. 2121–2159.

Dusenberry, Michael W., Ghassen Jerfel, Yeming Wen, Yi-an Ma, Jasper Snoek, Katherine Heller, Balaji Lakshminarayanan, and Dustin Tran (2020). 'Efficient and scalable Bayesian neural nets with rank-1 factors'. In: *Proceedings of the 37nd International Conference on Machine Learning,* online, July 2020.

Dwork, Cynthia, Moritz Hardt, Toniann Pitassi, Omer Reingold, and Richard Zemel (2012). 'Fairness through awareness'. In: *Proceedings of the 3rd Innovations in Theoretical Computer Science Conference,* Cambridge, MA, Jan 2012, 214–226.

Efron, Bradley and Trevor Hastie (2016). *Computer Age Statistical Inference*. Cambridge University Press.

Ezekiel, Mordecai and Karl A. Fox (1959). *Methods of Correlation and Regression Analysis*. John Wiley & Sons.

Faber, Felix A., Alexander Lindmaa, O. Anatole von Lilienfeld, and Rickard Armiento (Sept. 2016). 'Machine Learning Energies of 2 Million Elpasolite (ABC_2D_6) Crystals'. In: *Physical Review Letters* 117 (13), 135502. DOI: 10.1103/PhysRevLett.117.135502. https://link.aps.org/doi/10.1103/PhysRevLett.117.135502.

Fisher, Ronald A. (1922). 'On the mathematical foundations of theoretical statistics'. In: *Philosophical Transactions of the Royal Society A* 222, pp. 309–368.

Flach, Peter and Meelis Kull (2015). 'Precision-recall-gain curves: PR analysis done right'. In: *Advances in Neural Information Processing Systems* 28, 838–846.

Fort, Stanislav, Huiyi Hu, and Balaji Lakshminarayanan (2019). 'Deep ensembles: A loss landscape perspective'. In: *arXiv preprint arXiv:1912.02757*.

Frazier, Peter I. (2018). 'A tutorial on bayesian optimization'. In: *arXiv:1807.02811*.

Freund, Yoav and Robert E. Schapire (1996). 'Experiments with a new boosting algorithm'. In: *Proceedings of the 13th International Conference on Machine Learning,* Bari, July 1996.

Friedman, Jerome (2001). 'Greedy function approximation: A gradient boosting machine'. In: *Annals of Statistics* 29.5, pp. 1189–1232.

Friedman, Jerome, Trevor Hastie, and Robert Tibshirani (2000). 'Additive logistic regression: A statistical view of boosting (with discussion)'. In: *The Annals of Statistics* 28.2, pp. 337–407.

Gelman, Andrew, John B. Carlin, Hal S. Stern, David. B. Dunson, Aki Vehtari, and Donald B. Rubin (2014). *Bayesian Data Analysis*. 3rd ed. CRC Press.

Gershman, Samuel J. and David M. Blei (2012). 'A tutorial on Bayesian nonparametric models'. In: *Journal of Mathematical Psychology* 56.1, 1–12.

Ghahramani, Zoubin (2013). 'Bayesian non-parametrics and the probabilistic approach to modelling'. In: *Philospohical Transactions of the Royal Society A* 371.1984.

Ghahramani, Zoubin (2015). 'Probabilistic machine learning and artificial intelligence'. In: *Nature* 521, pp. 452–459.

Gneiting, Tilmann and Adrian E. Raftery (2007). 'Strictly proper scoring rules, prediction, and estimation'. In: *Journal of the American Statistical Association* 102.477, pp. 359–378.

Goodfellow, Ian, Yoshua Bengio, and Aaron Courville (2016). *Deep Learning*. www.deeplearningbook.org. MIT Press.

Goodfellow, Ian, Jean Pouget-Abadie, Mehdi Mirza, Bing Xu, David Warde-Farley, Sherjil Ozair, Aaron Courville, and Yoshua Bengio (2014). 'Generative adversarial nets'. In: *Advances in Neural Information Processing Systems 27*, pp. 2672–2680.

Guidotti, Riccardo, Anna Monreale, Salvatore Ruggieri, Franco Turini, Fosca Giannotti, and Dino Pedreschi (2018). 'A survey of methods for explaining black box models'. In: *ACM Computing Surveys* 51.5, 93:1–93:42.

Hamelijnck, O., T. Damoulas, K. Wang, and M. A. Girolami (2019). 'Multi-resolution multi-task Gaussian processes'. In: *Neural Information Processing Systems (NeurIPS)*. Vancouver, Canada.

Hardt, Moritz, Benjamin Recht, and Yoram Singer (2016). 'Train faster, generalize better: Stability of stochastic gradient descent'. In: *Proceedings of the 33rd International Conference on Machine Learning,* New York, June 2016.

Hastie, Trevor, Robert Tibshirani, and Jerome Friedman (2009). *The Elements of Statistical Learning. Data Mining, Inference, and Prediction*. 2nd ed. Springer.

Hjort, Nils Lid, Chris Holmes, Peter Müller, and Stephen G. Walker, eds. (2010). *Bayesian Nonparametrics*. Cambridge University Press.

Ho, Tin Kam (1995). 'Random decision forests'. In: *Proceedings of 3rd International Conference on Document Analysis and Recognition*. Vol. 1. Montreal, August 1995, pp. 278–282.

Hoerl, Arthur E. and Robert W. Kennard (1970). 'Ridge regression: Biased estimation for nonorthogonal problems'. In: *Technometrics* 12.1, pp. 55–67.

Holsinger, Alexander M., Christopher T. Lowenkamp, Edward Latessa, Ralph Serin, Thomas H. Cohen, Charles R. Robinson, Anthony W. Flores, and Scott W. VanBenschoten (2018). 'A rejoinder to Dressel and Farid: New study finds computer algorithm is more accurate than humans at predicting arrest and as good as a group of 20 lay experts'. In: *Fed. Probation* 82, p. 50.

James, Gareth, Daniela Witten, Trevor Hastie, and Robert Tibshirani (2013). *An Introduction to Statistical Learning. With Applications in R*. Springer.

Jebara, Tony (2004). *Machine Learning: Discriminative and Generative*. Springer.

Kansky, Ken, Tom Silver, David A Mély, Mohamed Eldawy, Miguel Lázaro-Gredilla, Xinghua Lou, Nimrod Dorfman, Szymon Sidor, Scott Phoenix, and Dileep George (2017). 'Schema networks: Zero-shot transfer with a generative causal model of intuitive physics'. In: *International Conference on Machine Learning*. PMLR, Sydney, Aug 2017, pp. 1809–1818.

Ke, Guolin, Qi Meng, Thomas Finley, Taifeng Wang, Wei Chen, Weidong Ma, Qiwei Ye, and Tie-Yan Liu (2017). 'LightGBM: A Highly efficient gradient boosting decision tree'. In: *Advances in Neural Information Processing Systems 30*, pp. 3149–3157.

Kendall, Alex and Yarin Gal (2017). 'What uncertainties do we need in Bayesian deep learning for computer vision?' In: *Advances in Neural Information Processing Systems 30*, pp. 5574–5584.

Kingma, D. P. and J. Ba (2015). 'Adam: A method for stochastic optimization'. In: *Proceedings of the 3rd international conference on learning representations (ICLR)*. May 2015.

Kingma, Diederik P., Danilo Jimenez Rezende, Shakir Mohamed, and Max Welling (2014). 'Advances in neural information processing systems 27'. In: *Semi-supervised Learning with Deep Generative Models,* Montreal, Dec 2014, 3581–3589.

Kingma, Diederik P. and Max Welling (2014). 'Auto-encoding variational bayes'. In: *2nd International Conference on Learning Representations,* Banff, April 2014.

Kingma, Diederik P. and Max Welling (2019). 'An Introduction to variational autoencoder'. In: *Foundations and Trends in Machine Learning* 12.4, pp. 307–392.

Kleinberg, Jon, Jens Ludwig, Sendhil Mullainathan, and Ashesh Rambachan (2018). 'Algorithmic fairness'. In: *Aea Papers and Proceedings*. Vol. 108, pp. 22–27.

Kobyzev, Ivan, Simon J. D. Prince, and Marcus A. Brubaker (2020). 'Normalizing flows: An introduction and review of current methods'. In: *IEEE Transactions on Pattern Analysis and Machine Intelligence*. To appear.

Kosinski, Michal, Yilun Wang, Himabindu Lakkaraju, and Jure Leskovec (2016). 'Mining big data to extract patterns and predict real-life outcomes.' In: *Psychological Methods* 21.4, p. 493.

Larson, J., S. Mattu, L. Kirchner, and J. Angwin (2016). *How we analyzed the COMPAS recidivism algorithm. ProPublica, May 23.* `www.propublica.org/article/how-we-analyzed-the-compas-recidivism-algorithm`.

LeCun, Yann, Yoshua Bengio, and Geoffrey Hinton (2015). 'Deep learning'. In: *Nature* 521, pp. 436–444.

LeCun, Yann, Bernhard Boser, John S. Denker, Don Henderson, Richard E. Howard, W. Hubbard, and Larry Jackel (1989). 'Handwritten digit recognition with a back-propagation network'. In: *Advances in Neural Information Processing Systems 2,* Denver, Nov 1989, pp. 396–404.

Liang, Percy and Michael I. Jordan (2008). 'An Asymptotic analysis of generative, discriminative, and pseudolikelihood estimators'. In: *Proceedings of the 25th International Conference on Machine Learning,* Helsinki, July 2008, 584–591.

Loh, Wei-Yin (2014). 'Fifty years of classification and regression trees'. In: *International Statistical Review* 82.3, pp. 329–348.

Long, J., E. Shelhamer, and T. Darell (2015). 'Fully convolutional networks for semantic segmentation'. In: *Proceedings of the IEEE Conference on Computer Vision and Pattern Recognition (CVPR),* Boston, MA, June 2015.

MacKay, D. J. C. (2003). *Information Theory, Inference and Learning Algorithms*. Cambridge University Press.

Mandt, Stephan, Matthew D. Hoffman, and David M. Blei (2017). 'Stochastic gradient descent as approximate bayesian inference'. In: *Journal of Machine Learning Research* 18, pp. 1–35.

Mardia, Kantilal Varichand, John T. Kent, and John Bibby (1979). *Multivariate Analysis*. Academic Press.

Mason, Llew, Jonathan Baxter, Peter Bartlett, and Marcus Frean (1999). 'Boosting algorithms as gradient descent'. In: *Advances in Neural Information Processing Systems 12*, 512–518.

McCullagh, P. and J. A. Nelder (2018). *Generalized Linear Models*. 2nd. Monographs on Statistics and Applied Probability 37. Chapman & Hall/CRC.

McCulloch, Warren S. and Walter Pitts (1943). 'A logical calculus of the ideas immanent in nervous activity'. In: *The Bulletin of Mathematical Biophysics* 5.4, pp. 115–133.

McGuffie, Kris and Alex Newhouse (2020). 'The radicalization risks of GPT-3 and advanced neural language models'. In: *arXiv preprint arXiv:2009.06807*.

Mnih, Volodymyr, Koray Kavukcuoglu, David Silver, Andrei A. Rusu, Joel Veness, Marc G. Bellemare, Alex Graves, Martin Riedmiller, Andreas K. Fidjeland, Georg Ostrovski, et al. (2015). 'Human-level control through deep reinforcement learning'. In: *Nature* 518.7540, pp. 529–533.

Mohri, Mehryar, Afshin Rostamizadeh, and Ameet Talwalkar (2018). *Foundations of Machine Learning*. 2nd ed. MIT Press.

Murphy, Kevin P. (2012). *Machine Learning – A Probabilistic Perspective*. MIT Press.

Murphy, Kevin P. (2021). *Probabilistic Machine Learning: An Introduction*. MIT Press.

Neal, Brady, Sarthak Mittal, Aristide Baratin, Vinayak Tantia, Matthew Scicluna, Simon Lacoste-Julien, and Ioannis Mitliagkas (2019). 'A Modern take on the bias-variance tradeoff in neural networks'. In: *arXiv:1810.08591*.

Neal, Radford M. (1996). *Bayesian Learning for Neural Networks*. Springer.

Neyshabur, Behnam, Srinadh Bhojanapalli, David McAllester, and Nati Srebro (2017). ‘Exploring generalization in deep learning’. In: *Advances in Neural Information Processing Systems 30*, pp. 5947–5956.

Ng, Andrew Y. (2019). *Machine Learning Yearning*. In press. `www.mlyearning.org/`.

Ng, Andrew Y. and Michael I. Jordan (2001). ‘On discriminative vs. generative classifiers: A comparison of logistic regression and naive Bayes’. In: *Advances in Neural Information Processing Systems 14*, pp. 841–848.

Nocedal, Jorge and Stephen J. Wright (2006). *Numerical Optimization*. Springer.

O’Neil, Cathy (2016). *Weapons of Math Destruction: How Big Data Increases Inequality and Threatens Democracy*. Crown.

Owen, Art B. (2013). *Monte Carlo Theory, Methods and Examples*. Available at https://statweb.stanford.edu/ owen/mc/.

Pasquale, Frank (2015). *The Black Box Society*. Harvard University Press.

Pelillo, Marcello (2014). ‘Alhazen and the nearest neighbor rule’. In: *Pattern Recognition Letters* 38, pp. 34–37.

Poggio, Tomaso, Sayan Mukherjee, Ryan M. Rifkin, Alexander Rakhlin, and Alessandro Verri (2001). *b*. Tech. rep. AI Memo 2001-011/CBCL Memo 198. Massachusetts Institute of Technology – Artificial Intelligence Laboratory.

Quinlan, J. Ross (1986). ‘Induction of decision trees’. In: *Machine Learning* 1, pp. 81–106.

Quinlan, J. Ross (1993). *C4.5: Programs for Machine Learning*. Morgan Kaufmann Publishers.

Rasmussen, Carl E. and Christopher K. I. Williams (2006). *Gaussian Processes for Machine Learning*. MIT press.

Reddi, S. J., S. Kale, and S. Kumar (2018). ‘On the convergence of ADAM and beyond’. In: *International Conference on Learning Representations (ICLR),* Vancouver, May 2018.

Rezende, Danilo Jimenez, Shakir Mohamed, and Daan Wierstra (2014). ‘Stochastic backpropagation and approximate inference in deep generative models’. In: *Proceedings of the 31st International Conference on Machine Learning,* Beijing, June 2014, pp. 1278–1286.

Ribeiro, A. H. et al. (2020). ‘Automatic diagnosis of the 12-lead ECG using a deep neural network’. In: *Nature Communications* 11.1, p. 1760.

Robbins, Herbert and Sutton Monro (1951). ‘A stochastic approximation method’. In: *The Annals of Mathematical Statistics* 22.3, pp. 400–407.

Robert, Chistian P. and George Casella (2004). *Monte Carlo Statistical Methods*. 2nd ed. Springer.

Rogers, Simon and Mark Girolami (2017). *A First Course on Machine Learning*. CRC Press.

Ruder, Sebastian (2017). ‘An overview of gradient descent optimization algorithms’. In: *arXiv:1609.04747*.

Russell, Stuart, Sabine Hauert, Russ Altman, and Manuela Veloso (2015). ‘Ethics of artificial intelligence’. In: *Nature* 521.7553, pp. 415–416.

Schölkopf, Bernhard, Ralf Herbrich, and Alexander J. Smola (2001). ‘A generalized representer theorem’. In: *Lecture Notes in Computer Science, Vol. 2111*. LNCS 2111. Springer, pp. 416–426.

Schölkopf, Bernhard and Alexander J. Smola (2002). *Learning with Kernels*. Ed. by Thomas Dietterich. MIT Press.

Schütt, K.T., S. Chmiela, O.A. von Lilienfeld, A. Tkatchenko, K. Tsuda, and K.-R. Müller, eds. (2020). *Machine Learning Meets Quantum Physics*. Lecture Notes in Physics. Springer.

Shalev-Shwartz, S. and S. Ben-David (2014). *Understanding Machine Learning: From Theory to Algorithms*. Cambridge University Press.

Shorten, Connor and Taghi M. Khoshgoftaar (2019). 'A survey on image data augmentation for deep learning'. In: *Journal of Big Data* 6.1, p. 60.

Sjöberg, Jonas and Lennart Ljung (1995). 'Overtraining, regularization and searching for a minimum, with application to neural networks'. In: *International Journal of Control* 62.6, pp. 1391–1407.

Snoek, Jasper, Hugo Larochelle, and Ryan P. Adams (2012). 'Practical Bayesian optimization of machine learning algorithms'. In: *Advances in Neural Information Processing Systems 25*, pp. 2951–2959.

Steinwart, Ingo, Don Hush, and Clint Scovel (2011). 'Training SVMs without offset'. In: *Journal of Machine Learning Research* 12, pp. 141–202.

Strang, G. (2019). *Linear Algebra and Learning from Data*. Wellesley – Cambridge Press.

Sumpter, David (2016). *Soccermatics: Mathematical Adventures in the Beautiful Game*. Bloomsbury Sigma.

Sumpter, David (2018). *Outnumbered: From Facebook and Google to Fake News and Filter-bubbles – the algorithms that control our lives*. Bloomsbury Publishing.

Tibshirani, Robert (1996). 'Regression shrinkage and selection via the LASSO'. In: *Journal of the Royal Statistical Society (Series B)* 58.1, pp. 267–288.

Topol, E. J. (2019). 'High-performance medicine: The convergence of human and artificial intelligence'. In: *Nature Medicine* 25, pp. 44–56.

Vapnik, Vladimir N. (2000). *The Nature of Statistical Learning Theory*. 2nd ed. Springer.

Vollmer, Sebastian, Bilal A. Mateen, Gergo Bohner, Franz J. Király, Rayid Ghani, Pall Jonsson, Sarah Cumbers, Adrian Jonas, Katherine S. L. McAllister, Puja Myles, et al. (2020). 'Machine learning and artificial intelligence research for patient benefit: 20 critical questions on transparency, replicability, ethics, and effectiveness'. In: *British Medical Journal* 368.

Xu, Jianhua and Xuegong Zhang (2004). 'Kernels based on weighted Levenshtein distance'. In: *IEEE International Joint Conference on Neural Networks,* Budapest, July 2008, pp. 3015–3018.

Xue, Jing-Hao and D. Michael Titterington (2008). 'Comment on 'On discriminative vs. generative classifiers: A comparison of logistic regression and naive bayes''. In: *Neural Processing Letters* 28, pp. 169–187.

Youyou, Wu, Michal Kosinski, and David Stillwell (2015). 'Computer-based personality judgments are more accurate than those made by humans'. In: *Proceedings of the National Academy of Sciences* 112.4, pp. 1036–1040.

Yu, Kai, Liang Ji, and Xuegong Zhang (2002). 'Kernel nearest-neighbor algorithm'. In: *Neural Processing Letters* 15.2, pp. 147–156.

Zhang, Chiyuan, Samy Bengio, Moritz Hardt, Benjamin Recht, and Oriol Vinyals (2017). 'Understanding deep learning requires rethinking generalization'. In: *5th International Conference on Learning Representations,* Toulon, April 2017.

Zhang, Ruqi, Chunyuan Li, Jianyi Zhang, Changyou Chen, and Andrew Gordon Wilson (2020). 'Cyclical stochastic gradient MCMC for Bayesian deep learning'. In: *8th International Conference on Learning Representations,* online, April 2020.

Zhao, H., J. Shi, X. Qi, X. Wang, and J. Jia (2017). 'Pyramid scene parsing network'. In: *Proceedings of the IEEE Conference on Computer Vision and Pattern Recognition (CVPR).*

Zhu, Ji and Trevor Hastie (2005). 'Kernel logistic regression and the import vector machine'. In: *Journal of Computational and Graphical Statistics* 14.1, pp. 185–205.

推荐阅读

人工智能：原理与实践

作者：（美）查鲁·C. 阿加沃尔 译者：杜博 刘友发 ISBN：978-7-111-71067-7

本书特色

本书介绍了经典人工智能（逻辑或演绎推理）和现代人工智能（归纳学习和神经网络），分别阐述了三类方法：

基于演绎推理的方法，从预先定义的假设开始，用其进行推理，以得出合乎逻辑的结论。底层方法包括搜索和基于逻辑的方法。

基于归纳学习的方法，从示例开始，并使用统计方法得出假设。主要内容包括回归建模、支持向量机、神经网络、强化学习、无监督学习和概率图模型。

基于演绎推理与归纳学习的方法，包括知识图谱和神经符号人工智能的使用。

神经网络与深度学习

作者：邱锡鹏 ISBN：978-7-111-64968-7

本书是深度学习领域的入门教材，系统地整理了深度学习的知识体系，并由浅入深地阐述了深度学习的原理、模型以及方法，使得读者能全面地掌握深度学习的相关知识，并提高以深度学习技术来解决实际问题的能力。本书可作为高等院校人工智能、计算机、自动化、电子和通信等相关专业的研究生或本科生教材，也可供相关领域的研究人员和工程技术人员参考。